U0791969

普通高等教育高职高专“十二五”规划教材 电气类

电路基础

主　编　邱燕雷　姜惠英
副主编　徐海英
主　审　朱　毅

中国水利水电出版社
www.waterpub.com.cn

内 容 提 要

本书根据高职高专院校培养应用型高技能人才的要求和高职高专学生的学习特点进行编写。

本书共7章，包括电路的基本概念和基本定律、电阻电路的分析、单相正弦交流电路、三相交流电路、非正弦周期电流电路、动态电路的过渡过程、磁路与铁芯线圈。

本书可作为高职高专电类（强、弱电）专业师生使用，也可供工程技术人员和自学者参考。

图书在版编目（CIP）数据

电路基础 / 邱燕雷，姜惠英主编. -- 北京 : 中国水利水电出版社，2013.9(2023.11重印)
普通高等教育高职高专“十二五”规划教材. 电气类
ISBN 978-7-5170-1233-7

Ⅰ. ①电… Ⅱ. ①邱… ②姜… Ⅲ. ①电路理论－高等职业教育－教材 Ⅳ. ①TM13

中国版本图书馆CIP数据核字(2013)第213823号

书　　名	普通高等教育高职高专“十二五”规划教材　电气类 **电路基础**
作　　者	主编　邱燕雷　姜惠英　　主审　朱毅
出版发行	中国水利水电出版社 （北京市海淀区玉渊潭南路1号D座　100038） 网址：www.waterpub.com.cn E-mail：sales@mwr.gov.cn 电话：（010）68545888（营销中心）
经　　售	北京科水图书销售有限公司 电话：（010）68545874、63202643 全国各地新华书店和相关出版物销售网点
排　　版	中国水利水电出版社微机排版中心
印　　刷	清淞永业（天津）印刷有限公司
规　　格	184mm×260mm　16开本　18.5印张　439千字
版　　次	2013年9月第1版　2023年11月第8次印刷
印　　数	15551—17050册
定　　价	**49.50**元

前言

根据教育部《关于加强高职高专教育人才培养工作意见》文件精神，以及为了贯彻落实教育部有关教材建设的指示精神，满足高职高专电类相关专业教学的基本建设的需要，中国水利水电出版社广泛开展调研，召开高职高专电气类教材研讨会，组织编写了高职高专“十二五”电气类规划教材。

为适应高职高专人才培养目标要求以及电力行业职业教育课程改革的基本思路，本书的编写力求突出高等职业教育的特点，降低理论深度，删除一些数学推导内容，使教材的讲述深入浅出，将知识点与能力点紧密结合，注重学生实际应用能力的培养。

电路基础是电类专业的一门重要的专业基础课，其任务是使学生掌握电工基础理论及电路的基本分析方法。本书包括电路和磁路两部分内容，共分7章，每章由学习目标、教学内容、小结和习题构成。而每节教学内容后设置了自测题，着重于掌握基本概念和基本电路分析，引导学生主动进行思考，以达到讲、练紧密结合的效果。

本书编写人员及编写内容分工为：福建水利电力职业技术学院姜惠英编写第1、2章，福建水利电力职业技术学院徐海英编写第3、5章，福建水利电力职业技术学院邱燕雷编写第4、6、7章。本书由邱燕雷、姜惠英担任主编，邱燕雷负责全书统稿；福建水利电力职业技术学院朱毅担任本书主审，提出了宝贵的修改意见，在此表示衷心感谢。

由于时间仓促、编者水平有限，书中难免有不妥之处，敬请读者给予批评指正。

编者

2013年5月

目录

第1章　电路的基本概念和基本定律

学习目标：

(1) 了解电路的定义、组成及各部分的作用；理解电路元件、电路模型。

(2) 理解电流、电压、电位、电动势、电能的概念及相互关系；掌握参考方向的概念、意义和表示法。掌握电功率的意义及计算。

(3) 理解电阻元件的定义及其参数，了解线性电阻和非线性电阻；掌握电阻元件电压与电流的关系。掌握电阻元件的功率计算及特点。

(4) 掌握电压源和电流源的特点和伏安特性。正确理解独立电源与受控电源的联系和差别。

(5) 了解支路、节点、回路、网孔的定义；理解基尔霍夫电流定律和电压定律。熟练掌握应用 KCL、KVL 列写电路方程，并分析、计算电路。

1.1　电路和电路模型

1.1.1　电路

实际电路是由一些电气部件或元器件按照一定方式连接而成，用来实现某种功能的电流通路。在科技发达的今天，人们在生产、生活中广泛地应用着各种各样的电气设备和电子产品，它们包含着各种不同的实际电路。

不管是简单电路还是复杂的实际电路，总可归纳为由 3 部分组成：①电源或信号源，是向电路提供电能或信号的部件，因为电路中的电压、电流是在电源或信号源的激发下产生的，所以电源或信号源又称为激励源或激励。由激励而在电路中产生的电压、电流称为响应；②用电设备又称为负载，是取用电能或输出信号的装置，它实现把电能（电信号）转化成其他形式的能（信号）；③中间环节，起传输、控制、保护、处理等作用。

实际电路的种类繁多、功能各异，通过归纳可得出基本功能有：①实现电能的转化、传输和分配，如电力系统把发电机生产的电能通过变压器、输电线等设备输送到用电设备供用户使用；②实现信号的传递、处理和转换，如电话线路、扩音机线路、计算机线路。

实际电路的分类方法很多，比如，按电流的性质可分为直流电路和交流电路；按电压的高低可分为高压电路和低压电路；按电路的用途可分为电力电路和信号电路等。

图 1-1 是一个手电筒的实际电路，它可以说是一个最简单的实际电路。

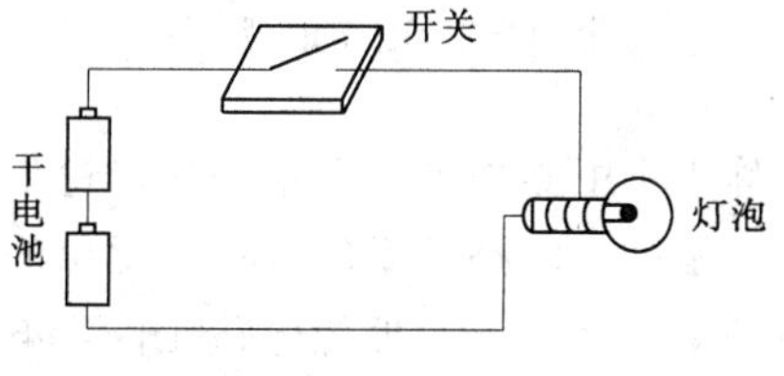

图 1-1　实际电路

1.1.2　电路元件

组成实际电路的器件都有各自的电磁性质，且每一种器件的电磁性质并不是单一的。比如，电阻器在通过电流时除了具有把电能转化为热能的性质外还会产生磁场，兼有电感的性质。为了便于对电路进行分析、计算，有时在一定条件下忽略实际元器件的次要因素，突出主要因素，只集中表现一种主要的电磁性能，这种把实际器件进行理想化处理后的模型称为理想电路元件，简称电路元件。如电阻器的电感作用比电感小得多，可忽略其电感性质，近似地用理想电阻元件来表示它。实际元器件可用一种或几种电路元件的组合来近似表示。

理想电路元件都用特定的图形符号来表示，图 1－2 所示为几种常见的理想电路元件，每一种都只表示一种电磁性质，各自具有确定的电磁性能和数学定义。理想导线是阻值为零的电阻元件，用线段表示。

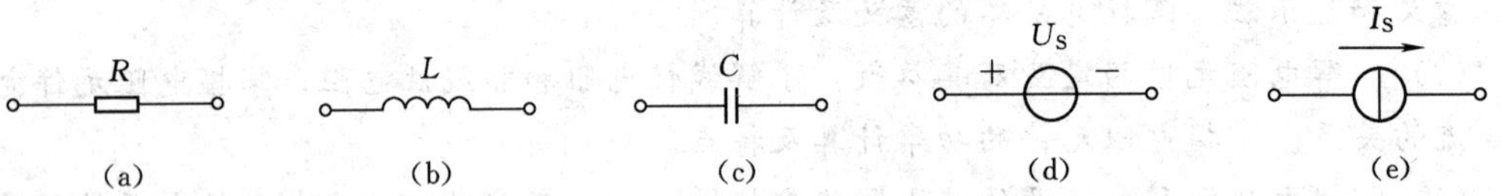

图 1－2　理想电路元件图形符号

(a) 电阻元件；(b) 电感元件；(c) 电容元件；(d) 电压源；(e) 电流源

电路元件通过引出端互相连接。具有两个引出端的元件称为二端元件，具有两个以上引出端的元件称为多端元件。基本的电路元件有两大类，即无源元件和有源元件。不产生能量的电阻元件、电感元件和电容元件是无源元件；为电路提供电能或信号的元件为有源元件，有源元件包括电压源、电流源和受控源。

1.1.3　电路模型

由理想电路元件的图形符号连接起来模拟实际电路的连接关系及功能的图形，称为电路模型，也简称为电路。实际器件和实际电路的种类繁多，而理想电路元件只有有限的几种，用理想电路元件建立的电路模型将使电路的研究大大简化。在电路理论中，就是借助这种电路模型来分析和研究各种无论是简单还是复杂的实际电路。图 1－3 便是图 1－1 所示电路的模型。

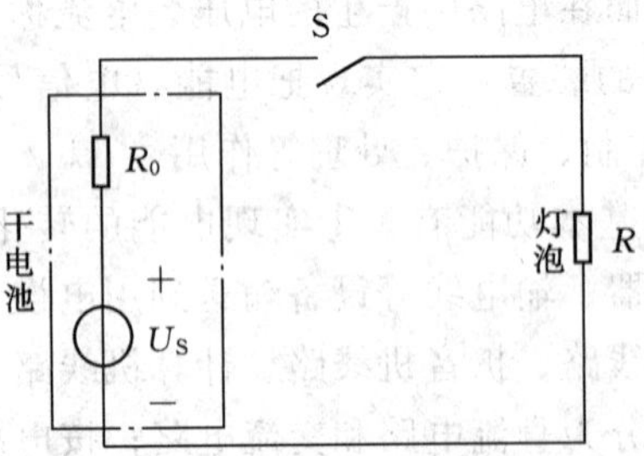

图 1－3　电路模型

建立电路模型时应使其外部特性与实际器件和电路的外特性尽量接近，一般应指明它们的工作条件，如频率、电压、电流、功率和温度范围等。

建立电路模型时，认为在一定条件下电磁过程都是集中在元件内部进行的，那么在任何时刻，从具有两个端钮的理想元件的某一端钮流入的电流恒等于从另一端钮流出的电流，并且元件两个端钮间的电压值也是完全确定的，具有这种性质的电路元件称为集中参数元件，简称集中元件。由集中参数元件组成的电路称为集中参数电路。本书只讨论集中参数电路。

根据对电路模型的分析所得出的结论，有着广泛的实际意义。若无特别说明，本书所指的电路元件均为理想电路元件，电路均指电路模型，并用这种电路模型来阐述电路的基本规律，讲解分析、计算电路的基本方法。

自 测 题

1.1.1 电路就是________流通的路径，电路一般由________、________和________3部分组成。

1.1.2 电源是提供电能的装置，它的功能是______________。电源又称为________。在电源的作用下，电路所产生的电流、电压又称为________。

1.1.3 负载是取用电能的装置，它的功能是__________________。

1.1.4 理想电路元件，就是忽略实际电器元件的次要性质，只表征它________的"理想"化的元件。常用、基本的理想电路元件有____。

1.1.5 电路模型是由_______________按特定的方式连接起来模拟_______________________的图形。建立电路模型时应注意______________________________。

1.1.6 在电路模型中，每一个电路元件反映______种物理性能。一个实际电路元件可以用______个或者________个理想元件的组合来表示其物理性能。

1.2 电路的主要物理量

电路分析中常用到电流、电压、电位、功率，它们是电路的主要物理量，本节对它们进行介绍。

1.2.1 电流及其参考方向

1. 定义

带电粒子在电场力作用下定向移动形成电流。这种带电粒子也称为载流子。比如：金属导体中的自由电子，半导体中的电子和空穴，电解液中的正、负离子，都是载流子。

电流强度是表示电流强弱的物理量，简称电流，用符号 i 或 I 表示。电流强度在数值上等于单位时间内通过导体横截面的电量，即

$$i=\frac{\mathrm{d}q}{\mathrm{d}t} \tag{1-1}$$

式中，$\mathrm{d}q$ 为在 $\mathrm{d}t$ 的时间内通过导体横截面的电量。

大小和方向都不随时间变化的电流称为稳恒电流，简称直流，记为DC。定义为

$$I=\frac{Q}{t} \tag{1-2}$$

大小和方向（或其中之一）随时间变化的电流，为变动电流。若大小和方向随时间做周期性变化且平均值为零的电流称为交流电，记为AC。

国际单位制（SI）中，电流的单位为安培，简称安，符号为A。常用的单位有千安（kA）、毫安（mA）、微安（μA）。

2. 电流方向

（1）实际方向。规定正电荷定向移动的方向为电流的实际方向。

（2）参考方向。在分析、计算电路时，往往很难事先判断电流的实际方向，且交流电

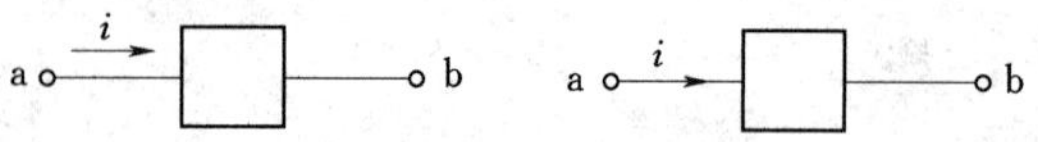

图 1-4 电流参考方向的表示

路中电流的实际方向随时间不断改变，根本难以确定。但在分析、计算电路时，又不能缺少“方向”这一重要因素。为此，引入了参考方向概念。

在分析、计算电路之前，预先假设某一方向为电流的正方向，这就是电流的参考方向，在电路图中用实线箭头表示，可标在导线旁，也可标在导线上，如图 1-4 所示。

参考方向可任意标定，在选定的参考方向下，所计算出的电流若为正值，则表明实际方向与参考方向一致；若为负值，则实际方向与参考方向相反，如图 1-5 所示。就这样，利用了参考方向和正负值来表明实际方向。应当注意，在未规定参考方向的情况下，电流的正负号是没有意义的。

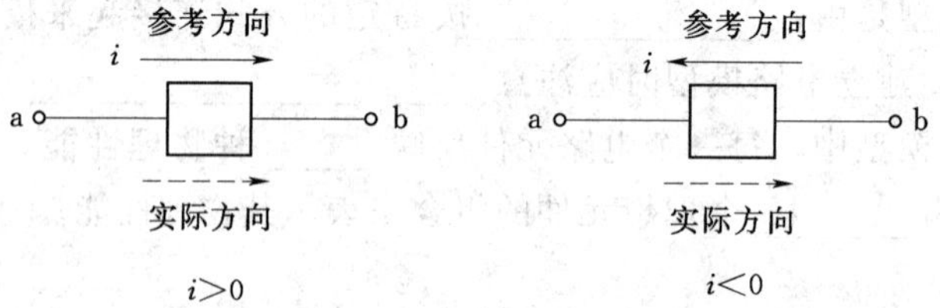

图 1-5 电流参考方向与实际方向的关系

1.2.2 电压、电位、电动势及其参考方向

1. 电压

(1) 定义。电荷在电场力的作用下移动，在这一过程中电场力对电荷做了功，并把电能转换为其他形式的能量，做了多少功就有多少能量被转化。电路中 a、b 两点间的电压 u_{ab} 就是等于单位电荷在电场力作用下由 a 点移到 b 点时电场力所做的功，即

$$u_{ab}=\frac{dw}{dq} \tag{1-3}$$

式中，dq 为由 a 点移到 b 点的电荷；dw 为移动过程中电场力所做的功（也是电荷所减少的电能）。电压是反映电场力做功能力的物理量。

大小和方向都不随时间变化的电压称为直流电压，定义为

$$U=\frac{W}{q} \tag{1-4}$$

国际单位制中，电压的单位为伏特，简称伏，符号为 V。常用单位有千伏（kV）、毫伏（mV）、微伏（μV）。

(2) 电压方向。

实际方向：规定电压的实际方向是正电荷在电场力作用下移动的方向。

参考方向：与电流类似，在分析、计算电路时，也要预先选定某一方向为电压的参考方向。电压参考方向的表示方式：①用“+”、“-”号表示，分别称为参考正极和参考负极；②用带箭头的实线表示，箭头的方向是从“+”指向“-”；③用双下标表示，如电压 u_{ab} 表示电压的参考方向由 a 指向 b，u_{ba} 表示电压的参考方向由 b 指向 a，且有 $u_{ab}=-u_{ba}$，如图 1-6 所示。

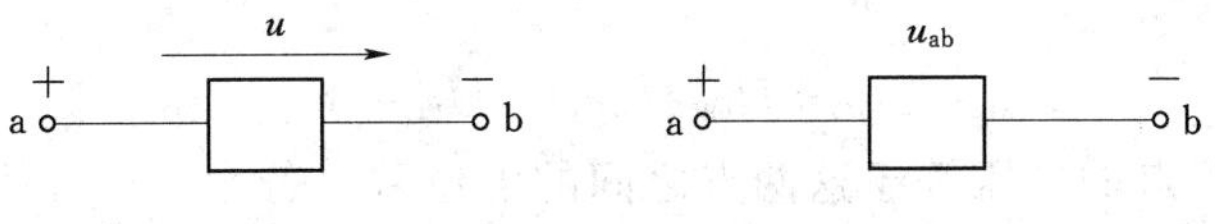

图 1-6　电压参考方向的表示

在规定的参考方向下，得出的电压若为正值，则表示实际方向与参考方向相同；若为负值，则表示实际方向与参考方向相反，如图 1-7 所示。同样，没有参考方向，电压的正、负是没有意义的。

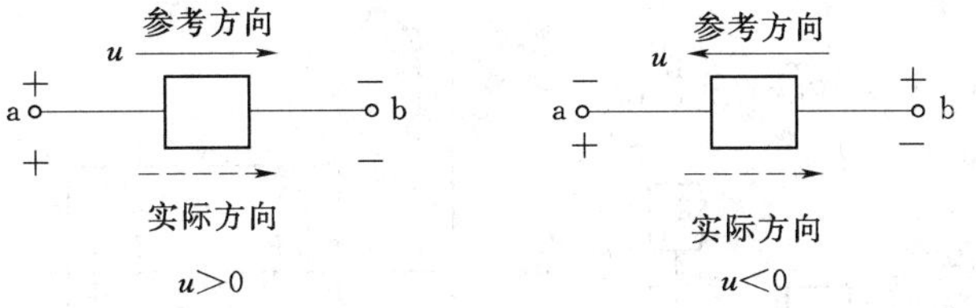

图 1-7　电压参考方向与实际方向的关系

(3) 关于参考方向的几点说明。

1) 电流、电压的实际方向是客观存在的，而参考方向是人为规定的。分析、计算电路时，都是根据所规定的参考方向列写电路方程的，无论是直流还是交流，都是如此。参考方向可以任意规定而不影响计算结果，因为参考方向相反时，解出的电流、电压值也要改变正负号，最后得到的实际结果仍然相同。

2) 在对一个电路进行分析、计算的过程中，参考方向一旦标定就不能随意改变。

3) 电路中某一支路或某一元件上的电压和电流的参考方向可能一致，也可能相反。若一致，即电流参考方向从电压的参考正极流向参考负极，则称两者为关联参考方向；若相反，即电流参考方向从电压的参考负极流向参考正极，则称两者为非关联参考方向，如图 1-8 所示。

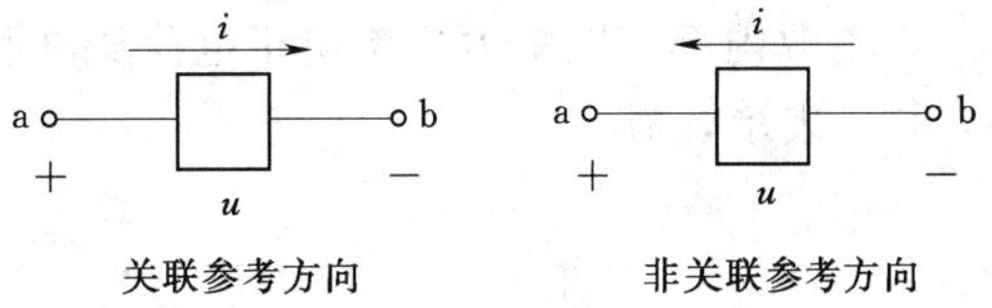

图 1-8　关联与非关联参考方向

2. 电位

以下的讨论以直流为例。

(1) 定义。电路中某点的电位等于该点到参考点的电压。若取 O 点为参考点，则 a 点的电位为

$$V_a = U_{aO} \tag{1-5}$$

参考点即电位为零的点，电路图中用符号“⊥”表示。电位值有正、负。若某点电位为正，表明该点电位比参考点高；若某点电位为负，表明该点电位比参考点低。电位参考点可以任意选取，一经选定电路中各点的电位也随之确定。选择不同的参考点，电路中各点的电位也随之改变。常选择大地、设备外壳或接地点作为参考点。在一个连通的系统中只能选择一个参考点。

(2) 电压和电位。如图 1-9 所示，O 点为参考点，A 点和 B 点的电位分别为

$$V_A = U_{AO}, V_B = U_{BO}$$

那么，有

$$U_{AB}=U_{AO}+U_{OB}=U_{AO}-U_{BO}=V_A-V_B \tag{1-6}$$

这表明电路中两点的电压等于这两点之间的电位差。若 $U_{AB}>0$，即 $V_A>V_B$，说明 A 点电位比 B 点高。任意两点间的电位差（电压）是不会随参考点的改变而改变的。

因为正电荷在电场力作用下是由高电位移到低电位的，所以电压的实际方向是电位降低的方向。

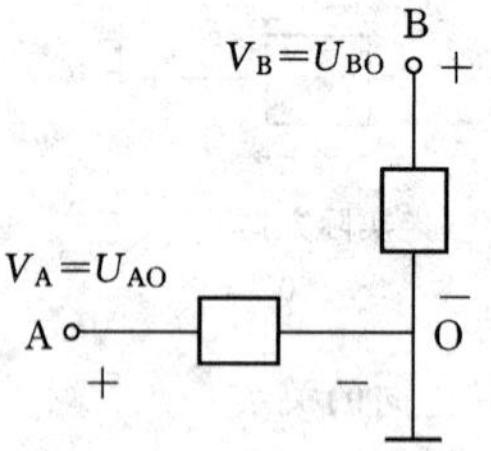

图 1-9　电位表示图

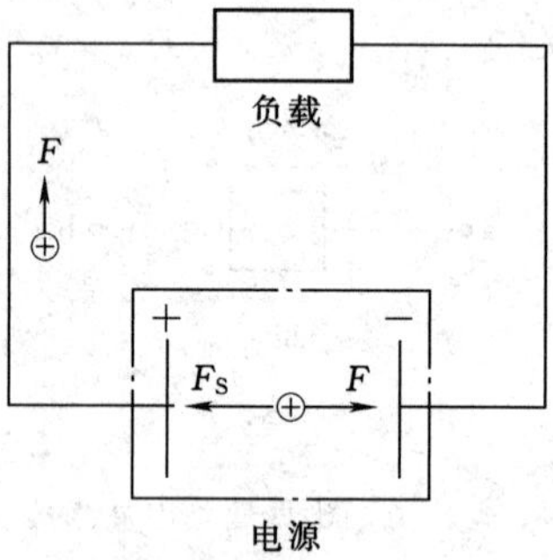

图 1-10　正电荷受力示意

3. 电动势

(1) 定义。如图 1-10 所示，在电场力 F 作用下，正电荷从高电位经负载向低电位运动，电场力对电荷做正功使电能减少。在电源内部，电源力 F_S 克服电场力 F 把正电荷从低电位拉到高电位，这一过程中电源力对电荷做正功（电场力对电荷做负功），把电源内部其他形式的能量转换成电能提供给电路，从而形成连续的电流。电源力所做的功就等于所转换的能量。

在电源内部，电源力把单位正电荷从电源低电位端拉到高电位端所做的功，称为电动势，用 e 表示，有

$$e=\frac{dw_S}{dq} \tag{1-7}$$

式中，dq 为转移的正电荷；dw_S 为转移过程中电源力所做的功，也是电荷所增加的电能。电动势是反映电源力做功能力的物理量。电动势的国际单位：伏特（V）。

通常把电源设备内部的电路称为内电路，电源设备以外的电路称为外电路。在内电路中，正电荷在电源力的作用下从低电位移至高电位而获得电能，即电源发出电能；在外电路中，正电荷在电场力作用下从高电位移至低电位使电能转化为其他形式的能，即电路吸收电能。能够提供一个力来克服电场力把正电荷从低电位拉到高电位的元件都具有电源性质，其内部都有电动势。

(2) 电动势方向。

实际方向：因为电源力使正电荷由低电位移到高电位，所以电动势的实际方向是电位升高的方向。即电动势的实际方向与电压的实际方向相反。对于一个电源，若用正（+）极性表示其高电位端，用负（−）极性表示其低电位端，则电动势 e 的实际方向是从负极指向正极。

参考方向：在分析与计算电路时，也必须事先规定电动势的参考方向，其表示方式与

电压相同。

若不考虑电源内部还有其他形式的能量转换，在这种理想情况下，则电源的电动势 e 在量值上与电源两端的电压 u 相等。另外，当电源处于开路状态时，电源两端电压 u 在量值上也等于电动势 e。当选择两者的参考方向相反时，可得 $u=e$；当选择两者的参考方向一致时，可得 $u=-e$，如图 1-11 所示。

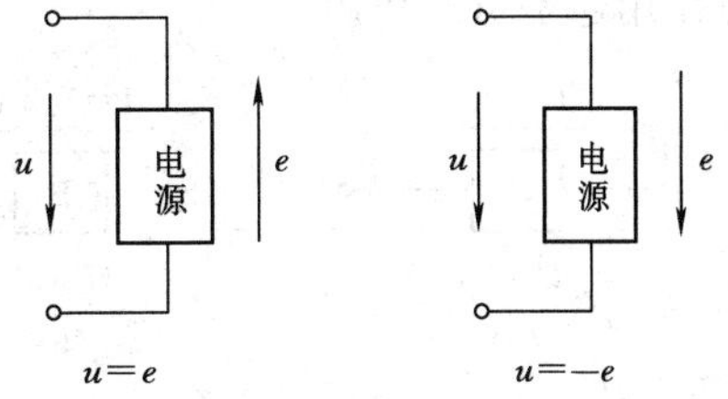

图 1-11 电压和电动势的参考方向

本书所涉及的电源在计算中并不使用电动势这个名称及符号，而用“电源电压”及其相对应的符号来替代。

1.2.3 电功率和电能

1. *功率*

(1) 定义。电场力在单位时间内所做的功称为电功率，简称功率，用 p 表示。设电场力在 $\mathrm{d}t$ 时间内做的功为 $\mathrm{d}w$，则

$$p=\frac{\mathrm{d}w}{\mathrm{d}t} \tag{1-8}$$

因为做功等于能量的转化，所以元件的功率 p 的含义是单位时间内元件所转化的能量，即元件转化能量的速率。

若 p 为正值，由式 (1-8) 可得电场力做正功，而电场力做正功是使电能减少的，即元件把电能转化为其他形式的能量，元件吸收电能，p 称为元件吸收的功率；反之，p 为负值时，电场力做负功把其他形式的能量转化为电能，元件是发出电能的，p 称为元件发出的功率。

把 $\mathrm{d}w=u\mathrm{d}q$，$i=\frac{\mathrm{d}q}{\mathrm{d}t}$代入式 (1-8) 得

$$p=ui \tag{1-9}$$

在直流情况下有

$$P=UI \tag{1-10}$$

功率的 SI 单位为瓦特，简称瓦，符号为 W。常用单位有千瓦 (kW)、兆瓦 (MW) 等。

(2) 功率的计算。元件或部分电路的功率可根据式 (1-9) 和式 (1-10) 计算。在电路图上，所选的电压与电流的参考方向的不同，将使式子带有正号或负号。

1) 当电压和电流的参考方向是关联的，则有

$$p=ui \quad 或 \quad P=UI \tag{1-11}$$

2) 当电压和电流的参考方向是非关联的，则有

$$p=-ui \quad 或 \quad P=-UI \tag{1-12}$$

在上述两种情况下，计算所得的功率为正值时，表示元件或这部分电路吸收（消耗）功率；计算所得的功率为负值时，表示元件或这部分电路发出（产生）功率。比如计算某元件的功率，若得 $P=50\mathrm{W}$，则表示元件吸收 50W 的功率；若得 $P=-50\mathrm{W}$，则表示元件发出 50W 的功率。

【例 1-1】 计算图 1-12 所示各元件的功率，并指出是吸收功率还是发出功率，起电

源作用还是负载作用。

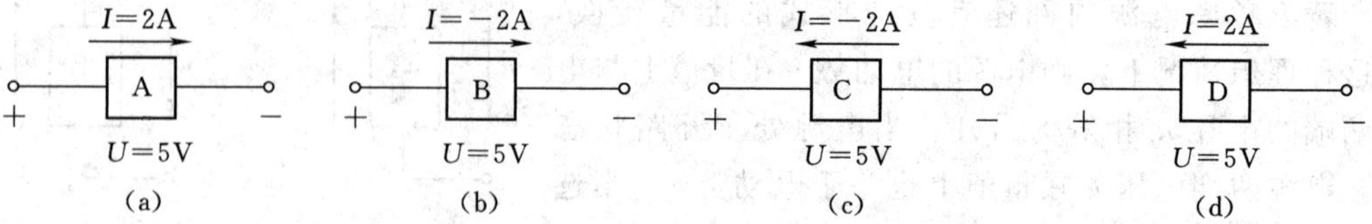

图1-12　［例1-1］图

解　(1) 在图1-12 (a) 中，对于元件A，U与I是关联参考方向，故

$$P=UI=5\times2=10(\text{W})$$

$P>0$，元件A吸收功率，起负载作用。

(2) 在图1-12 (b) 中，对于元件B，U与I是关联参考方向，故

$$P=UI=5\times(-2)=-10(\text{W})$$

$P<0$，元件B发出功率，起电源作用。

(3) 在图1-12 (c) 中，对于元件C，U与I是非关联参考方向，故

$$P=-UI=-5\times(-2)=10(\text{W})$$

$P>0$，元件C吸收功率，起负载作用。

(4) 在图1-12 (d) 中，对于元件D，U与I是非关联参考方向，故

$$P=-UI=-5\times2=-10(\text{W})$$

$P<0$，元件D发出功率，起电源作用。

(3) 功率平衡。根据能量守恒定律可得，在一个完整的电路中，一部分元件发出的功率一定等于其他部分元件吸收的功率，即整个电路的功率代数和为零，称为功率平衡，即

$$\sum P=0 \tag{1-13}$$

2. 电能

根据式 (1-8)，从t_0到t时间内，元件或电路吸收或发出的电能为

$$W=\int_{t_0}^{t}p\,\mathrm{d}t \tag{1-14}$$

对于直流电

$$W=P(t-t_0) \tag{1-15}$$

电能的SI单位是焦耳，简称焦，符号为J，它等于功率为1W的用电器在1s内所消耗的电能。实用上还采用千瓦小时 (kW·h) 作为电能的单位，它等于功率为1kW的用电器在1h内所消耗的电能，也称为1度电。

$$1\text{kW}\cdot\text{h}(\text{度})=10^3\text{W}\times3600\text{s}=3.6\times10^6\text{J}$$

自　测　题

一、填空题

1.2.1　电流的实际方向规定为________运动的方向，电流的参考方向为________。

1.2.2　电压是衡量电场力________本领大小的物理量。a、b两点间的电压等于________把单位电荷由a点移动到b点所做的功。电压的实际方向是正电荷受________作用而

移动的方向，即由________电位指向________电位。电压参考方向为______________。

1.2.3　功率定义为单位时间内电场力________________，也表示单位时间内所转化的________，即能量转化的________　。

1.2.4　在图1-13所示电路中，电压参考方向由a指向b，当$U=-50V$时，电压的实际方向是________。

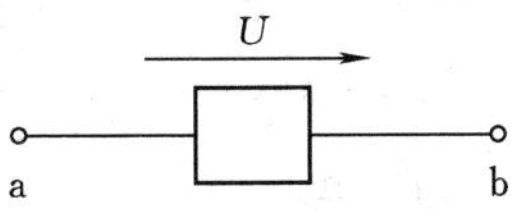

图1-13　自测题1.2.4图

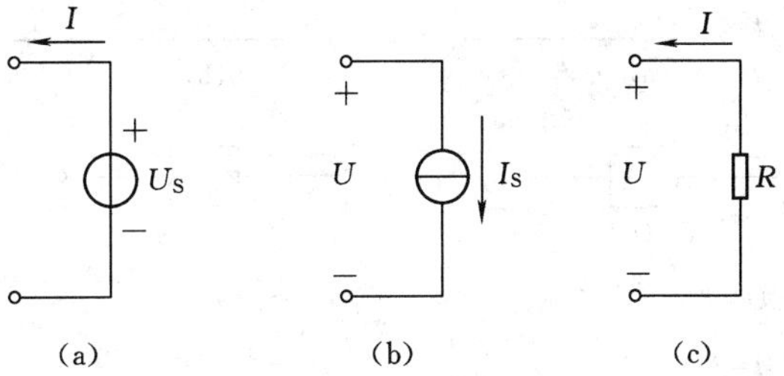

图1-14　自测题1.2.7图

1.2.5　已知流过某元件的电流为5A，当它表示为$I=5A$时，说明实际方向与______________；当表示为$I=-5A$时，说明实际方向与________________。

1.2.6　电流、电压、电动势都是既具有数值又有________的量，只有数值而无________的电流、电压、电动势是无意义的。

1.2.7　图1-14所示的3个元件中，针对每个元件的电压、电流，其参考方向的关联与非关联关系分别为：(a) ________；(b) ________；(c) ________。

1.2.8　请根据图1-15填写各电压和电流的值。

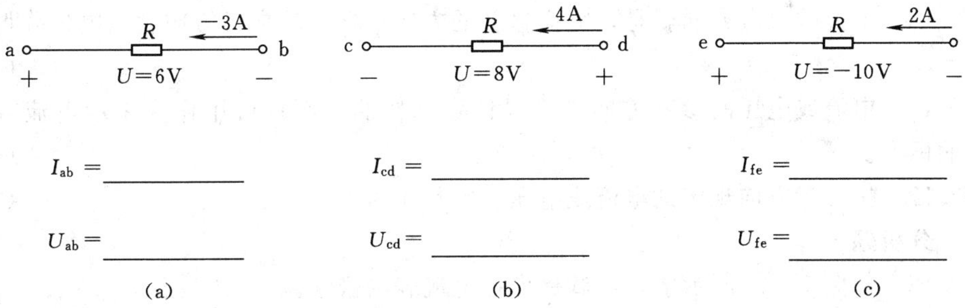

图1-15　自测题1.2.8图

1.2.9　电路中a点的电位就是a点与________之间的电压，两点之间的电压等于这两点的________。在图1-16中，若$U_1=10V$，$U_2=6V$。利用电位差的概念可算得$U=$____V；若$U_1=0V$，$U_2=-6V$。那么$U=$ ____V，此时，a点与c点比较，电位较高的是____点。

1.2.10　如图1-17所示，填写待求量P，并说明是发出功率还是吸收功率。

1.2.11　电度表是用来测量________的。通常所说的1度电为________=________J。某教室有40W的日光灯6只，平均每天用电6h，1个月按30d计算，每月用电____

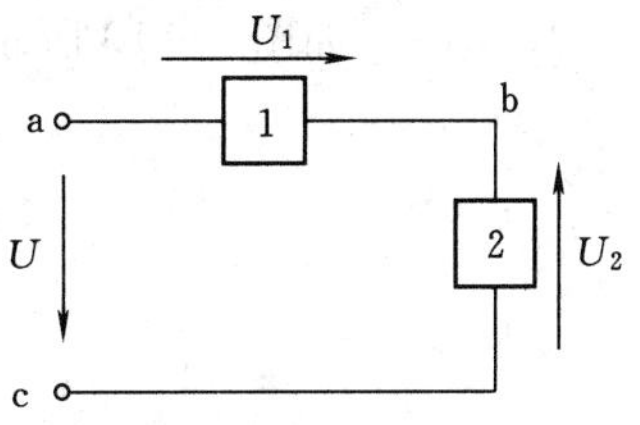

图1-16　自测题1.2.9图

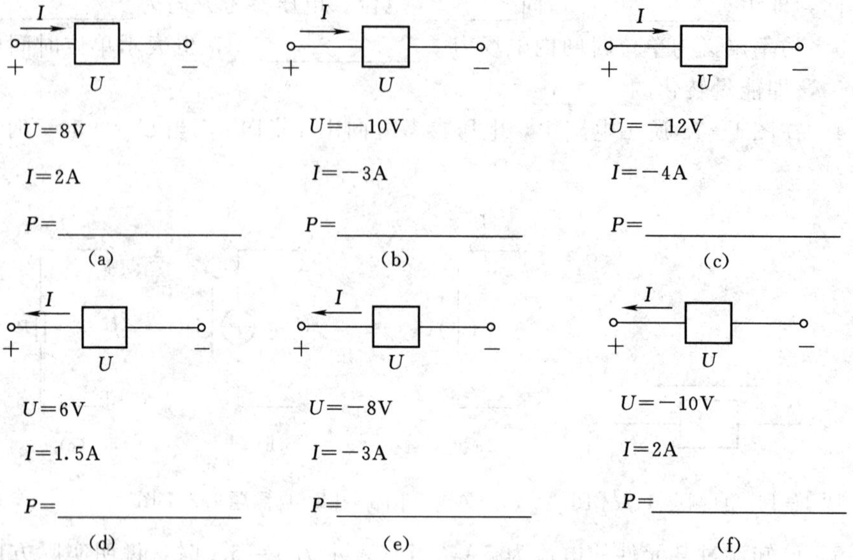

图1-17　自测题1.2.10图

____度。

二、判断题

1.2.12　电路图上标出的电压、电流方向是实际方向。（　）

1.2.13　电路图中参考点改变，任意两点间的电压也随之改变。（　）

1.2.14　电路图中参考点改变，各点电位也随之改变。（　）

1.2.15　电流的参考方向就是正电荷移动的方向；电压的参考方向就是电位降低的方向。（　）

1.2.16　电流或电压的参考方向是可以任意选择的，而且可用作为表示电流或电压正、负的标准。（　）

1.2.17　按参考方向规定的电流或电压一定是正值。（　）

三、分析题

1.2.18　如图1-18所示电路，试标出各电流表的极性。

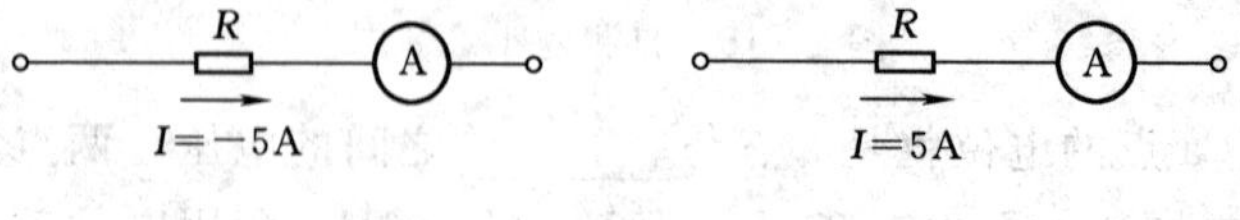

图1-18　自测题1.2.18图

1.2.19　如图1-19所示电路，试标出各电压表的极性。

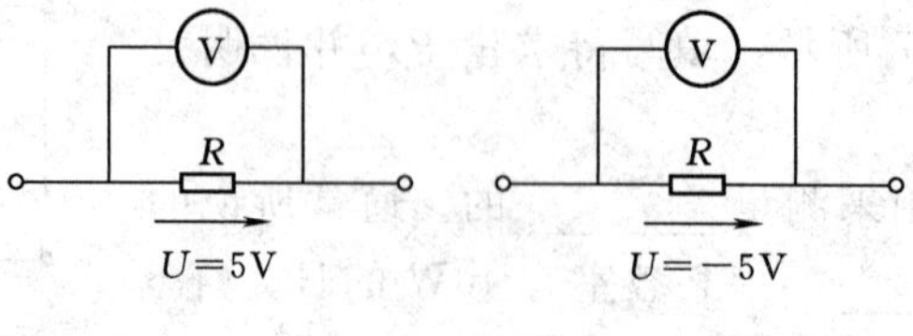

图1-19　自测题1.2.19图

四、计算题

1.2.20 如图 1－20 所示电路，当以"O"为参考点时，A、B、C 各点的电位分别为 21V、15V 和 5V。现重选 C 点为参考点，求 A、B、C、O 各点的电位。

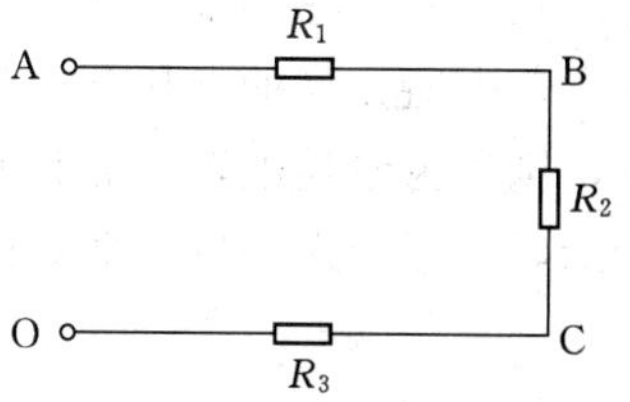

图 1－20 自测题 1.2.20 图

1.2.21 如图 1－21（a）所示，已知元件发出功率 30W，输出电压 $U=6$V，求通过元件的电流 I，并标出其实际方向。如图 1－21（b）所示，已知元件发出功率 2W，电流 $I=-5$mA，求元件的端电压 U_{ab}，并标出其实际方向。

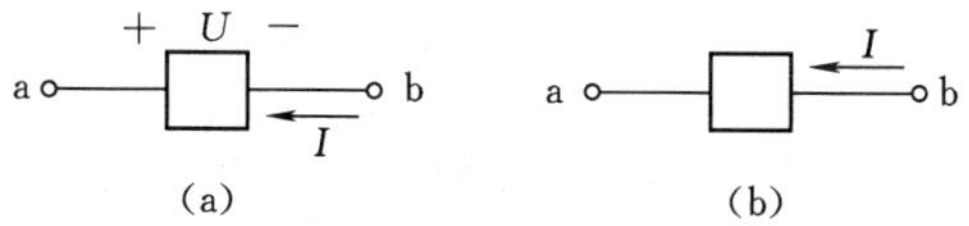

图 1－21 自测题 1.2.21 图

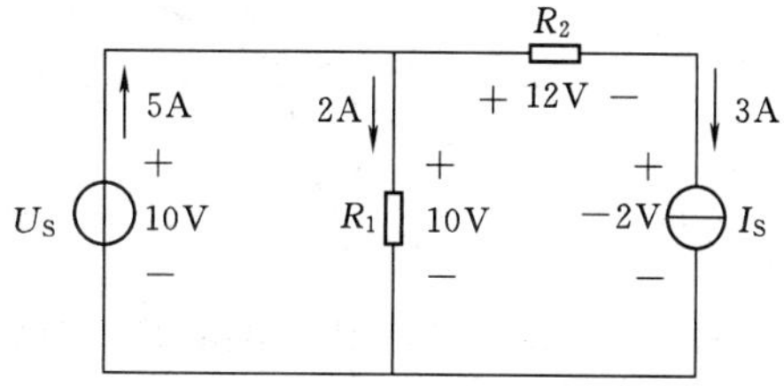

图 1－22 自测题 1.2.22 图

1.2.22 计算如图 1－22 所示电路各元件的功率，并说明是发出功率还是吸收功率。

1.3 电 阻 元 件

1.3.1 电阻

物体对电流的阻碍作用称为电阻。物体导电时，内部载流子在定向移动过程中与原子发生碰撞、摩擦，载流子的定向移动受到了阻碍，这就是电阻的产生机制。这种碰撞、摩擦使物体发热，电能转化为热能，这种转化是不可逆的，即电能被消耗了。

反映材料对电流阻碍作用大小的物理量是电阻值，简称为电阻，用符号 R 表示。R 的 SI 单位是欧姆，简称欧，符号为 Ω，其他常用单位有千欧（kΩ）、兆欧（MΩ）。

物体的电阻会随温度的改变而改变，这种电阻随温度变化的特点与材料有关，可用电阻的温度系数表示。大部分金属材料的电阻是随温度的升高而增大；而某些半导体材料和电解液的电阻会随温度的升高而减小。有些材料，当温度改变时，其电阻会作出明显的改变；而有些材料，其电阻随温度变化很不明显。针对不同材料的电阻随温度变化的特点不同，可制作成用途不同的电阻器，如有的可作为定值电阻、有的可作为热敏电阻。电阻器在使用时要注意其额定值，通常用额定电阻和额定功率（或额定电流）表示。

1.3.2 电阻元件

电阻元件是反映电路中把电能转化为热能这一物理现象的理想二端元件，如电炉、电灯、电阻器等都可以当作电阻元件。电阻元件简称为电阻，图形符号如图 1－23 所示，R 又称为元件的参数。

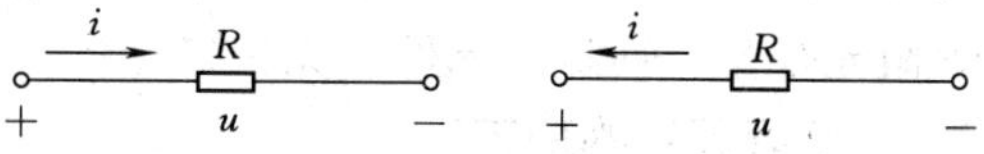

图 1－23 电阻元件及其电压与电流关系

电阻是一种最常见的电路元件，其特性用元件两端的电压与元件的电流的代数关系表示，称为电压—电流关系，又叫做伏安特性。在 $u-i$ 坐标平面上表示元件伏安特性的曲线称为伏安特性曲线。

若电阻元件的电压与电流关系是线性函数关系，其伏安特性曲线是通过坐标原点的直线，则称为线性电阻。若该直线的斜率不随时间改变，则称为线性定常电阻。如图 1-24 所示，R 等于伏安特性曲线的斜率。

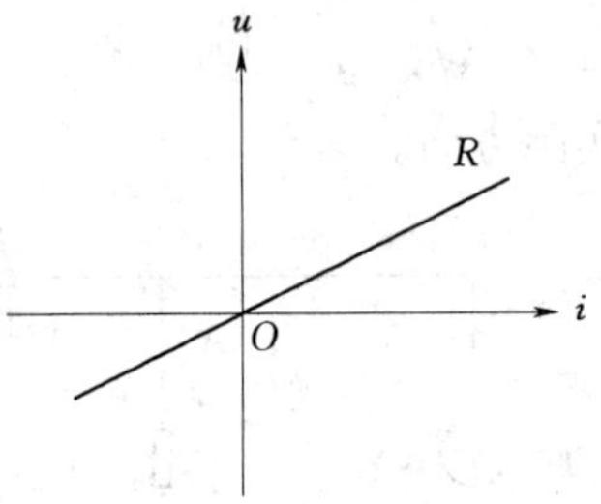

图 1-24　线性电阻的伏安特性

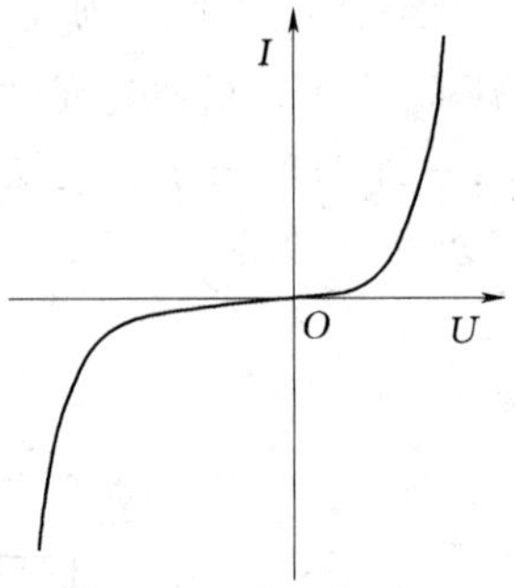

图 1-25　二极管的伏安特性

若电阻元件的电压与电流之间不是线性函数关系，则伏安特性曲线是不通过坐标原点的直线或者是曲线，称为非线性电阻。非线性电阻在电子线路中大量存在，比如二极管就是一个典型的非线性电阻，其伏安特性曲线如图 1-25 所示。

电阻的伏安特性随时间变化的称为时变电阻，如电阻式传声器在有语音信号时就是时变电阻。

本书讨论的都是线性定常电阻，为叙述方便都简称为电阻。“电阻”这个术语及符号 R，既表示一个电阻元件，也表示此元件的参数。

电阻的倒数称为电导，用符号 G 表示，它反映材料的导电能力，即

$$G=\frac{1}{R} \tag{1-16}$$

G 的 SI 单位是西门子，简称西，符号为 S。

实际上所有电阻器、电灯、电炉等电阻器件，它们的伏安特性曲线或多或少都是非线性的。但是在一定的工作范围内，这些器件的伏安特性曲线近似为一直线，所以在这范围内当作线性并不会引起明显的误差。

1.3.3　电压与电流关系

电阻元件的电压与电流关系满足欧姆定律，即电流和电压的大小成正比，两者实际方向一致。如图 1-23 所示，当电压和电流取关联参考方向时，有

$$u=iR \quad 或 \quad U=IR \tag{1-17}$$

当电压和电流取非关联参考方向时，有

$$u=-iR \quad 或 \quad U=-IR \tag{1-18}$$

由式（1-17）、式（1-18）可得，某一时刻电阻元件的电压（或电流）只和该时刻的电流（或电压）有关，与之前的电压、电流无关，这种性质称为瞬时性或无记忆性。因此电阻元件是一种瞬时元件或无记忆元件。

1.3.4　电阻元件的功率

当电流、电压取关联参考方向时，电阻元件的功率为

$$p=ui=iR\cdot i=i^2R=\frac{u^2}{R} \tag{1-19}$$

当电流、电压取非关联参考方向时，电阻元件的功率为

$$p=-ui=-(-iR)i=i^2R=\frac{u^2}{R} \tag{1-20}$$

可见，电阻元件的功率总是为正值，说明电阻元件总是吸收（消耗）电能，称为耗能元件，只要有电流流过，就会将电能转化为热能。

1.3.5 短路与开路

图 1-26 和图 1-27 中的 N 为电路的一部分，它对外引出两个端子（a 和 b），形成一个端口，N 就称为二端网络或一端口电路。u、i 称为端口电压、端口电流，简称端电压、端电流。

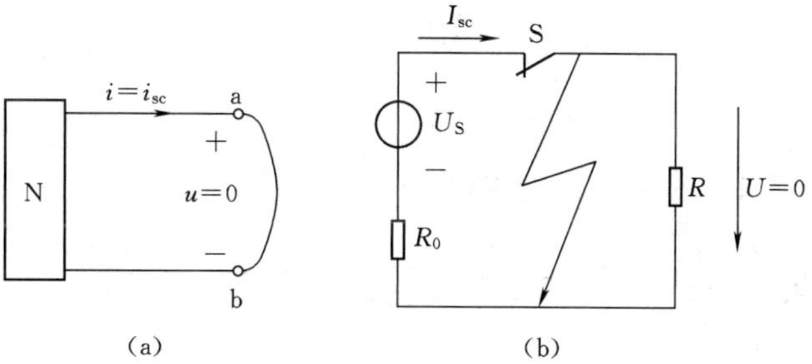

图 1-26 电路的短路

1. 短路

如图 1-26（a）所示，若一端口 N 的端电流 i 为有限值时，端电压 u 总为零，就称 a、b 两点间短路，这相当于在 a、b 之间接有 $R=0$（或 $G=\infty$）的电阻，即用理想导线将 a、b 端子短接。短路时的电流称为短路电流，用 i_{sc} 表示，即 $i=i_{sc}$。

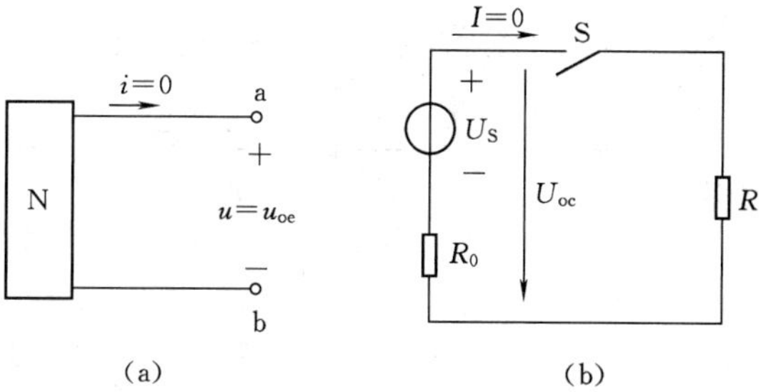

图 1-27 电路的开路

如图 1-26（b）所示，由于工作不慎或负载的绝缘破损等原因，致使电源两端被阻值近似为零的导体短接，使电路处于短路状态。因为电源内阻 R_0 很小，故短路电流 I_{sc}很大。电源两端的电压 U 约为零。这时，由于大电流，将导致电源和电流流过的线路温度剧增，从而损坏绝缘、烧毁设备，甚至引发火灾。所以这种短路事故应避免。

2. 开路

如图 1-27（a）所示，一端口 N 的端电压 u 为有限值时，其端电流 i 总为零，就称 ab 两点间开路，这相当于在 ab 之间接一个 $R=\infty$（或 $G=0$）的电阻。这时的端电压称为开路电压，用 u_{oc}表示，即 $u=u_{oc}$。

如图 1-27（b）所示，将开关 S 打开，切断电源与负载的连接，使电路处于开路状态，这时电流 $I=0$，内阻 R_0 的电压降为零，可得开路电压等于电源电压，即 $U_{oc}=U_S$。

自　测　题

一、填空题

1.3.1　在图1-28所示电路中，当开关S闭合时，$U_{ab}=$______V，$U_{ac}=$______V；当开关S打开时，$U_{ab}=$______V，$U_{bc}=$______V。

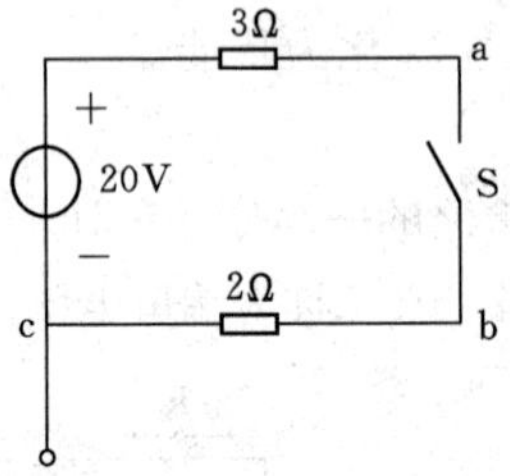

图1-28　自测题1.3.1图

1.3.2　填写如图1-29所示的待求量。

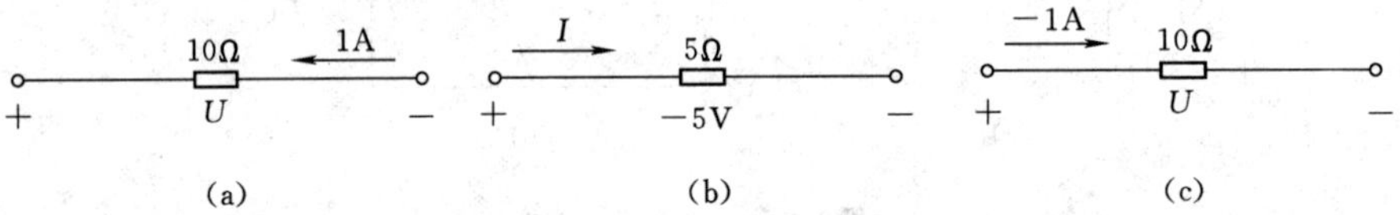

$U=$__________　　$I=$__________　　$U=$__________

$P=$__________　　$P=$__________　　$P=$__________

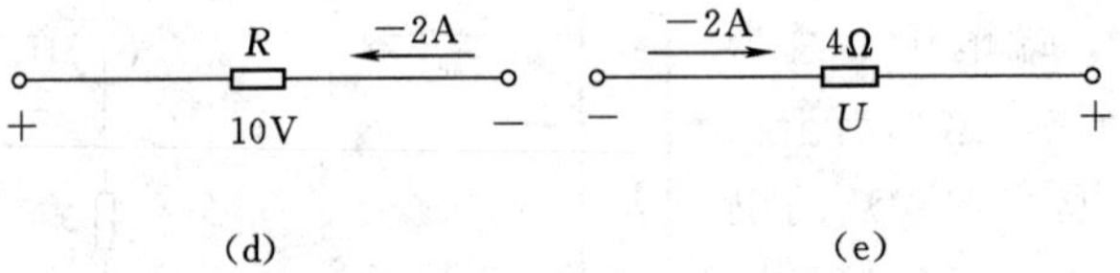

$R=$__________　　$U=$__________

$P=$__________　　$P=$__________

图1-29　自测题1.3.2图

二、判断题

1.3.3　欧姆定律不仅适用于线性电路，也适用于非线性电路。　（　　）

1.3.4　通常说负载增加，是指负载的电阻增加。　（　　）

1.3.5　通常说负载增加，是指负载的功率增加。　（　　）

1.3.6　在灯泡额定电压相同的条件下，功率大的灯泡电阻大，功率小的灯泡电阻小。　（　　）

1.3.7　线性电阻的伏安特性是一条过原点的直线。　（　　）

三、计算题

1.3.8　如图1-30所示电路中，求电位V_a、V_b和电压U_{ab}。

1.3.9　一只白炽灯，额定值为220V、100W。求它的电阻值R、额定电流I。若将该灯泡接到 110V 电路中，它的实际功率是多少？

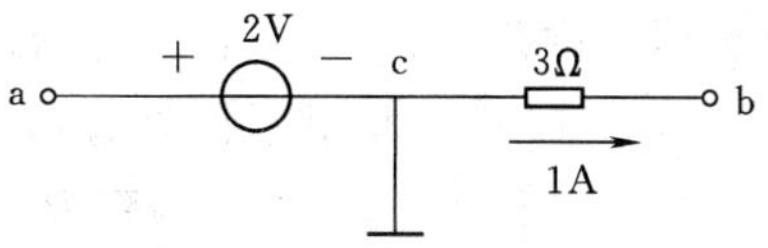

图 1-30 自测题 1.3.8 图

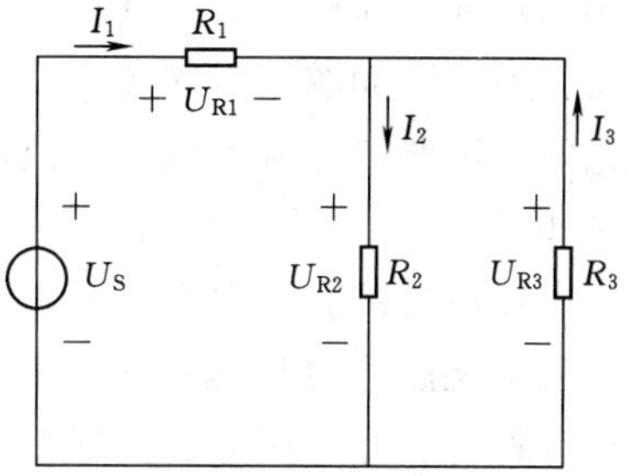

图 1-31 自测题 1.3.11 图

1.3.10 一个 12V、1.2W 的指示灯，它正常工作时的电流和电阻为多少？如果要接在 48V 的电源上工作，试问该串联多大阻值的电阻？此电阻的额定功率应为多少瓦？

1.3.11 如图 1-31 所示电路，已知 $U_S=30V$、$R_1=8\Omega$、$R_2=3\Omega$、$R_3=6\Omega$、$U_{R1}=24V$、$I_2=2A$。求 I_1、U_{R2}、I_3、U_{R3}、电源和各电阻的功率。

1.4 电路中的有源元件

有源元件分为独立源和受控源。能独自向外提供能量的有源元件称为独立源，它把内部其他形式的能量转化为电能输给电路，使电路产生电流和电压。比如各种电池、发电机和信号源。实际使用的独立电源种类繁多，通过分析、归纳所有电源的共性，得出了两种独立电源模型，即电压源和电流源。

不能独自向外提供能量的有源元件称为受控源，它受其他支路所控制。

1.4.1 电压源

1. 理想电压源

理想电压源是一种能产生并维持一定输出电压的理想电源元件，也简称为电压源，图形符号如图 1-32（a）所示，u_S 为电压源的电压，即为电压源的参数。电压源的电压若为恒定值 U_S，则称为直流电压源或恒压源，其图形符号如图 1-32（b）的虚框所示。

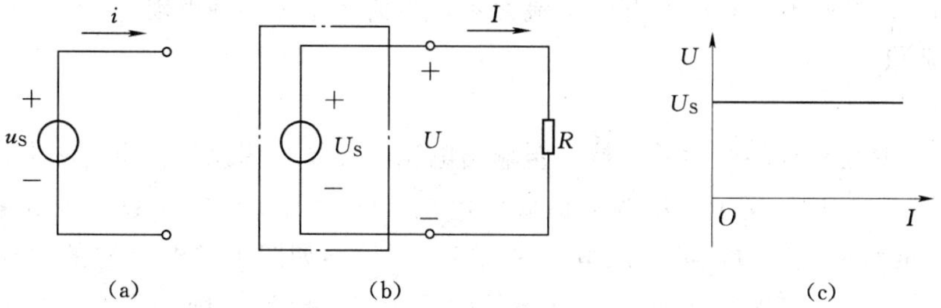

图 1-32 电压源的图形符号及伏安特性

（a）电压源；（b）直流电压源；（c）直流电压源的伏安特性

具有特点：①电压源的电压 u_S 为确定的时间函数（电压值固定不变或按某一特定规律变化），与通过它的电流及它所连接的外电路无关。输出的电压为 $u=u_S$；②通过电压源的电流可以是任意值，由其自身参数和所连接的外电路确定。

电源的端电压 u 与端电流 i 之间的关系称为电源的伏安特性，或电源的外特性。直流电压源的伏安特性曲线如图 1－32（c）所示，是一条平行于水平轴的直线。它表明，当外接负载变化时，电路的电流也变化，但端电压始终保持恒定值 U_S。

2．实际电压源

实际上，电压源内部总是存在一定的电阻，称为内阻 R_0。当电源有电流流过时，内阻就有分压，且电流越大分压也越大，输出端电压就越低，电源不再具有恒压输出的特性。这种电压源称为实际电压源。实际电压源可以用一个电压源 u_S 与内阻 R_0 串联的电路模型表示，图 1－33（a）所示的虚线框内为实际直流电压源。

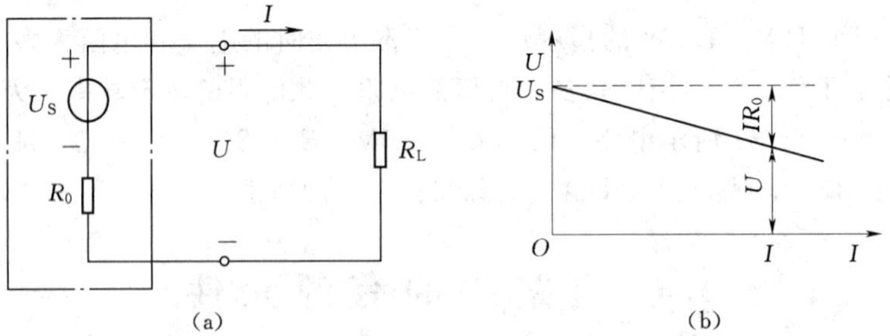

图 1－33　实际直流电压源及伏安特性

（a）电路模型；（b）伏安特性曲线

实际直流电压源的伏安特性为

$$U=U_S-IR_0 \tag{1-21}$$

伏安特性曲线如图 1－33（b）所示。从式（1－21）和曲线可以看出，电压源的端电压 U 随着电流 I 的增加而下降，内阻 R_0 越小，分压越小，曲线越平直，越接近恒压源的情况。工程中常见的稳压电源及大型电网的输出电压基本不随外电路变化，在一定范围内可近似当作恒压源。

实际电压源使用时不允许短路，因为短路电流很大，可烧损电源设备，甚至引发火灾。不使用时应开路放置，因为开路电流为零，不消耗电压源的电能。

1.4.2　电流源

1．理想电流源

理想电流源是一种能产生并维持一定输出电流的理想电源元件，也简称电流源，其图形符号如图 1－34（a）所示，i_S 为电流源的电流，即为电流源的参数。若电流源的电流为恒定值 I_S 时称为直流电流源，或恒流源，其图形符号如图 1－34（b）的虚框所示。

具有特点：①电流源的电流 i_S 为确定的时间函数（电流值固定不变或按某一特定规律变化），与它两端的电压及它所连接的外电路无关，输送给外电路的电流 $i=i_S$；②电流源两端的电压可以是任意值，由其自身参数和所连接的外电路确定。

直流电流源的伏安特性曲线如图 1－34（c）所示，是一条垂直于水平轴的直线。它表示，当外接负载变化时，电源两端的电压变化，但其电流始终保持恒定值 I_S。

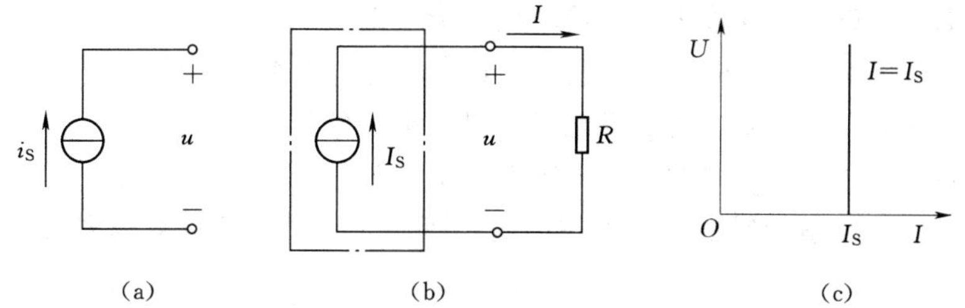

图 1-34 电流源的图形符号及伏安特性

(a) 电流源；(b) 直流电流源；(c) 直流电流源的伏安特性

2. 实际电流源

实际上，由于内阻的存在，电流源的电流不可能全部输出，有一部分将在内部分流。实际电流源可以用一个电流源 i_S 与内阻 R_0 并联的电路模型来表示，图 1-35（a）所示虚线框内为实际直流电流源的电路。

实际直流电流源的伏安特性为

$$I=I_S-\frac{U}{R_0} \tag{1-22}$$

其伏安特性曲线如图 1-35（b）所示。从式（1-22）和曲线可以看出，电流源的端电压 U 随着电流 I 的增加而下降；内阻 R_0 越大，分流越小，曲线越陡峭，越接近恒流源的情况。晶体管稳流电源及光电池等器件在一定范围内可近似视为恒流源。

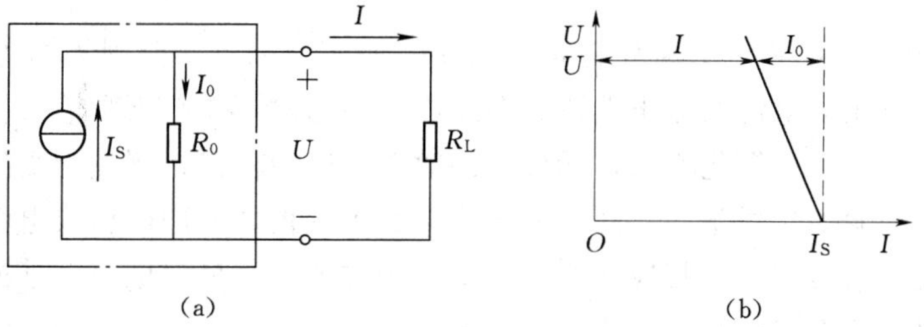

图 1-35 实际直流电流源及伏安特性

(a) 电路模型；(b) 伏安特性曲线

实际电流源的内阻都很大，如发生开路，其开路电压很大，会损坏电源，在应用时不允许处于开路状态。

1.4.3 受控源

受电路中另一部分的电压或电流控制的电源，称为受控源或非独立源。例如，运算放大器的输出电压受输入电压的控制，晶体管集电极电流受基极电流所控制，这类电路器件都可以利用受控源来描述。

受控源有受控电压源和受控电流源，根据控制量是电压或电流，分为电压控制电压源（VCVS）、电流控制电压源（CCVS）、电压控制电流源（VCCS）和电流控制电流源（CCCS），这 4 种受控源的图形符号如图 1-36 所示（在此以直流电路为例）。为了与独立源相区别，用菱形符号表示其电源部分。图中 U_1 和 I_1 分别表示控制电压和控制电流，μ、r、g、β 是有关的控制系数。这 4 种受控源的特性方程分别如下：

VCVS：$U_2=\mu U_1$　　μ 称为电压传输比，无量纲。

CCVS：$U_2=rI_1$　　r 称为转移电阻，具有电阻的量纲。

VCCS：$I_2=gU_1$　　g 称为转移电导，具有电导的量纲。

CCCS：$I_2=\beta I_1$　　β 称为电流传输比，无量纲。

当系数 μ、r、g、β 为常数时，被控制量和控制量之间成正比，这种受控源称为线性受控源。

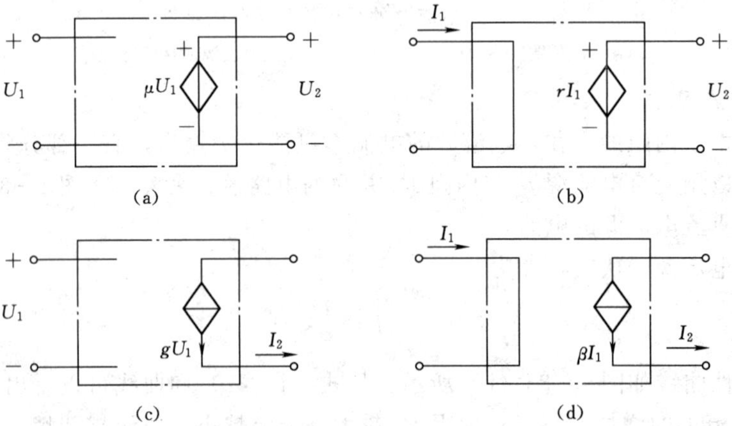

图 1-36　受控源

(a) VCVS；(b) CCVS；(c) VCCS；(d) CCCS

图 1-36 中的受控源表示为具有 4 个端钮，即两个端口，分别为施加控制量的输入端口和对外提供电压或电流的输出端口。在绘制电路图时，一般不画输入端口，只画出输出端口，这就，受控源就简化为二端元件，同时要明确地标出控制量和受控量。

受控源与独立源的性质不同，独立源不受电路中其他部分的电压或电流控制，能独立向电路提供电能和信号并产生相应的响应。受控源主要用来反映电路中某处电压或电流能控制另一处的电压或电流的现象，或表示一处的电路变量与另一处电路变量之间的一种耦合关系。当电路中不存在独立源时，受控源不能独立地产生响应。受控源反映了很多电子器件在工作过程中所发生的这种控制关系，故电子器件可以用包含受控源的电路元件来建立电路模型。

【例 1-2】 如图 1-37 所示电路中的受控源为 VCCS，已知 $I_2=2U_1$，$I_S=1A$，求电压 U_2。

解　先求控制电压 U_1，从左边电路可知

$$U_1=I_S\times 2=1\times 2=2(V)$$

故有　$I_2=2U_1=2\times 2=4(A)$

得　$U_2=-5I_2=-5\times 4=-20(V)$

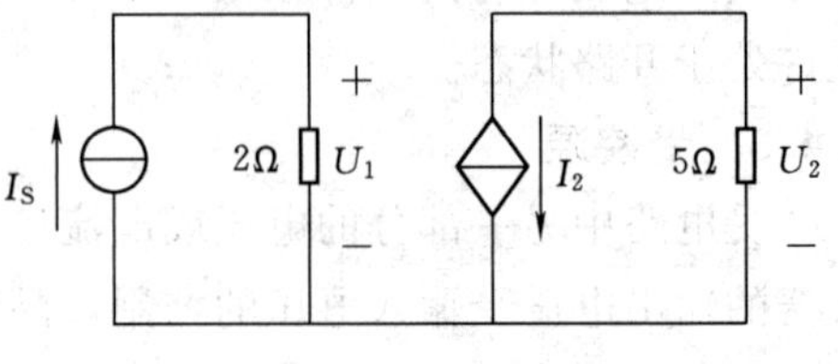

图 1-37　[例 1-2] 图

自　测　题

一、填空题

1.4.1　电路如图 1-38 所示，填写各电路的输出特性方程。

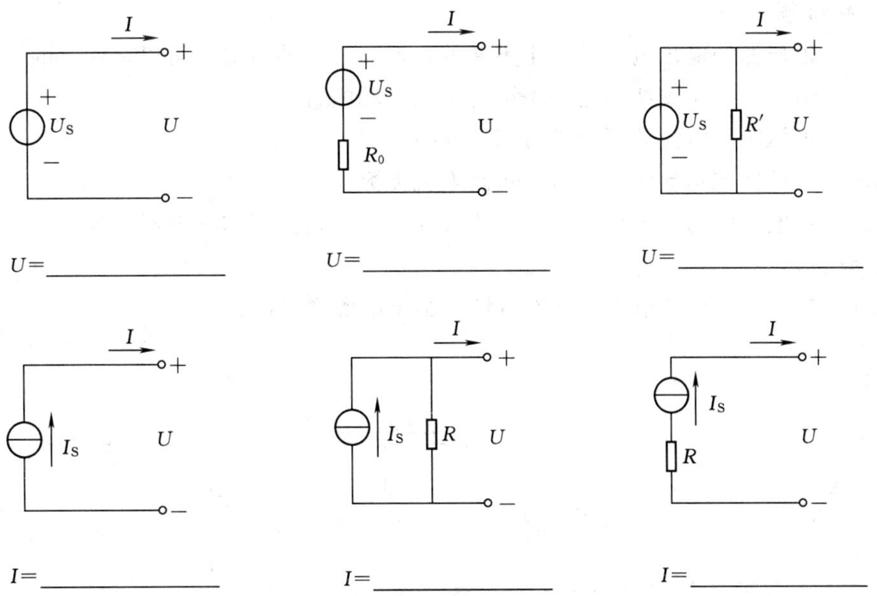

图 1-38 自测题 1.4.1 图

1.4.2 电路如图 1-39 所示，填写各待求量。

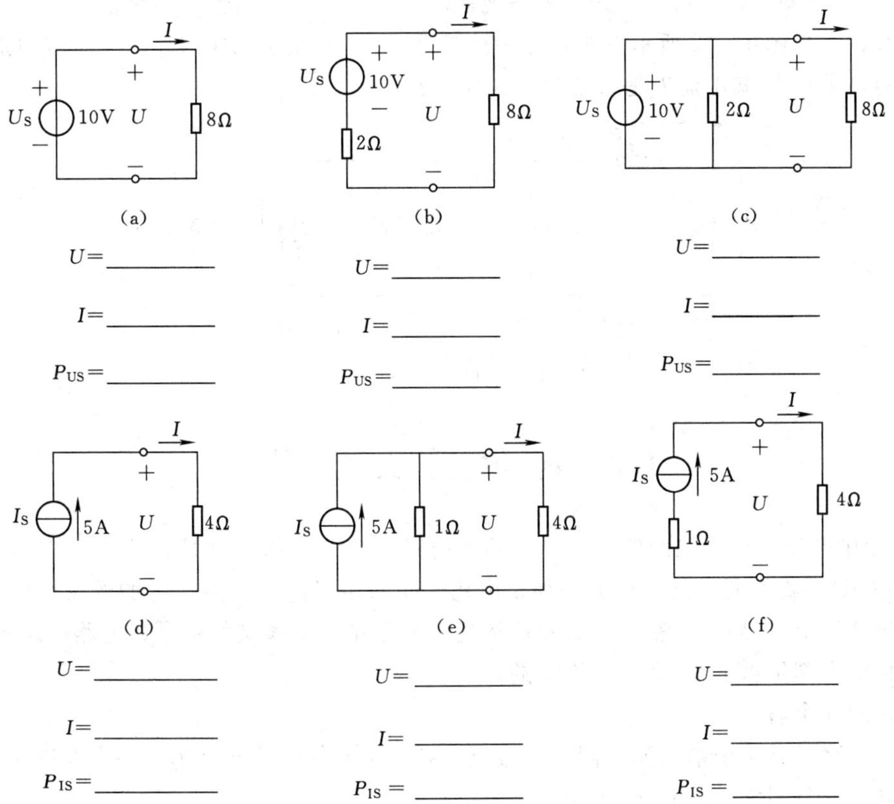

图 1-39 自测题 1.4.2 图

二、判断题

1.4.3　恒压源的输出电压是恒定不变的，但通过它的电流却可以是任意的。（　　）

1.4.4　恒流源的伏安特性是一条平行于电压轴的直线。（　　）

1.4.5　恒压源与恒流源可以进行等效互换。（　　）

1.4.6　电源两端用导线短接时，短路电流无穷大。（　　）

1.4.7　将电路中的等电位点用导线连接起来，电路的工作状态不会改变。（　　）

三、计算题

1.4.8　根据图 1-40 给出的伏安特性，画出电源模型图。

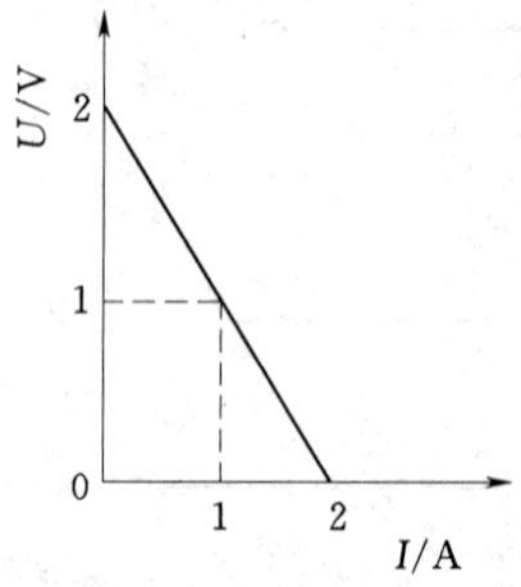

图 1-40　自测题 1.4.8 图

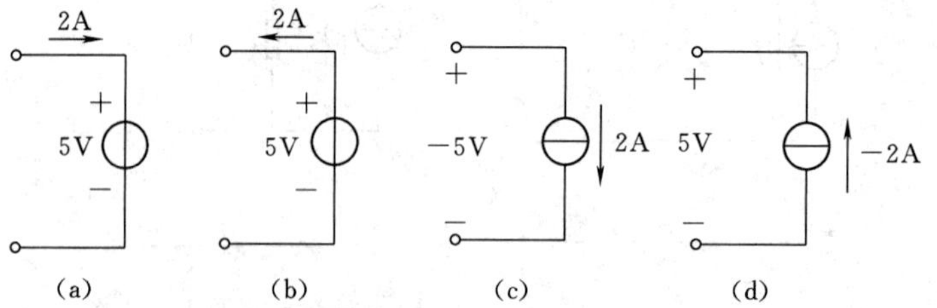

图 1-41　自测题 1.4.9 图

1.4.9　如图 1-41 所示电路，求各电源的功率，并说明是吸收还是发出。

1.4.10　如图 1-42 所示电路，分别计算（a）、（b）电路中的 U 和 I，问当电阻 R 的值变化时，电压 U 和电流 I 是否变化？为什么？

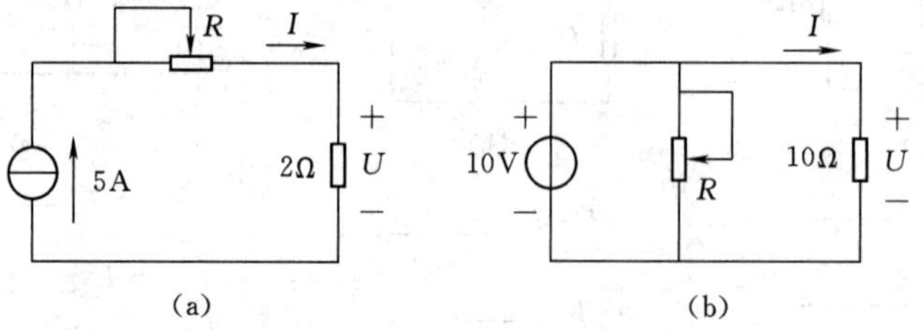

图 1-42　自测题 1.4.10 图

1.5　基尔霍夫定律

电路中电压、电流之间的关系受到两种约束：一种是由元件特性决定的电压与电流关系（VCR），称为元件约束；另一种是由元件间的相互连接关系决定的约束，称几何约束（或拓扑约束）。后者由基尔霍夫定律描述。基尔霍夫定律是集中参数电路的基本定律，是德国科学家基尔霍夫在 1845 年论证的。

电路的几个名词：

（1）支路。有两个端钮流过同一电流至少有一个元件的分支称为支路。在图 1-43 中有 3 条支路，分别为 aa′cb、ab 和 adb。

（2）节点。3 条和 3 条以上的支路的连接点叫做节点。理想导线两端可看成一个节点，在图 1 - 43 中有两个节点：a 和 b。c、d 不是节点，a 和 a′是同一节点。

(3) 回路。由支路构成的闭合路径称为回路，图 1 - 43 中有 3 个回路：abca′a、adba 和 a′adb ca′。

(4) 网孔。内部不含有支路的回路称为网孔。如图 1 - 43 中 abca′a 和 adba 为网孔。

(5) 网络。电路又称为网络。一般指较复杂的电路。

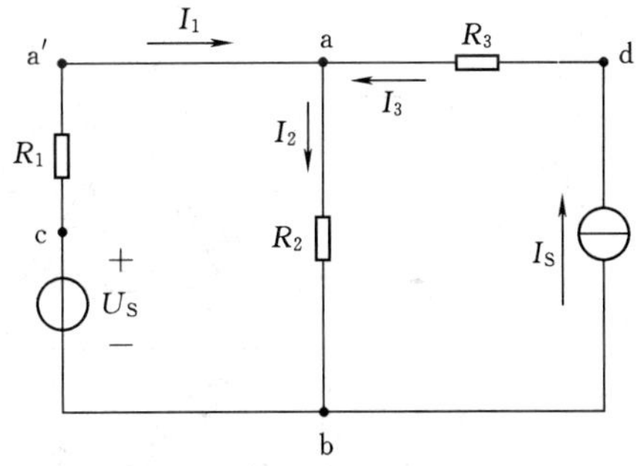

图 1 - 43　电路举例

1.5.1 基尔霍夫电流定律

基尔霍夫电流定律简称为 KCL，是用来确定连接在同一节点上各支路电流之间关系的定律。其内容表述为：在集中参数电路中，任何时刻，在电路的任一节点上，所有支路电流的代数和恒等于零。数学表达式为

$$\sum i=0 \quad 或 \quad \sum I=0 \tag{1-23}$$

该表达式称为 KCL 方程或节点电流方程。

根据式 (1 - 23) 列写方程时，规定流出节点的电流取“+”号，流入节点的电流取“−”号。当然，也可作相反的规定，其结果是一样的。电流是流入还是流出节点，均根据电流的参考方向判断。式 (1 - 23) 也可写成

$$\sum i_{入}=\sum i_{出} \quad 或 \quad \sum I_{入}=\sum I_{出} \tag{1-24}$$

式 (1 - 24) 表明，任一时刻，流入节点的电流之和等于流出节点的电流之和。

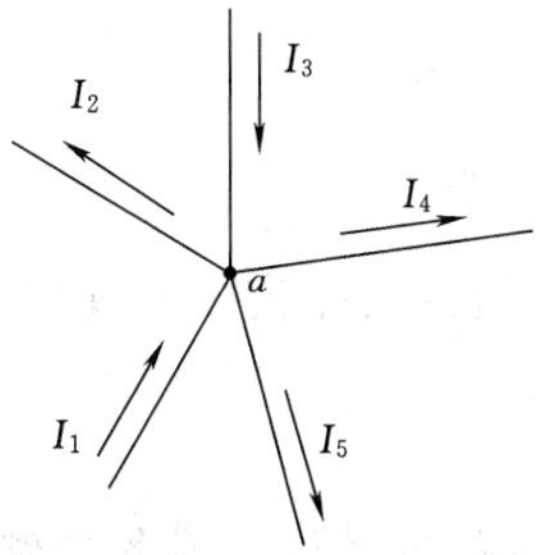

图 1 - 44　KCL 的说明

如图 1 - 44 所示，对节点 a，有

$$-I_1+I_2-I_3+I_4+I_5=0$$

或

$$I_1+I_3=I_2+I_4+I_5$$

KCL 的理论依据是电流连续性原理，即电荷在电路中的运动是连续的，在任何地方都不能消失，也不能创造，是电荷守恒的体现。

【例 1 - 3】 图 1 - 44 所示电路，若已知 $I_1=2\text{A}$，$I_2=1\text{A}$，$I_3=-3\text{A}$，$I_4=-1\text{A}$。求 I_5。

解 根据 KCL 得

$$-I_1+I_2-I_3+I_4+I_5=0$$

代入数据，有

$$-2+1-(-3)+(-1)+I_5=0$$

$$I_5=-1\text{A}$$

I_5 为负值，表明它的实际方向与参考方向相反，是流入 a 节点的。

根据电流的连续性，KCL 还可以推广运用于包围电路任一部分的封闭面，如图 1 - 45 所示，虚线所包围部分可视作一个广义节点。利用 KCL 可得

$$i_1+i_2+i_3=0$$

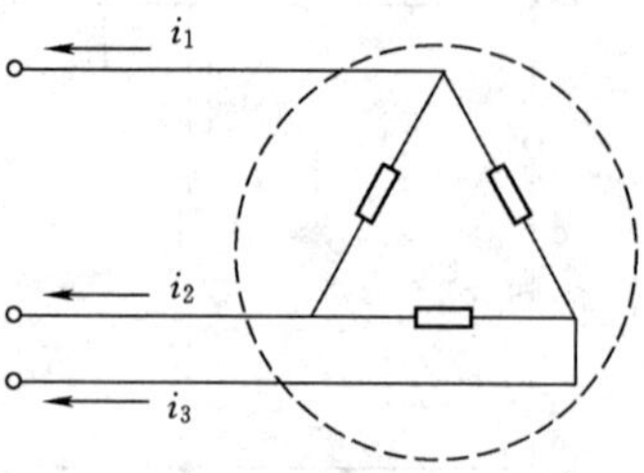

图 1-45 KCL 应用于封闭面

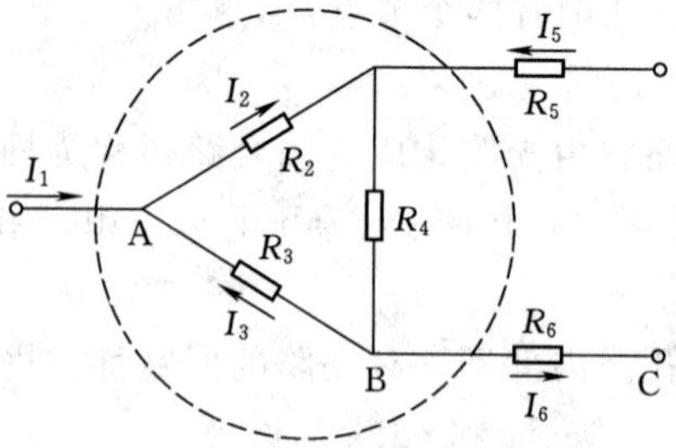

图 1-46 ［例 1-4］图

【例 1-4】 如图 1-46 所示是电路的一部分，已知：$I_1=2\text{A}$，$I_2=-1\text{A}$，$I_5=3\text{A}$，计算 AB 支路和 BC 支路的电流。

解 设 AB 支路电流 I_3、BC 支路电流 I_6 的参考方向如图 1-46 所示。

对节点 A，KCL 方程为

$$-I_1+I_2-I_3=0$$

即

$$I_3=I_2-I_1=-1-2=-3\text{A}$$

如图 1-46 虚线所示为广义节点，应用 KCL 得

$$-I_1-I_5+I_6=0$$

即

$$I_6=I_1+I_5=2+3=5\text{A}$$

列 KCL 方程的步骤如下：

(1) 选定节点。

(2) 设定并标示节点所连各电流的参考方向。

(3) 列 KCL 方程。根据各电流的参考方向与该节点的关系（流入还是流出）确定各电流前的符号（正号或负号）。

1.5.2 基尔霍夫电压定律

基尔霍夫电压定律简称为 KVL，它是描述电路中任一闭合回路各元件（或各支路）电压之间相互关系的定律。其内容表述为：在集中参数电路中，任何时刻，沿电路的任一闭合回路绕行一周，回路中各部分电压的代数和恒等于零。数学表达式为

$$\sum u=0 \quad 或 \quad \sum U=0 \qquad (1-25)$$

该表达式称为 KVL 方程或回路电压方程。

根据式 (1-25) 列写方程时，要先选定回路的绕行方向，当电压参考方向与绕行方向一致时，电压前取“+”号；当电压参考方向与绕行方向相反时，电压前取“−”号。以图 1-47 为例，设绕行方向如图 1-47 所示，从 A 点出发绕行一周，可写出 KVL 方程为

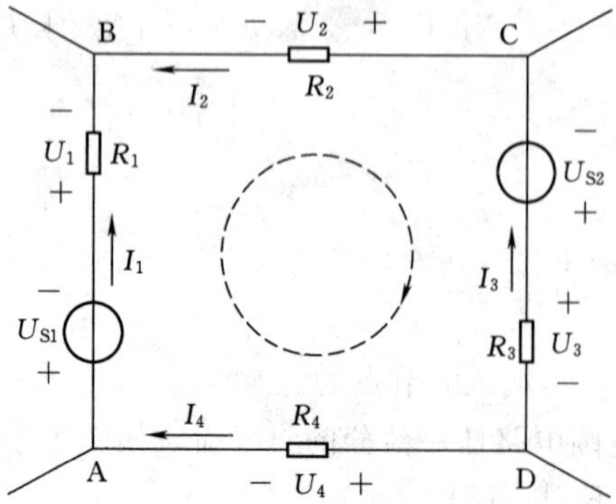

图 1-47 KVL 的说明

$$U_{S1}+U_1-U_2-U_{S2}+U_3+U_4=0$$

根据欧姆定律，上式可写成

$$U_{S1}+I_1R_1-I_2R_2-U_{S2}-I_3R_3+I_4R_4=0 \tag{1-26}$$

可见，电流参考方向与绕行方向一致时，电阻压降 IR 前取“＋”号，反之取“－”号。

式（1－26）也可写成一般形式，即

$$\sum IR=\sum U_S \tag{1-27}$$

采用式（1－27）列方程时，若电压源电压参考方向与绕行方向相反，该电压源电压前取“＋”号，反之取“－”号。

KVL 的理论依据是电位的单值性原理，即对于参考点，任意一点都有确定的电位值。沿任意闭合路径绕行一周，电位有升有降，但电位升的总和一定等于电位降的总和，即其代数和为零，以确保重新回到出发点时，该点电位值不变，体现了能量守恒定律。

KVL 也可以推广运用于电路中的广义回路。例如，在图 1－48 中，可以假想有回路 abca，其中 ab 段用电压 u 来替代，形成一个广义的闭合回路。对于该回路，如从 a 点出发，顺时针方向绕行一周，利用 KVL 有

$$u+u_1-u_S=0$$

根据这个推广可以很方便地求电路中任意两点间的电压。

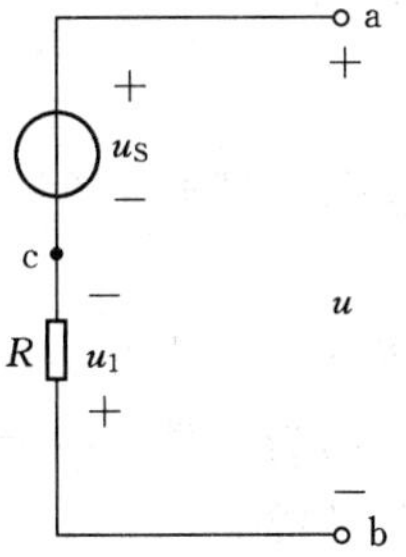

图 1－48　KVL 应用于广义回路

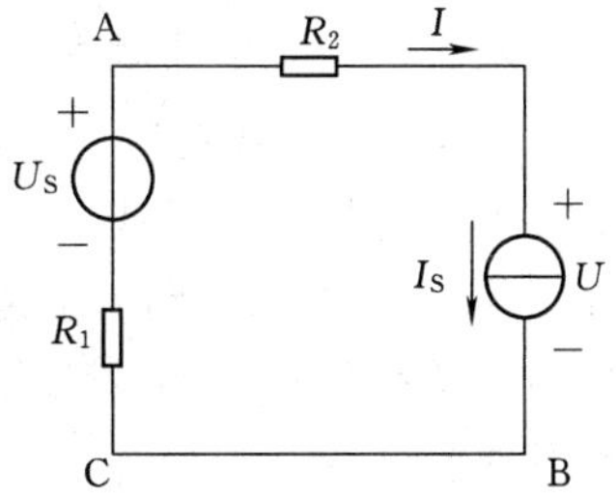

图 1－49　［例 1－5］图

【例 1－5】 在图 1－49 所示的电路中，已知 $U_S=11V$，$I_S=1A$，$R_1=1\Omega$，$R_2=4\Omega$，计算电流源的端电压 U 和电压 U_{AB}。

解　设各电压、电流的参考方向如图 1－49 所示。根据电流源的性质得

$$I=I_S=1A$$

应用 KVL 列方程，得

$$IR_1-U_S+IR_2+U=0$$

代入数据，得

$$U=U_S-IR_1-IR_2=11-1\times1-1\times4=6(V)$$

A、B 之间用电压 U_{AB} 替代，形成广义的闭合回路 ABCA，列 KVL 方程，有

$$U_{AB}+IR_1-U_S=0$$

代入数据，得　　$U_{AB}=U_S-IR_1=11-1\times1=10V$

这道题提醒我们，在包含电流源的电路中，列 KVL 方程时，不要遗漏了电流源的端电压。

【例1-6】 图1-50所示为某电路中的一个回路，通过a、b、c、d 4个节点与电路的其他部分相连接，图中已标注出部分已知的元件参数及支路电流，求未知参数 R 及电压 U_{ac}、U_{bd}。

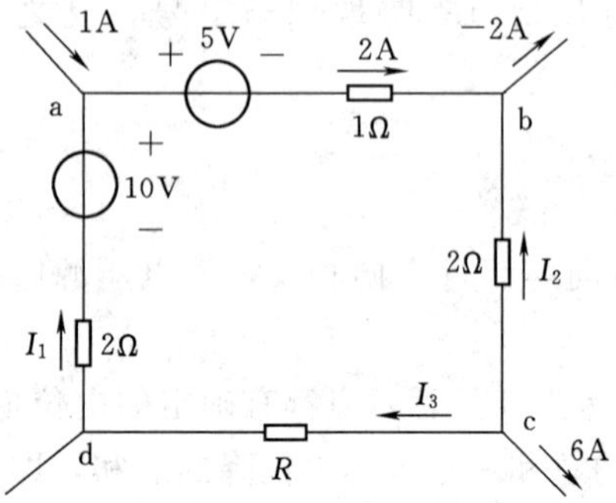

图1-50　[例1-6] 图

解　设未知电流 I_1、I_2、I_3 如图1-50所示。

对节点a应用KCL得

$$-1+2-I_1=0，解得\ I_1=1A$$

对节点b应用KCL得

$$-2+(-2)-I_2=0，解得\ I_2=-4A$$

对节点c应用KCL得

$$I_2+6+I_3=0，解得\ I_3=-I_2-6=-2A$$

按abcda方向绕行，列KVL方程：$5+1\times2-2I_2+I_3R+2I_1-10=0$

代入 I_1、I_2、I_3 的值，解得 $R=3.5\Omega$

根据KVL的推广，可得

$$U_{ac}=U_{ab}+U_{bc}=5+1\times2-2I_2=[5+2-2\times(-4)]=15(V)$$

$$U_{bd}=U_{bc}+U_{cd}=-2I_2+RI_3=[-2\times(-4)+3.5\times(-2)]=1(V)$$

列KVL方程的步骤如下：

(1) 选定列KVL方程的回路，标示绕行的方向。

(2) 设定并标示各电压、电流的参考方向。

(3) 列KVL方程。根据各电压、电流的参考方向与绕行方向的关系（相同或相反）确定各电压、电流前的符号（正号或负号）。

KCL给电路中任一节点的支路电流之间施加约束关系；KVL则给回路内各段电压施加约束关系。这两个定律仅与元件的相互连接有关，而与元件的性质无关。不论是线性的还是非线性的、时变的还是定常的，KCL和KVL总是成立。

自　测　题

一、填空题

1.5.1　电路中两点间的电压是确定的，计算这两点电压时与所选路径__________。

1.5.2　求如图1-51所示各电路中的电流 I。

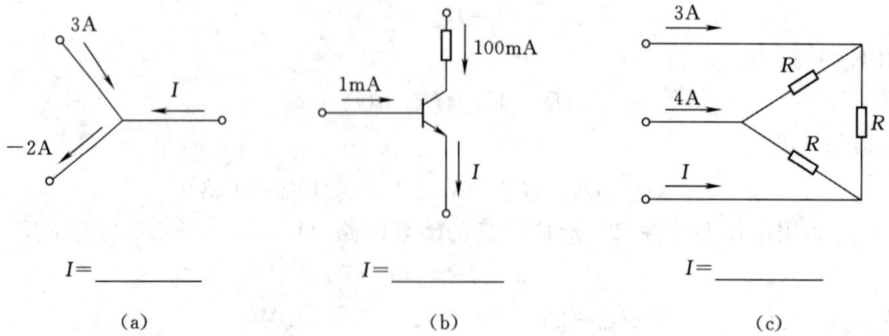

图1-51　自测题1.5.2图

1.5.3 求如图 1-52 所示各电路中的电压 U。

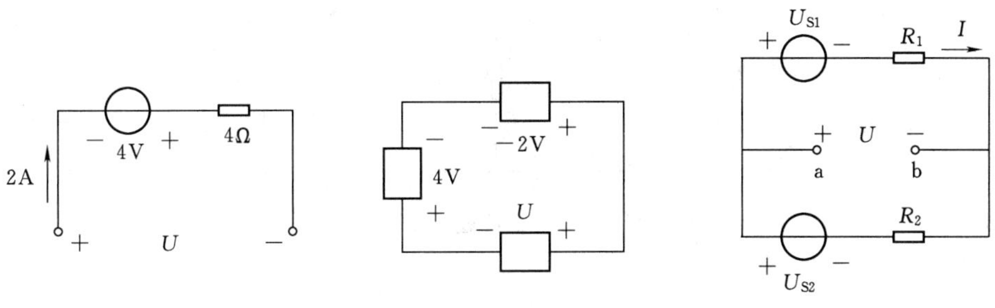

$U=$______　　$U=$______　　$U=$______

(a)　　(b)　　(c)

图 1-52 自测题 1.5.3 图

二、计算题

1.5.4 如图 1-53 所示电路，试求电流 I_1、I_2、I_3。

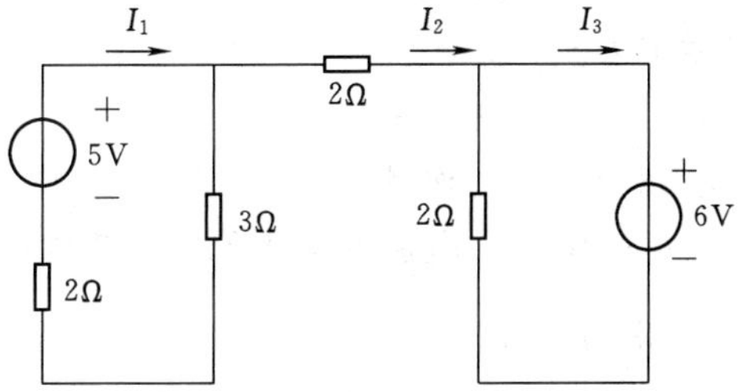

图 1-53 自测题 1.5.4 图

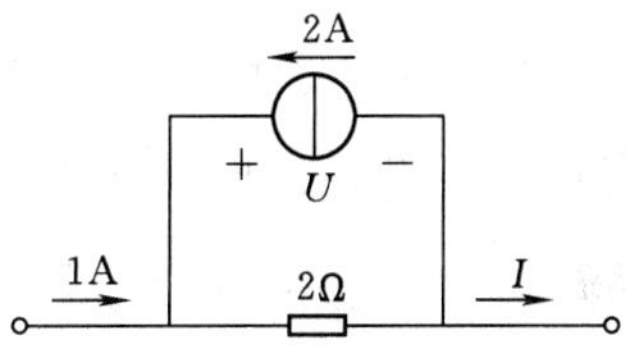

图 1-54 自测题 1.5.5 图

1.5.5 求如图 1-54 所示电路的电压 U、电流 I。

1.5.6 求如图 1-55 所示电路的电流 I、电压 U_{ab}。

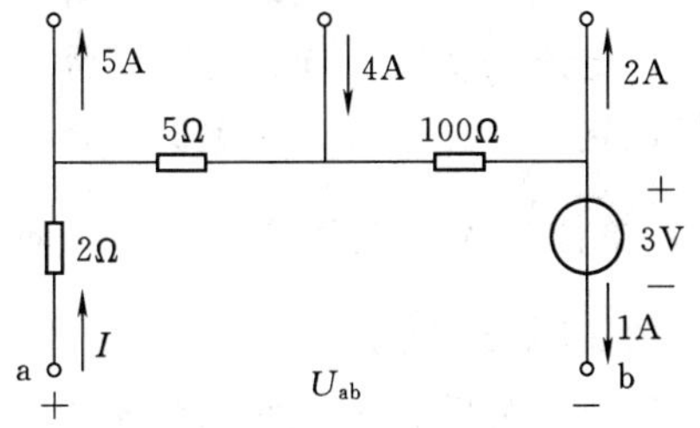

图 1-55 自测题 1.5.6 图

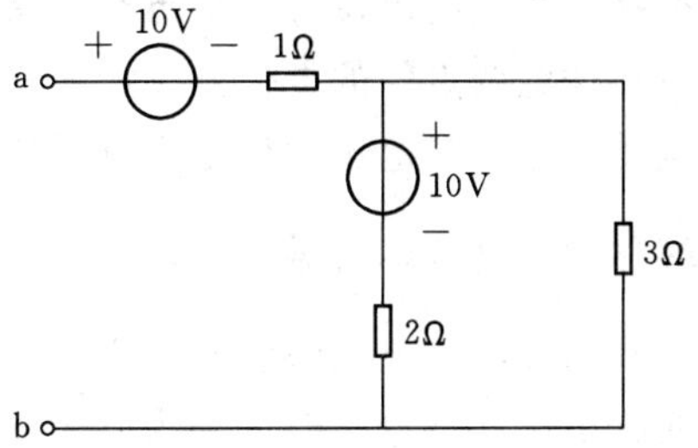

图 1-56 自测题 1.5.7 图

1.5.7 如图 1-56 所示电路，a、b 处开路，试求电压 U_{ab}。

1.5.8 如图 1-57 所示电路，已知：$U_1=5V$，$U_3=-3V$，$I=2A$。试求 U_2、I_2、R_1、R_2 和 U_S。

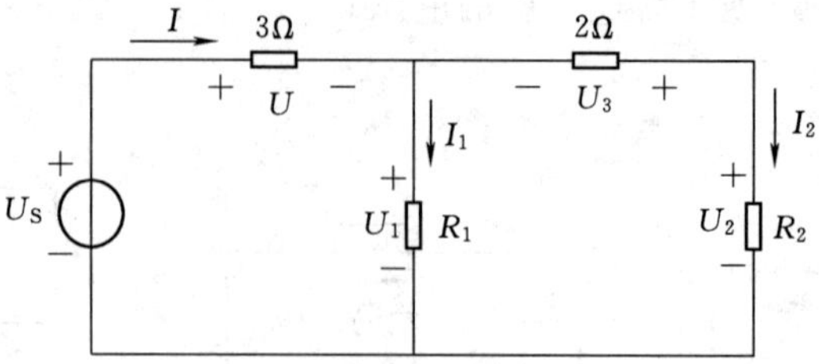

图 1－57　自测题 1.5.8 图

小　　结

1. 电路及电路模型

电路是由电源、中间环节和负载 3 部分组成的电流的通路，它的作用是用来实现电能的输送和转换、电信号的传递和处理。由理想电路元件（简称电路元件）组成的电路称为电路模型。电路元件只有单一的电磁性质，有电阻元件、电感元件、电容元件、电压源、电流源和受控源。

电路理论就是从实际电路中建立电路模型，通过数学手段对电路模型进行分析、计算，从中得出有用的结论，再回到物理实际中去。

2. 主要物理量

电流、电压、电位、电动势和功率是电路的主要物理量。

（1）电流是指单位时间内通过导体横截面的电量，电流的大小称为电流强度，定义为 $i=\frac{\mathrm{d}q}{\mathrm{d}t}$，单位为 A。电流的实际方向规定为正电荷流动的方向。

（2）电压是反映电场力做功本领的物理量，定义为电场力将单位电荷从一点移动到另一点所做的功等于这两点之间的电压，即 $u=\frac{\mathrm{d}w}{\mathrm{d}q}$，单位为 V。电压的实际方向为正电荷受电场力的方向。

（3）电路中某点的电位等于该点与参考点之间的电压。参考点改变，则各点的电位值相应改变，但任意两点间的电位差（电压）不变。电压的实际方向也是电位降低的方向。

（4）电动势是反映电源力做功本领的物理量，定义为在电源内部电源力将单位正电荷从低电位端移到高电位端所做的功，即 $e=\frac{\mathrm{d}w_S}{\mathrm{d}q}$，单位为 V。电动势的实际方向为在电源内部电位升高的方向。电动势的实际方向与电压的实际方向相反。

（5）在分析、计算电路时，因为电流、电压、电动势的实际方向往往无法确定，所以必须选定参考方向。在选定的参考方向下，求得的值若为正，则表明实际方向与参考方向相同；求得的值若为负，则表明实际方向与参考方向相反。参考方向可任意选定，并不影响最终结论，但一经选定，解题过程中就不能变动。

对于一个二端网络（或二端元件），其电流与电压的参考方向若是一致的，称为关联参考方向；否则，称为非关联参考方向。

(6) 功率是指电能的转换速率。定义为单位时间内电场力所做的功，即 $p=\frac{\mathrm{d}w}{\mathrm{d}t}$，单位为 W。一个二端网络（或二端元件）的功率大小为 $p=\pm ui$，若端电压与端电流取关联参考方向，则式子前面取“＋”号；若端电压与端电流取非关联参考方向，则式子前面取“－”号。计算结果 $p<0$ 时，该二端网络（或元件）发出功率；计算结果 $p>0$ 时，该二端网络（或元件）吸收功率。任一时刻，整个电路的功率代数和为零。电能 $W=\int_{t_0}^{t} p\mathrm{d}t$。

3. 基尔霍夫定律

基尔霍夫定律是集中参数电路的基本定律，它是由于电路的连接而形成的电压、电流的约束关系。称为几何约束或拓扑约束。这种约束与元件的性质无关，适用于电路的任一时刻。

(1) 基尔霍夫电流定律（KCL）是电流的连续性原理在电路中的体现，它的内容是：任一时刻在电路的任一节点（或封闭面）上，所有支路电流的代数和恒等于零，即 $\sum i=0$。

(2) 基尔霍夫电压定律（KVL）是能量转换和守恒定律在电路中的体现，它的内容是：任一时刻，在电路的任一闭合回路（包括广义回路）中，各部分电压的代数和恒等于零，即 $\sum u=0$。

4. 电阻元件

电阻 R 是表示导体对电流阻碍作用的物理量，电阻的作用会使电能转化为热能。反映这种性质的理想元件称为电阻元件。电阻元件的电压、电流关系满足欧姆定律，即两者的大小成正比，实际方向一致。当电压与电流取关联参考方向时，$u=iR$，$p=ui=i^2R=\frac{u^2}{R}>0$；当电压与电流取非关联参考方向时，$u=-iR$，$p=-ui=i^2R=\frac{u^2}{R}>0$。电阻元件是一种无记忆元件，且是耗能元件。

5. 有源元件

(1) 独立源。独立源是能独自向外提供能量的有源元件，它把内部其他形式的能量转化为电能输给电路，使电路产生电流和电压。独立源可分为电压源和电流源。

1) 电压源。

理想电压源：简称电压源。内阻忽略，输出确定的电压 $u=u_S$，通过电压源的电流 i 由自身参数 u_S 和外电路决定。

实际电压源：用电压源 u_S 与内阻 R_0 串联的电路模型来表示，输出电压 $u=u_S-iR_0$，u 会随着外电路的改变而改变。电压源不可短路。

2) 电流源。

理想电流源：简称电流源。内阻无穷大，输出确定的电流 $i=i_S$，电流源两端的电压 u 由自身参数 i_S 和外电路决定。

实际电流源：用电流源 i_S 与内阻 R_0 并联的电路模型来表示，输出电流 $i=i_S-\frac{u}{R_0}$，i 会随着外电路的改变而改变。电流源不可开路。

(2) 受控源。不能独自向外提供能量的有源元件称为受控源，它本身不能直接起激励作用，且输出的电压或电流受其他元件或支路的电压或电流所控制。主要用来反映电路中某处电压或电流能控制另一处的电压或电流的现象。受控源是双口元件，在画电器图时只画输出端口，并标明控制量和受控量。受控源兼有电源性质和电阻性质。

习　题

1-1　在指定的电压 U 和电流 I 的参考方向下，写出图1-58所示各元件的 U 或 I。

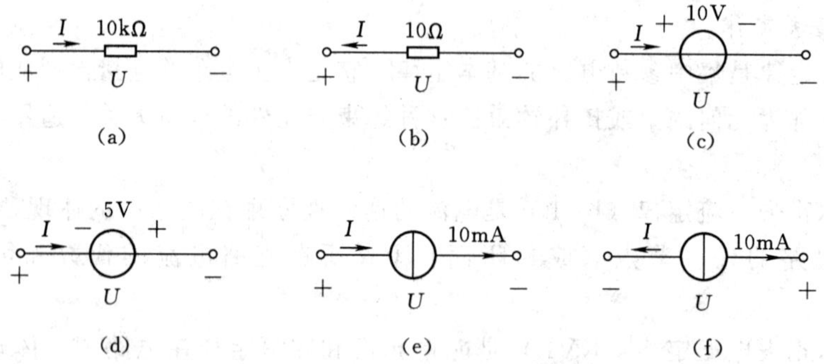

图1-58　习题1-1图

1-2　图1-59中各元件的电流 I 均为2A。

(1) 求各图中支路电压 U。

(2) 求各图中电源、电阻及支路的功率，并讨论功率平衡关系。

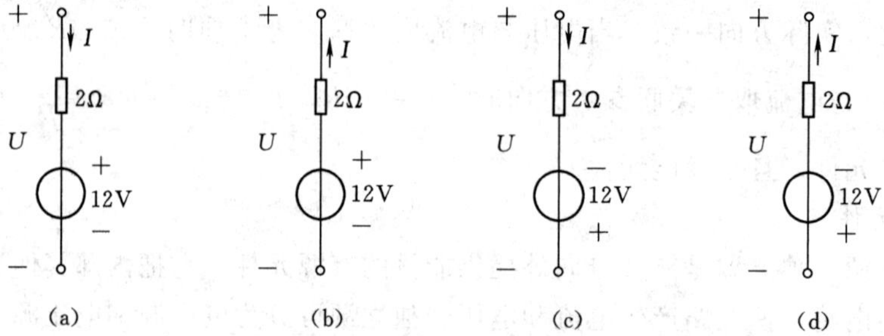

图1-59　习题1-2图

1-3　试求图1-60中各电路的电压 U，并分别讨论其功率平衡。

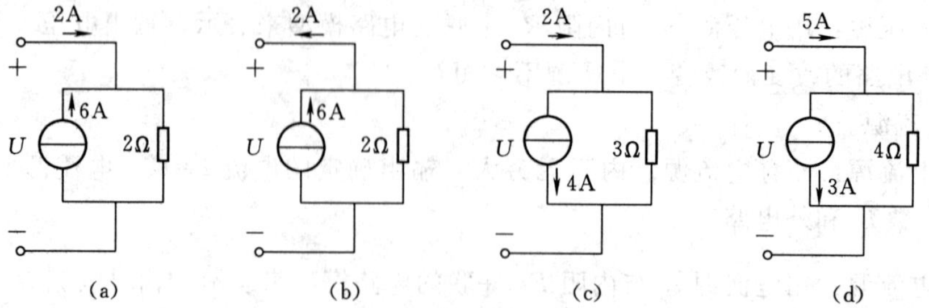

图1-60　习题1-3图

1－4　图 1－61 所示电路由 4 个元件组成，电压与电流的参考方向如图 1－61 所示。已知 $U_1=-5V$，$U_2=15V$，$I_1=4A$，$I_2=3A$，$I_3=-1A$。试计算各元件的功率，并说明功率的性质。

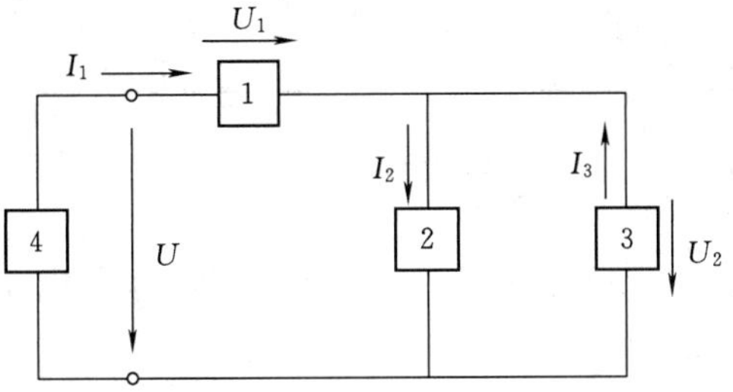

图 1－61　习题 1－4 图

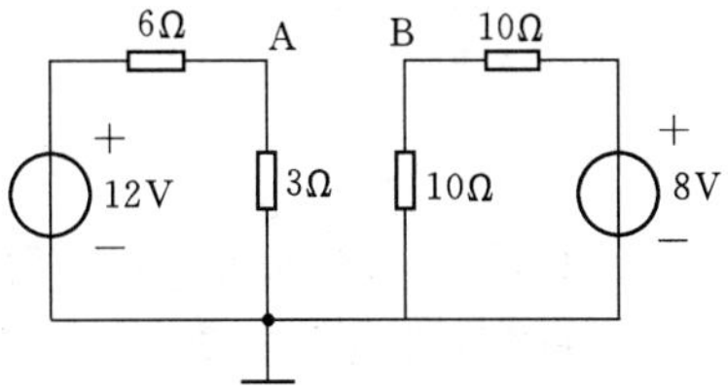

图 1－62　习题 1－5 图

1－5　如图 1－62 所示的电路，求 A、B 两点的电位。如果将 A、B 两点短接或在 A、B 两点之间接入一电阻，对电路是否有影响？

1－6　如图 1－63 所示，若：（1）R_1、R_2、R_3 不确定；（2）$R_1=R_2=R_3$。分别针对这两种情况，尽可能多地确定各电阻中的未知电流。

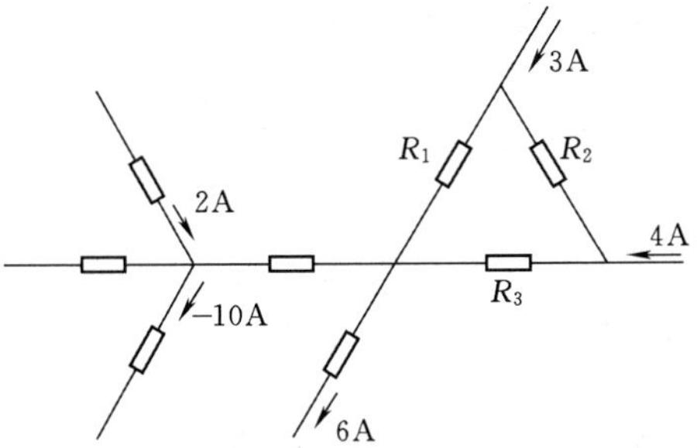

图 1－63　习题 1－6 图

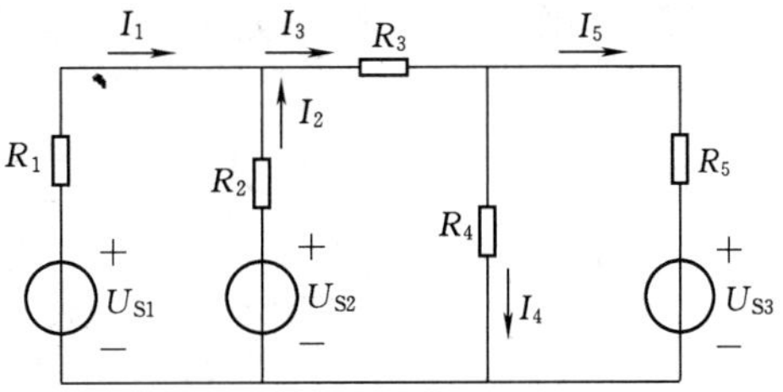

图 1－64　习题 1－7 图

1－7　如图 1－64 所示，根据图中标定的各支路电流的参考方向。（1）列出各节点的 KCL 方程，并指出独立的有几个；（2）列出各回路的 KVL 方程，并说明独立的有几个。

1－8　如图 1－65 所示，求电路中各元件的功率，并说明功率的性质。

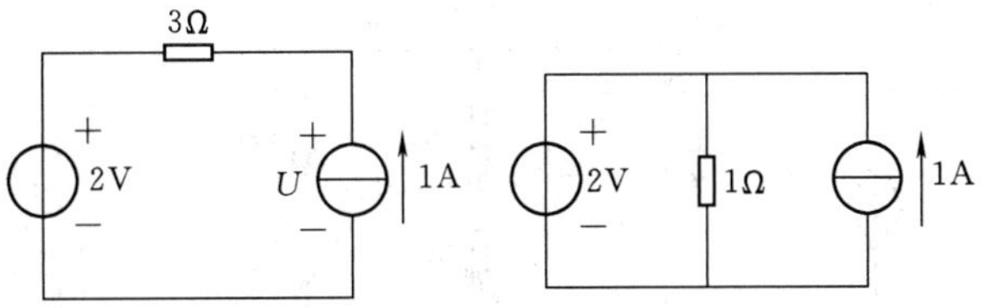

（a）　　（b）

图 1－65　习题 1－8 图

1－9　如图 1－66 所示电路，试求电压 U 和电流 I。

1－10　如图 1－67 所示电路，已知电压 $U_1=14V$，求 U_3。

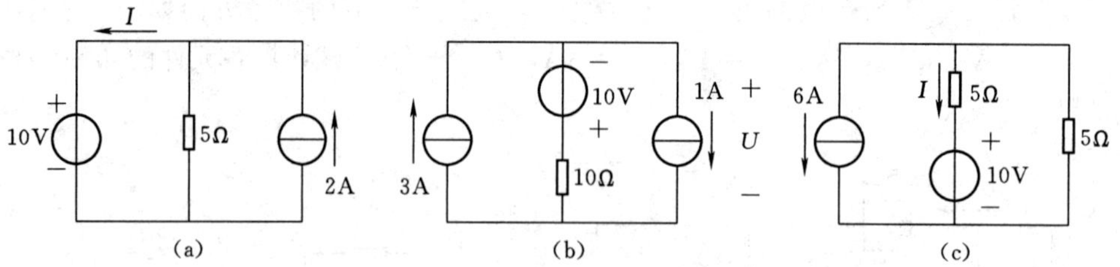

图1-66　习题1-9图

1-11　如图1-68所示电路，已知 $U_{S1}=10V$，$U_{S2}=4V$，$I_S=5A$，$R_1=5\Omega$，$R_2=2\Omega$。求各元件吸收或发出的功率，并验证功率平衡。

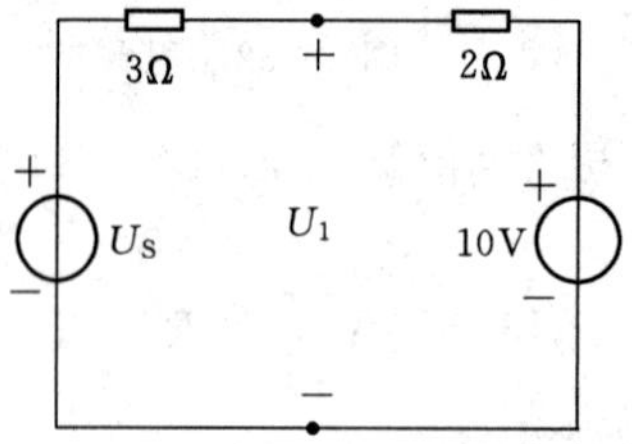

图1-67　习题1-10图

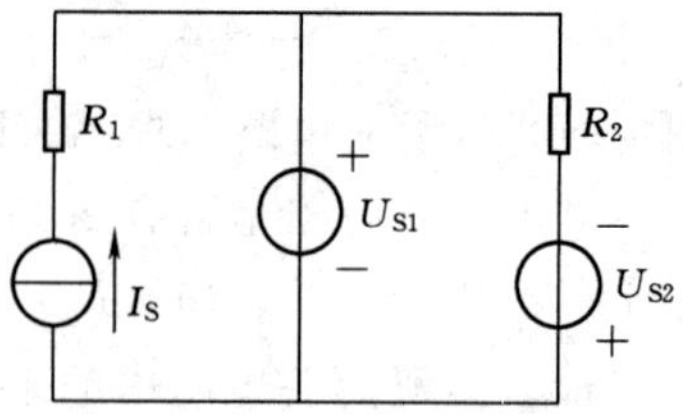

图1-68　习题1-11图

1-12　如图1-69所示电路，求开路电压 U。

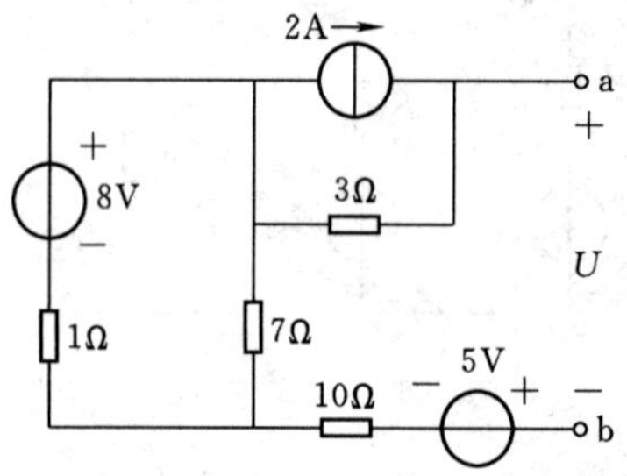

图1-69　习题1-12图

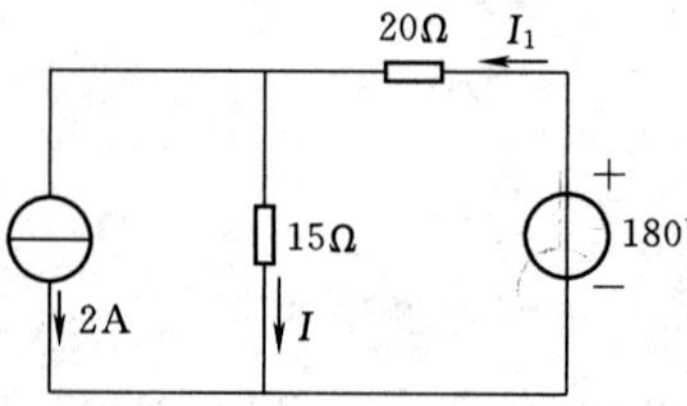

图1-70　习题1-13图

1-13　求图1-70所示电路中的 I 和 I_1。

1-14　如图1-71所示电路，试求受控源的功率，并指明功率的性质。

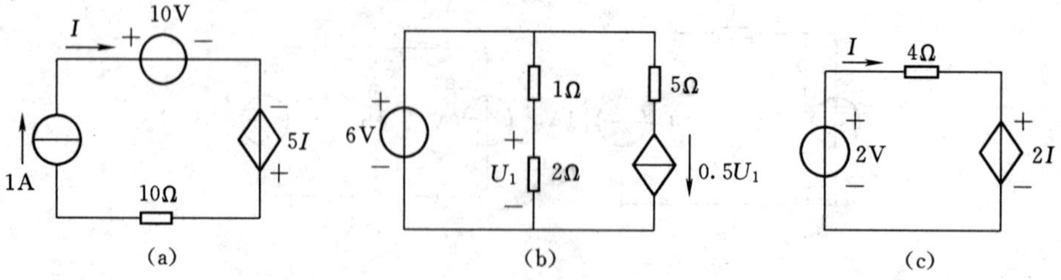

图1-71　习题1-14图

1-15　求图1-72所示电路中的 I_1 及 U_{ab}。

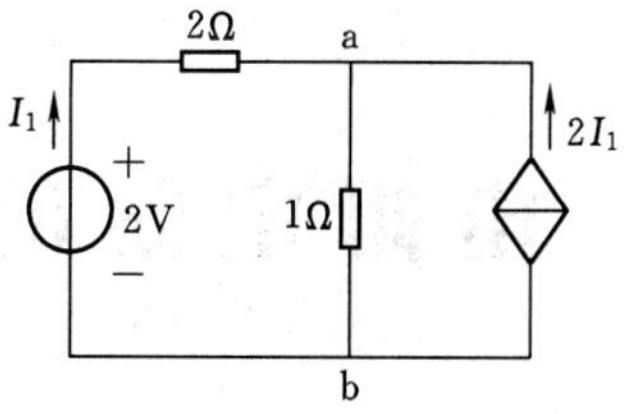

图 1-72　习题 1-15 图

1-16　利用 KCL 和 KVL 求图 1-73 所示电路中的电压 U_{ab} 和电流 I。

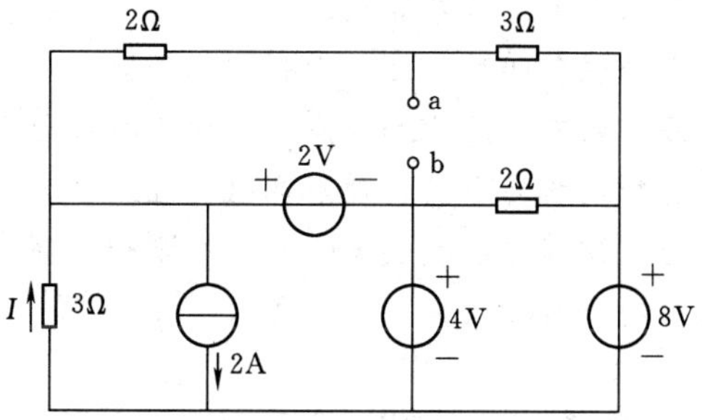

图 1-73　习题 1-16 图

1-17　如图 1-74 所示电路，以 O 为参考点，分别求 a、b、c 各点的电位。

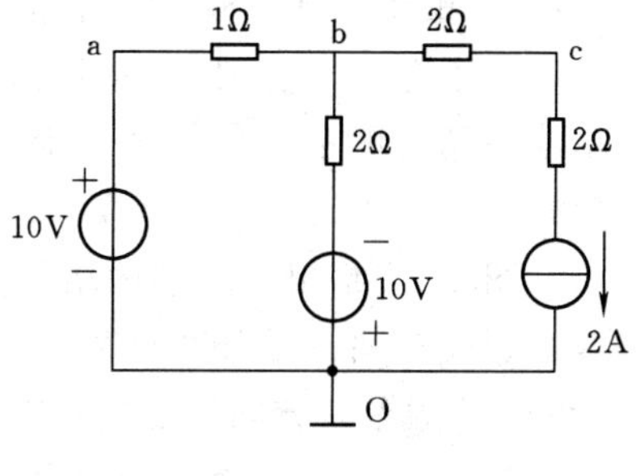

图 1-74　习题 1-17 图

第2章 电阻电路的分析

学习目标：

(1) 理解网络等效变换的概念。掌握电阻的串、并联及混联电路的计算。

(2) 了解电阻的星形与三角形连接及等效变换。

(3) 掌握电源支路的串并联和两种实际电源模型的等效变换及其应用。

(4) 掌握用支路电流法、网孔电流法和节点电位法进行一般电路的求解。

(5) 能运用叠加定理进行电路的求解；理解齐性定理、替代定理及其运用。

(6) 能运用戴维宁定理、诺顿定理及最大功率传输定理求解电路。

(7) 了解含受控源电路的分析方法。

2.1 电阻的串联、并联和混联电路

2.1.1 等效网络的意义

"等效"的概念是电路分析中一个重要的基本概念，经常要用到。

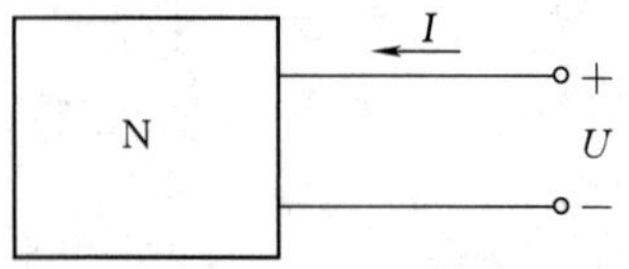

图 2-1 二端网络

一个电路只有两个端钮与外部相连时，就叫做二端网络或一端口网络。每一个二端元件便是二端网络的最简单形式。

图 2-1 给出了二端网络的一般符号。二端网络的端钮电流、端钮间电压分别叫做端口电流 I、端口电压 U，该图中 U、I 的参考方向对二端网络为关联参考方向。

一个二端网络的端口电压、电流关系与另一个二端网络的端口电压、电流关系相同时，这两个网络称为等效网络。两个等效网络的内部结构虽然不同，但对外部而言，它们的影响完全相同。

即等效网络互换后，它们的外部情况不变，故"等效"是指"对外等效"。

此外，还有三端网络、四端网络、……、n 端网络。两个 n 端网络，如果对应各端钮的电压、电流关系相同，则它们是等效。

2.1.2 电阻的串联

电路中若干个电阻依次连接，各电阻流过同一电流，这种连接形式称为电阻的串联，如图 2-2 (a) 所示。

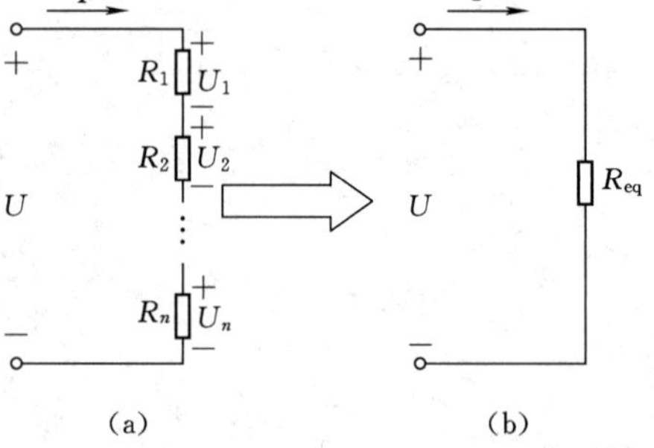

图 2-2 电阻的串联及等效电阻

串联电阻可用一个等效电阻 R_{eq} 来表示，如图 2-2 (b) 所示。等效的条件是在同一电压 U

的作用下电流 I 保持不变。根据 KVL，有

$$\begin{aligned} U &= U_1 + U_2 + \cdots + U_n = IR_1 + IR_2 + \cdots + IR_n \\ &= I(R_1 + R_2 + \cdots + R_n) = IR_{eq} \end{aligned} \tag{2-1}$$

式中，$R_{eq} = (R_1 + R_2 + \cdots + R_n) = \sum_{k=1}^{n} R_k$。

当满足公式（2－1）时，图 2－2（a）、（b）两电路对外电路完全等效。

串联电路具有分压作用，各串联电阻上的电压为

$$U_k = R_k I = \frac{R_k}{R_{eq}} U \tag{2-2}$$

可见，各个串联电阻的电压与电阻值成正比，即总电压按各个串联电阻值进行分配，式（2－2）称为分压公式。

如果将式（2－1）两边同乘以电流 I，则有

$$P = UI = I^2 R_1 + I^2 R_2 + \cdots + I^2 R_n \tag{2-3}$$

式（2－3）说明，n 个电阻串联吸收的总功率等于各个电阻吸收的功率之和。

电阻串联时，每个电阻的功率与电阻的关系为

$$P_1 : P_2 : \cdots : P_n = R_1 : R_2 : \cdots : R_n \tag{2-4}$$

式（2－4）说明，串联电阻的功率与它的电阻值成正比。

串联电路分压作用的应用很多。例如，为了扩大电压表的量程，就需要与电压表（或电流表）串联电阻；当负载的额定电压低于电源电压时，可以通过串联一个电阻来分压；为了调节电路中的电流，通常可在电路中串联一个变阻器。

【例 2－1】 如图 2－3 所示，要将一个满刻度偏转电流 I_g 为 50μA，内阻 R_g 为 2kΩ 的电流表，制成量程为 1V/10V 的直流电压表，应串联多大的附加电阻 R_1、R_2？

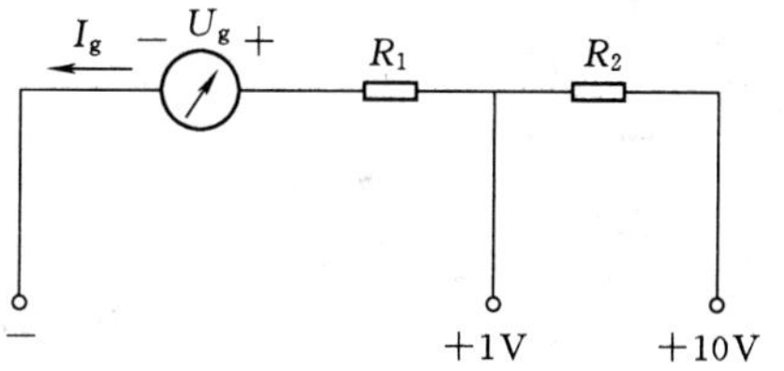

图 2－3 ［例 2－1］图

解 已知该表头指针指示满刻度时，其两端电压为 $U_g = R_g I_g = 2000 \times 50 \times 10^{-6} = 0.1$（V），即它能测量的最大电压只有 0.1V。为了能测量较高电压，可给表头串联一个电阻 R，由公式（2－2）得

$$U_g = \frac{R_g}{R + R_g} U$$

解之得

$$R = \frac{U}{U_g} R_g - R_g = \left(\frac{U}{U_g} - 1\right) R_g = (n-1) R_g$$

式中，$n = \frac{U}{U_g}$ 为电压表量程扩大倍数。

当量程为 1V 时，由上式可得量程扩大倍数 $n = \frac{U}{U_g} = \frac{1}{0.1} = 10$ 倍，所以得串联电阻 R_1 为

$$R_1 = (n-1) R_g = (10-1) \times 2000 = 18000(\Omega) = 18\text{k}\Omega$$

当量程为 10V 时，得 $n=100$ 倍，得串联电阻 R_1+R_2 为

$$R_1+R_2=(n-1)R_g=(100-1)\times 2000=198000(\Omega)=198\text{k}\Omega$$

得

$$R_2=198-18=180\text{k}\Omega$$

2.1.3　电阻的并联

电路中若干个电阻连接在两个公共点之间，每个电阻承受同一电压，这样的连接形式称为电阻的并联，如图 2-4（a）所示。

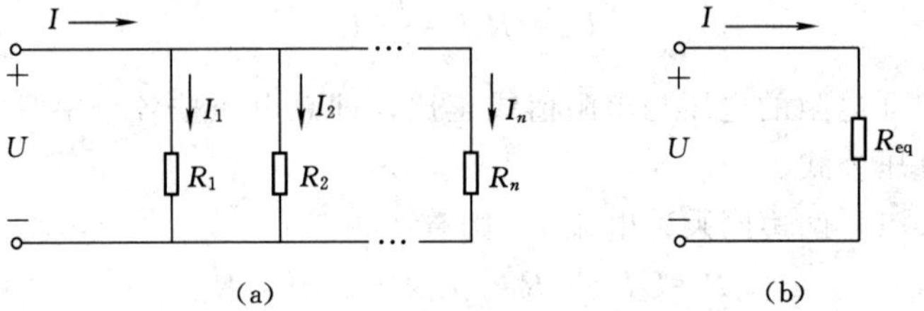

图 2-4　电阻的并联及等效电阻

并联电阻也可以用一个等效电阻 R_{eq} 来替代，如图 2-4（b）所示。根据 KCL，图 2-4（a）有下列关系，即

$$I=I_1+I_2+\cdots+I_n=\frac{U}{R_1}+\frac{U}{R_2}+\cdots+\frac{U}{R_n}=\frac{U}{R_{eq}} \tag{2-5}$$

式中，$\dfrac{1}{R_{eq}}=\dfrac{1}{R_1}+\dfrac{1}{R_2}+\cdots+\dfrac{1}{R_n}=\sum\limits_{k=1}^{n}\dfrac{1}{R_k}$

若以电导表示，并令

$$G_1=\frac{1}{R_1},G_2=\frac{1}{R_2},\cdots,G_n=\frac{1}{R_n}$$

$$G_{eq}=G_1+G_2+\cdots+G_n=\sum_{k=1}^{n}G_k \tag{2-6}$$

式（2-6）表明，n 个电导并联，其等效电导等于各电导之和。

并联电路具有分流作用，各并联电阻的电流为

$$I_k=G_kU=\frac{G_k}{G_{eq}}I=\frac{R_{eq}}{R_k}I \tag{2-7}$$

可见，各个并联电阻的电流与它们各自的电导值成正比（或与各自的电阻值成反比），即总电流按各个并联电阻元件的电导值进行分配，式（2-7）称为分流公式。

对于两个电阻并联的电路，其等效电阻为

$$R_{eq}=\frac{R_1R_2}{R_1+R_2}$$

其电阻分流公式为

$$\left.\begin{aligned}I_1&=\frac{R_2}{R_1+R_2}I\\ I_2&=\frac{R_1}{R_1+R_2}I\end{aligned}\right\} \tag{2-8}$$

如果将式（2-5）两边同乘以电压 U，则有

$$P=UI=\frac{U^2}{R_1}+\frac{U^2}{R_2}+\cdots+\frac{U^2}{R_n} \qquad (2-9)$$

式（2-9）说明，n 个电阻并联的总功率等于各个电阻吸收的功率之和。

电阻并联时，各电阻上的功率与它的电阻值成反比（或与它的电导值成正比）。

$$P_1:P_2:\cdots:P_n=\frac{1}{R_1}:\frac{1}{R_2}:\cdots:\frac{1}{R_n}=G_1:G_2:\cdots:G_n$$

并联电路分流作用的应用之一是电流表量程的扩大。

【例 2-2】 如图 2-5 所示，要将一个满刻度偏转电流 $I_g=50\mu A$，内阻 R_g 为 $2k\Omega$ 的表头制成量程为 5mA 的直流电流表，并联分流电阻 R_S 应多大？

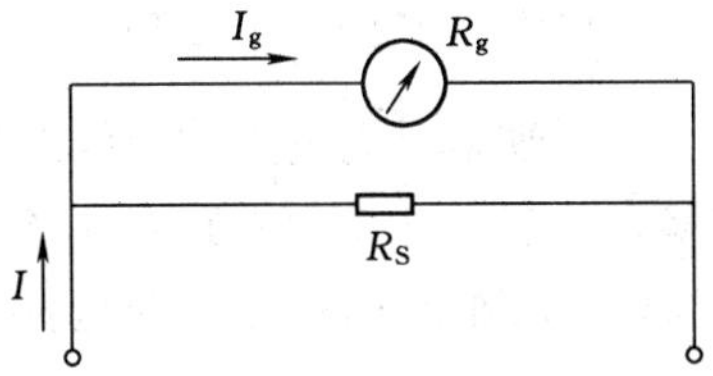

图 2-5 ［例 2-2］图

解 依题意，已知 $I_g=50\mu A$，$R_g=2k\Omega$，由式（2-8），得

$$I_g=\frac{R_s}{R_s+R_g}I$$

分流电阻
$$R_s=\frac{I_gR_g}{I-I_g}=\frac{1}{\left(\frac{I}{I_g}-1\right)}R_g=\frac{1}{(n-1)}R_g$$

式中，$n=\frac{I}{I_g}$，称为电流表量程扩大倍数。

当量程为 5mA 时，由上式可得量程扩大倍 $n=\frac{I}{I_g}=\frac{5}{0.05}=100$ 倍。

所以得并联分流电阻 R_S 为

$$R_S=\frac{1}{(n-1)}R_g=\frac{1}{(100-1)}\times2\times10^3=20.2(\Omega)$$

2.1.4 电阻的混联

一般电路中电阻的连接既有串联又有并联，电阻的这种连接称为混联。混联电阻电路的求解方法是：如果电路中各电阻之间的串联、并联关系明确。可以直接利用电阻串联、并联特性公式求解。

【例 2-3】 已知图 2-6，$U_S=30V$，$R_1=8\Omega$，$R_2=R_3=3\Omega$，$R_4=R_5=R_6=2\Omega$。求电流 I。

解 由图 2-6 可以直观看出电阻 R_5 与 R_6 并联，再与 R_3、R_4 串联，然后再与 R_2 并联，最后与 R_1 串联。

因此，a、b 两端的等效电阻 R_{ab} 为

$$R_{ab}=R_1+\frac{R_2\times\left(R_3+\frac{R_5R_6}{R_5+R_6}+R_4\right)}{R_2+R_3+\frac{R_5R_6}{R_5+R_6}+R_4}=8+\frac{3\times\left(3+\frac{2\times2}{2+2}+2\right)}{3+3+\frac{2\times2}{2+2}+2}=10(\Omega)$$

电流 $I=U_S/R_{ab}=30/10=3(A)$。

有些混联电阻电路无法直接看出各电阻之间的串联、并联关系，这可以在不改变电阻

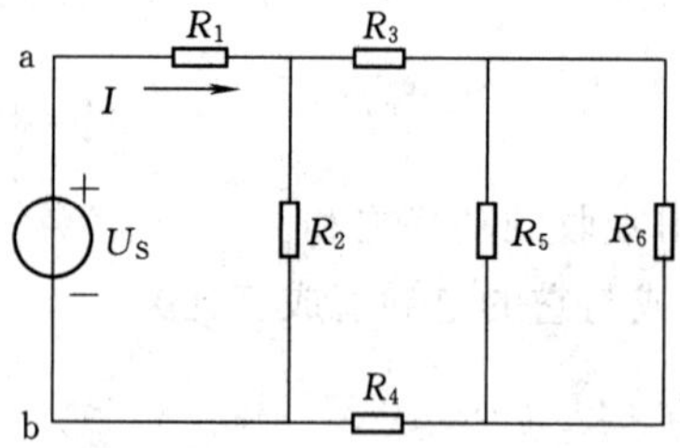

图 2-6 ［例 2-3］图

之间原有连接关系的前提下，对其进行改画，从而使电阻的串联、并联关系更直观。

混联电阻电路改画步骤如下：

（1）给电路中各节点标代号，如 a、b、…。

（2）任选电路一端设为最高电位，并用“+”极性表示，另一端为最低电位，用“-”极性表示。根据电流总是从高电位流向低电位原则，将电路从最高电位端逐步改画到最低电位端。

（3）改画时无电阻的导线及其连接的两端节点可以缩短合并为一个节点，并注意判断与该合并节点连接的支路有几条，就要从这个合并节点引出几条支路。

（4）改画时两端被导线短接的等电位间的电阻支路，既可将它看做开路，也可以看做短路。

【例 2-4】 计算图 2-7（a）、（b）、（c）中，ab 两端等效电阻 R_{ab}。

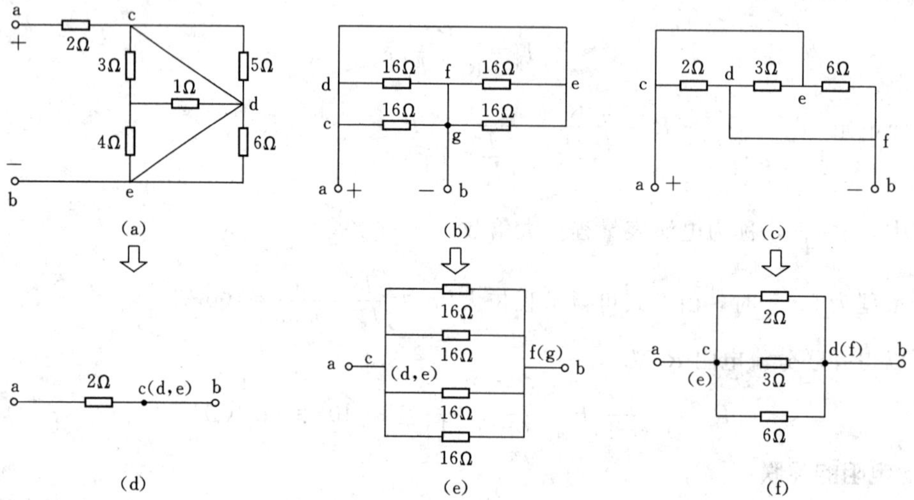

图 2-7 ［例 2-4］图

解 据变形步骤，将图 2-7（a）、（b）、（c）3 个混联电阻电路分别变形为如图 2-7（d）、（e）、（f）所示电路，因此，各电路 ab 两端的等效电阻分别是：

（a）电路：$R_{ab}=2\Omega$

（b）电路：$R_{ab}=\frac{16}{4}=4(\Omega)$

（c）电路：$R_{ab}=\dfrac{1}{\frac{1}{2}+\frac{1}{3}+\frac{1}{6}}=1\ (\Omega)$

自 测 题

一、填空题

2.1.1 在串联电路中，等效电阻等于各电阻________。串联的电阻越多，等效电阻值越________。

2.1.2　在串联电路中，流过各电阻的电流______，总电压等于各电阻电压________，各电阻上电压与其阻值成________。

2.1.3　利用串联电阻的________原理可以扩大电压表的量程。

2.1.4　在并联电路中，等效电阻的倒数等于各电阻倒数________。并联的电阻越多，等效电阻值越________。

2.1.5　利用并联电阻的________原理可以扩大电流表的量程。

2.1.6　在220V电源上串联额定值为220V、60W和220V、40W的两个灯泡，灯泡更亮的是________；若将它们并联，灯泡更亮的是________。

2.1.7　图2-8所示电路中，已知$U_{ab}=6V$，$U=2V$，则$R=$________Ω。

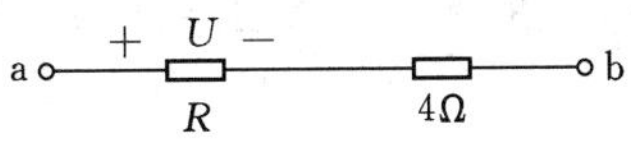

图2-8　自测题2.1.7图

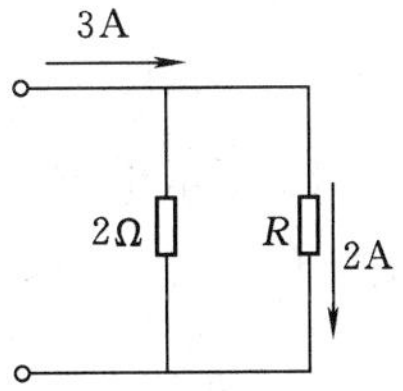

图2-9　自测题2.1.8图

2.1.8　图2-9所示电路中，$R=$________Ω。

二、选择题

2.1.9　串联的每个电阻与总电阻的比叫做（　　）。

A. 分流比　　B. 分压比　　C. 变比

2.1.10　并联的各个电阻的电导与总电导的比叫做（　　）。

A. 分流比　　B. 分压比　　C. 变比

2.1.11　并联电阻的等效电导等于（　　）。

A. 各电阻的和　　B. 各电导的和　　C. 各电导的倒数和

2.1.12　串联的每个电阻的功率与它们的电阻成（　　）。

A. 正比　　B. 反比　　C. 不成比例

2.1.13　并联的每个电阻的功率与它们的电阻成（　　）。

A. 正比　　B. 反比　　C. 不成比例

2.1.14　图2-10所示电路，下面的表达式中正确的是（　　）。

A. $U_1=R_1U/(R_1+R_2)$　　B. $U_2=R_2U/(R_1+R_2)$　　C. $U_1=R_2U/(R_1+R_2)$

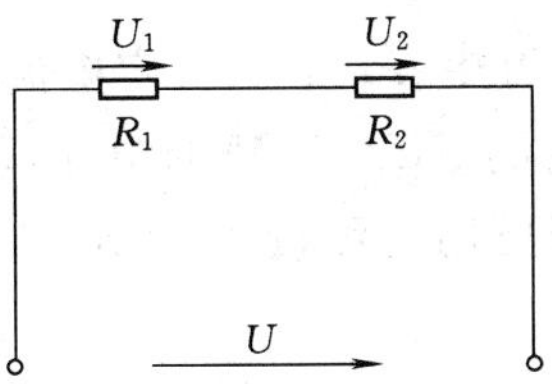

图2-10　自测题2.1.14图

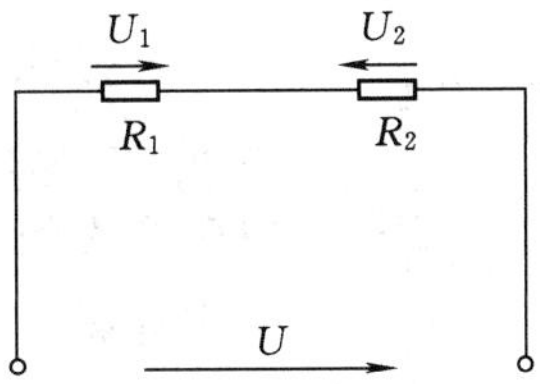

图2-11　自测题2.1.15

2.1.15 图 2-11 所示电路，下面的表达式中正确的是（ ）。

A. $U_1=R_1U/(R_1+R_2)$ B. $U_2=R_2U/(R_1+R_2)$ C. $U_2=-R_2U/(R_1+R_2)$

2.1.16 如图 2-12 所示电路，下面的表达式中正确的是（ ）。

A. $I_1=-R_1I/(R_1+R_2)$ B. $I_2=R_1I/(R_1+R_2)$ C. $I_1=R_2I/(R_1+R_2)$

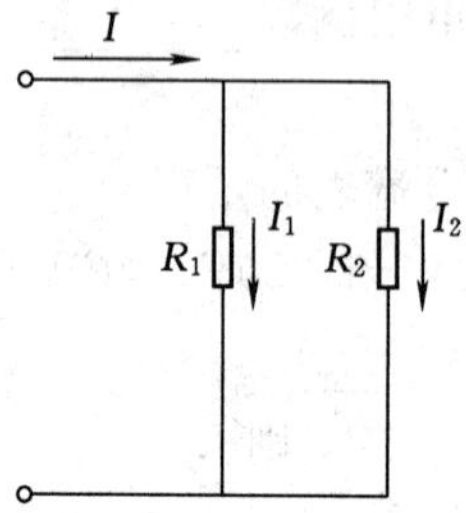

图 2-12 自测题 2.1.16 图

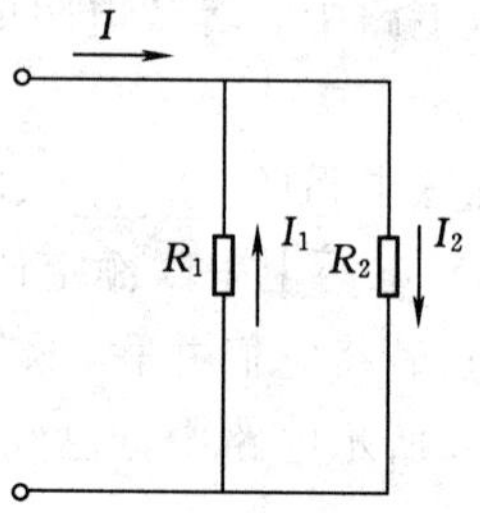

图 2-13 自测题 2.1.17 图

2.1.17 如图 2-13 所示电路，下面的表达式中正确的是（ ）。

A. $I_1=R_2I/(R_1+R_2)$ B. $I_1=-R_2I/(R_1+R_2)$ C. $I_2=R_2I/(R_1+R_2)$

三、判断题

2.1.18 电阻串联时，电阻值越大的其功率也越大。（ ）

2.1.19 电阻并联时，电阻值越大的其功率也越大。（ ）

2.1.20 在同一电路中，若流过两个电阻的电流相等，这两个电阻一定是串联。（ ）

2.1.21 在同一电路中，若两个电阻的端电压相等，这两个电阻一定是并联。（ ）

2.1.22 图 2-14 所示电路中，R_{ab}为 4Ω。（ ）

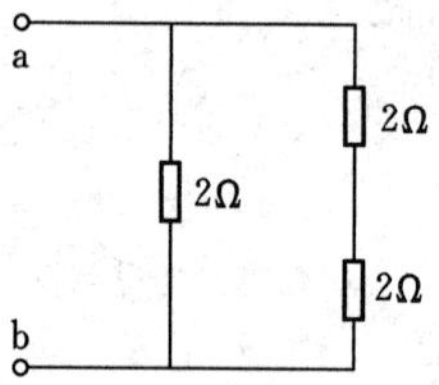

图 2-14 自测题 2.1.22 图

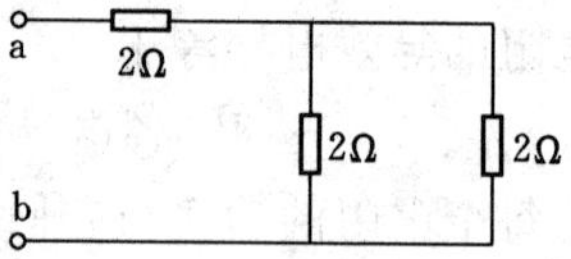

图 2-15 自测题 2.1.23 图

2.1.23 图 2-15 所示电路中，R_{ab}为 3Ω。（ ）

四、计算题

2.1.24 有 3 只电阻值均为 3Ω 的电阻，经串、并联组合可获得几种电阻值？并进行计算。

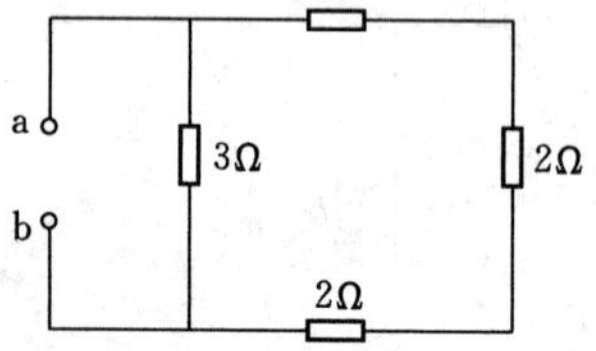

图 2-16 自测题 2.1.26 图

2.1.25 今有一万用表，表头额定电流 $I_g=50\mu A$，内电阻 $R_g=1k\Omega$，要用它测量$U=10V$ 的电压，需在表头电路中串联多大的电阻？若要用它测量 $I=100\mu A$ 的电流，需在表头中并联多大的电阻？

2.1.26 如图 2-16 所示电路，求 R_{ab}。

2.1.27 如图 2-17 所示电路，求 R_{ab}。

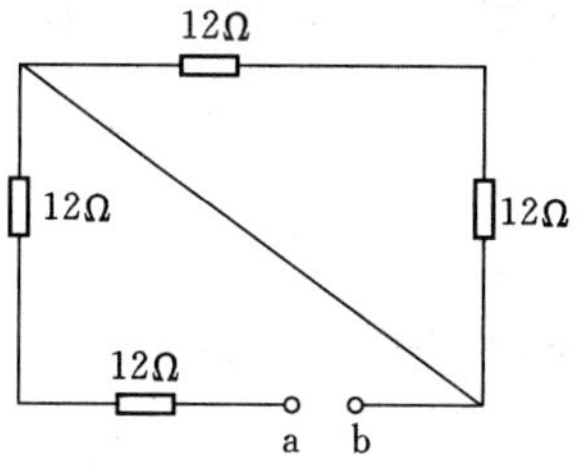

图 2-17 自测题 2.1.27 图

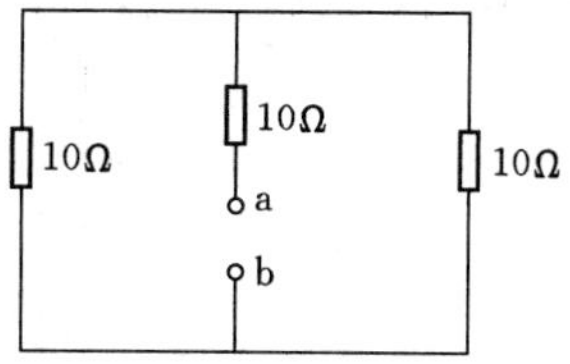

图 2-18 自测题 2.1.28 图

2.1.28 如图 2-18 所示电路，求 R_{ab}。

2.2 电阻的星形与三角形连接及等效变换

前面介绍了电阻的串联、并联、串并联及其等效变换，实际电路中经常会遇到电阻另外两种连接方式：星形连接和三角形连接。图 2-19 中，三个电阻元件的一端连接在一起，另一端分别连接到电路的 3 个节点上，这种连接方式称为星形连接，简称 Y 形连接或 T 形连接。图 2-20 中，3 个电阻元件首尾相连接，连成一个三角形，这种连接方式称为三角形连接，简称△形连接或 π 形连接，三角形的 3 个顶点是电路的 3 个节点。星形连接和三角形连接都是通过 3 个节点与外部相连。

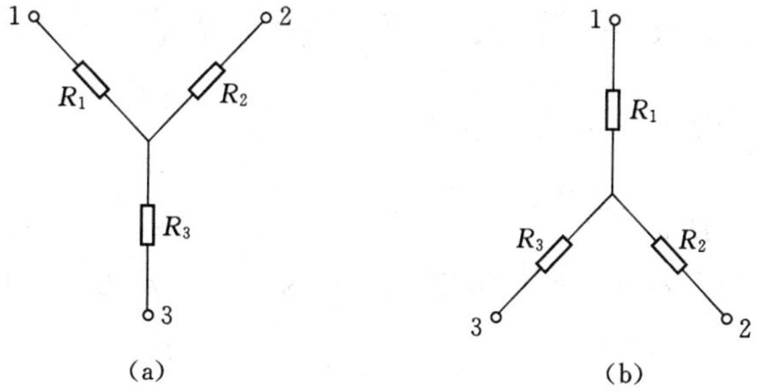

图 2-19 星形连接

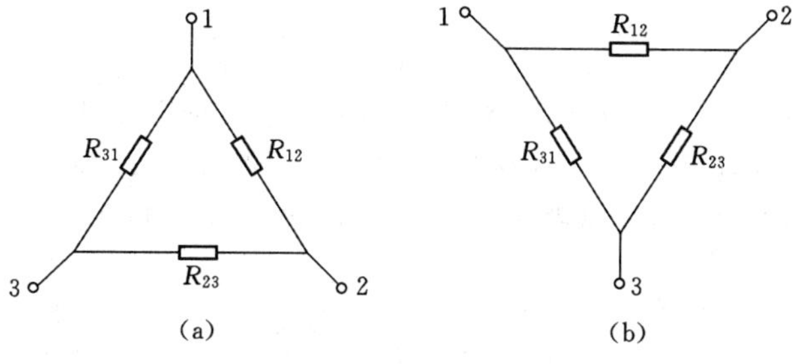

图 2-20 三角形连接

电阻元件的星形连接或三角形连接称为三端网络。依据等效网络的概念，在满足对应钮电压、电流关系（VCR）相同时，两个网络可以互为等效。

下面分析当 Y 形连接与△形连接等效时，其各电阻之间的关系。

设图 2-21（a）、（b）各对应端钮之间的电压相同，分别为U_{12}、U_{23}和U_{31}。在图 2-21（a）中，各端钮输入电流分别为I_1、I_2 和 I_3，于是

$$U_{12}=R_1I_1-R_2I_2 \tag{2-10}$$

$$U_{23}=R_2I_2-R_3I_3 \tag{2-11}$$

$$U_{31}=R_3I_3-R_1I_1 \tag{2-12}$$

$$I_1+I_2+I_3=0 \tag{2-13}$$

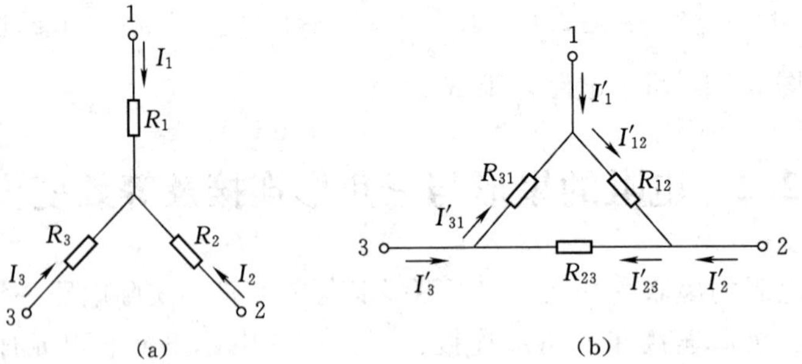

图 2-21　电阻 Y 形与△形连接

由式（2-10）、式（2-11）、式（2-12）和式（2-13），可解出电流与电压之关系为

$$I_1=\frac{R_3}{R_1R_2+R_2R_3+R_{31}}U_{12}-\frac{R_2}{R_1R_2+R_2R_3+R_3R_1}U_{31} \tag{2-14}$$

$$I_2=\frac{R_1}{R_1R_2+R_2R_3+R_3R_1}U_{23}-\frac{R_3}{R_1R_2+R_2R_3+R_3R_1}U_{12} \tag{2-15}$$

$$I_3=\frac{R_2}{R_1R_2+R_2R_3+R_3R_1}U_{31}-\frac{R_1}{R_1R_2+R_2R_3+R_3R_1}U_{23} \tag{2-16}$$

在图 2-21（b）中，各端钮的输入电流分别为I'_1、I'_2及I'_3，由图 2-21 可见

$$I'_1=I'_{12}-I'_{31}=\frac{1}{R_{12}}U_{12}-\frac{1}{R_{31}}U_{31} \tag{2-17}$$

$$I'_2=I'_{23}-I'_{12}=\frac{1}{R_{23}}U_{23}-\frac{1}{R_{12}}U_{12} \tag{2-18}$$

$$I'_3=I'_{31}-I'_{23}=\frac{1}{R_{31}}U_{31}-\frac{1}{R_{23}}U_{23} \tag{2-19}$$

若图 2-21（b）与图 2-21（a）各对应端钮的电流相等，即$I'_1=I_1$、$I'_2=I_2$ 和 $I'_3=I_3$，则两网络等效。对照式（2-14）和式（2-17），当$I'_1=I_1$时，两式右侧各项对应的系数相等。同理，式（2-15）和式（2-18）、式（2-16）和式（2-19）对应的系数也相等，于是得到

$$\left.\begin{aligned}R_{12}&=R_1+R_2+\frac{R_1R_2}{R_3}\\R_{23}&=R_2+R_3+\frac{R_2R_3}{R_1}\\R_{31}&=R_3+R_1+\frac{R_3R_1}{R_2}\end{aligned}\right\} \tag{2-20}$$

式（2－20）是由已知Y形各电阻求等效△形各电阻的公式。由式（2－20）得

$$\left.\begin{aligned} R_1 &= \frac{R_{31}R_{12}}{R_{12}+R_{23}+R_{31}} \\ R_2 &= \frac{R_{12}R_{23}}{R_{12}+R_{23}+R_{31}} \\ R_3 &= \frac{R_{23}R_{31}}{R_{12}+R_{23}+R_{31}} \end{aligned}\right\} \tag{2-21}$$

式（2－21）是由已知△形各电阻求等效Y形各电阻的公式。式（2－20）和式（2－21）都有一定规律。为了便于记忆，可利用下面所列文字公式，即

$$\text{三角形连接电阻}=\frac{\text{星形连接电阻中各电阻两两相乘之和}}{\text{星形连接中另一端钮所连电阻}}$$

$$\text{星形连接电阻}=\frac{\text{三角形连接电阻中两相邻电阻之积}}{\text{三角形连接电阻之和}}$$

当星形各个电阻值相等，即$R_1=R_2=R_3=R_Y$时，则此星形称为对称星形。同样，当三角形各个电阻相等，即$R_{12}=R_{23}=R_{31}=R_{\triangle}$时，则称为对称三角形。根据式（2－20）和式（2－21），可得Y、△对称等效互换的公式为

$$\left.\begin{aligned} R_{\triangle} &= 3R_Y \\ R_Y &= \frac{1}{3}R_{\triangle} \end{aligned}\right\} \tag{2-22}$$

【例2－5】 计算图2－22（a）所示电路中的电流I。

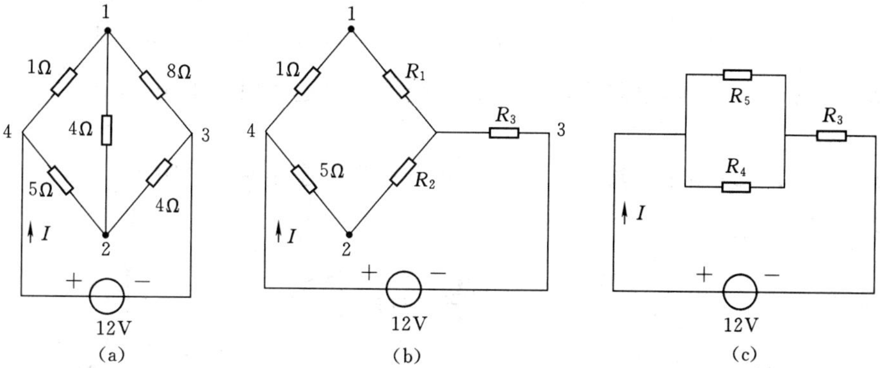

图2－22 ［例2－5］图

（a）桥形电路；（b）△－Y等效变换；（c）用串并联法求等效电阻

解 图2－22（a）中的5个电阻既非串联又非并联，无法用串并联等效电阻的概念来求取4、3端钮间的等效电阻。如果将接到端钮1、2、3作三角形连接的3个电阻等效变换为星形连接，如图2－22（b）中的R_1、R_2和R_3所示，就可用串并联方法求4、3端钮间的等效电阻。应用式（2－21），得

$$R_1=\frac{4\times8}{4+4+8}\Omega=2\Omega$$

$$R_2=\frac{4\times 4}{4+4+8}\Omega=1\Omega$$

$$R_3=\frac{8\times 4}{4+4+8}\Omega=2\Omega$$

将图 2-22（b）化简为如图 2-22（c）所示的电路，其中

$$R_5=1\Omega+R_1=(1+2)\Omega=3\Omega$$

$$R_4=5\Omega+R_2=(5+1)\Omega=6\Omega$$

于是

$$I=\frac{12}{\frac{R_5\times R_4}{R_5+R_4}+R_3}=\frac{12}{\frac{3\times 6}{3+6}+2}\text{A}=3\text{A}$$

自　测　题

一、填空题

2.2.1　图 2-23 所示电路中，有____个△连接，有____个 Y 连接。

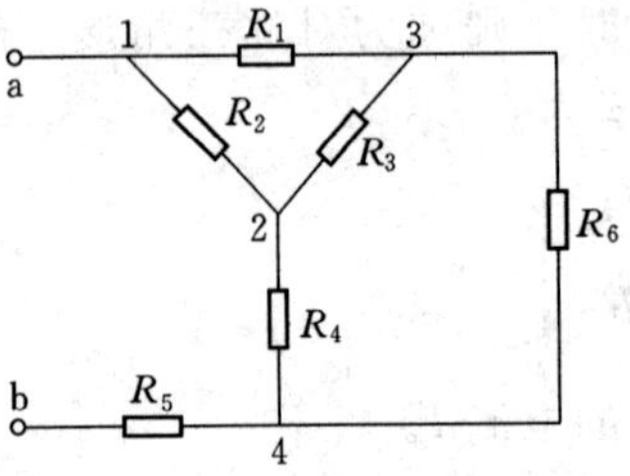

图 2-23　自测题 2.2.1 图

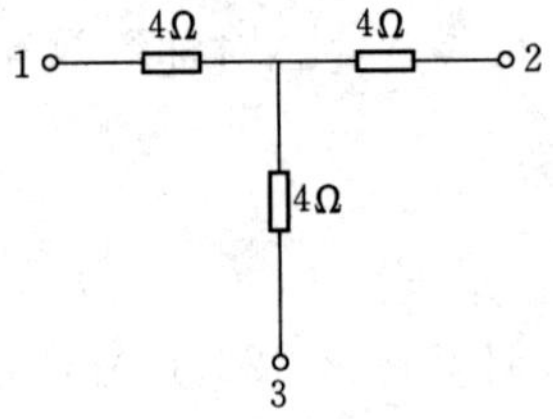

图 2-24　自测题 2.2.2 图

2.2.2　图 2-24 所示电路中，由 Y 连接变换为△连接时，电阻 $R_{12}=$______、$R_{23}=$______、$R_{31}=$______。

2.2.3　图 2-25 所示电路中，由 Y 连接变换为△连接时，电阻 $R_{12}=$______、$R_{23}=$______、$R_{31}=$______。

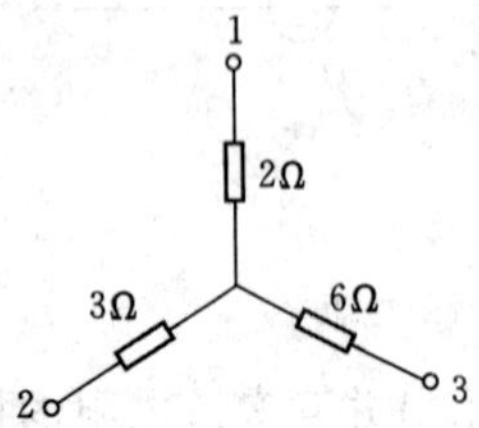

图 2-25　自测题 2.2.3 图

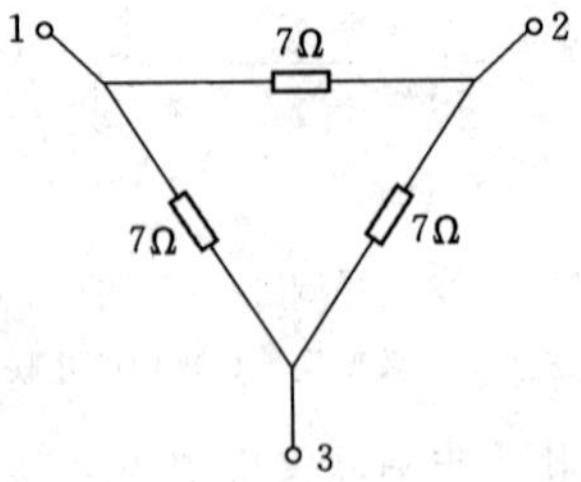

图 2-26　自测题 2.2.4 图

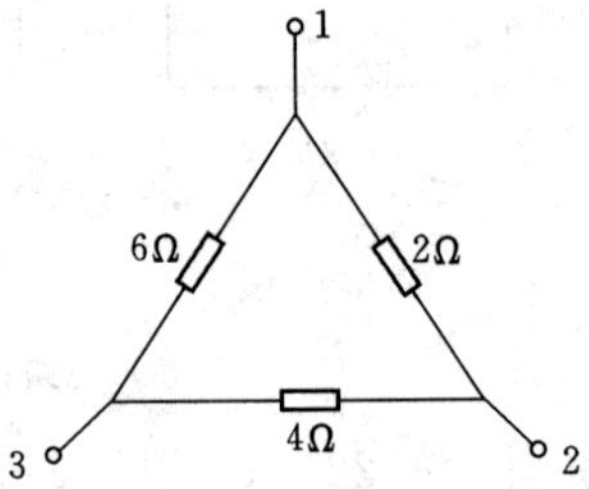

图 2-27　自测题 2.2.5 图

2.2.4　图 2-26 所示电路中，由△连接变换为 Y 连接时，电阻 $R_1=$______、$R_2=$______、$R_3=$______。

2.2.5　图 2-27 所示电路中，由△连接变换为 Y 连接时，电阻 $R_1=$____、$R_2=$____、$R_3=$____。

二、选择题

2.2.6 已知：3 个电阻 $R_1=1\Omega$，$R_2=2\Omega$，$R_3=4\Omega$ 接成 Y 形，则它们的等效△形连接中最小的一个电阻值是（ ）。

A. 3Ω B. 3.5Ω C. 7Ω D. 14Ω

2.2.7 已知：3 个电阻 $R_1=1\Omega$，$R_2=2\Omega$，$R_3=4\Omega$ 接成 Y 形，则它们的等效△形连接中最大的一个电阻值是（ ）。

A. 3Ω B. 3.5Ω C. 7Ω D. 14Ω

2.2.8 已知 3 三个电阻 $R_{12}=1\Omega$，$R_{23}=6\Omega$，$R_{31}=3\Omega$，接成△形，则它们的等效 Y 形连接中最小的一个电阻值是（ ）。

A. 2Ω B. 0.3Ω C. 1.8Ω D. 9Ω

2.2.9 已知 3 个电阻 $R_{12}=1\Omega$，$R_{23}=6\Omega$，$R_{31}=3\Omega$，接成△形，则它们的等效 Y 形连接中最大的一个电阻值是（ ）。

A. 0.3Ω B. 1.8Ω C. 2Ω D. 9Ω

三、判断题

2.2.10 将电路中的电阻进行 Y -△变换，并不影响电路其余未经变换部分的电压和电流。（ ）

2.2.11 3 个电阻 $R_1=R_2=R_3=1\Omega$ 接成 Y 形，则它们的等效△形连接的 3 个电阻值也相等且等于 1Ω。（ ）

2.2.12 3 个电阻 $R_1=R_2=R_3=3\Omega$ 接成△形，则它们的等效 Y 形连接的 3 个电阻值也相等且等于 3Ω。（ ）

四、计算题

2.2.13 如图 2 - 28 所示电路，求 R_{ab}。

(1) 将 R_1、R_2、R_3 组成的三角形连接变换为等效星形连接。

(2) 将 R_2、R_3、R_4 组成的星形连接变换为等效三角形连接。

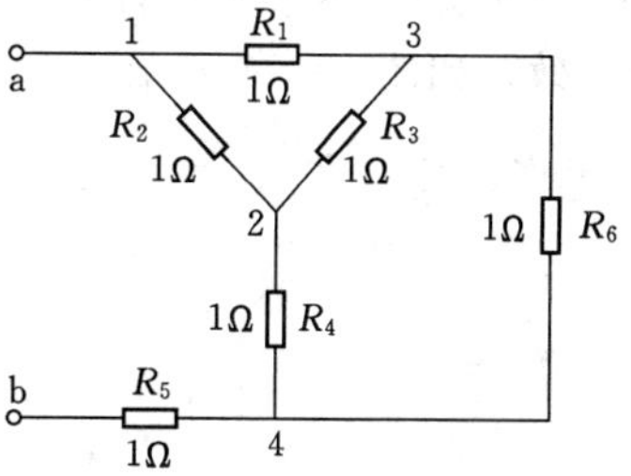

图 2 - 28 自测题 2.2.13 图

2.2.14 将图 2 - 29 (a)、(b) 中的三角形连接等效变换为星形连接；将图 2 - 29 (c)、(d) 中的星形连接等效变换为三角形连接。

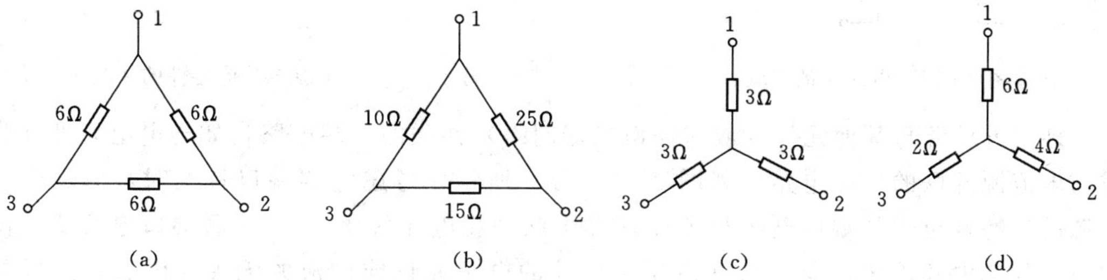

图 2 - 29 自测题 2.2.14 图

2.3　电源的等效变换

前面介绍了电阻串联、并联和串并联时，都可以简化成一个等效电阻。同样，对于电压源、电流源串联、并联和串并联时，也可以简化成一个等效电压源或电流源。

2.3.1　理想电压源的串联和并联

当有 n 个理想电压源串联，如图 2-30（a）所示，可以用一个理想电压源等效替代，如图 2-30（b）所示，根据 KVL，该电压源的电压为

$$U_S = U_{S1} + U_{S2} + \cdots + U_{Sn} = \sum_{k=1}^{n} U_{Sk} \tag{2-23}$$

如果 U_{Sk} 的参考方向与图 2-30（b）中 U_S 的参考方向一致时，式中 U_{Sk} 的前面取“+”号，相反时取“-”号。

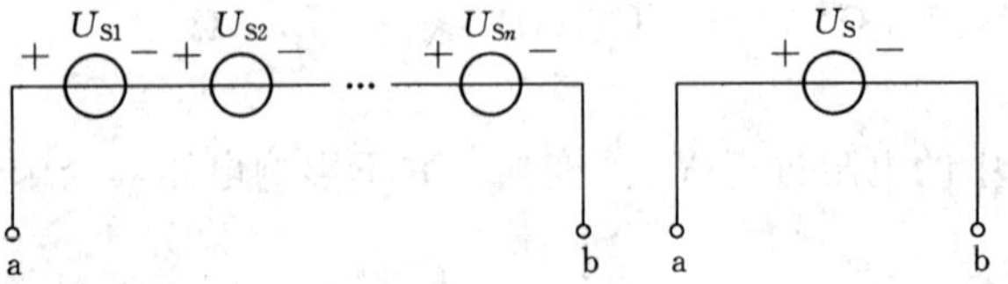

(a)　(b)

图 2-30　电压源的串联

n 个理想电压源并联时，只有当各个理想电压源的电压大小和极性都相同，即 $U_{S1} = U_{S2} = \cdots U_{Sn} = U_S$ 时才允许并联。这时，对于外电路也可以用一个电压等于 U_S 的理想电压源等效，如图 2-31 所示。

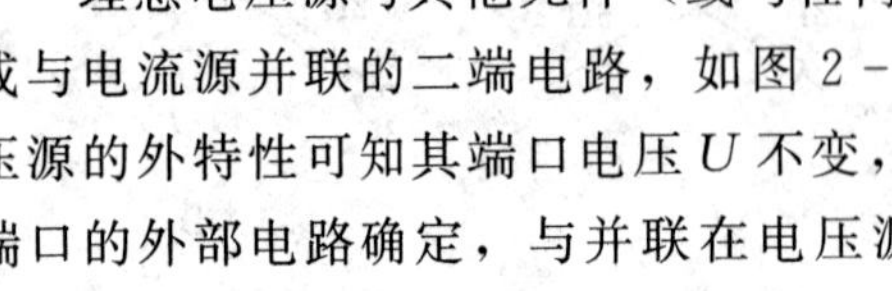

图 2-31　电压源的并联

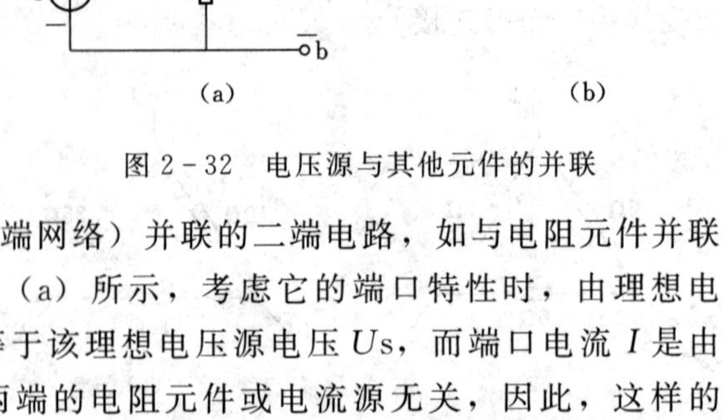

(a)　(b)

图 2-32　电压源与其他元件的并联

理想电压源与其他元件（或与任何二端网络）并联的二端电路，如与电阻元件并联或与电流源并联的二端电路，如图 2-32（a）所示，考虑它的端口特性时，由理想电压源的外特性可知其端口电压 U 不变，等于该理想电压源电压 U_S，而端口电流 I 是由端口的外部电路确定，与并联在电压源两端的电阻元件或电流源无关，因此，这样的二端电路对外部电路而言可用一个电压为 U_S 的理想电压源等效，如图 2-32（b）所示。

【例 2-6】 求图 2-33（a）中二端网络的最简等效电路。

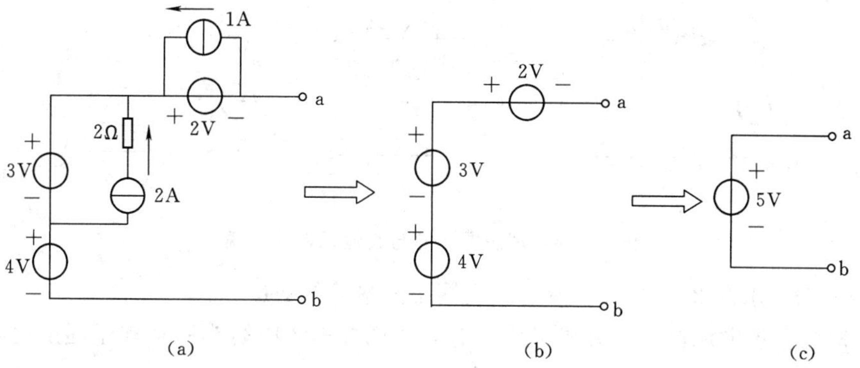

图 2-33 ［例 2-6］图

解 根据电压源串、并联等效概念，按图 2-33 中箭头所示顺序逐步化简，便可得到最简等效电路，如图 2-33（c）所示。

2.3.2 理想电流源的串联和并联

当有 n 个理想电流源并联，如图 2-34（a）所示。可以用一个理想电流源等效替代，如图 2-34（b）所示。根据 KCL，该理想电流源的电流为

$$I_S = I_{S1} + I_{S2} + \cdots + I_{Sn} = \sum_{k=1}^{n} I_{Sk} \tag{2-24}$$

如果 I_{Sk} 的参考方向与图 2-34（b）中 I_S 的参考方向一致时，式中 I_{Sk} 的前面取“+”号；相反时取“−”号。

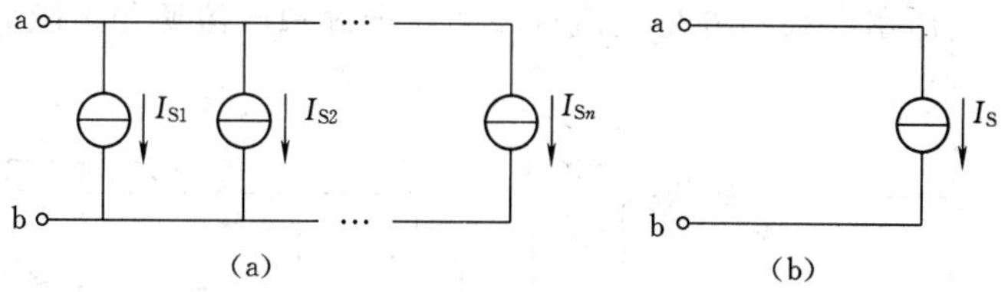

图 2-34 电流源的并联

n 个理想电流源串联，只有当各个理想电流源的电流大小和方向都相同即 $I_{S1}=I_{S2}=\cdots I_{Sn}=I_S$ 时才允许串联。这时，对于外电路也可以用一个电流等于 I_S 的理想电流源等效，如图 2-35 所示。

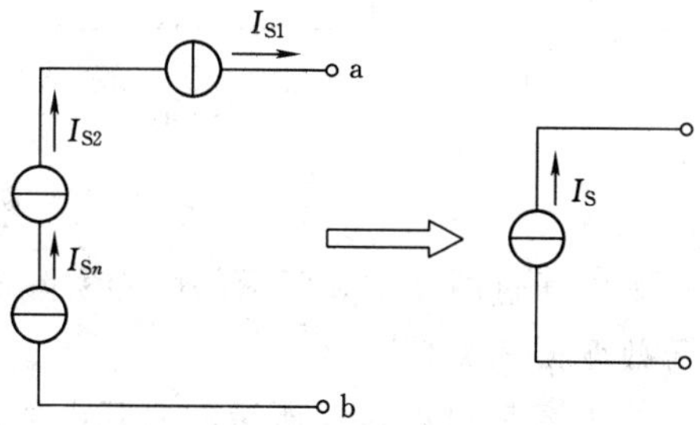

图 2-35 电流源的串联

理想电流源与其他元件串联的二端电路，如与电阻元件串联或与电压源串联的二端电路，如图 2-36（a）、（b）所示，考虑它的端口特性时，其端口电流 I 恒等于该理想电流源的电流 I_S，而端口电压 U 是由端口的外部电路确定，与串联的元件无关。因此，这样的二端电

路对外部电路而言可用一个电流为 I_S 的理想电流源等效，如图 2-36（c）所示。

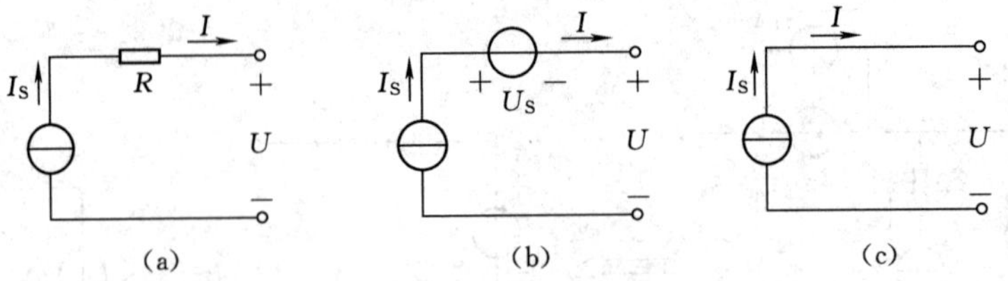

图 2-36　理想电流源与其他元件的串联

【例 2-7】 求图 2-37（a）所示二端网络的最简等效电路。

解　根据理想电流源串、并联等效概念，按图 2-37 中箭头所示顺序逐步化简，便可得到最简等效电路，如图 2-37（c）所示。

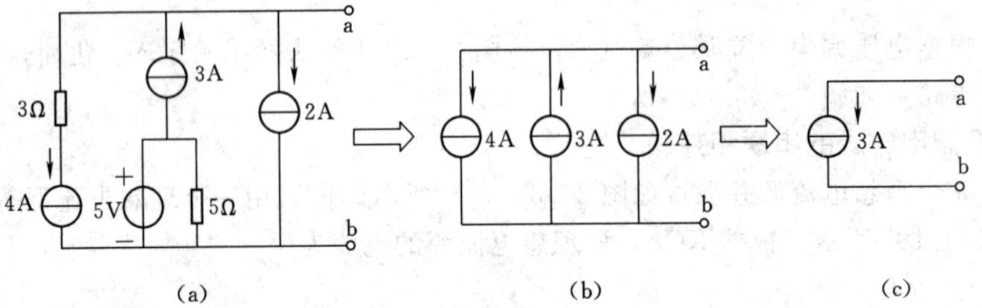

图 2-37　[例 2-7] 图

2.3.3　两种实际电源模型的等效变换

第 1 章已讨论过实际电源有两种模型：一种是电压源模型，即理想电压源与电阻串联，如图 2-38（a）所示；另一种是电流源模型，即理想电流源与电阻并联，如图 2-38（b）所示。

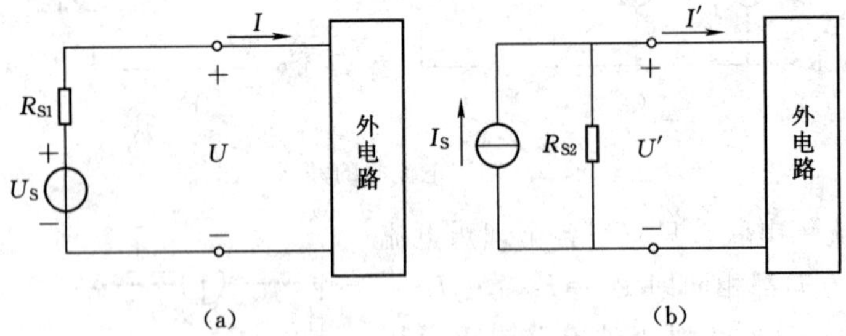

图 2-38　两种实际电源的等效变换

下面通过图 2-38 所示的两种实际电源向同一外电路供电的情况来分析这两种电源模型等效变换的关系。

对于图 2-38（a）所示的实际电压源，有

$$U=U_S-IR_{S1} \tag{2-25}$$

移项变换后

$$I=\frac{U_S}{R_{S1}}-\frac{U}{R_{S1}} \tag{2-26}$$

对于图 2-38（b）所示的实际电流源，有

$$I'=I_S-\frac{U'}{R_{S2}} \tag{2-27}$$

根据等效变换的要求，两种电源向外电路提供的电压和电流应该相等，即

$$U=U' \quad I=I'$$

如果令

$$R_{S1}=R_{S2}=R_S \tag{2-28}$$

比较式（2-26）和式（2-27）可得

$$I_S=\frac{U_S}{R_S} \tag{2-29}$$

或

$$U_S=I_SR_S \tag{2-30}$$

式（2-28）、式（2-29）和式（2-30）就是两种实际电源等效变换的关系式。于是，可以得出以下结论：

（1）当实际电压源等效变换为实际电流源时，电流源的内阻 R_{S2} 等于电压源的内阻 R_{S1}，理想电流源的电流 $I_S=\frac{U_S}{R_S}$，电流源电流 I_S 的参考方向从电压源电压的参考“－”极性指向“＋”极性，即它们的参考方向相反。

（2）当实际电流源等效变换为实际电压源时，电压源的内阻 R_{S1} 等于电流源的内阻 R_{S2}，理想电压源的电压 $U_S=I_SR_S$，电压源电压 U_S 的参考方向和电流源电流 I_S 的参考方向相反。另外，两种电源模型等效变换时，还应注意下列几个问题：

（1）两种实际电源之间的等效变换均指对外电路而言，而对电源内部电路并不等效。

（2）理想电压源（$R_S=0$）与理想电流源（$R_S=\infty$）之间不能等效变换。

（3）两种实际电源模型进行等效变换时应注意电压源电压 U_S 和电流源电流 I_S 的参考方向关系，U_S 与 I_S 参考方向相反。

（4）化简电路时，两种实际电源模型等效变换规律，并联在电路中的实际电压源要用实际电流源替代，串联的不变换；串联在电路中的实际电流源要用实际电压源替代，并联的不变换。

电源进行等效变换是非常简便的，它可以使一些复杂电路的计算简化，是一种很实用的电路分析方法。

【例 2-8】 将图 2-39（a）所示电路化简为一个实际电流源模型。

解 图 2-39（a）所示电路根据电源等效变换概念逐步简化为图 2-39（f）所示电路，简化过程如图 2-39（b）、（c）、（d）、（e）、（f）所示。

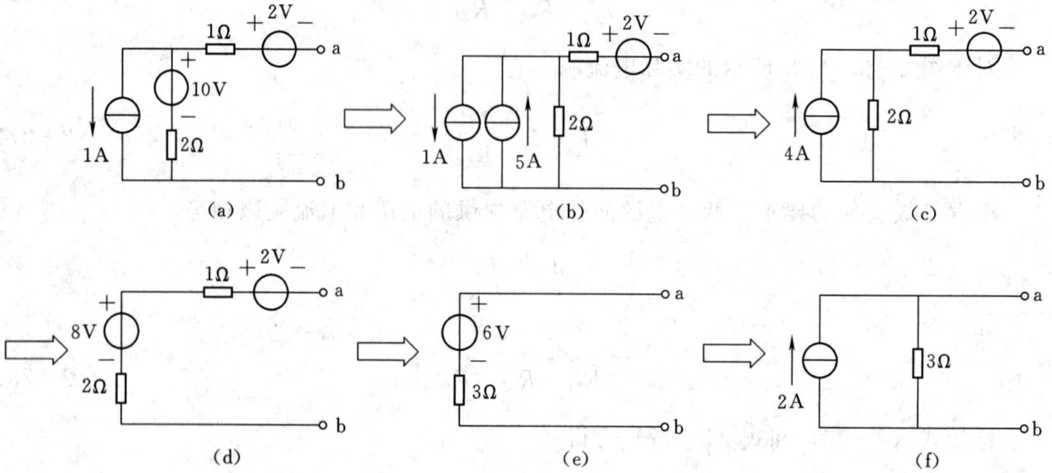

图 2-39 [例 2-8] 图

【例 2-9】 如图 2-40（a）所示电路，试用电源等效变换方法，求流过 15Ω 电阻的电流 I。

解 待求的 15Ω 电阻的支路为外电路，其余部分的电路根据电源等效变换概念逐步简化为图 2-40（f），简化过程如图 2-40（a）、（b）、（c）、（d）、（e）所示，由图 2-40（f）得：$I=\frac{5}{5+15}=0.25(\text{A})$。

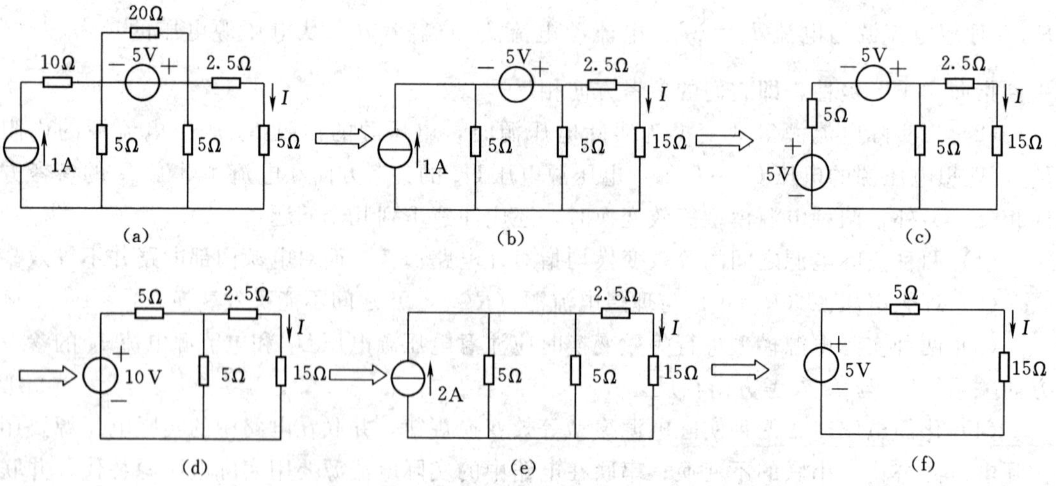

图 2-40 [例 2-9] 图

自 测 题

一、填空题

2.3.1 电压 $U=U_S$ 的理想电压源与电阻元件或理想电流源并联的二端电路对外部电

路而言可用一个____等效。

2.3.2 电流 $I=I_S$ 的理想电流源与电阻元件或理想电压源串联的二端电路对外部电路而言可用一个____等效。

二、选择题

2.3.3 下面叙述正确的是（　　）。

A. 理想电压源与理想电流源不能等效变换

B. 电压源与电流源变换前后对内电路等效

C. 电压源与电流源变换前后对外电路不等效

D. 以上 3 种说法都不正确

2.3.4 理想电压源的电压 $U_S=6V$，串联的电阻 $R_S=3\Omega$ 的实际电压源等效变换为实际电流源时，该电流源的内阻 R_S，电流源的电流 I_S 的大小和方向正确的是（　　）。

A. 3Ω、6A，Is 与 Us 参考方向相反

B. 3Ω、2A，Is 与 Us 参考方向相反

C. 3Ω、6A，Is 与 Us 参考方向相同

D. 3Ω、2A，Is 与 Us 参考方向相同

2.3.5 理想电流源的电流 $I_S=2A$，并联电阻 $R_S=2\Omega$ 的实际电流源等效变换为实际电压源时，该电压源的内阻 R_S，电压源的电压 Us 的大小和方向正确的是（　　）。

A. 2Ω、4V，Us 与 Is 参考方向相反　　B. 2Ω、2V，Us 与 Is 参考方向相反

C. 2Ω、4V，Us 与 Is 参考方向相同　　D. 2Ω、2V，Us 与 Is 参考方向相同

2.3.6 两个电压源串联等效变换为一个电压源，等效电压源的电压（　　）。

A. 等于两电压源中电压高的电压

B. 等于两电压源中电压低的电压

C. 等于两电压源电压代数和

2.3.7 两个电流源并联网络等效为一个电流源，等效电流源的电流为（　　）。

A. 两个电流源中电流值大的电流

B. 两个电流源中电流值小的电流

C. 两个电流源电流的代数和

2.3.8 电压源与电流源串联可用一个电流源等效代替，其电流值为（　　）。

A. 电流源电流　　B. 电流源电流与电压源电流和　　C. 电压源电压

2.3.9 电压源与电流源并联可用一个电压源等效代替，其电压值为（　　）。

A. 电流源电流　　B. 电压源电压　　C. 电压源电压与电流源电流和

三、判断题

2.3.10 理想电压源与理想电流源不能等效变换。（　　）

2.3.11 n 个电压大小和极性都不相同的理想电压源允许并联。（　　）

2.3.12 n 个电流大小和极性都不相同的理想电流源允许串联。（　　）

四、计算题

2.3.13 化简图 2-41 所示各有源二端网络。

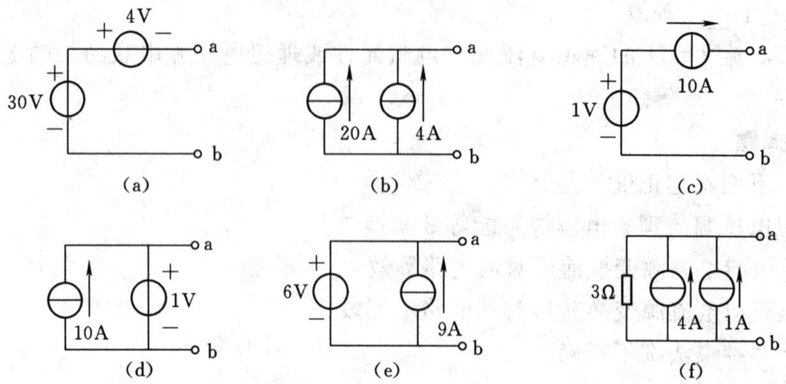

图 2-41　自测题 2.3.13 图

2.4 支路电流法

本章前面几节中的分析方法是利用等效变换将电路化简，然后计算待求的电流和电压。用这类方法分析计算一定结构形式的局部电路是行之有效的，但它具有一定的局限性，而且不能体现网络分析的普遍规律。因此以下 3 节将介绍复杂电路的一般分析法——网络方程法。

网络方程法的一般求解步骤如下：先选择电路的变量，电流和电压是电路的基本变量，也是分析电路时待求的变量，可以选择支路电流、支路电压、网孔电流或节点电位为变量。然后根据 KCL、KVL 和 VCR 建立网络方程，方程数应与变量数相同。最后从方程中解出电路的变量。再由它们去确定网络中的各支路电流和电压。网络方程法包含支路电流法，网孔电流法、节点电位法等。

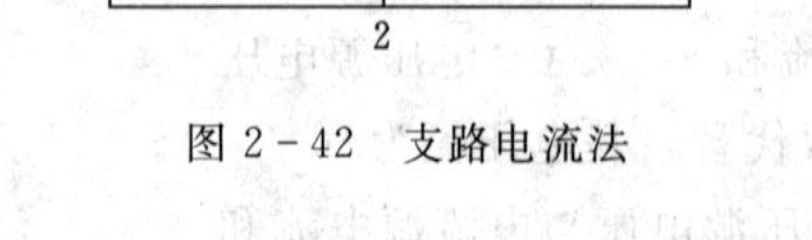

图 2-42　支路电流法

支路电流法是分析电路最基本的方法，这种方法是以支路电流为未知量，直接应用 KCL 和 KVL 分别对节点和回路列出所需要的节点电流方程及回路电压方程，然后联立求解，得出各支路的电流值。

下面以图 2-42 所示的电路为例，说明支路电流法的求解过程。

图 2-42 中的电路共有 3 条支路、2 个节点和 3 个回路。已知各电压源电压值和各电阻的阻值，求解 3 个未知支路的电流 I_1、I_2、I_3，需要列 3 个独立方程联立求解。独立方程是指该方程不能通过已经列出的方程线性变换而来。

列方程时必须先在电路图上选定各支路电流的参考方向，并标明在电路图上。根据 KCL 列出节点 1 和节点 2 的 KCL 方程为

$$-I_1+I_2-I_3=0 \tag{2-31}$$

$$I_1-I_2+I_3=0 \tag{2-32}$$

显然，式（2-31）和式（2-32）实际相同，所以只有一个方程是独立的，可见 2 个节点只能列一个独立的节点电流方程。

可以证明，若电路中有 n 个节点，则应用 KCL 只能列出（$n-1$）个独立的节点电流方程。

其次，选定回路绕行方向，一般选顺时针方向，并标明在电路图上。根据 KVL，列出各回路的电压方程。

对于回路Ⅰ，可列出

$$I_1R_1-U_{S1}+I_2R_2=0 \tag{2-33}$$

对于回路Ⅱ，可列出

$$-I_2R_2+U_{S3}-I_3R_3=0 \tag{2-34}$$

对于回路Ⅲ，可列出

$$I_1R_1-U_{S1}+U_{S3}-I_3R_3=0 \tag{2-35}$$

从式（2-33）、式（2-34）和式（2-35）可以看出，这 3 个方程中任何一个方程都可以从其他两个方程中导出，所以只有两个方程是独立的。这正好是求解 3 个未知电流所需要的其余方程的数目。

同样可以证明，对于 m 个网孔的平面电路，必含有 m 个独立的回路，且 $m=b-(n-1)$。网孔是最容易选择的独立回路。

总之，对于具有 b 条支路、n 个节点、m 个网孔的电路，应用 KCL 可以列出（$n-1$）个独立节点的电流方程，应用 KVL 可以列出 m 个独立回路电压方程，而独立方程总数为 $(n-1)+m$，恰好等于支路数 b，所以方程组有唯一解。如图 2-42 所示，可以联立式（2-31）、式（2-33）及式（2-34），有

$$\begin{cases}-I_1+I_2-I_3=0\\ I_1R_1-U_{S1}+I_2R_2=0\\ -I_2R_2+U_{S3}-I_3R_3=0\end{cases}$$

解方程组就可以求得 I_1、I_2 和 I_3。

支路电流法的一般步骤如下：

（1）选定支路电流的参考方向，标明在电路图上，b 条支路共有 b 个未知变量。

（2）根据 KCL 列出节点电流方程，n 个节点可列（$n-1$）个独立方程。

（3）选定网孔绕行方向，标明在电路图上，根据 KVL 列出网孔电压方程，网孔数就等于独立回路数，可列 m 个独立电压方程。

（4）联立求解上述 b 个独立方程，求得各支路电流。

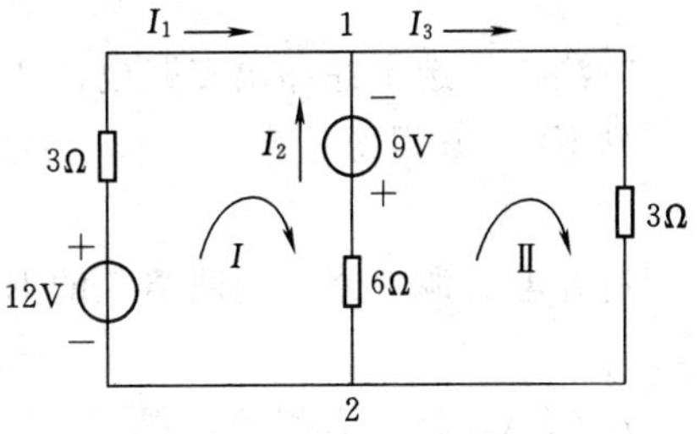

图 2-43 ［例 2-10］图

【例 2-10】 图 2-43 所示电路，用支路电流法求各支路电流。

解 选定并标出支路电流 I_1、I_2、I_3 如图 2-43 所示。由节点 1 列 KCL，有

$$-I_1-I_2+I_3=0$$

选定网孔绕行方向，如图 2-43 所示，由网孔

Ⅰ，按 KVL，有

$$-12+3I_1-9-6I_2=0$$

由网孔Ⅱ，按 KVL，有

$$6I_2+9+3I_3=0$$

联立以上 3 个式子，求解得

$$I_1=3A,I_2=-2A,I_3=1A$$

另外，在用支路电流法分析含有理想电流源的电路时，对含有电流源的回路，应将电流源的端电压列入回路电压方程中。此时，电路增加一个变量，应该补充一个相应的辅助方程，该方程可由电流源所在支路的电流为已知来引出，见例 2－11 解方法一。第二种处理方法是，由于理想电流源所在支路的电流为已知，在选择回路时也可以避开理想电流源支路，见例 2－11 解方法二。

【例 2－11】 图 2－44（a）所示电路，用支路电流法求各支路电流。

解 方法一 选定并标出支路电流 I_1、I_2、I_3，电流源端电压 U_0，并选定网孔绕向，如图 2－44（a）所示。

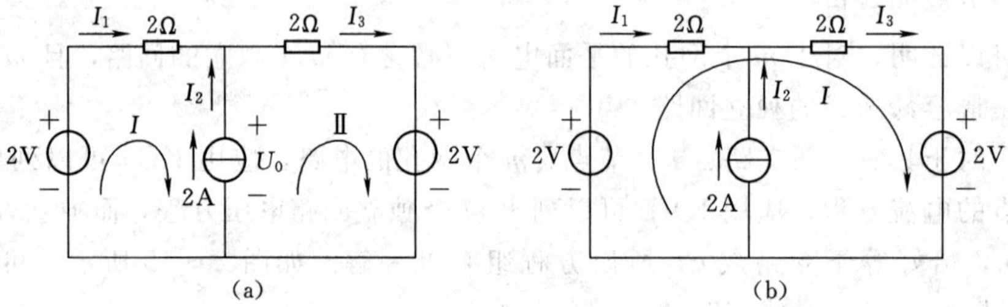

图 2－44 ［例 2－11］图

列 KCL 方程，得

$$-I_1-I_2+I_3=0$$

列 KVL 方程，得

$$-2+2I_1+U_0=0$$

$$-U_0+2I_3+2=0$$

补充一个辅助方程

$$I_2=2A$$

联立方程组，得

$$I_1=-1A,I_2=2A,I_3=1A,U_0=4V$$

方法二 选定并标出支路电流 I_1、I_2、I_3，选定回路绕向，如图 2－44（b）所示。

列 KCL 方程得

$$-I_1-I_2+I_3=0$$

避开电流源支路，列回路Ⅰ的 KVL 方程，得

$$-2+2I_1+2I_3+2=0$$

$I_2=2A$，联立方程组，得

$$I_1=-1A,I_2=2A,I_3=1A$$

自　测　题

一、填空题

2.4.1　支路电流法就是以______为未知量，依据______列出方程式，然后解联立方程得到______的数值。

2.4.2　用支路电流法解复杂电阻电路时，应先列出______个独立节点电流方程，然后再列出______个回路电压方程（假设电路有 b 条支路、n 个节点）。

2.4.3　在图 2-45 所示电路中，可列出____个独立节点方程，____个独立回路方程。

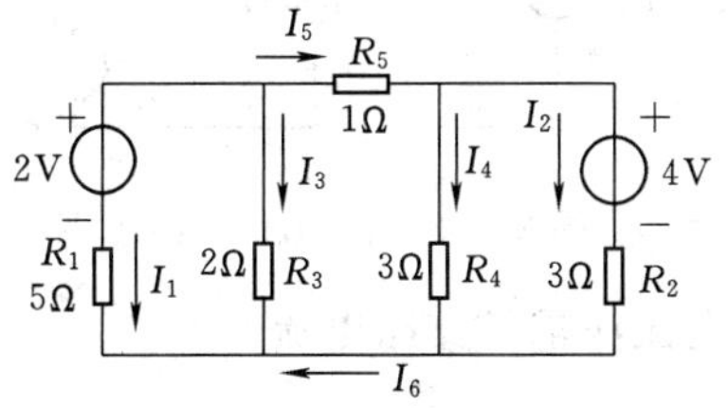

图 2-45　自测题 2.4.3 图

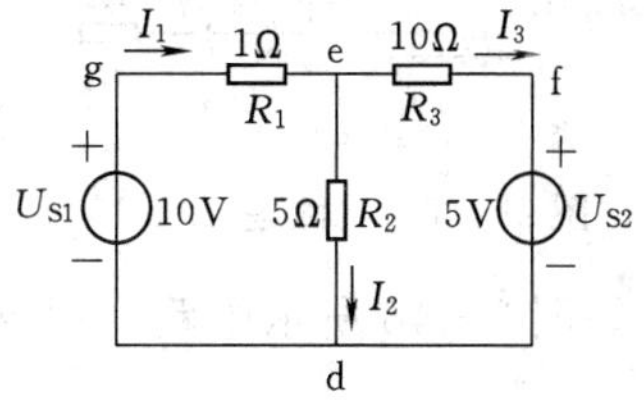

图 2-46　自测题 2.4.4 图

2.4.4　在图 2-46 所示电路中，独立节点电流方程为____，独立网孔电流方程为______、______。

2.4.5　某支路用支路电流法求解的数值方程组如下：

$$I_1+I_2+I_3=0$$

$$5I_1-20I_2-20=0$$

$$10+20I_3-10I_2=0$$

则该电路的节点数为__，网孔数为__。

二、选择题

2.4.6　图 2-45 所示电路中，节点数与网孔数分别为（　　）个。

A. 4，3　　B. 3，3　　C. 3，4

2.4.7　图 2-45 所示电路，下面结论正确的是（　　）。

A. $I_6=0$　　B. $I_6=I_2+I_4+I_1+I_3$　　C. $I_6=I_5$

2.4.8　在图 2-46 所示电路中，如将 I_2 参考方向改为 d 指向 e，下面结论正确的是（　　）。

A. $I_1-I_2-I_3=0$　　B. $I_1+I_2+I_3=0$　　C. $I_1+I_2-I_3=0$

2.4.9　在图 2-46 所示电路中，如将 I_1 参考方向改为由 e 指向 g，下面结论正确的是（　　）。

A. $I_1R_1-I_2R_2=U_{S1}$　　B. $-I_1R_1+I_2R_2=U_{S1}$　　C. $-I_1R_1-I_2R_2=U_{S1}$

三、判断题

2.4.10　运用支路电流法解复杂直流电路时，不一定以支路电流为未知量。（　　）

2.4.11　用支路电流法解出的电流为正数，则解题正确，否则就是解题错误。（　　）

2.4.12　用支路电流法解题时各支路电流参考方向可以任意假定。（　　）

2.4.13 在图 2-47 所示电路中，U_{S2}、R_4、R_5 上电流大小相等，方向相同。（ ）

四、计算题

2.4.14 如图 2-46 所示电路，用支路电流法求各支路电流。

2.4.15 如图 2-47 所示电路，用支路电流法求各支路电流。

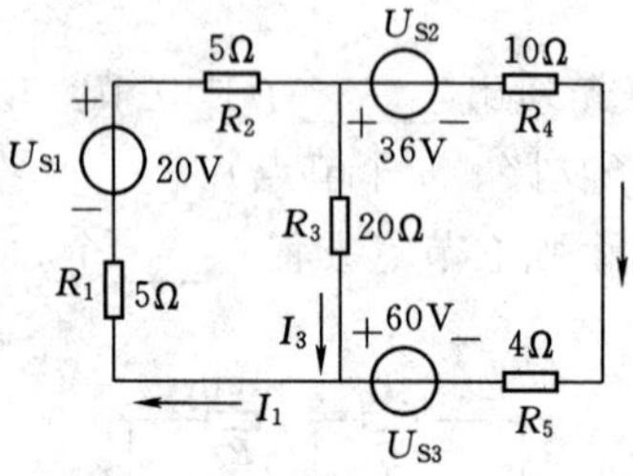

图 2-47 自测题 2.4.15 图

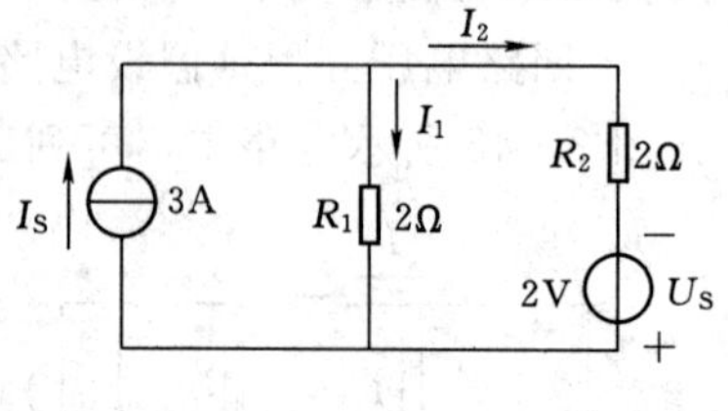

图 2-48 自测题 2.4.16 图

2.4.16 如图 2-48 所示电路，用支路电流法求各支路电流。

2.5 网孔电流法

网孔电流法也是分析电路的基本方法。这种方法是以假想的网孔电流为未知量，应用 KVL 列出网孔电流方程，联立方程求得各网孔电流，再根据网孔电流与支路电流的关系式求得各支路电流。

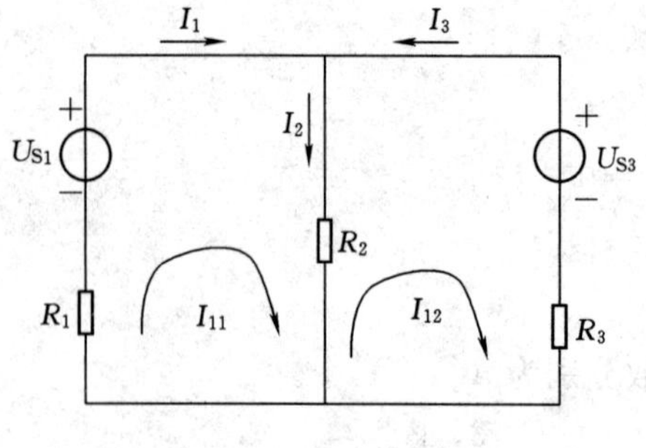

图 2-49 网孔电流法

现以图 2-49 所示电路为例来说明网孔电流法。

为了求得各支路电流，先选择一组独立回路，这里选择的是两个网孔。假想每个网孔中，都有一个网孔电流沿着网孔的边界流动，如 I_{11}、I_{12}，需要指出的是，I_{11}、I_{12} 是假想的电流，电路中实际存在的电流是支路电流 I_1、I_2、I_3。从图 2-49 中可以看出两个网孔电流与 3 个支路电流之间存在以下关系式，即

$$\left.\begin{aligned} I_1 &= I_{11} \\ I_2 &= I_{11} - I_{12} \\ I_3 &= -I_{12} \end{aligned}\right\} \tag{2-36}$$

如图 2-49 所示电路，选取网孔绕行方向与网孔电流参考方向一致，根据 KVL 可列网孔电流方程为

$$\left.\begin{aligned} I_1R_1 - U_{S1} + I_2R_2 &= 0 \\ -I_2R_2 + U_{S3} - I_3R_3 &= 0 \end{aligned}\right\} \tag{2-37}$$

将式（2-36）代入式（2-37），整理得

$$\left.\begin{aligned}(R_1+R_2)I_{11}-R_2I_{12}&=U_{S1}\\-R_2I_{11}+(R_2+R_3)I_{12}&=-U_{S3}\end{aligned}\right\}\tag{2-38}$$

式（2-38）可以概括为

$$\left.\begin{aligned}R_{11}I_{11}+R_{12}I_{12}&=U_{S11}\\R_{21}I_{11}+R_{22}I_{12}&=U_{S22}\end{aligned}\right\}\tag{2-39}$$

式（2-39）是具有两个网孔电路的网孔电流方程的一般形式，其有以下规律：

（1）R_{11}、R_{22}分别称为网孔1、2的自电阻，其值等于各网孔中所有支路的电阻之和，它们总取正值，有 $R_{11}=R_1+R_2$，$R_{22}=R_2+R_3$。

（2）R_{12}、R_{21}称为网孔1、2之间的互电阻，$R_{12}=-R_2$，$R_{21}=-R_2$，可以看出，$R_{12}=R_{21}$，其绝对值等于这两个网孔的公共支路的电阻。当两个网孔电流流过公共支路的参考方向相同时，互电阻取正号，否则取负号。

（3）U_{S11}、U_{S22}分别称为网孔1、2中所有电压源的代数和，$U_{S11}=U_{S1}$、$U_{S22}=-U_{S3}$。当电压源电压的参考方向与网孔电流方向一致时取负号，否则取正号。

式（2-39）可推广到具有 m 个网孔电路的网孔电流方程的一般规范形式，即

$$\left.\begin{aligned}&R_{11}I_{11}+R_{12}I_{12}+\cdots+R_{1m}I_{1m}=U_{S11}\\&R_{21}I_{11}+R_{22}I_{12}+\cdots+R_{2m}I_{1m}=U_{S22}\\&\vdots\\&R_{m1}I_{11}+R_{m2}I_{12}+\cdots+R_{mm}I_{1m}=U_{Smm}\end{aligned}\right\}\tag{2-40}$$

根据以上分析，可归纳网孔电流法的一般步骤如下：

（1）选定网孔电流的参考方向，标明在电路图上，并以此方向作为网孔的绕行方向。m 个网孔就有 m 个网孔电流。

（2）按上述规范形式列出网孔电流方程。

（3）联立并求解方程组，求得网孔电流。

（4）根据网孔电流与支路电流的关系式，求得各支路电流或其他需求的电量。

【例2-12】 如图2-50所示电路，已知 $U_{S1}=8\text{V}$，$R_1=2\Omega$，$R_2=3\Omega$，$R_3=6\Omega$，$U_{S3}=12\text{V}$，用网孔电流法求各支路电流。

解 设网孔电流 I_{11}、I_{12} 如图2-50所示，列网孔电流方程组，即

$$\begin{cases}(R_1+R_2)I_{11}-R_2I_{12}=U_{S1}\\-R_2I_{11}+(R_2+R_3)I_{12}=-U_{S3}\end{cases}$$

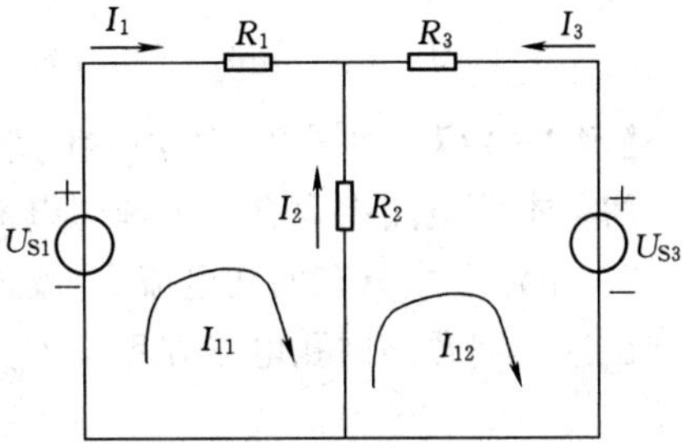

图2-50 ［例2-12］图

代入数据，可得

$$\begin{cases}5I_{11}-3I_{12}=8\\-3I_{11}+9I_{12}=-12\end{cases}$$

解得

$$I_{11}=1\text{A}，I_{12}=-1\text{A}$$

各支路电流

$$I_1=I_{11}=1\text{A}$$

$$I_2=-I_{11}+I_{12}=[-1+(-1)]\text{A}=-2\text{A}$$

$$I_3=-I_{12}=-(-1)\text{A}=1\text{A}$$

另外，在用网孔电流法分析含有理想电流源支路的电路时，有两种处理方法。一种方法是，当理想电流源支路仅属于一个网孔时，这时该网孔电流成为已知量，等于该理想电流源的电流，因此，不必再对这个网孔列写网孔电流方程，见例 2-13。另一种方法是，把理想电流源的电压 U 也作为一个未知量列入网孔电流方程，每引入这样一个未知量，同时要增加一个该理想电流源的电流与有关网孔电流之间的约束关系作为补充方程，则独立方程数与未知量数仍然相等，可求解各未知量，见例 2-14。

【例 2-13】 如图 2-51 所示电路，用网孔电流法求电流 I。

解 本题电路中含有电流源，选取网孔电流 I_{11}、I_{12} 如图 2-51 所示。

I_{12} 唯一流过含电流源的网孔电流，且参考方向与电流源电流方向相反，所以 $I_{12}=-1\text{A}$。列左边网孔电流方程为

$$(4+6)I_{11}-6I_{12}=10$$

将 I_{12} 代入，并整理得

$$I_{11}=\frac{10+6I_{12}}{10}=\frac{10+6\times(-1)}{10}(\text{A})=0.4\text{A}$$

$$I=I_{11}-I_{12}=[0.4-(-1)](\text{A})=1.4\text{A}$$

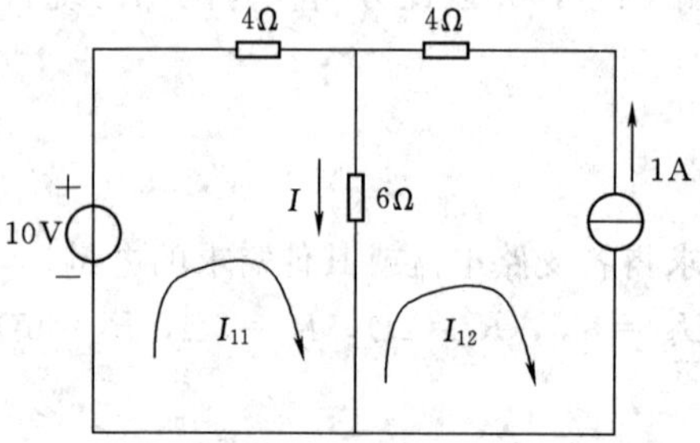

图 2-51 ［例 2-13］图

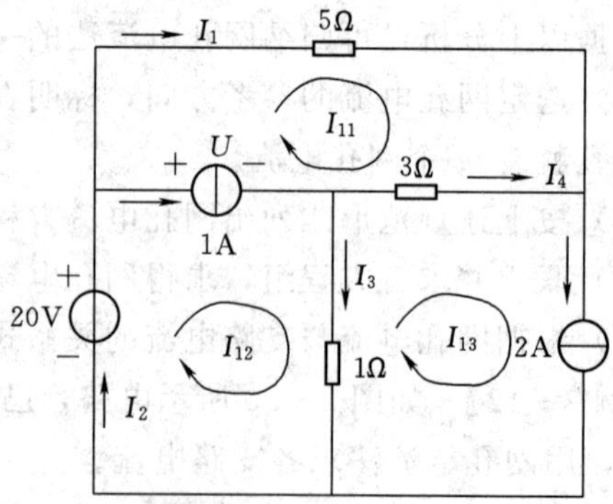

图 2-52 ［例 2-14］图

【例 2-14】 如图 2-52 所示电路，用网孔电流法求电流 I。

解 本题电路中含有两个理想电流源，设各网孔电流 I_{11}、I_{12}、I_{13} 如图 2-52 所示。

2A 电流源中只有网孔电流 I_{13} 流过，且参考方向相同，所以 $I_{13}=2\text{A}$ 为已知量，不必再列出这个网孔的网孔电流方程。列另外两个网孔电流方程，即

$$\begin{cases}(5+3)I_{11}-3I_{13}=U\\ 1I_{12}-1I_{13}=20-U\end{cases}$$

补充方程，即

$$I_{11}-I_{12}=-1\text{A}$$

解得方程组得

$$I_{11}=3A, I_{12}=4A, U=18V$$

各支路电流

$$I_1=I_{11}=3A$$

$$I_2=I_{12}=4A$$

$$I_3=I_{12}-I_{13}=4-2=2A$$

$$I_4=I_{13}-I_{12}=2-3=-1A$$

自 测 题

一、填空题

2.5.1 以________为待求变量的分析方法称为网孔电流法。

2.5.2 两个网孔之间公共支路上的电阻叫________。

2.5.3 网孔自身所有电阻的总和称为该网孔的________。

2.5.4 在图 2-53 所示电路中，自电阻 $R_{11}=$____，$R_{22}=$____，互电阻 $R_{12}=$____。

2.5.5 上题电路，若已知网孔电流分别为 I_{I}、I_{II}（参考方向设为顺时针方向），则各支路电流与网孔电流的关系式为 $I_1=$________、$I_2=$________、$I_3=$________。

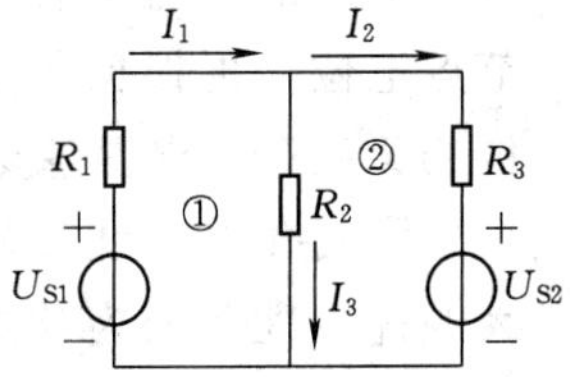

图 2-53 自测题 2.5.4 图

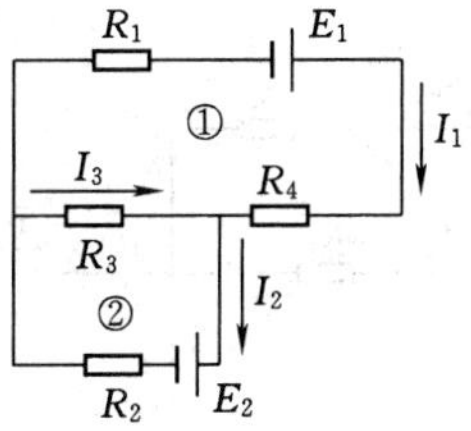

图 2-54 自测题 2.5.6 图

二、选择题

2.5.6 图 2-54 所示电路中，互电阻 $R_{12}=$（ ）。

A. R_3　　B. $-R_3$　　C. R_3+R_4

2.5.7 上题中，I_3 与网孔电流 I_{I}、I_{II}（参考方向为顺时针方向）的关系为（ ）。

A. $I_3=I_{\mathrm{I}}+I_{\mathrm{II}}$　　B. $I_3=I_{\mathrm{I}}-I_{\mathrm{II}}$　　C. $I_3=-I_{\mathrm{I}}+I_{\mathrm{II}}$

三、判断题

2.5.8 网孔电流就是支路电流，支路电流就是网孔电流。（ ）

2.5.9 网孔电流是一种沿着网孔边界流动的假想电流。（ ）

2.5.10 互阻值有时为正有时为负。（ ）

2.5.11 网孔电流方程实质上是 KVL 方程，在列方程时应把电流源电压考虑在内。（ ）

四、计算题

2.5.12 如图 2-55 所示电路，试用网孔电流法列出求各支路电流的方程式。

2.5.13 如图 2-56 所示电路，试用网孔电流法列出求各支路电流的方程式。

2.5.14 如图 2-57 所示电路，试用网孔电流法列出求各支路电流的方程式。

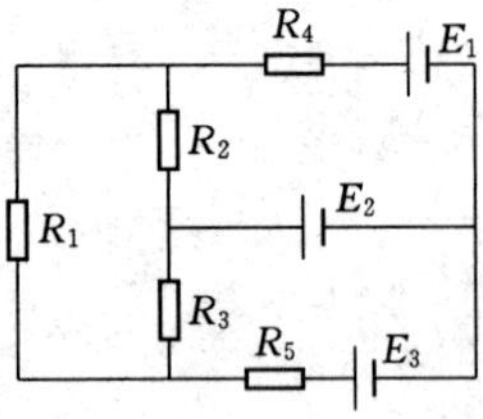

图 2-55 自测题 2.5.12 图

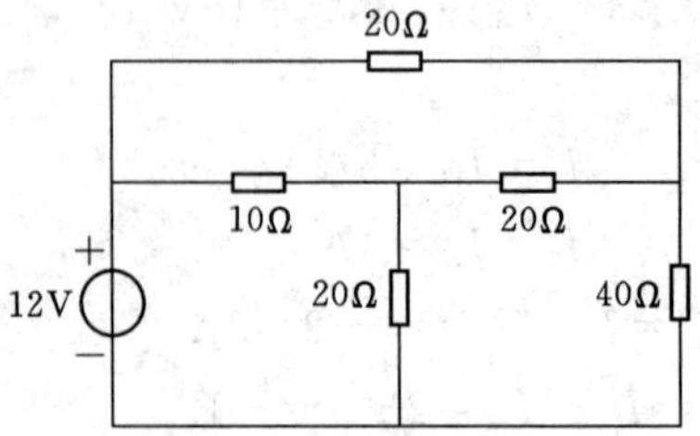

图 2-56 自测题 2.5.13 图

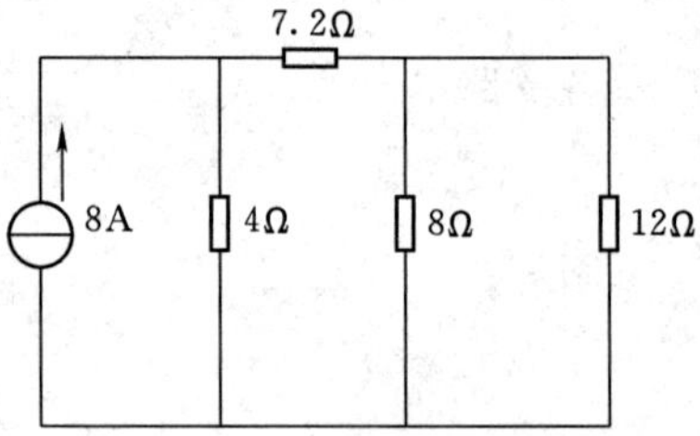

图 2-57 自测题 2.5.14 图

2.6 节点电位法

如果在电路中任选一节点作为参考点，即设这个节点的电位为零，其他每个节点与参考节点之间的电压就称为该节点的节点电位。每条支路都是接在两节点之间，它的支路电压就是与其相关的两个节点电位之差，知道了各支路电压，应用欧姆定律就可求出各支路电流。

节点电位法是以节点电位为未知量，将各支路电流用节点电位表示，应用 KCL 列出独立节点的电流方程，联立方程求得各节点电位，再根据各支路电流与节点电位的关系式，求得各支路电流。

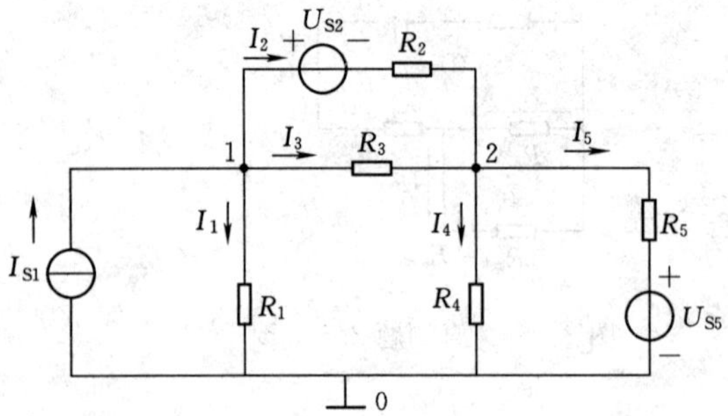

图 2-58 节点电位法

同网孔电流法比较，这种方法有更大的优越性，因为节点电位法不仅能求解非平面电路，而且对应用计算机分析电路也比较适宜，因而已成为网络分析中最重要的方法之一。

为了说明节点电位法的特点，现仍以具体例题讨论。

图 2-58 所示电路有 3 个节点，选择 0 点为参考节点，则其余两个为独立节点，设独立节点的电位为 V_1、V_2。各支路电流在图示参考方向下与节点电位存在以下关系式，即

$$\left.\begin{aligned}
I_1&=\frac{V_1}{R_1}=G_1V_1\\
I_2&=\frac{V_1-V_2-U_{S2}}{R_2}=G_2(V_1-V_2-U_{S2})\\
I_3&=\frac{V_1-V_2}{R_3}=G_3(V_1-V_2)\\
I_4&=\frac{V_2}{R_4}=G_4V_2\\
I_5&=\frac{V_2-U_{S5}}{R_5}=G_5(V_2-U_{S5})
\end{aligned}\right\}\qquad(2-41)$$

对节点 1、2 分别列写 KCL 方程，有

$$-I_{S1}+I_1+I_2+I_3=0$$
$$-I_2-I_3+I_4+I_5=0$$

将式（2-41）代入以上两式，可得

$$-I_{S1}+G_1V_1+G_2(V_1-V_2-U_{S2})+G_3(V_1-V_2)=0$$
$$-G_2(V_1-V_2-U_{S2})-G_3(V_1-V_2)+G_4V_2+G_5(V_2-U_{S5})=0$$

整理得

$$\left.\begin{aligned}&(G_1+G_2+G_3)V_1-(G_2+G_3)V_2=I_{S1}+G_2U_{S2}\\&-(G_2+G_3)V_1+(G_2+G_3+G_4+G_5)V_2=-G_2U_{S2}+G_5U_{S5}\end{aligned}\right\}\qquad(2-42)$$

式（2-42）可以概括为

$$\left.\begin{aligned}G_{11}V_1+G_{12}V_2=I_{S11}\\G_{21}V_1+G_{22}V_2=I_{S22}\end{aligned}\right\}\qquad(2-43)$$

式（2-43）是具有两个独立节点的节点电位方程的一般形式，有以下规律：

（1）G_{11}、G_{22}分别称为节点1、2的自导，$G_{11}=G_1+G_2+G_3$，$G_{22}=G_2+G_3+G_4+G_5$，其数值等于各独立节点所连接的各支路的电导之和，它们总取正值。

（2）G_{12}、G_{21}称为节点1、2的互导，$G_{12}=G_{21}=-(G_2+G_3)$，其数值等于两点间的各支路电导之和，它们总取负值。

（3）与理想电流源串联的电阻不能计入自导和互导中，这是因为电流源支路对节点提供的电流就是电流源的电流，与其支路串联的电阻无关。

（4）I_{S11}、I_{S22}分别称为流入节点1、2的等效电流源的代数和，若是电压源与电阻串联的支路，则看成是已变换成电流源与电导相并联的支路。当电流源的电流方向指向相应节点时取正号，反之则取负号。

式（2-43）可推广到具有n个节点的电路，应该有（$n-1$）个独立节点，可写出节点电位方程的一般规范形式为

$$\left.\begin{aligned}&G_{11}V_1+G_{12}V_2+\cdots+G_{1(n-1)}V_{n-1}=I_{S11}\\&G_{21}V_1+G_{22}V_2+\cdots+G_{2(n-1)}V_{n-1}=I_{S22}\\&\vdots\\&G_{(n-1)1}V_1+G_{(n-1)2}V_2+\cdots+G_{(n-1)(n-1)}V_{n-1}=I_{S(n-1)(n-1)}\end{aligned}\right\}\qquad(2-44)$$

根据以上分析，可归纳节点电位法的一般步骤如下：

（1）选定参考节点0，用“⊥”符号表示，并以独立节点的节点电位作为电路变量。

（2）按上述规范式列出节点电位方程。

（3）联立并求解方程组，求解得出各节点电位。

（4）根据支路电流与节点电位的关系式，求解各支路电流或其他需求的电量。

【例2-15】 如图2-59所示电路，用节点电位法求各支路电流。

解 该电路有3个节点，以0点为参考节点，独立节点1、2的电位分别设为V_1、V_2，列节点电位方程为

$$\begin{cases}\left(\dfrac{1}{2}+\dfrac{1}{4}+\dfrac{1}{4}\right)V_1-\dfrac{1}{4}V_2=\dfrac{12}{2}-\dfrac{4}{4}\\-\dfrac{1}{4}V_1+\left(\dfrac{1}{4}+\dfrac{1}{2}\right)V_2=\dfrac{4}{4}-5\end{cases}$$

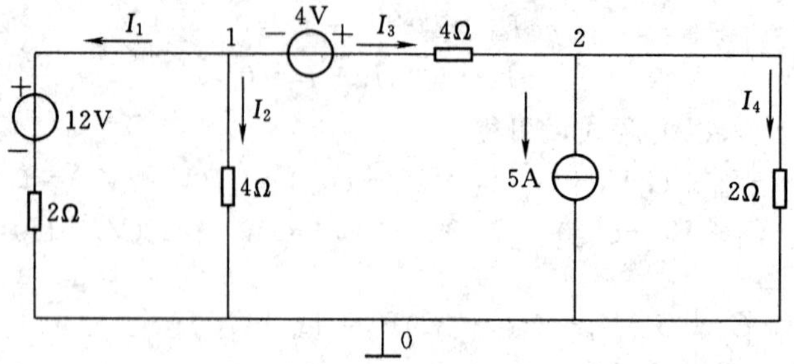

图 2-59 [例 2-15] 图

化简得

$$\begin{cases} V_1-\frac{1}{4}V_2=5 \\ -\frac{1}{4}V_1+\frac{3}{4}V_2=-4 \end{cases}$$

解方程组得

$$V_1=4\text{V},V_2=-4\text{V}$$

根据图中标出的各支路电流的参考方向，可计算得

$$I_1=\frac{V_1-12}{2}=\frac{4-12}{2}(\text{A})=-4\text{A}$$

$$I_2=\frac{V_1}{4}=\frac{4}{4}\text{A}=1\text{A}$$

$$I_3=\frac{V_1-V_2+4}{4}=\frac{4-(-4)+4}{4}\text{A}=3\text{A}$$

$$I_4=\frac{V_2}{2}=\frac{-4}{2}\text{A}=-2\text{A}$$

另外，在用节点电位法分析含有理想电压源的电路时，有两种处理方法。一种是当只有某一支路含有理想电压源，或者虽有几个支路含有理想电压源，但它们的一端接在同一节点，这时，可选择理想电压源的一端（或公共端）为参考节点，则另一端节点电位就是已知的，该节点方程可以省去，其余各节点方程仍按一般方法列写，见例 2-16。另一种是电路中含多个理想电压源，而且没有公共端，此时将一个理想电压源的一端为参考点，它的另一端的节点电位就是已知的，该节点方程可省去，对于其余理想电压源，可假设理想电压源支路的电流，并将理想电压源看成电流值为所假设电流的理想电流源来列写方程，每引入这样一个假设电流，方程中就多了一个未知量，因此需补充一个节点电位与该理想电压源电压关系的方程。这样，按节点法列写的方程加上补充方程数与待求未知量数相等，可求解各未知量，见例 2-17。

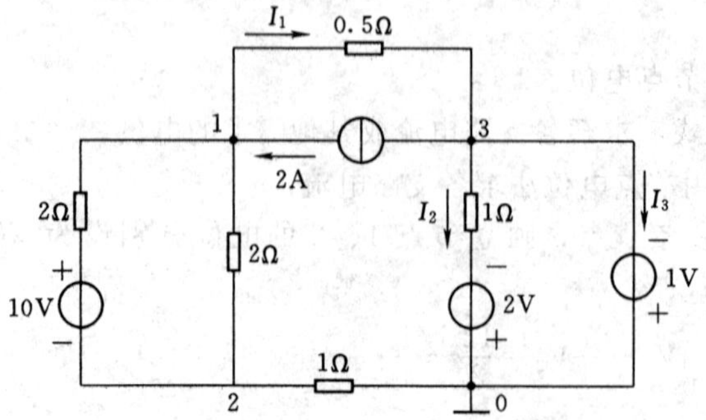

图 2-60 [例 2-16] 图

【例 2-16】 如图 2-60 所示电路，

用节点电位法求电流 I_1、I_2、I_3。

解 该电路有 4 个节点，以 0 点为参考节点，独立节点 1、2、3 的电位分别设为 V_1、V_2、V_3。因为节点 3 与参考节点 0 连接有理想电压源，有 $V_3=-1V$，再列节点 1、2 两个节点电位方程。

节点 1：$\left(\frac{1}{2}+\frac{1}{2}+\frac{1}{0.5}\right)V_1-\left(\frac{1}{2}+\frac{1}{2}\right)V_2-\frac{1}{0.5}V_3=\frac{10}{2}+2$

节点 2：$-\left(\frac{1}{2}+\frac{1}{2}\right)V_1+\left(\frac{1}{2}+\frac{1}{2}+\frac{1}{1}\right)V_2=\frac{-10}{2}$

联立，化简得

$$\begin{cases}3V_1-V_2-2V_3=7\\-V_1+2V_2=-5\\V_3=-1V\end{cases}$$

解得

$$V_1=1V、V_2=-2V、V_3=-1V$$

$$I_1=\frac{V_1-V_3}{0.5}=\frac{1-(-1)}{0.5}A=4A$$

$$I_2=\frac{V_3+2}{1}=\frac{-1+2}{1}A=1A$$

对节点 3，有

$$\sum I=-I_1+2+I_2+I_3=0$$

$$I_3=I_1-2-I_2=(4-2-1)A=1A$$

【例 2-17】 如图 2-61 所示电路，用节点电位法求两个电压源中的电流 I_1 及 I_2。

解 该电路有 4 个节点，以 0 点为参考节点，独立节点电位分别设为 V_1、V_2、V_3。节点 2 与参考节点 0 之间连接有理想电压源，有 $V_2=10V$。节点 1 与 3 之间也连接有理想电压源，有 $V_3-V_1=5V$。用 5V 的理想电压源的电流 I_1 作为未知变量来列写节点方程。列节点 1、3 的节点电位方程为

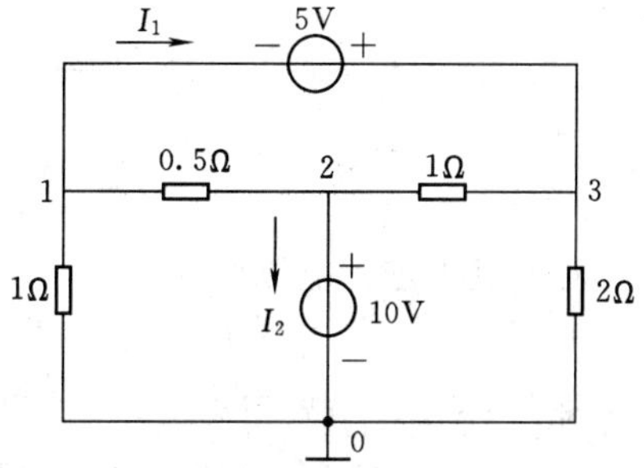

图 2-61 [例 2-17] 图

节点 1：$\left(\frac{1}{1}+\frac{1}{0.5}\right)V_1-\frac{1}{0.5}V_2=-I_1$

节点 3：$-\frac{1}{1}V_2+\left(\frac{1}{1}+\frac{1}{2}\right)V_3=I_1$

联立化简，并增加两个辅助方程

$$V_2=10V$$

$$V_3-V_1=5V$$

联立以上 4 个式子，解得

$$V_1=5V,V_2=10V,V_3=10V,I_1=5A$$

再列节点 2 的节点电位方程，将 10V 电压源看成电流源，有

$$-\frac{1}{0.5}V_1+\left(\frac{1}{0.5}+\frac{1}{1}\right)V_2-\frac{1}{1}V_3=-I_2$$

$$I_2=2V_1-3V_2+V_3=(2\times5-3\times10+10)\text{A}=-10\text{A}$$

所以，两个电压源中的电流 $I_1=5\text{A}$，$I_2=-10\text{A}$。

在实际工程中，常遇到具有两个节点，多条支路的电路，即由几个电源对负载并联供电，对这类电路用节点法求解，只需要列出一个节点方程，见例 2-18。

【例 2-18】 如图 2-62 所示电路，用节点电位法求各支路电流。

解 根据节点电位法，以 0 点为参考点，只有一个独立节点 1，有

$$V_1=\frac{\frac{100}{20}-\frac{40}{20}+5}{\frac{1}{20}+\frac{1}{20}+\frac{1}{10}}\text{V}=40\text{V}$$

根据各支路电流的参考方向，有

$$I_1=\frac{100-V_1}{20}=\frac{100-40}{20}\text{A}=3\text{A}$$

$$I_2=\frac{V_1+40}{20}=\frac{40+40}{20}\text{A}=4\text{A}$$

$$I_3=\frac{V_1}{10}=\frac{40}{10}\text{A}=4\text{A}$$

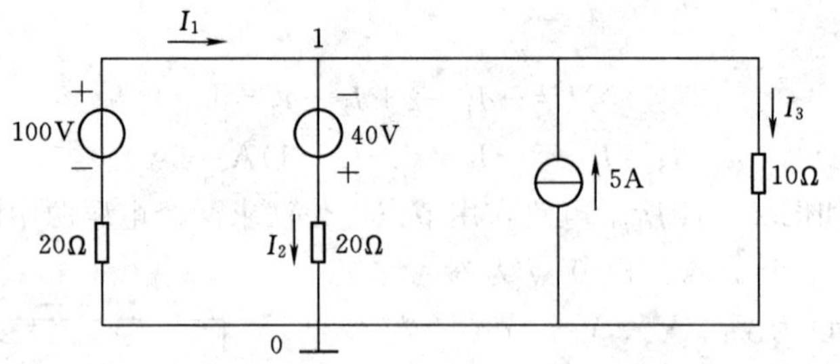

图 2-62 ［例 2-18］图

对节点 1 进行电流验证

$$\sum I=-I_1+I_2-5+I_3=(-3+4-5+4)\text{A}=0\text{A}$$

符合 KCL，结果正确。

对于图 2-62 所示电路，因为只有一个独立节点 1，其节点电位方程写成一般式为

$$V_1=\frac{\sum_{i=1}^{n}(U_{Si}G_i+I_{Si})}{\sum_{i=1}^{n}G_i} \tag{2-45}$$

式（2-45）称为弥尔曼定理，分子为流入节点 1 的等效电流源的电流之和，分母为节点 1 所连接各支路的电导之和。

自　测　题

一、填空题

2.6.1 以________为待求变量的分析方法称为节点电位法。

2.6.2 与某个节点相连接的各支路电导之和，称为该节点的________。

2.6.3 两个节点间各支路电导之和，称为这两个节点间的________。

2.6.4 若理想电流源支路中有串联电阻，则在列写节点电位法方程时，该串联电阻应作____处理。

2.6.5 在图 2-63 所示电路中，$G_{11}=$________、$G_{22}=$________、$G_{12}=$________。

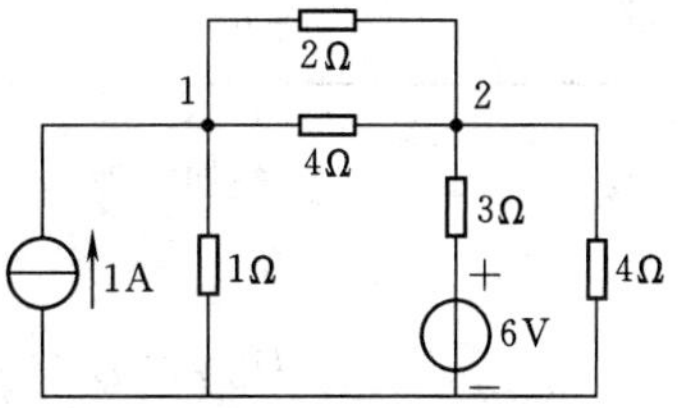

图 2.63 自测题 2.6.5 图

二、判断题

2.6.6 节点电位法对平面电路、非平面电路都适用。(　　)

2.6.7 在图 2-63 所示电路中，节点 1 与节点 2 间的负电导为 3/4S。(　　)

三、计算题

2.6.8 如图 2-64 所示电路，用节点电位法求各支路电流及 I_{S1} 的端电压。

2.6.9 用节点电位法求图 2-65 所示的电压 U。

2.6.10 列出图 2-66 (a)、(b) 的节点电位方程。

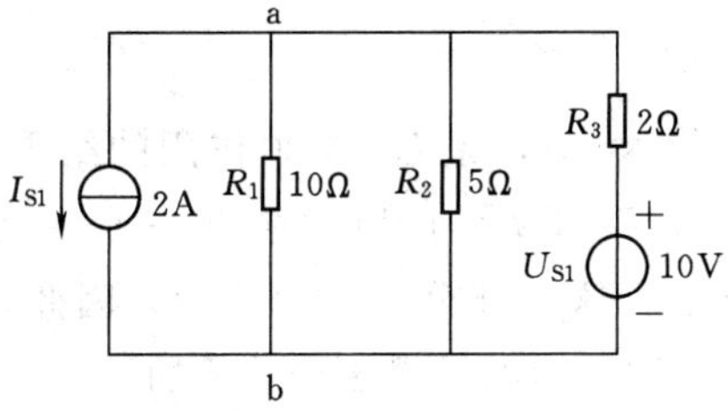

图 2-64 自测题 2.6.8 图

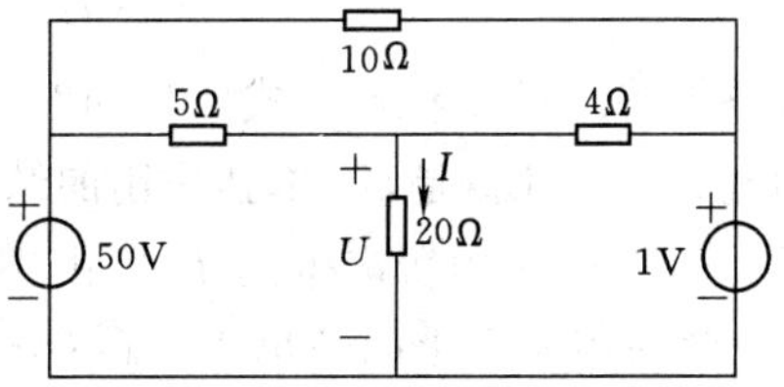

图 2-65 自测题 2.6.9 图

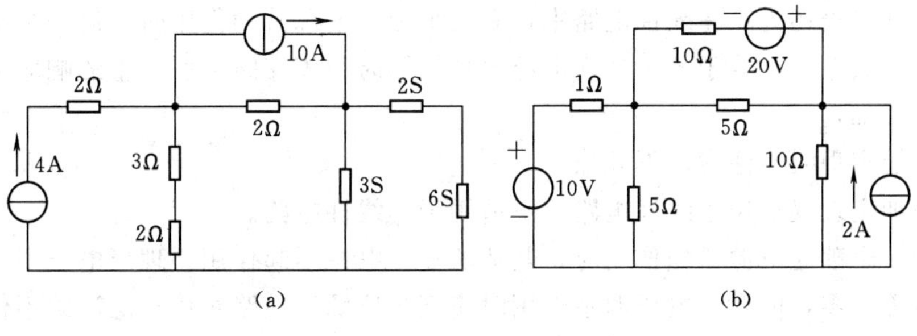

图 2-66 自测题 2.6.10 图

2.7 叠 加 定 理

2.7.1 叠加定理概述

叠加性是线性网络的基本特性，叠加定理就是线性网络这一特性的体现，因此，叠加定理是线性网络的一个重要定理。下面以一个具体例子说明电路的叠加性。

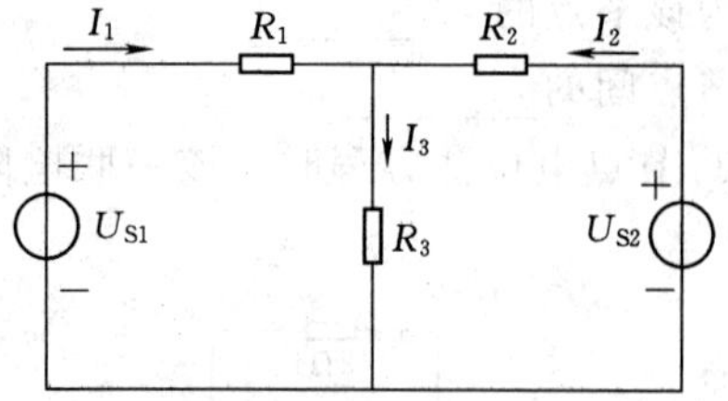

图 2-67　叠加定理

如图 2-67 所示的电路，求图中支路电流 I_1。

用支路电流法列出图 2-67 所示的支路电流方程为

$$\left.\begin{aligned} I_1+I_2-I_3&=0 \\ R_1I_1+R_3I_3&=U_{S1} \\ R_2I_2+R_3I_3&=U_{S2} \end{aligned}\right\} \tag{2-46}$$

解式 (2-46) 得

$$I_1=\frac{R_2+R_3}{R_1R_2+R_2R_3+R_1R_3}U_{S1}+\frac{-R_3}{R_1R_2+R_2R_3+R_1R_2}U_{S2} \tag{2-47}$$

设

$$\begin{aligned} I_1^{(1)}&=\frac{R_2+R_3}{R_1R_2+R_2R_3+R_1R_3}U_{S1} \\ I_1^{(2)}&=\frac{-R_3}{R_1R_2+R_2R_3+R_1R_3}U_{S2} \end{aligned} \tag{2-48}$$

于是

$$I_1=I_1^{(1)}+I_1^{(2)} \tag{2-49}$$

分析以上各式可以看到，式 (4-48) 中 $I_1^{(1)}\propto U_{S1}$，是 U_{S1} 单独作用的结果，与 U_{S2} 无关；同理，$I_1^{(2)}\propto U_{S2}$ 是 U_{S2} 单独作用的结果，与 U_{S1} 无关。所以，在图 2-67 所示的电路中，U_{S1} 与 U_{S2} 共同作用所产生的 I_1 是由 $I_1^{(1)}$ 和 $I_1^{(2)}$ 这两部分叠加而成的。因此，可以说 I_1 是 U_{S1} 单独作用时产生的结果 $I_1^{(1)}$ 和 U_{S2} 单独作用产生的结果 $I_1^{(2)}$ 的叠加。

类似地，可以证明其他各支路电流或支路电压也是各独立源单独作用在该支路产生的电流分量或电压分量的代数和（叠加）。这就是线性网络的叠加性。

叠加定理可表述为：在线性电路中，有几个独立电源共同作用时，每一个支路中所产生的响应电流或电压，等于各个独立电源单独作用时在该支路中所产生的响应电流或电压的代数和（叠加）。

应用叠加定理时要注意以下几点：

(1) 叠加定理仅适用于线性电路，不适用于非线性电路。

(2) 当一个独立电源单独作用时，其他的独立电源不起作用，理想电压源不作用，即电压源电压等于零，因此，电压源不作用时应把电压源用短路替代；电流源不作用，即电流源电流等于零，因此，应把不作用的电流源用开路替代；受控源和电阻按原样保留在电路中，且连接方式都不应变动。

(3) 叠加时要注意电流和电压的参考方向。若分电流（或分电压）与原电路待求的电流（或电压）的参考方向一致时，取正号；相反时取负号。

(4) 叠加定理不能用于计算电路的功率，因为功率是电流或电压的二次函数。

【例 2-19】 如图 2-68 (a) 所示电路，用叠加定理求电流 I 和电压 U。

解　画出两个电源分别单独作用的电路如图 2-68 (b) 和图 2-68 (c) 所示，用电阻串、并联特性求解。

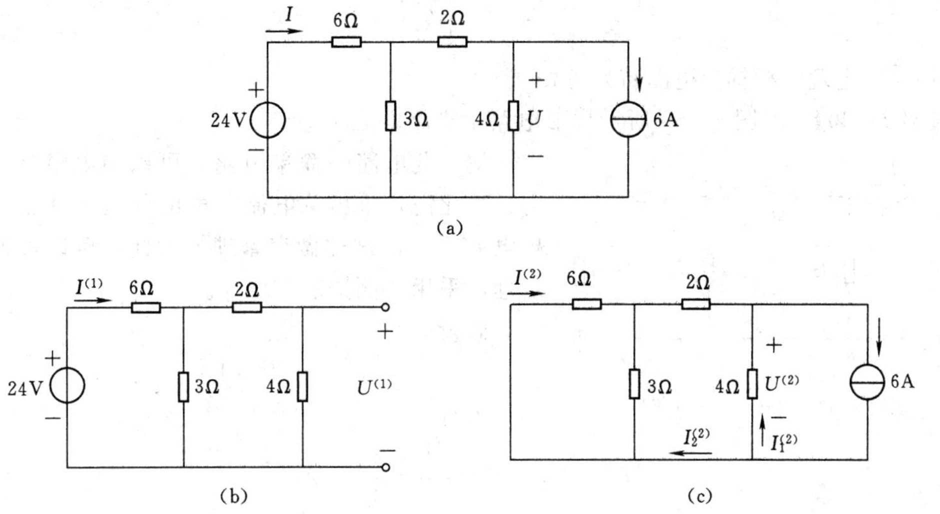

图 2-68 [例 2-19] 图

对图 2-68（b），有

$$I^{(1)}=\frac{24}{6+\dfrac{3\times(2+4)}{3+2+4}}A=\frac{24}{8}A=3A, U^{(1)}=3\times\frac{3}{3+2+4}\times 4V=4V$$

对图 2-68（c），可求得

$$I_1^{(2)}=\left(6\times\frac{\dfrac{6\times 3}{6+3}+2}{\dfrac{6\times 3}{6+3}+2+4}\right)A=3A$$

$$U^{(2)}=-4I_1^{(2)}=-4\times 3V=-12V$$

$$I_2^{(2)}=6-I_1^{(2)}=(6-3)A=3A$$

$$I^{(2)}=I_2^{(2)}\ \frac{3}{6+3}=\left(3\times\frac{3}{6+3}\right)A=1A$$

原电路的 I 和 U 为

$$I=I^{(1)}+I^{(2)}=(3+1)A=4A$$

$$U=U^{(1)}+U^{(2)}=(4-12)V=-8V$$

2.7.2 齐性定理

齐性定理描述了线性电路的比例特性，其内容为：在线性电路中，当所有激励（电压源和电流源）都同时增大或缩小 k 倍（k 为实常数），电路响应（电压和电流）也将同样增大或缩小 k 倍，这就是线性电路的齐性定理，它不难从叠加定理推得。应当指出，这里的激励是指独立电源，并且必须全部激励同时增大或缩小 k 倍；否则将导致错误。当然，如果电路中只有一个电源，则电路中的响应必与该电源的激励成正比，即

$$\frac{U_S}{U_S'}=k=\frac{U_k(I_k)}{U_k'(I_k')} \tag{2-50}$$

用齐性定理分析梯形电路特别方便。

【例 2-20】 求图 2-69 所示梯形电路中支路电流 I_5。

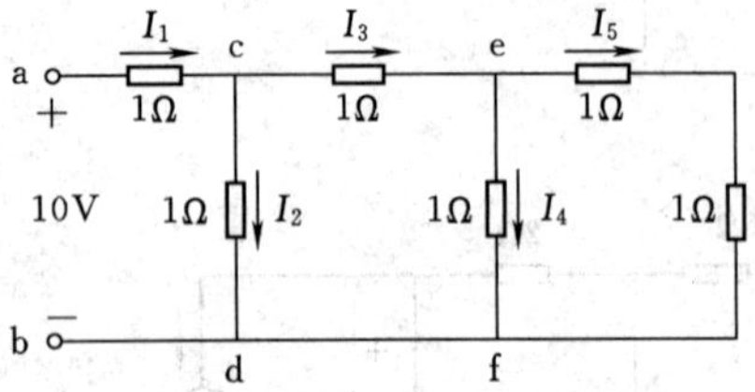

图 2-69 ［例 2-20］图

解 此电路是简单电路，可以用电阻串、并联的方法化简，求出总电流，再由分压、分流公式求出电流 I_5。但这样做很繁琐。为此，可以根据齐性定理，采用“倒推法”计算。

假设

$$I_5'=1\text{A}$$

则有

$$U_{ef}'=2\text{V}\quad I_4'=\frac{U_{ef}'}{1}=\frac{2}{1}=2\text{A}$$

$$I_3'=I_4'+I_5'=3\text{A}$$

$$U_{cd}'=U_{ce}'+U_{ef}'=5\text{V}\quad I_2'=\frac{U_{cd}'}{1}=\frac{5}{1}=5\text{A}$$

$$I_1'=I_2'+I_3'=8\text{A}$$

$$U_{ab}'=U_{ac}'+U_{cd}'=13\text{V}$$

由于电压 U_{ab} 实际为 10V，所以

$$I_5=I_5'\times\frac{U_{ab}}{U_{ab}'}=1\times\frac{10}{13}\text{A}=0.769\text{A}$$

自 测 题

一、填空题

2.7.1 在具有几个电源的____电路中，各支路电流（电压）等于各电源单独作用时所产生的电流（电压）____，这一定理称为叠加定理。

2.7.2 所谓 U_{S1} 单独作用 U_{S2} 不起作用，含义是使 U_{S2} 等于____，但仍接在电路中。

2.7.3 叠加定理是对____和____的叠加，对____不能进行叠加。

2.7.4 叠加原理只适用于________电路，只能用于计算电路中的________、________，不能用于计算________。

二、判断题

2.7.5 叠加原理只适用于线性电路，只能用于计算电路中的电流、电压和功率。 （ ）

2.7.6 求电路中某元件上功率时，可用叠加定理。 （ ）

2.7.7 对电路含有电流源 I_S 的情况，当电流源不起作用，意思是它不产生电流，$I_S=0$ 在电路模型上就是电流源开路。 （ ）

三、计算题

2.7.8 试用叠加原理求图 2-70 所示电路中的各支路电流。

2.7.9 试用叠加原理求图 2-71 所示电路中的电流 I。

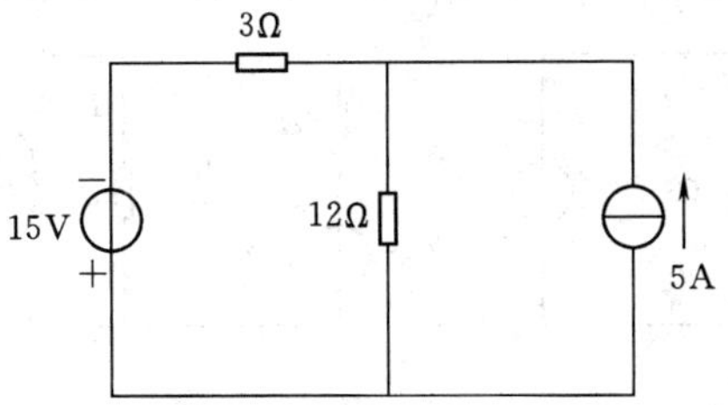

图 2-70　自测题 2.7.8 图

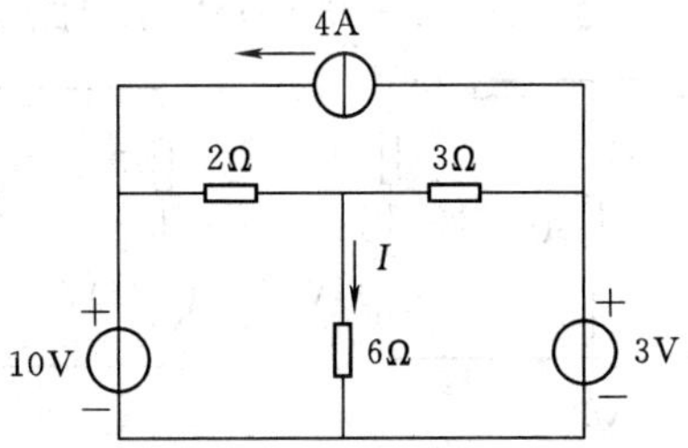

图 2-71　自测题 2.7.9 图

2.8 替 代 定 理

替代定理是网络分析中常见的定理之一，它适用于任意的线性或非线性网络。

替代定理可表述为：在任意电路（线性、非线性、非时变、时变）中，若第 k 条支路的电压 U_k 和电流 I_k 已知，则该支路可用大小为 U_k、极性与 U_k 相同的理想电压源替代，也可用大小为 I_k、方向与 I_k 相同的理想电流源替代，还可用阻值为 U_k/I_k（当 U_k 与 I_k 方向关联时）的电阻替代。替代后，电路所有的支路电压和支路电流仍保持原值不变。替代定理可用图 2-72 表示。

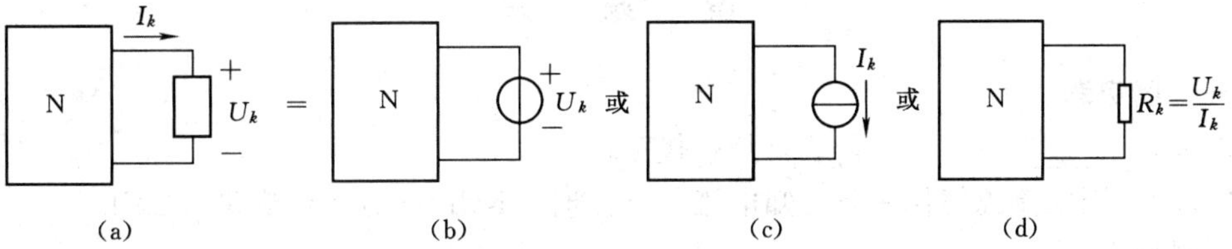

图 2-72　替代定理

替代定理的正确性基于上述替代并不改变被替代支路端钮上的工作条件，因此它也不会影响电路中其他部分的工作状态。替代定理不仅适用于线性非时变电路，而且也适用于时变电路及非线性电路。不同的是，对于时变电路，定理只表征某个时刻的情况，而对于非线性电路，定理只描述某个电压值与某个电流值时的情况。这两种情况都只能是特殊情况而不具有普遍意义。

对于替代定理的几点说明：

第一，该定理指出线性网络有一个重要性质，即替代性质。它说明当某条支路的电压或电流为已知时，可以直接用相应的独立电压源或独立电流源去替代该支路，替代前与替代后电路中所有支路的电压与电流均保持不变。

第二，被替代的支路必须是独立的，即 U_k，I_k 与其他支路不存在受控关系；否则，定理结论一般不成立。

第三，替代定理可以用于某些电路的分析中，在进行电路分析时，若使用替代定理后可以使分析得以简化，则可以使用替代定理简化电路分析。

下面举例说明替代定理的应用。

【例 2-21】 如图 2-73（a）所示电路，已知 $U_3=8V$、$I_3=1A$，试用替代定理求 I_1 和 I_2。

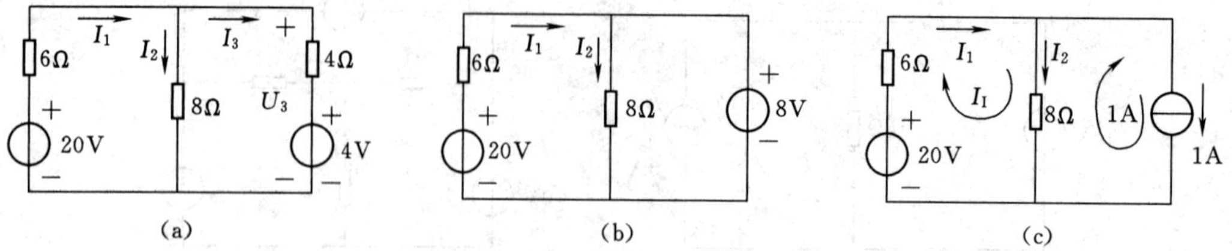

图 2-73 ［例 2-21］图

解法一 支路 3 用 8V 电压源替代，如图 2-73（b）所示，得

$$I_1=\frac{20-8}{6}A=2A$$

$$I_2=\frac{8}{8}A=1A$$

解法二 支路 3 用 1A 电流源替代，如图 2-73（c）所示。列网孔电流方程为

$$(6+8)I_1-8\times1=20$$

得

$$I_1=I_1=\frac{20+8}{14}A=2A$$

$$I_2=I_1-1=1A$$

自　测　题

一、填空题

2.8.1 ______________，这就是替代定理。

2.8.2 用电流源替代一条已知电流的支路时，KCL 固然得到满足，KVL ____（能/不能）得到满足。

2.8.3 用电压源替代一条已知电压的支路时，KVL 固然得到满足，KCL ____（能/不能）得到满足。

二、计算题

2.8.4 在图 2-74 所示电路中，已知 $U=8V$，试用替代定理求电流 I。

2.8.5 在图 2-75 所示电路中，已知 $U_3=20V$，试用替代定理求支路电流 I_2、I_3。

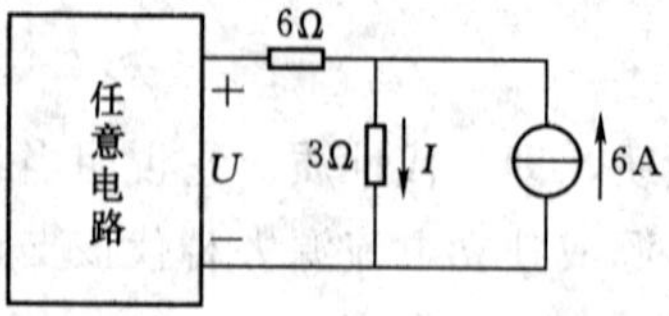

图 2-74 自测题 2.8.4 图

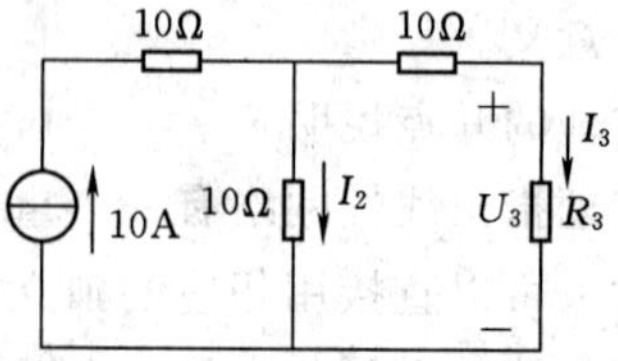

图 2-75 自测题 2.8.5 图

2.9 戴维宁定理与诺顿定理

2.9.1 二端网络

根据网络内部是否含有独立电源，二端网络可分为有源二端网络和无源二端网络，分

别用 N_S 与 N_0 表示，如图 2－76（a）、（b）所示。

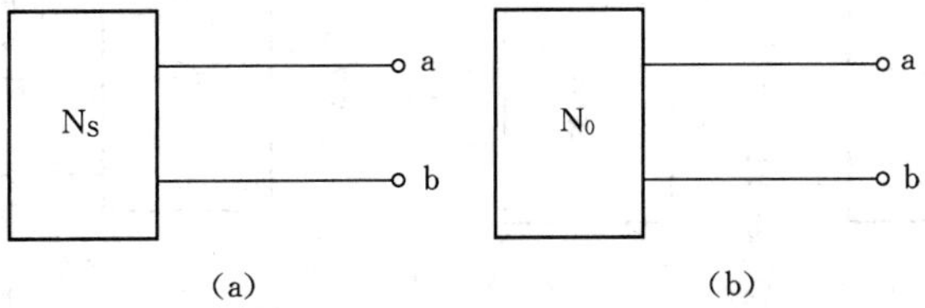

图 2－76　二端网络的表示符号

前面已经讨论过无源二端网络可以用一条无源支路来等效代换，该无源支路上的电阻就是从二端网络端钮 a、b 之间看进去时端钮间的等效电阻 R_{eq}。同理，一个有源二端网络，不论它的简繁程度如何，当与外电路相连时，它就会像电源一样向外电路供给电能，因此，这个有源二端网络可以变换成一个等效电源。一个电源可以用两种电源模型表示：一种是理想电压源和电阻串联的实际电压源模型；另一种是理想电流源和电阻并联的实际电流源模型。由两种等效电源模型得出戴维宁定理与诺顿定理。它们从不同角度提供了简化任意线性有源二端网络的有效方法，因而是电路分析中极为重要的两个定理。

2.9.2　戴维宁定理

一般线性有源二端网络，对外电路来说，可以用一个理想电压源和电阻串联的实际电压源模型来等效替代。理想电压源的电压等于线性有源二端网络的开路电路 U_{oc}；串联的电阻等于有源二端网络变成无源二端网络后的等效电阻 R_{eq}，这就是戴维宁定理。

图 2－77 中给出了戴维宁定理的内容。图 2－77（a）表示一个含源二端网络及其外电路。图 2－77（b）是线性有源二端网络 N_S 用一个实际电压源支路等效替换后的情况，其中外电路未改变。图 2－77（c）说明了等效电压源支路中的理想电压源的电压 U_{oc} 的求取情况，它表明，U_{oc} 是含源二端网络 N_S 在与外电路断开后，端钮 a、b 之间的开路电压。图 2－77（d）表示了等效电阻 R_{eq} 的求取情况（等效电阻 R_{eq} 也称二端网络的入端电阻），它的求取是在含源二端网络中所有独立电源不作用时，所得到的对应无源二端网络 N_0 端口看进去时的端钮间的等效电阻。

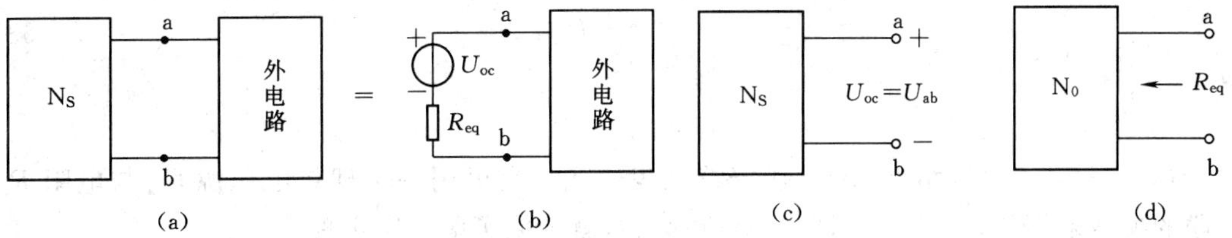

图 2－77　戴维宁定理

应用替代定理和叠加定理可以证明戴维宁定理。设一线性有源二端网络 N_S 与外部电路相连，如图 2－78（a）所示。设其输出端 a、b 的端电压为 U，电流为 I。首先，根据等效的概念，将外部电路用一个理想电流源替代，这个理想电流源的大小和方向与电流 I 相同，如图 2－78（b）所示。因为被替代处电路的工作条件并没有改变，所以替代后对网络中各支路的电压和电流是不会影响的。

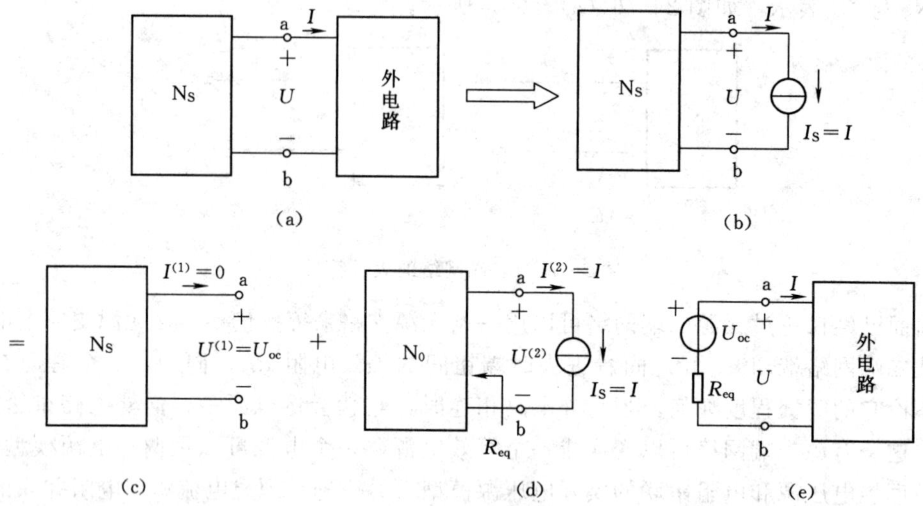

图 2-78 戴维宁定理的证明过程

其次，根据叠加定理，有源二端网络 N_S 的端口电压 U 可以看成是有源二端网络内部所有独立电源的作用及网络外部的理想电流源共同作用的结果，即由两个分量 $U^{(1)}$ 及 $U^{(2)}$ 所组成，如图 2-78（c）、(d) 所示，即

$$U=U^{(1)}+U^{(2)} \tag{2-51}$$

其中，$U^{(1)}$ 是有源二端网络内部的所有独立电源作用而外部的电流源不作用（$I_S=0$）时，也就是有源二端网络开路时的端电压 U_{oc}，即

$$U^{(1)}=U_{oc} \tag{2-52}$$

第二项，$U^{(2)}$ 是有源二端网络内部的所有独立电源均不作用而由外部的理想电流源 I_S 作用时二端网络的端电压。因为这时网络内部的所有电源均为零（理想电压源用短路替代，理想电流源用开路替代），原来的有源二端网络变成了无源二端网络 N_0。若用 R_{eq} 代表这个无源二端网络从其端口 a、b 向左看进去的等效电阻，则其端口电压 $U^{(2)}$ 就等于理想电流源的电流 I 流过这个电阻产生的电压降，$U^{(2)}$ 与 I 为非关联参考方向，所以有

$$U^{(2)}=-R_{eq}I \tag{2-53}$$

故

$$U=U_{oc}-R_{eq}I \tag{2-54}$$

式（2-54）是网络 N_S 端口伏安特性表达式，它可用一个理想电压源 U_{oc} 与电阻 R_{eq} 串联的模型来等效，如图 2-78（e）所示。这就证明了戴维宁定理。

这一理想电压源与电阻的串联组合称为戴维宁等效电路。从以上证明可以看出，它与等效的含独立源的一端口网络具有完全相同的外特性。所以戴维宁等效电路可以用来替代含独立源的一端口网络。

应用戴维宁定理时还要注意以下几点：

(1) 戴维宁定理只适用于线性电路的分析，不适用于非线性电路。

(2) 戴维宁定理常用于分析电路中某一条支路的电压与电流问题。求戴维宁等效电路时应先将待求支路移开，由剩余二端网络求得开路电压 U_{oc} 和等效电阻 R_{eq}，然后将待求

支路接入求得的戴维宁等效电路，求解待求量。在求解过程中，要注意正确标注电路变量。

(3) 求等效电阻 R_{eq} 的方法有 3 种：

1) 不含受控源时，将独立电源置“零”（电压源用短路替代，电流源用开路替代），运用电阻串、并联公式和 Y—△变换公式求 R_{eq}。

2) 外加电压（或电流）法求 R_{eq}。将独立电源置“零”（受控源因为受电路变量的控制而不能置“零”，仍保留在电路中），在端口 ab 处施加电压 U，如图 2-79 (a) 所示，计算或测量输入端口的电流 I，则等效电阻 $R_{eq}=U/I$。

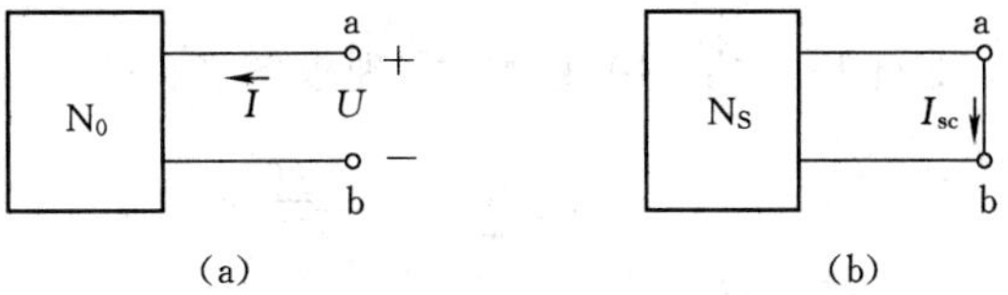

图 2-79 求等效电阻

(a) 用外加电压法求等效电阻；(b) 用开路、短路法求等效电阻

3) 用开路、短路法求 R_{eq}。网络的独立源不能置“零”（受控源仍保留在电路中），先将网络在 ab 处开路，求网络的开路电压 U_{oc}；再将 ab 短路，求网络的短路电流 I_{sc}；根据图 2-79 (b) 和该一端口网络的等效电路［图 2-78 (e)］可以看出等效电阻为 $R_{eq}=\dfrac{U_{oc}}{I_{sc}}$。

说明，当一端口网络不含受控源时，方法 (1) 可以方便地求等效电阻 R_{eq}；而当含有受控源时，只能用方法 2) 或 3) 求等效电阻 R_{eq}。

【例 2-22】 如图 2-80 (a) 所示电路，应用戴维宁定理求电流 I。

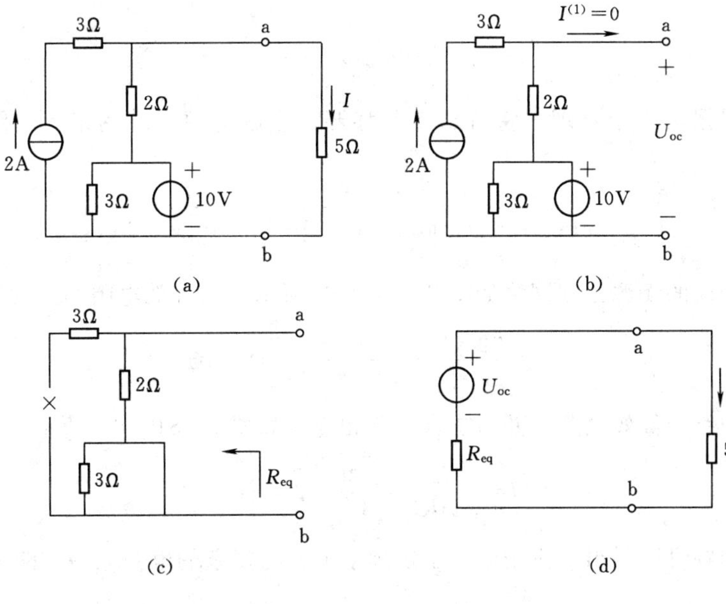

图 2-80 ［例 2-22］图

解 (1) 根据戴维宁定理，将待求支路移开，形成有源二端网络，如图 2-80 (b) 所示，可求开路电压 U_{oc}。因为此时 $I^{(1)}=0$，所以电流源电流 2A 全部流过 2Ω 电阻，有

$$U_{oc}=(2\times 2+10)\mathrm{V}=14\mathrm{V}$$

（2）作出相应的无源二端网络如图 2－80（c）所示，其等效电阻为

$$R_{eq}=2\Omega$$

（3）作出戴维宁等效电路，并与待求支路相连，如图 2－80（d）所示，求得

$$I=\frac{U_{oc}}{R_{eq}+5}=\frac{14}{2+5}\mathrm{A}=2\mathrm{A}$$

【例 2－23】 用戴维宁定理求图 2－81（a）所示电路中电流 I。

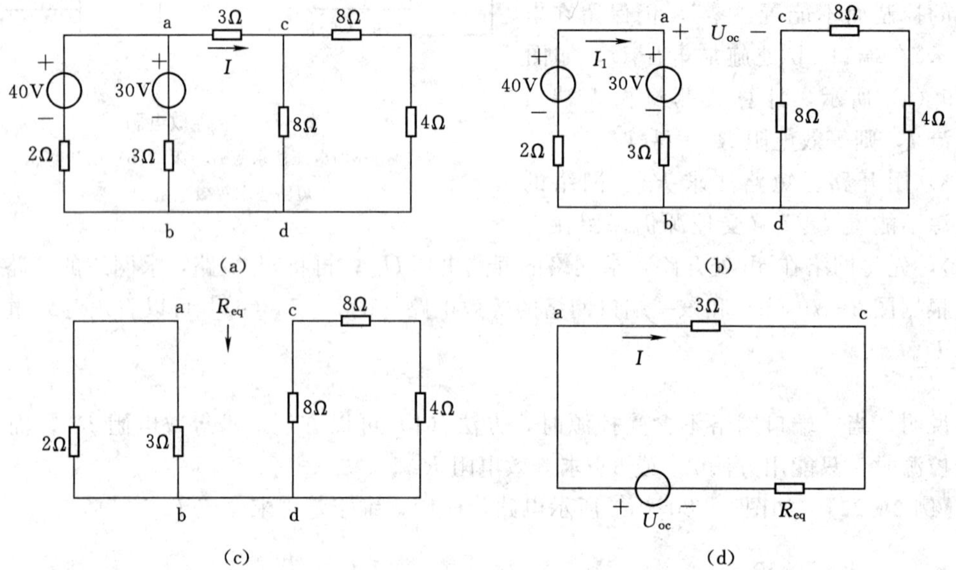

图 2－81　［例 2－23］图

解　（1）根据戴维宁定理，将待求支路移开，形成有源二端网络，如图 2－81（b）所示，可求开路电压 U_{oc}，即

$$U_{oc}=30+3I_1+0=\left[30+3\times\frac{40-30}{2+3}+0\right]\mathrm{V}=36\mathrm{V}$$

（2）作出相应的无源二端网络如图 2－81（c）所示，其等效电阻为

$$R_{eq}=\left[\frac{2\times 3}{2+3}+\frac{8\times(8+4)}{8+(8+4)}\right]\Omega=6\Omega$$

（3）作出戴维宁等效电路，并与待求支路相连，如图 2－81（d）所示，可求得

$$I=\frac{U_{oc}}{3+R_{eq}}=\frac{36}{3+6}\mathrm{A}=4\mathrm{A}$$

由上述两例题可以看出，应用戴维宁定理求解较为复杂的电路某一支路电流或电压问题是很方便的。

2.9.3　诺顿定理

一般线性有源二端网络，对外电路来说，可以用一个理想电流源和电阻并联的模型来等效替代。理想电流源的电流等于线性有源二端网络 N_S 的短路电路 I_{sc}，电阻等于将有源

二端网络变成无源二端网络 N_0 的等效电阻 R_{eq}，这就是诺顿定理，该电路模型称为诺顿等效电路，如图 2-82 所示。

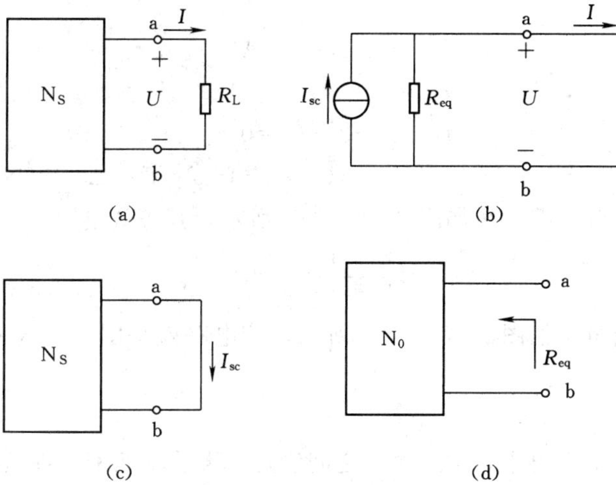

图 2-82 诺顿定理的图解说明

在图 2-82 中，图 2-82（b）就是图 2-82（a）的诺顿等效电路，I_{sc}、R_{eq}分别在图 2-82（c）、（d）中求得。

前面曾讨论过，两种实际电源模型是可以等效变换的，既然戴维宁定理是正确的，诺顿定理当然也是正确的，两个定理本质上是相同的，只是形式上不同而已。诺顿定理的证明方法与戴维宁定理证明类似，读者可自行证明。

【例 2-24】 求图 2-83（a）所示有源二端网络的诺顿等效电路。

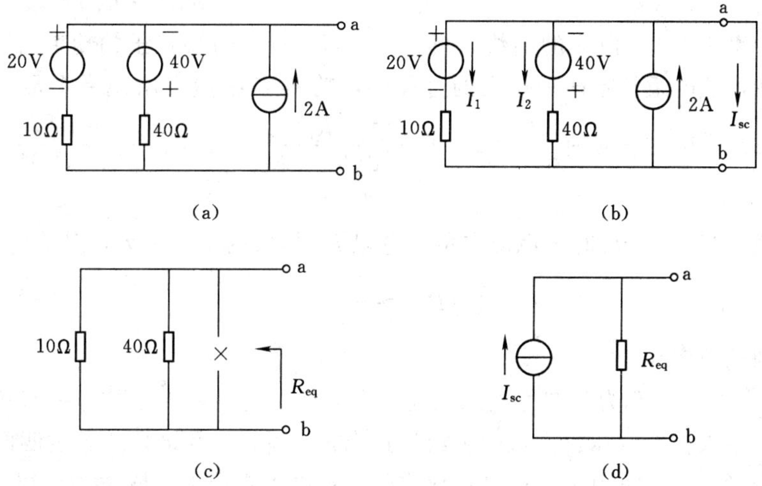

图 2-83 ［例 2-24］图

解 （1）根据诺顿定理，将 a、b 两端短接，求得短路电流 I_{sc}，如图 2-83（b）所示。设电流 I_1、I_2 如图 2-83 所示。因为 $U_{ab}=0$，有

$$\begin{cases}20+10I_1=0\\-40+40I_2=0\end{cases}$$

解得

$$I_1=-2\text{A},I_2=1\text{A}$$

又根据节点 a 的 KCL，有

$$I_1+I_2-2+I_{sc}=0$$

$$I_{sc}=-I_1-I_2+2=[-(-2)-1+2]\text{A}=3\text{A}$$

(2) 作出相应的无源二端网络如图 2-83 (c) 所示，其等效电阻为

$$R_{eq}=\frac{10\times40}{10+40}\Omega=8\Omega$$

(3) 作出诺顿等效电路如图 2-83 (d) 所示，该电路就是图 2-83 (a) 所示的含源二端网络的诺顿等效电路。

2.9.4 最大功率传输

在无线电技术中，常常要求负载与电源之间满足最大功率匹配，即负载能够从电源获得可能得到的最大功率。根据戴维宁定理，对负载电阻 R_L 以外的任何线性一端口有源网络均可用图 2-84 所示虚线框内的电路等效。

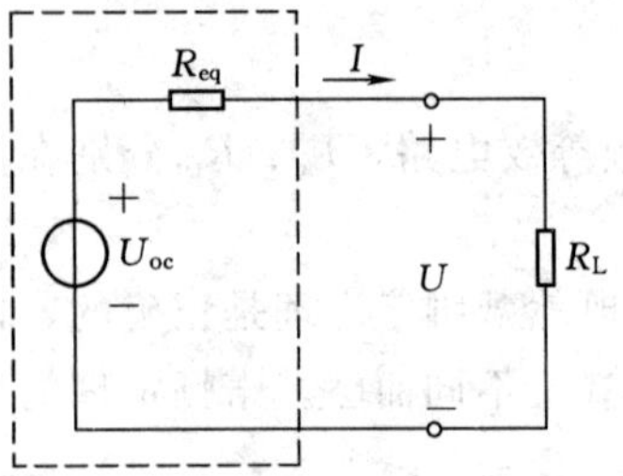

图 2-84 最大功率传输

在电能传输中，电源电压 U_{oc} 及等效电阻 R_{eq} 一般是不变的，负载电阻 R_L 则根据实际情况而变化。那么，在什么条件下负载获得最大功率？

由图 2-84 所示电路可得负载吸收的功率 P 为

$$P=I^2R_L=\frac{R_LU_{oc}^2}{(R_{eq}+R_L)^2}$$

可见，功率 P 是电阻 R_L 的函数，当 $R_L=0$ 或∞时，电源输出的功率均为零。由数学知识可知，在负载电阻从零逐渐增大的过程中，功率 P 必然会出现一个最大值，可以运用求极值的方法来确定。应使 $\frac{dP}{dR_L}=0$，即 $\frac{d}{dR}\left[\frac{R_LU_{oc}^2}{(R_{eq}+R_L)^2}\right]=U_{oc}^2\frac{R_{eq}-R_L}{(R_{eq}+R_L)^2}=0$，得

$$R_L=R_{eq} \tag{2-55}$$

也就是说，当 $R_L=R_{eq}$ 时，电源向负载电阻 R_L 提供的功率最大，其值为

$$P_{max}=\frac{U_{oc}^2}{4R_{eq}} \tag{2-56}$$

此时电源的效率为 50%。

满足 $R_L=R_{eq}$ 时，称为负载与电源匹配。在电信工程中，由于信号一般很弱，常要求从信号源获得最大功率（如收音机中供给扬声器的功率），因此必须满足匹配条件，但此时传输效率很低。这在电力工程中是不允许的。在电力系统中，输送功率很大，效率非常重要，故应使电源内阻（以及输电线路电阻）远小于负载电阻。

【例 2-25】 电路如图 2-85 (a) 所示，试求：

(1) 负载 R_L 获得最大功率的电阻值；

(2) 此时 R_L 所得到的功率。

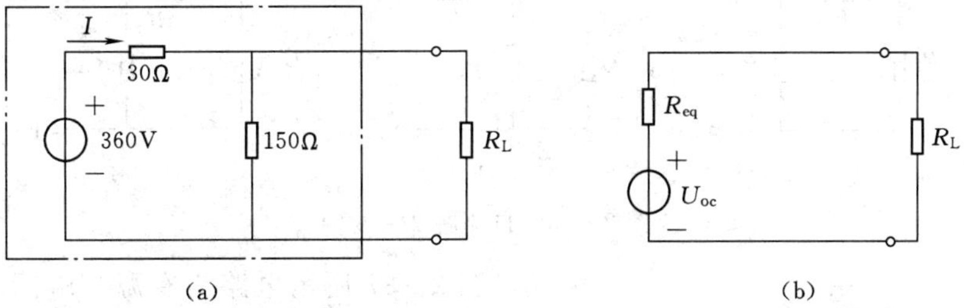

图 2-85 ［例 2-25］图

(a) 含独立源一端口网络向负载供电；(b) 戴维宁等效电路传输最大功率

解 (1) 求 R_L。先断开 R_L，求含源一端口网络的戴维宁等效电路，即

$$U_{oc}=\frac{150}{30+150}\times 360V=300V$$

$$R_{eq}=\frac{30\times 150}{30+150}\Omega=25\Omega$$

根据式 (2-55)，当 $R_L=R_{eq}=25\Omega$ 时，如图 2-85 (b) 所示，负载 R_L 获得最大功率。

(2) 求 P_{max}。根据式 (2-56)，可得最大功率为

$$P_{max}=\frac{U_{oc}^2}{4R_{eq}}=\frac{300^2}{4\times 25}W=900W$$

自 测 题

一、填空题

2.9.1 任何具有两个出线端的部分电路都称为______，其中若包含电源则称为______。

2.9.2 一有源二端网络，测得其开路电压为 6V，短路电流为 3A，则等效电压源为 $U_S=$____V，$R_{eq}=$____Ω。

2.9.3 用戴维宁定理求等效电路的电阻时，对原电路内部电压源作____处理，电流源作____处理。

2.9.4 某含源二端网络的开路电压为 10V，如在网络两端接以 10Ω 的电阻，二端网络端电压为 8V，此网络的戴维宁等效电路为 $U_S=$____V，$R_{eq}=$____Ω。

2.9.5 负载获得最大功率时称负载与电源______。

2.9.6 当负载被短路时，负载上电压为______，电流为______，功率为______。

2.9.7 负载获得最大功率的条件是________________。

二、判断题

2.9.8 戴维宁定理只对线性有源二端网络适用，而对非线性有源二端网络不适用。 (　　)

2.9.9 在图 2-86 所示电路中，有源二端网络是图 2-86 (b)。 (　　)

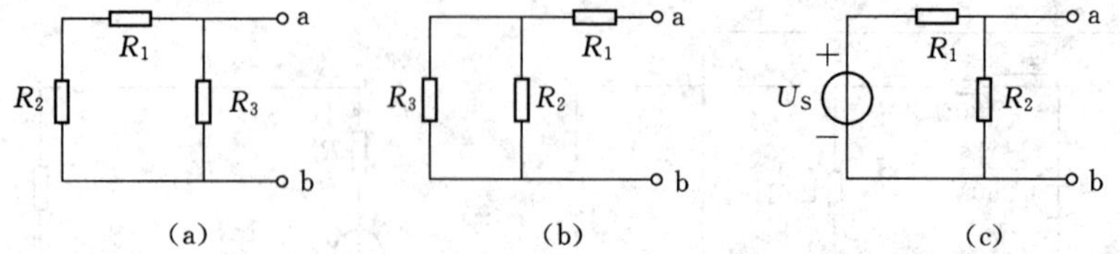

图 2-86 自测题 2.9.9 图

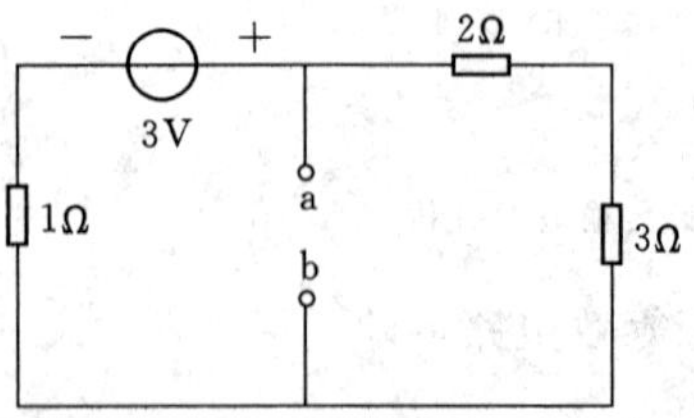

图 2-87 自测题 2.9.10 图

2.9.10 图 2-87 所示电路为有源二端网络，用戴维宁定理求等效电压源时，其等效参数 $U_S=2V$，$R_{eq}=3\Omega$。 ( )

2.9.11 当负载取得最大功率时，电源的效率为 100%。 ( )

三、计算题

2.9.12 如图 2-88 所示电路，试求戴维宁等效电路。

2.9.13 如图 2-89 所示电路，试求戴维宁等效电路和诺顿等效电路。

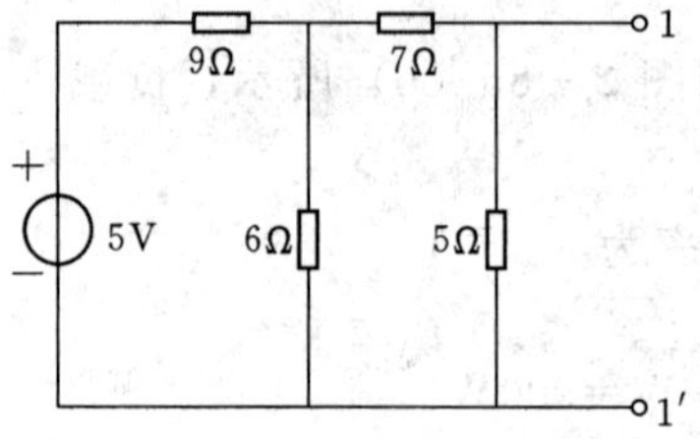

图 2-88 自测题 2.9.12 图

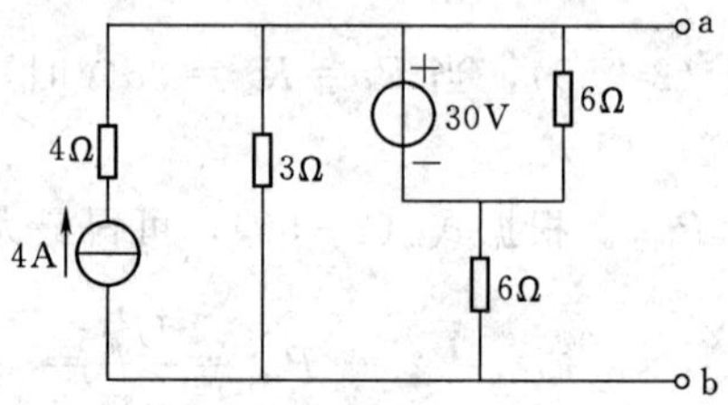

图 2-89 自测题 2.9.13 图

2.10 含受控源电路的分析

前一章介绍了 4 种受控源，它们是电压控制电压源（VCVS）、电压控制电流源（VCCS）、电流控制电压源（CCVS）、电流控制电流源（CCCS）。从定义可以看出受控源的主要特点：受控电压源的电压和受控电流源的电流是受电路中某支路的电压或电流控制的，所以，受控源不能独立存在，必须与控制量同时出现，同时消失，因此，控制量不能人为随意消失。

含受控源电路仍然可以应用前面介绍的电源等效变换法、支路电流法、网孔电流法、节点电位法、叠加定理、戴维宁定理等方法对电路进行分析，但在应用这些方法时，要注意受控源的上述特点。

【例 2-26】 如图 2-90（a）所示电路，用等效变换法求电流 I。

解 用电源等效变换法，将 VCCS 变换为 VCVS，如图 2-90（b）所示。

注：对含受控源电路的等效变换，应保持控制支路不变，目的在于保证控制量不变。

选择回路绕行方向如图 2-90（b）所示，列 KVL 方程为

$$-U-10-6U+3I+3I=0$$

另有

$$U=-2I$$

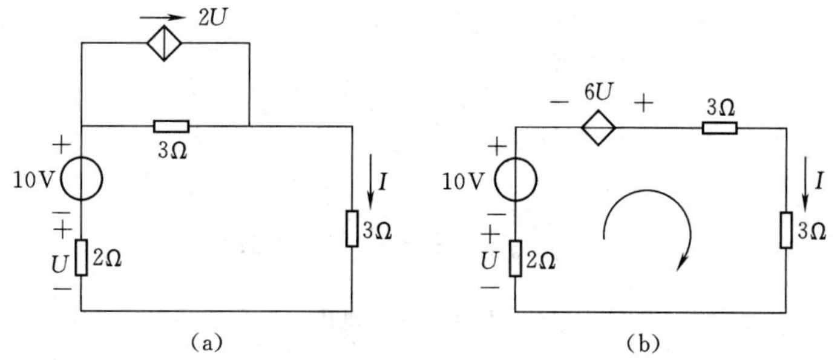

图 2-90 [例 2-26] 图

代入上式，得

$$-(-2I)-10-6\times(-2I)+6I=0$$

即

$$I=0.5\text{A}$$

【例 2-27】 如图 2-91 所示电路，用支路电流法求各支路电流。

解 根据支路电流法，选择两个回路绕行方向如图 2-91 所示，节点电流方程

$$-I_1+I_2+I_3=0 \tag{1}$$

两个回路电压方程

$$2+3I_1+2I_2=0 \tag{2}$$

$$-2I_2+5U+4I_3=0 \tag{3}$$

控制量 U 与所在支路的电流关系作为辅助方程，列出

$$U=2I_2$$

代入（3），得

$$8I_2+4I_3=0 \tag{4}$$

联立式（1）、（2）、（4）组成方程组，解得

$$I_1=-2\text{A},I_2=2\text{A},I_3=-4\text{A}$$

注：应用支路电流法分析含有受控源电路时，可暂时将受控源视为独立电源，按正常方法列支路电流方程，再找出控制量与支路电流关系辅助方程，解方程即得各支路电流。

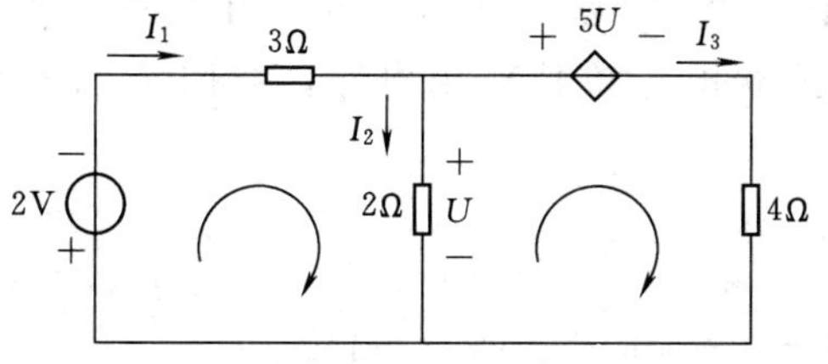

图 2-91 [例 2-27] 图

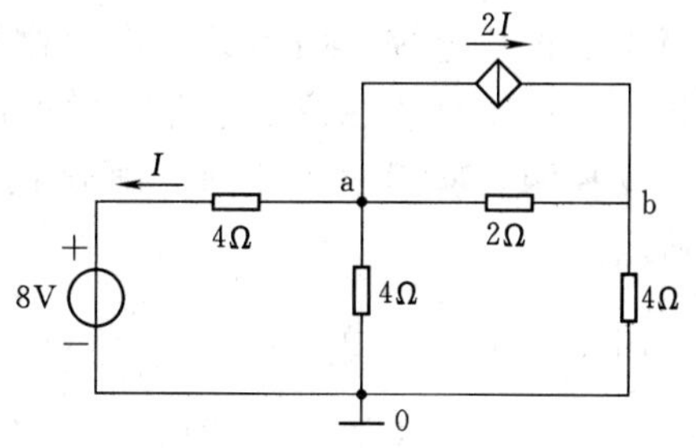

图 2-92 [例 2-28] 图

【例 2-28】 如图 2-92 所示电路，用节点电位法求电流 I。

解 根据节点电位法，以 0 点为参考节点，设 a、b 节点电位为 V_a、V_b，列节点电位方程为

节点 a：

$$\left(\frac{1}{4}+\frac{1}{4}+\frac{1}{2}\right)V_a-\frac{1}{2}V_b=\frac{8}{4}-2I \quad (1)$$

节点 b：

$$-\frac{1}{2}V_a+\left(\frac{1}{2}+\frac{1}{4}\right)V_b=2I \quad (2)$$

控制量 I 与节点电位的关系作为辅助方程，列出

$$V_a=4I+8 \quad (3)$$

联立式（1）、（2）和（3）组成方程组，解得

$$V_a=4V, V_b=0V$$

由式（3），得

$$I=-1A$$

注：同样应用节点电位法分析含有受控源电路时，也暂时将受控源视为独立电源，按正常方法列出节点电位方程，再找出控制量与节点电位关系式，代入节点电位方程，解方程即得节点电位，根据节点电位与支路电流关系式，可求得各支路电流。

【例 2-29】 如图 2-93（a）所示电路，用叠加定理求中电压 U。

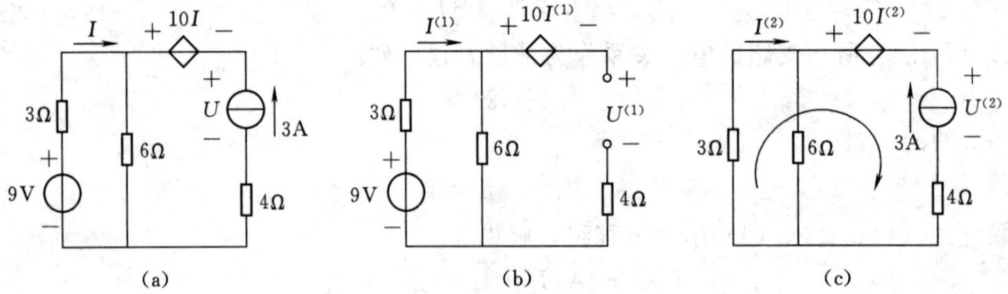

图 2-93 ［例 2-29］图

解 用叠加定理分析电路时，独立电源在电路中的作用可以分别单独考虑，可是受控源就不能这样处理，因为只要有控制量存在，受控源就要出现，所以受控源不可能单独出现，也不可能在控制量存在时被取消。图 2-93（a）所示电路中有两个独立源和一个受控源，应用叠加定理，画出两个独立电源单独作用电路，如图 2-93（b）、（c）所示。

在图 2-93（b）中，$I^{(1)}=\frac{9}{3+6}A=1A$

$$U^{(1)}=-10I^{(1)}+6I^{(1)}=(-10\times1+6\times1)V=-4V$$

在图 2-93（c）中，$I^{(2)}=-3\times\frac{6}{3+6}A=-2A$

根据选定的绕行方向，由 KVL，有

$$3I^{(2)}+10I^{(2)}+U^{(2)}-3\times4=0$$

$$U^{(2)}=12-3I^{(2)}-10I^{(2)}=[12-3\times(-2)-10\times(-2)]\text{V}=38\text{V}$$

$$U=U^{(1)}+U^{(2)}=(-4+38)\text{V}=34\text{V}$$

【例 2-30】 如图 2-94（a）所示电路，用戴维宁定理求电流 I。

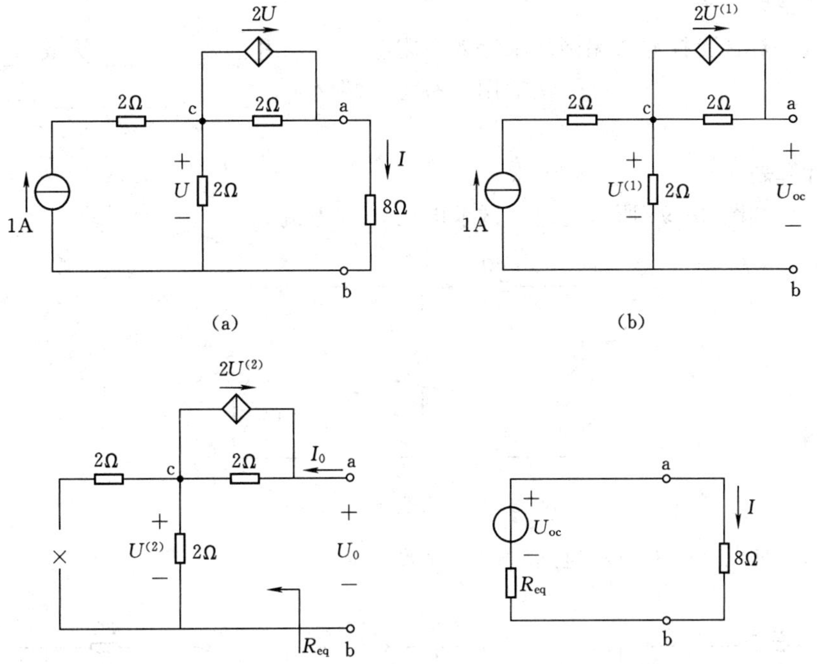

图 2-94 ［例 2-30］图

解 （1）将图 2-94（a）中待求支路移开，如图 2-94（b）所示，并求开路电压 U_{oc}，因为

$$U^{(1)}=2\times1\text{V}=2\text{V}$$

$$U_{oc}=2\times2U^{(1)}+U^{(1)}=5U^{(1)}=5\times2\text{V}=10\text{V}$$

（2）作出相应的无独立电源二端网络如图 2-94（c）所示，受控源保留在电路中，端口处加电压 U_0，设电流为 I_0，如图 2-94 所示。

$$U_{ab}=U_{ac}+U_{cb}$$

$$U_{ac}=2(2U^{(2)}+I_0)$$

$$U_{cb}=U^{(2)}=2I_0$$

$$U_0=U_{ab}=2(2U^{(2)}+I_0)+U^{(2)}=5U^{(2)}+2I_0=5\times2I_0+2I_0=12I_0$$

$$R_{eq}=\frac{U_0}{I_0}=\frac{12I_0}{I_0}=12\Omega$$

（3）作出戴维宁等效电路，并与待求支路相连，如图 2-94（d）所示，求得

$$I=\frac{U_{oc}}{R_{eq}+8}=\frac{10}{12+8}\text{A}=0.5\text{A}$$

应用叠加定理、戴维宁定理分析含有受控源电路时，受控源应看成一个电路元件保留

在所在支路中，不能像独立源那样处理。

自　测　题

一、填空题

2.10.1　对含受控源二端网络求等效电阻时，可采用__________法或__________法；__________法适用于有源二端网络，__________法适用于无源二端网络。

二、计算题

2.10.2　如图 2-95 所示电路，试求电压 U 与电流 I。

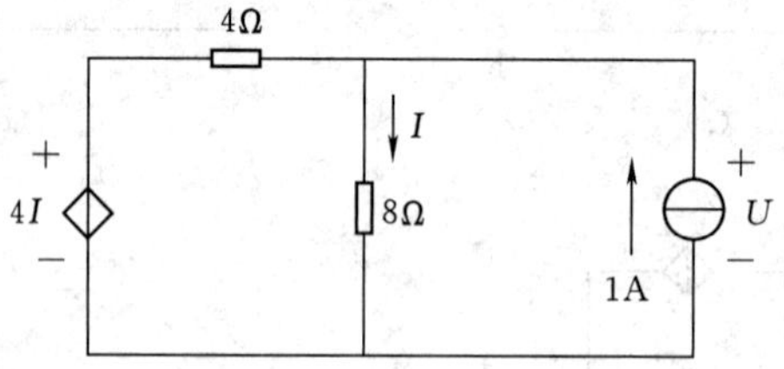

图 2-95　自测题 2.10.2 图

2.10.3　如图 2-96 所示电路，试求等效电阻 R_{eq}。

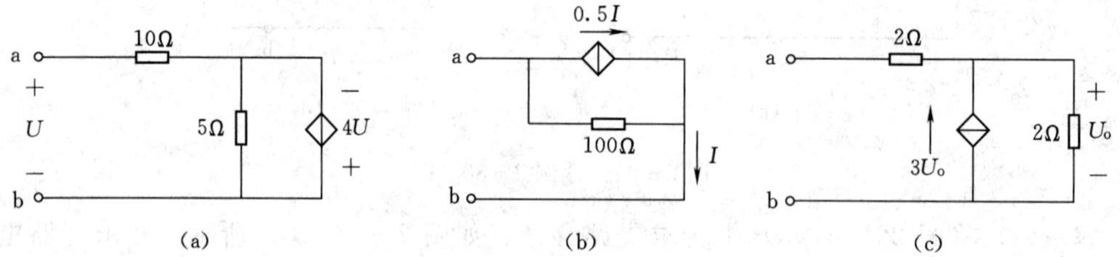

图 2-96　自测题 2.10.3 图

小　　结

本章主要介绍了直流电阻性电路的分析与计算方法，主要有等效变换法、网络方程法和网络定理法，此外还介绍了最大功率传输定理和含有受控源电路的分析。

1. 等效变换法

(1) 等效网络的概念。一个二端网络的端口电压与电流关系与另一个二端口网络的端口电压与电流关系相同，这两个网络对外部而言称为等效网络。

(2) 电阻的串并联。

1) 串联电阻的等效电阻等于各电阻之和，总电压按各个串联电阻的电阻值进行分压

$$R_{eq}=\sum_{k=1}^{n}R_k,U_k=\frac{R_k}{R_{eq}}U$$

2) 并联电阻的等效电导等于各电导之和，总电流按各个并联电阻的电导值进行分流

$$G_{eq}=\sum_{k=1}^{n}G_k, I_k=\frac{G_k}{G_{eq}}I$$

3）两个电阻并联有

$$R_{eq}=\frac{R_1R_2}{R_1+R_2}, I_1=\frac{R_2}{R+R_2}, I_2=\frac{R_1}{R_1+R_2}$$

（3）电阻的星形（Y）与三角形（△）连接可以等效互换，有

$$\text{星形电阻}=\frac{\text{三角形中相邻两电阻之积}}{\text{三角形中三个电阻之和}}$$

$$\text{三角形电阻}=\frac{\text{星形中各两两相乘之和}}{\text{星形中相对的一个电阻}}$$

如待变换的 3 个电阻相等，则星形电阻 R_Y 与三角形电阻 $R_\triangle$ 等效互换的公式为

$$R_Y=\frac{R_\triangle}{3}$$

（4）电源的等效变换。

1）n 个理想电压源串联时，可用一个等效的理想电压源替代，其电压 $U_S=\sum_{k=1}^{n}U_{Sk}$。

2）n 个理想电流源并联时，可用一个等效的理想电流源替代，其电压 $I_S=\sum_{k=1}^{n}I_{Sk}$。

3）两种电源模型的等效互换条件如下：

a. $U_S=R'_SI_S\left(I_S=\frac{U_S}{R_S}\right)$。

b. 内阻 $R_S=R'_S$ 的大小不变，只是连接位置改变。

c. 变换后电流源电流 I_S 的参考方向和电压源电压 U_S 的参考方向相反。

4）借助电源支路的等效变换，可以进行电源支路的串、并联化简。

2. 网络方程法

（1）支路电流法是基尔霍夫定律的直接应用，其基本步骤是：首先选定电流的参考方向，以 b 个支路电流为未知数，列 $n-1$ 个节点电流方程和 m 个网孔电压方程，联立 $b=(n-1+m)$ 个方程求得支路电流。

（2）网孔电流法（只适用于平面电路）是以 $m=b-(n-1)$ 个网孔电流为未知数，应用 KCL 列出 m 个网孔（独立回路）电压方程，联立求得 m 个网孔电流，再由网孔电流与支路电流关系，求得各支路电流及其他。

（3）节点电位法是在电路中选择参考节点，以（$n-1$）个节点电位为未知数，列（$n-1$）个节点电流方程联立求得，再由节点电位与支路电流关系，求得支路电流及其他。

3. 网络定理法

（1）叠加定理只适用于线性电路，任一支路电流或电压都是电路中各独立电源单独作用时在该支路产生的电流或电压的代数和。当独立电源不作用时，理想电压源用短路替代，理想电流源用开路替代。内电阻要保留，同时注意叠加是代数和。

（2）齐性定理说明线性电路中，若所有独立源都扩大（或缩小）k 倍，各支路的响应也同时扩大（或缩小）k 倍，若线性电路中只有一个独立源作用时，则各支路的响应与激励成正比。

（3）替代定理说明给定的任意一个网络（可以是线性或非线性、时变或定常的）中，若某支路电压 U、电流 I 已知，则该支路可以用一个 $U_S=U$ 的独立电压源替代；也可以用一个 $I_S=I$ 的独立电流源替代，替代后电路中其余部分电路的电压和电流不改变。

（4）戴维宁定理说明了线性有源二端网络可以用一个实际电压源等效替代，该电压源的电压等于网络的开路电压 U_{oc}，而等效电阻 R_{eq} 等于网络内部独立电源不起作用时从端口上看进去的等效电阻，该实际电压源又称戴维宁等效电路。诺顿定理可以用两种实际电源等效变换从戴维宁定理中推得。

（5）最大功率传输定理表达了有源二端网络 N_S 向负载 R_L 传输功率，当 $R_L=R_{eq}$ 时，负载 R_L 才能获得最大功率，其功率为

$$P_{max}=\frac{U_{oc}^2}{4R_{eq}}$$

4. 含受控源电路分析

（1）应用网络方程法分析含受控源电路时，可以暂时将受控源视为独立电源，按常规方法列网络方程，再找出受控源控制量与未知量的关系式，代入网络方程，就可求解电路。

（2）应用网络定理法分析含受控源电路时，不可以将受控源视为独立电源，应将其保留在所在支路中进行分析。

习　　题

2-1　图 2-97 所示电路，试求等效电阻 R_{ab}。

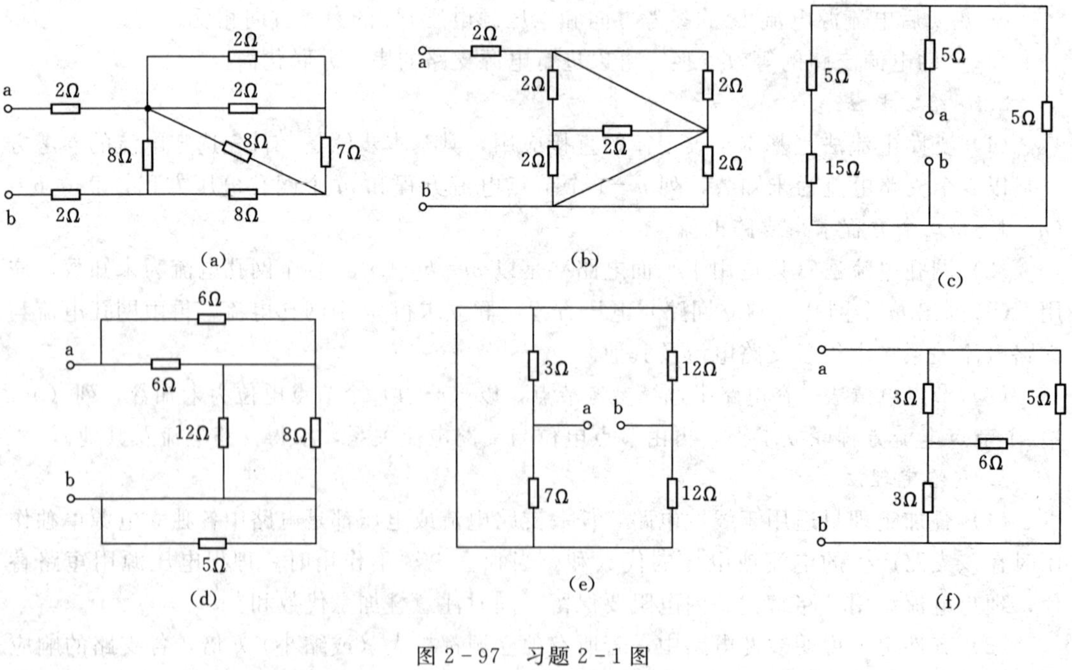

图 2-97　习题 2-1 图

2-2　有一个直流电流表，其量程 $I_g=50\mu A$，表头内阻 $R_g=2k\Omega$。现要改装成直流

电压表，要求直流电压挡分别为10V、100V、500V，如图2-98所示。试求所需串联的电阻R_1、R_2和R_3值。

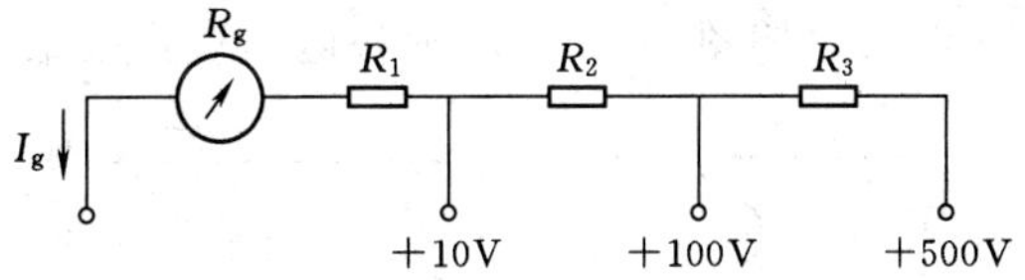

图2-98　习题2-2图

2-3　如图2-99所示电路中，已知表头满刻度电流为100μA，内阻1kΩ，现改装成量程为10mA、100mA的毫安表，试求所需并联的电阻R_1、R_2值。

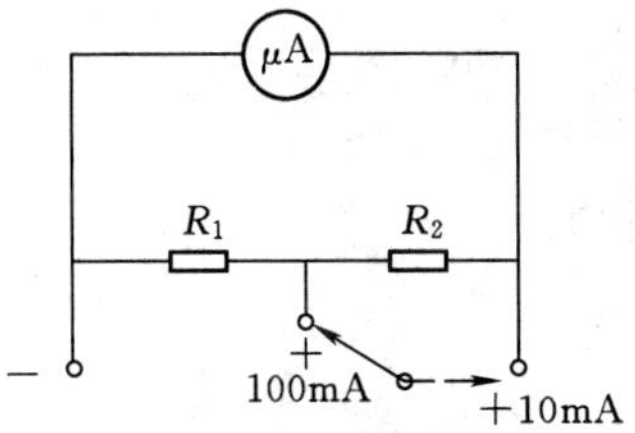

图2-99　习题2-3图

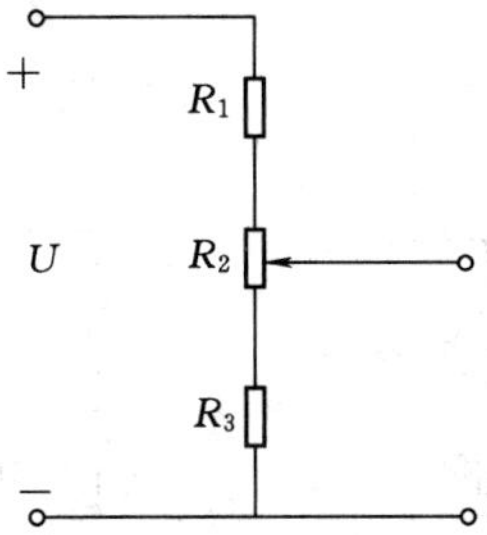

图2-100　习题2-4图

2-4　如图2-100所示电路，电压$U=220V$，$R_1=1\Omega$、$R_2=6\Omega$、$R_3=3\Omega$，滑动触点可上下滑动，当输出端开路时，输出电压调节范围是多少？

2-5　如图2-101所示电路，试求等效电阻R_{ab}。

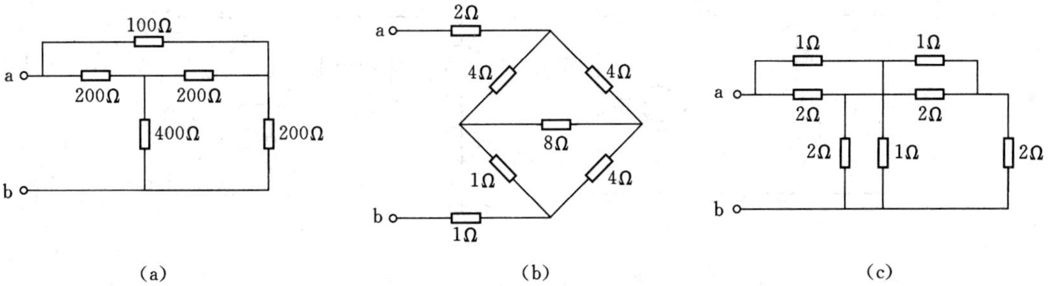

图2-101　习题2-5图

2-6　如图2-102所示电路，试求等效电阻R_{ab}和电流I。

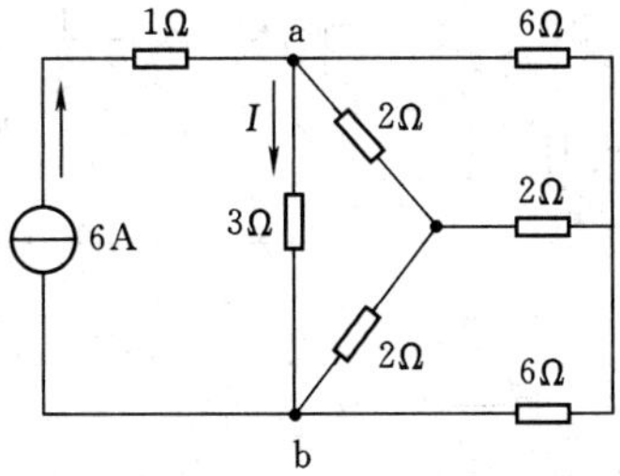

图2-102　习题2-6图

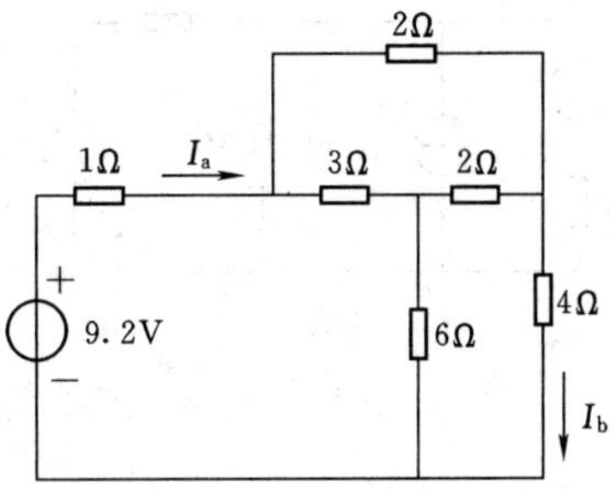

图2-103　习题2-7图

2-7　如图2-103所示电路，求电流I_a和I_b。

2-8　如图2-104所示各电路变换为最简形式的等效电压源模型或等效电流源模型。

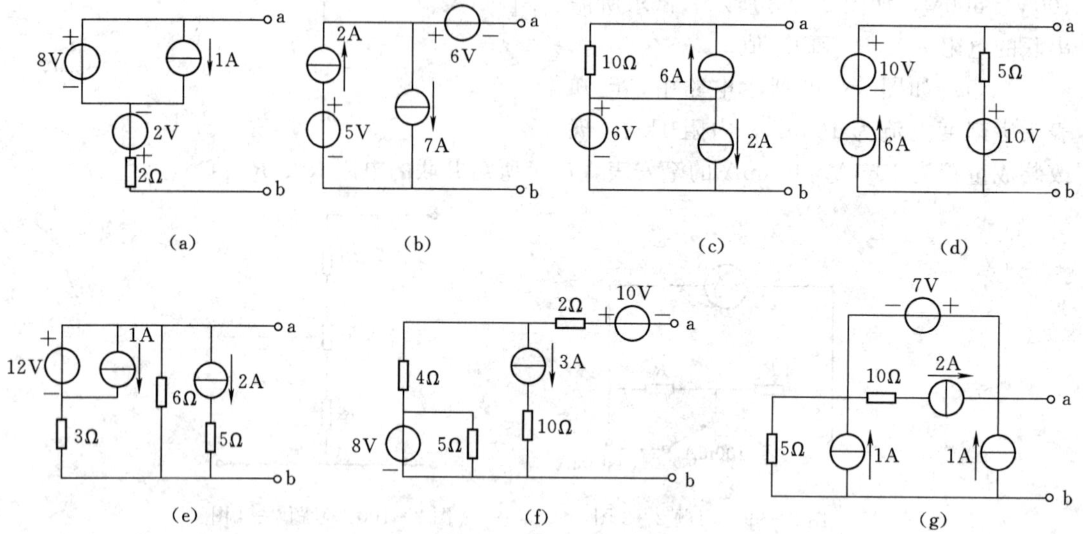

图2-104　习题2-8图

2-9　利用电源等效变换求图2-105所示的电压U。

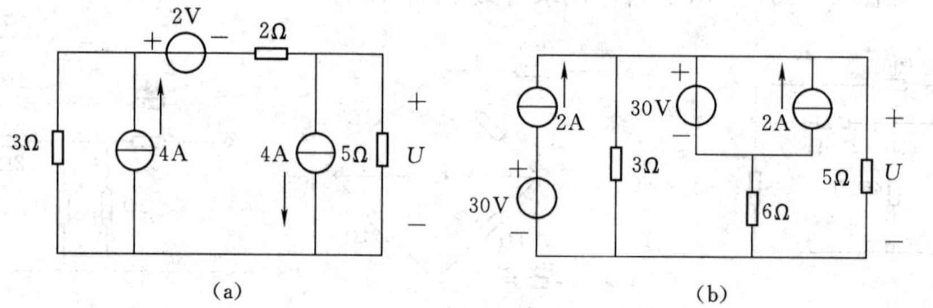

图2-105　习题2-9图

2-10　如图2-106所示电路，试用电源变换法求电流I。

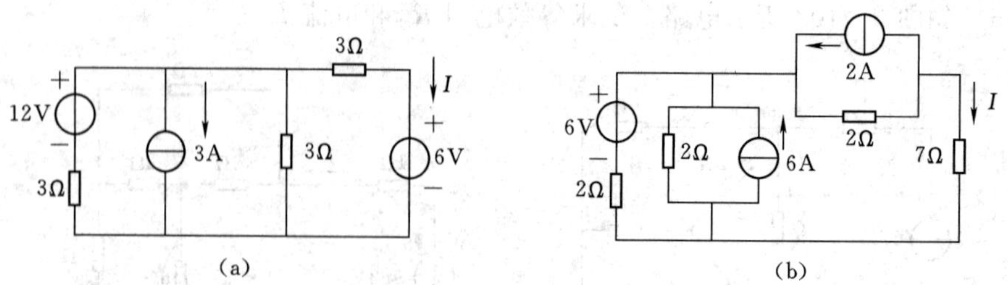

图2-106　习题2-10图

2-11　如图2-107所示电路，用支路电流法求各支路电流。

2-12　列出用支路电流法求图2-108所示电路的方程。

2-13　用网孔电流法、节点电位法分析习题2-11。

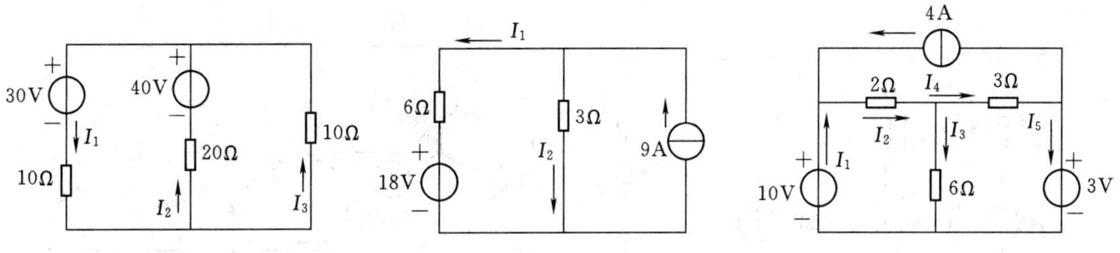

(a)　　　　(b)　　　　(c)

图 2-107　习题 2-11 图

2-14　用网孔电流法、节点电位法求解图 2-109 所示电路的电流 I。

2-15　如图 2-110 所示，用节点电位法求各支路电流。

2-16　如图 2-111 所示，用节点电位法求各支路电流。

2-17　电路如图 2-112 所示，应用弥尔曼定理求开关 S 断开及闭合两种情况下的各支路电流。

2-18　如图 2-113 所示电路，试用齐性定理求电流 I。

2-19　用叠加原理求图 2-114 电路中的 I 和 U。

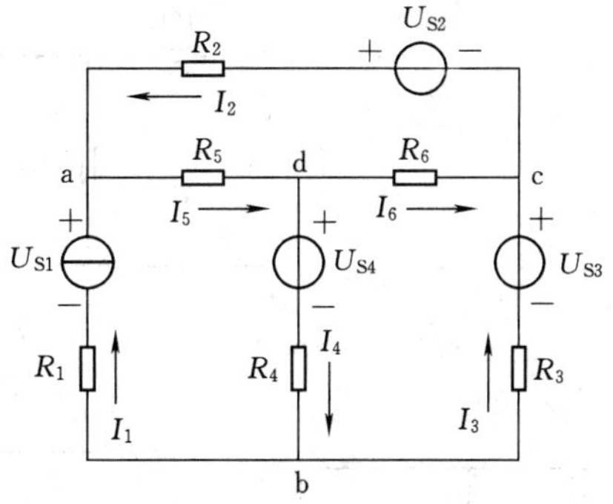

图 2-108　习题 2-12 图

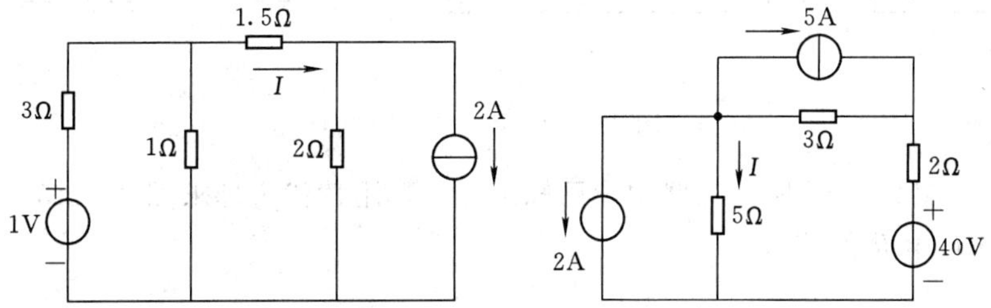

(a)　　　　(b)

图 2-109　习题 2-14 图

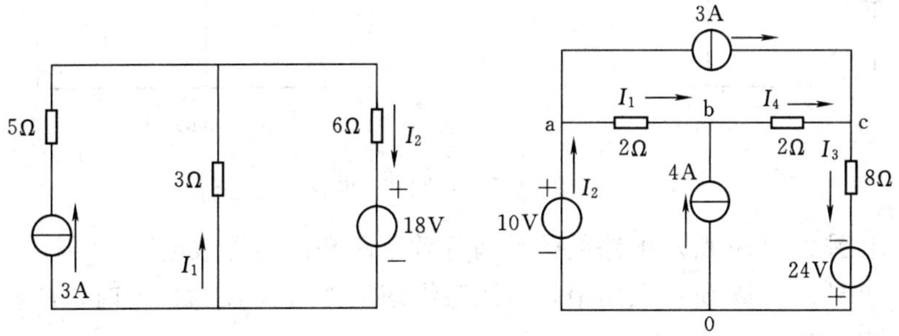

(a)　　　　(b)

图 2-110　习题 2-15 图

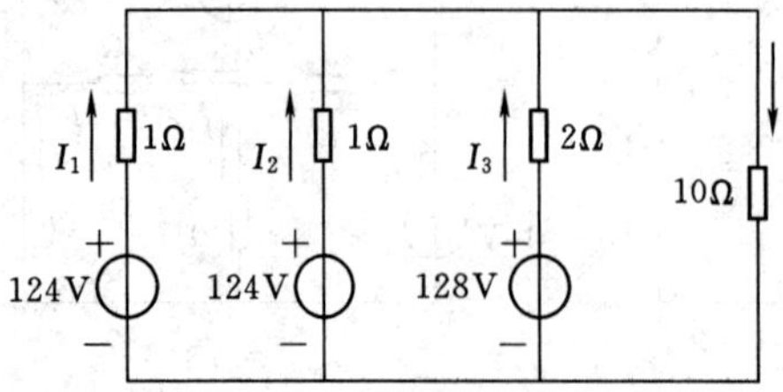

图 2-111　习题 2-16 图

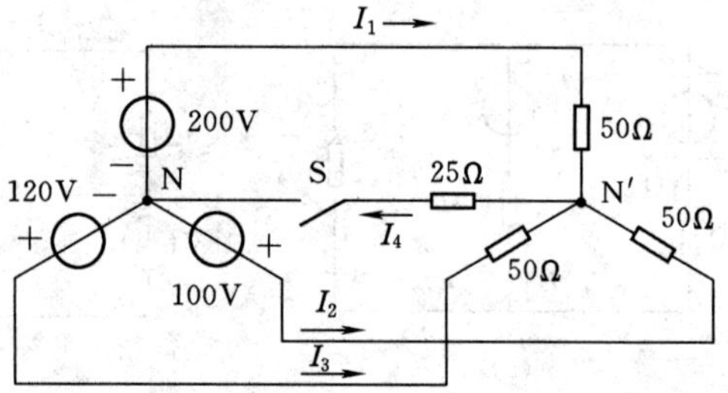

图 2-112　习题 2-17 图

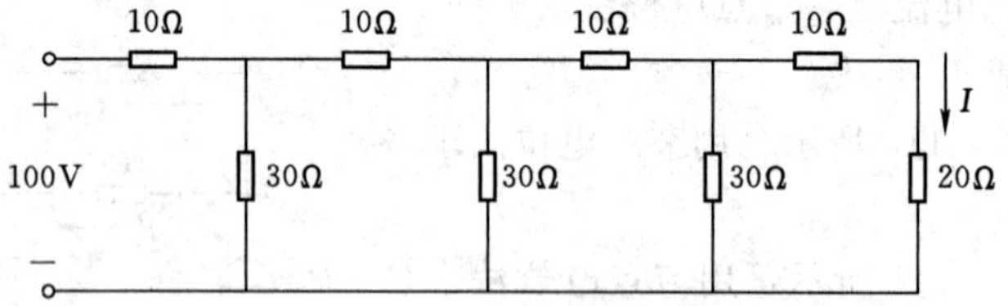

图 2-113　习题 2-18 图

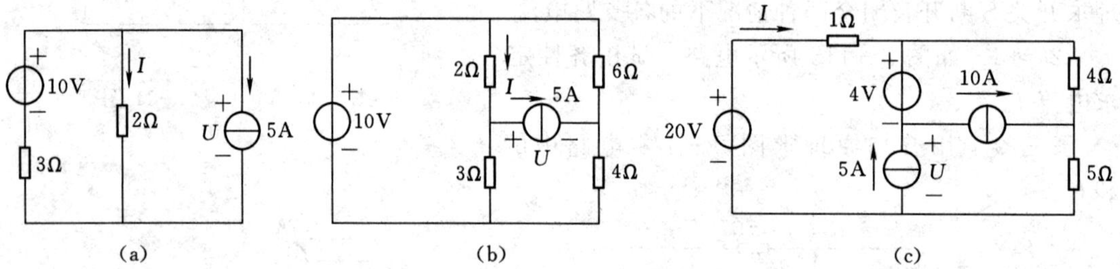

图 2-114　习题 2-19 图

2-20　如图 2-115 所示电路中，已知 $I=1A$，用替代定理求图 2-115（a）中 U_S 和图 2-115（b）中 R 的值。

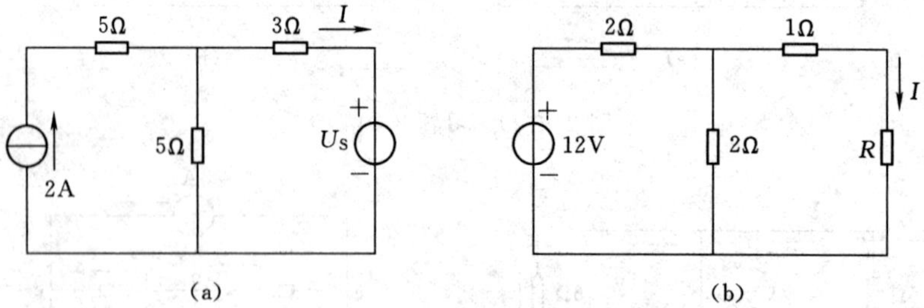

图 2-115　习题 2-20 图

2-21　求图 2-116 所示电路的戴维南等效电路和诺顿等效电路。

2-22　如图 2-117 所示电路中，试用戴维南定理求解 R 为何值时，R 会获得最大功率，并求此功率 P_{max}。

2-23　如图 2-118 所示电路中，试用戴维南定理求解支路电流 I。

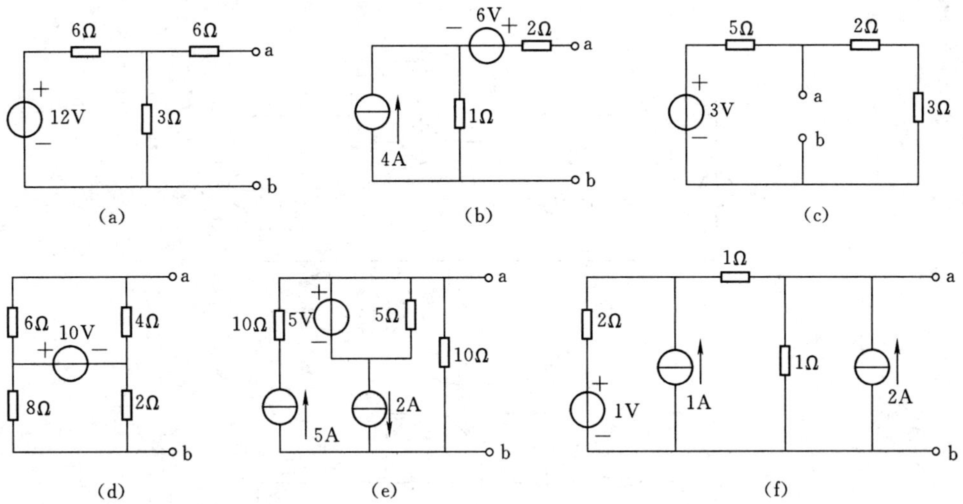

图 2-116　习题 2-21 图

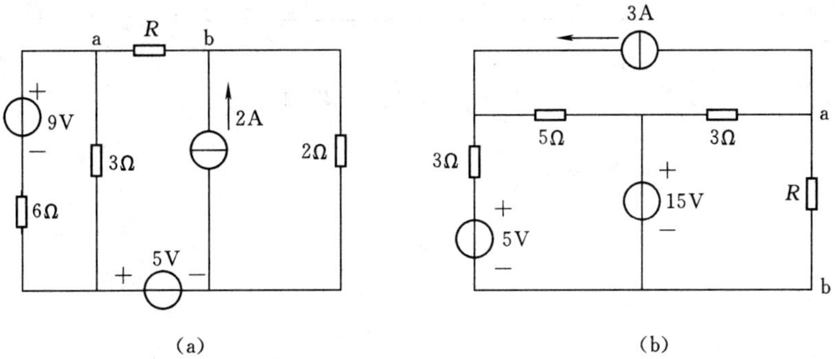

图 2-117　习题 2-22 图

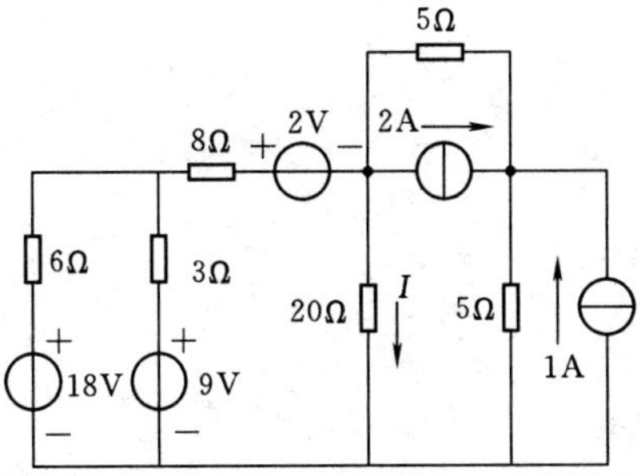

图 2-118　习题 2-23 图

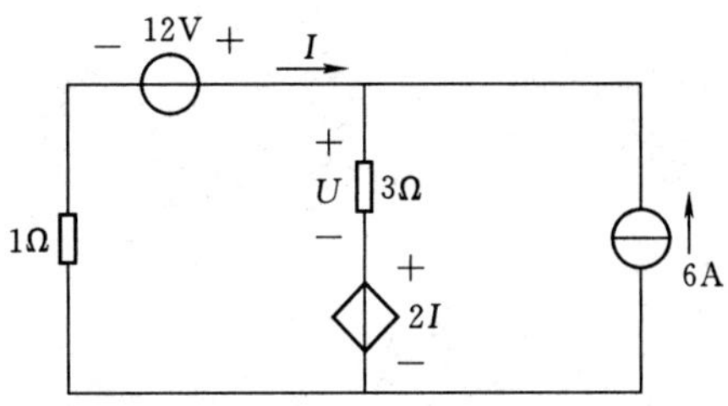

图 2-119　习题 2-24 图

2-24　如图 2-119 所示电路中，求电压 U 和电流 I。

2-25　如图 2-120 所示电路，分别用节点电位法、叠加定理和戴维宁定理求电压 U_2。

2-26　如图 2-121 所示电路，当 R_L 为何值时，负载 R_L 能获得最大功率，并求此最

大功率 P_{max}。

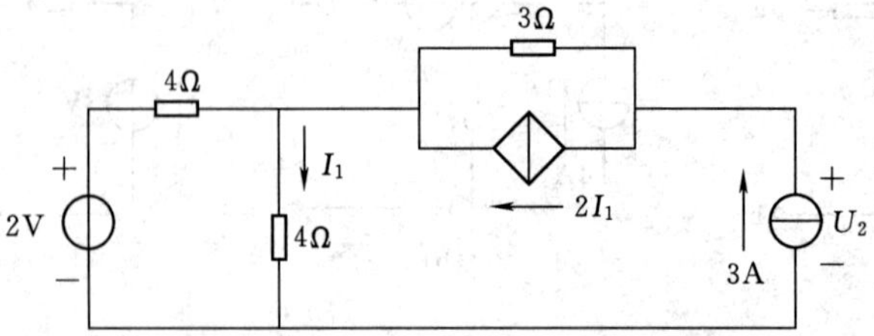

图 2-120 习题 2-25 图

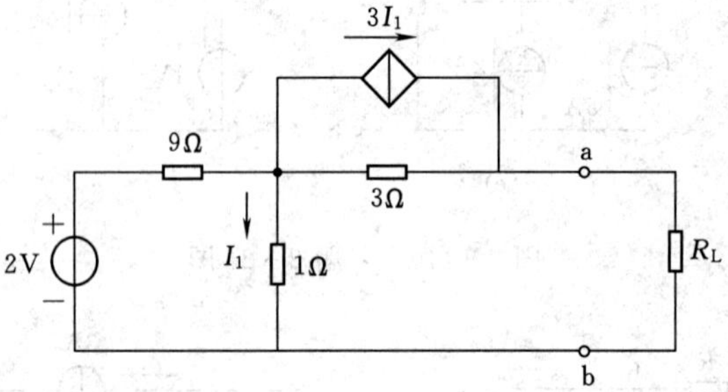

图 2-121 习题 2-26 图

第3章　单相正弦交流电路

学习目标：

（1）掌握正弦交流电路的基本概念：正弦量的三要素，正弦量的有效值、相位差。

（2）掌握正弦量的矢量表示法和相量表示法。

（3）掌握 R、L、C 三种元件的特性和电压、电流关系及感抗与容抗概念；掌握正弦电流电路中 RLC 串联时阻抗、复阻抗和 RLC 并联时导纳、复导纳的概念。

（4）掌握用相量法分析计算单相正弦交流电路。

（5）掌握正弦交流电路的功率计算，了解提高功率因数的意义和方法。

3.1　正弦交流电路的基本概念

在日常生活和工农业生产中，我们广泛应用的是正弦交流电。因为与直流电相比较，交流电有许多优点：交流电机与直流电机比其结构简单、造价较低、运行可靠、维护方便；交流电可利用变压器变压，以实现高压输电和满足低压配电的需求。在工程中，即使是需要直流电的地方，大多数也是应用整流装置将交流电变换成直流电。

3.1.1　周期交流电

大小和方向都随时间做周期性变化的电压、电流和电动势等统称为交流电。交流电分为正弦交流电和非正弦交流电。如果交流电的大小和方向随时间按正弦规律变化，则称为正弦交流电，规定以文字符号“AC”或图标符号“～”表示。

交流电在任一时刻的数值称为瞬时值，以对应的小写字母表示，如 i、u、e 分别表示交流电流、交流电压和交流电动势的瞬时值。

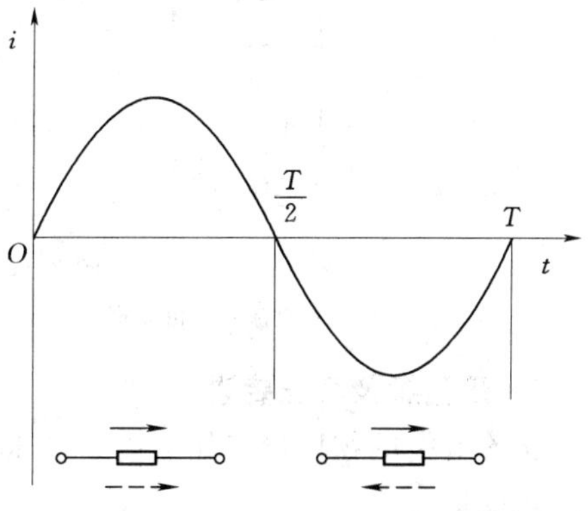

图 3-1　正弦交流电流波形

正弦交流电流的波形如图 3-1 所示，正半波表示电流的实际方向与参考方向相同，负半波表示电流的实际方向与参考方向相反。图中元件下的虚线箭头表示电流的实际方向。交流量符号的正负只有在规定了参考方向时才有意义，这与直流电路是相同的。

3.1.2　正弦交流电动势的产生

正弦交流电动势由交流发电机产生，交流发电机是实际正弦交流电路的电源。图 3-2（a）所示为两极交流发电机的原理示意图，N 和 S 是两个静止不动的磁极，磁极间有一可以转动的圆柱形铁芯，其上嵌有线圈，铁芯和线圈合称电枢。电枢由原动机（汽轮机、水轮机或柴油机等）带动旋转切割磁场产生交流感应电动势。

如果发电机在设计制造时，采用适当的磁极形状使磁感应强度 B 在电枢表面沿圆周按正弦规律分布，即 $B=B_m\sin\alpha$，如图 3-2（b）所示。当电枢导体沿逆时针方向匀速旋转切割该磁场时，电枢导体产生的感应电动势则为

$$e=2Blv=2B_m lv\sin\alpha=E_m\sin\alpha$$

式中，B 为电枢导体所在位置的磁感应强度；l 为电枢导体在磁场中的有效长度，一个线圈有两根有效长度的导体；v 为电枢导体旋转时的线速度。

上式表明电枢导体的感应电动势为一正弦波电动势。

如果以线圈在中性面时的位置作为计时起点（$t=0$），线圈的旋转角速度为 ω，则在时间 t 时，线圈转到与中性面之间的夹角为 $\alpha=\omega t$，那么此刻电枢中一个线圈的感应电动势为

$$e=E_m\sin\alpha=E_m\sin(\omega t)$$

感应电动势波形如图 3-2（c）所示。

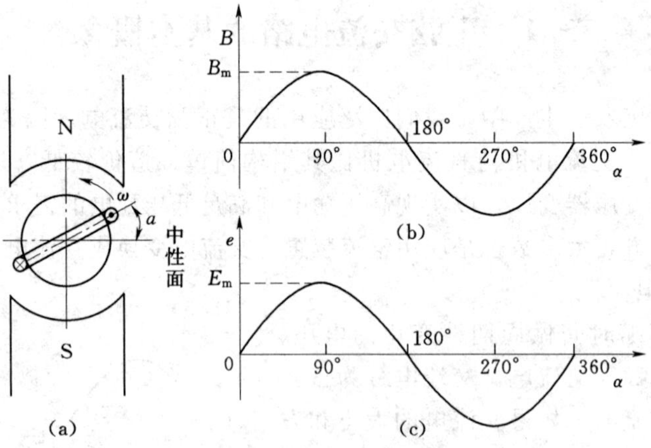

图 3-2　交流发电机示意图

（a）交流发电机原理示意图；（b）磁场分布曲线；（c）感应电动势的波形

3.1.3　正弦量及其三要素

交流电中的物理量（如电流、电压、电动势）随时间做正弦规律变化时，该物理量统称为正弦量。

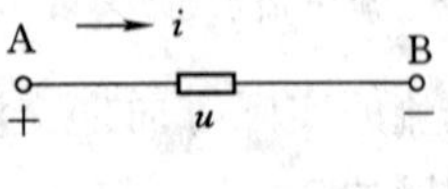

图 3-3　电路元件

现以正弦电流为例，设图 3-3 中通过某元件的电流 i 是正弦电流，其参考方向如图3-3 所示。正弦电流的一般表达式为

$$i(t)=I_m\sin(\omega t+\psi) \tag{3-1}$$

它表示电流 i 是时间的正弦函数，不同的时间有不同的量值，即电流瞬时值，用小写字母 i 表示。电流 i 的时间函数曲线如图 3-4 所示，称为波形图。

在式（3-1）中，I_m 为正弦电流的最大值（幅值），即正弦量的振幅，用大写字母加下标“m”表示正弦量的最大值，如 I_m、U_m、E_m 等，它反映了正弦量变化的幅度。$(\omega t+\psi)$ 称为正弦量的相位角，它描述了正弦量变化的进程或状态，正弦量在不同的瞬间，有着不

同的相位角。ψ 为 $t=0$ 时刻的相位，称为初相位（初相角），简称初相，反映正弦量的初始状态。习惯上取 $|\psi|\leqslant 180°$。图 3-5（a）、（b）分别表示初相位为正和负值时正弦电流的波形。

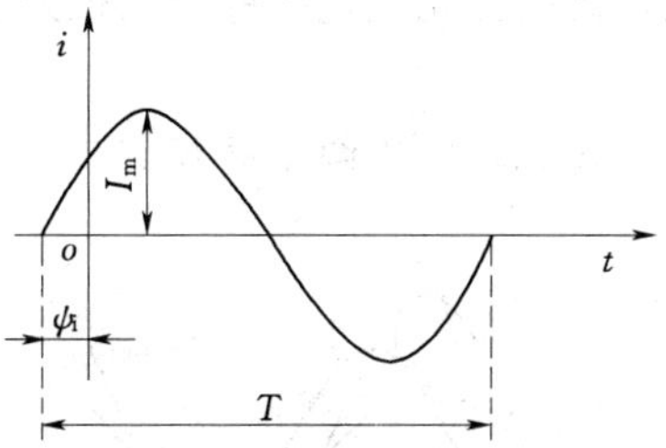

图 3-4 正弦电流波形

正弦电流完成一次周期性变化所经历的时间称为周期，用 T 表示，周期的单位为秒（s）。正弦电流每经过一个周期 T，对应的角度变化了 2π 弧度，所以

$$\left.\begin{aligned}\omega T&=2\pi\\ \omega&=\frac{2\pi}{T}=2\pi f\end{aligned}\right\}\qquad(3-2)$$

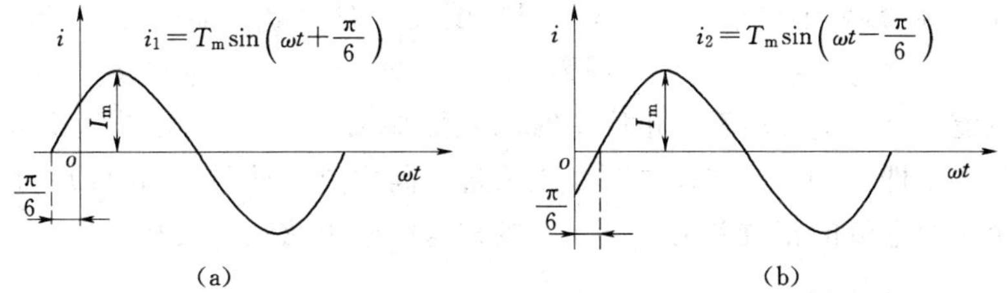

图 3-5 正弦电流的初相位

式中，ω 为角频率，表示正弦量在单位时间内变化的角度，它的单位是弧度/秒（rad/s）；$f=1/T$ 为频率，表示单位时间内正弦量循环变化的次数，它的单位是赫兹（Hz）。ω、T、f 都反映了正弦量变化的快慢。我国电力系统采用的频率为 50Hz，习惯上称为工频。

由上述可知，一个正弦量只要确定了其最大值、角频率和初相位就可以确定这个正弦量，故把正弦量的最大值、角频率和初相位称为正弦量的三要素。例如，若已知一个正弦电流 $I_m=10\text{A}$，$\omega=314\text{rad/s}$，$\psi=60°$，就可以写出它的一般表达式，即

$$i(t)=10\sin(314t+60°)\quad \text{A}$$

值得注意的是，正弦量的初相位 ψ 的大小与所选的计时时间起点有关。计时起点选择不同，初相位就不同。当研究一个正弦量时，一般可选用 $\psi=0$，则此时有

$$i(t)=I_m\sin(\omega t)$$

称为参考正弦量。

如果对同一正弦量，所选参考方向不同，瞬时值异号，而

$$-I_m\sin(\omega t+\psi)=I_m\sin(\omega t+\psi\pm\pi)$$

所以改变一个正弦量的参考方向，其结果是把它的初相加（或减去）π，而最大值和角频率与参考方向的选择无关。

3.1.4 相位差

在正弦交流电路分析中，经常要比较两个同频率正弦量之间的相位关系，因此引入相位差的概念。设有两个同频率的正弦电流，按选定的参考方向为

$$i_1(t)=I_{1m}\sin(\omega t+\psi_1)$$

$$i_2(t)=I_{2m}\sin(\omega t+\psi_2)$$

它们之间的相位之差称为相位差，用 φ_{12} 表示，即

$$\varphi_{12}=(\omega t+\psi_1)-(\omega t+\psi_2)=\psi_1-\psi_2 \tag{3-3}$$

可见，对于两个同频率正弦量的相位差在任何瞬间都是一个与时间无关的常量，数值上等于两个正弦量初相位之差，相位差反映了两个正弦量在时间上超前或滞后的关系，即相位关系。在电工理论中，习惯上取 $|\varphi|\leqslant 180°$。

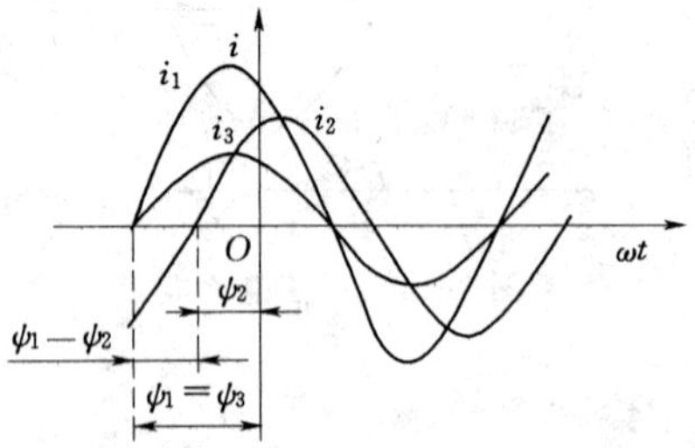

图 3-6　正弦量的相位关系

如图 3-6 中的 $i_1(t)$ 与 $i_2(t)$，如果 $\psi_1-\psi_2>0$，则称 $i_1(t)$ 超前 $i_2(t)$，表明 $i_1(t)$ 比 $i_2(t)$ 先到达正峰值或先过零值，反过来也可以说 $i_2(t)$ 滞后 $i_1(t)$。超前或滞后有时也需指明超前或滞后多少角度或时间，以角度表示时为 $\psi_1-\psi_2=\varphi_{12}$，若以时间表示，则为 $(\psi_1-\psi_2)/\omega$。

两正弦电流 $i_1(t)$、$i_2(t)$ 不同相位差时的波形如图 3-7 所示。若两个同频率正弦电流的相位差为零，即 $\varphi_{12}=0$，则称这两个正弦量为同相位，见图 3-7（a），否则称为不同相位。若两个正弦电流的相位差为 $\varphi_{12}=\pi$，则称这两个正弦量为反相，见图 3-7（c）。若 $\varphi_{12}=\dfrac{\pi}{2}$，则称这两个正弦量为正交，见图 3-7（b）。

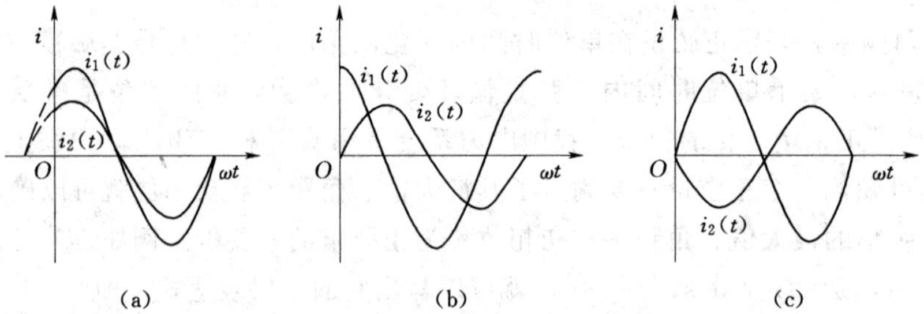

图 3-7　两个电流不同相位差时的波形

需要注意的是，不同频率的正弦量的相位差随时间变化，没有计算的意义。

3.1.5　周期量的有效值

由于交流电的大小、方向都随时间在发生变化，为了反映其在电路做功方面的效果，因此，引用了有效值。周期量的有效值是根据电流的热效应来规定的，定义如下：将一周期电流 i 和一个直流电流 I 分别流过同一个电阻 R，如果在周期电流的一个周期的时间产生相等的热量，则直流电流 I 的数值就可用来表征周期电流 i 的有效值，该有效值可以用大写字母 I 表示。

周期性电流 i 流过电阻 R，在时间 T 内，电阻所消耗的电能为

$$W_1=\int_0^T i^2 R\mathrm{d}t$$

直流电流 I 流过电阻 R 在时间 T 内所消耗的电能为

$$W_2=I^2RT$$

当两个电流在一个周期 T 内所做的功相等时，有

$$\int_0^T i^2 R\mathrm{d}t = I^2 RT$$

于是，得

$$I = \sqrt{\frac{1}{T}\int_0^T i^2 \mathrm{d}t} \tag{3-4}$$

此式表明，周期电流的有效值就是其瞬时值的平方在一个周期内的平均值再开平方，所以有效值又称为方均根值，此结论适用于任何波形的周期量（电流、电压和电动势）。周期量的有效值规定用大写字母表示。

如果周期量为正弦量，设 $i(t)=I_m\sin(\omega t+\psi)$，则有

$$I = \sqrt{\frac{1}{T}\int_0^T i^2 \mathrm{d}t} = \sqrt{\frac{1}{T}\int_0^T I_m^2 \sin^2(\omega t+\psi)\mathrm{d}t} = \frac{I_m}{\sqrt{2}} = 0.707 I_m \tag{3-5}$$

同理，可得

$$U=\frac{U_m}{\sqrt{2}}, E=\frac{E_m}{\sqrt{2}}$$

即

$$\text{正弦量的有效值}=\frac{\text{正弦量最大值}}{\sqrt{2}}$$

应注意，有效值、最大值都是正值。

在工程上，涉及的周期性电流或电压、电动势的量值时，若无特殊说明一般都是指有效值。交流测量仪表上指示的电流、电压也是指有效值，一般电气设备铭牌上所标明的额定电压和电流值都是指有效值，如灯泡上注明电压 220V 字样是指额定电压的有效值为 220V。但是电气设备的绝缘水平——耐压，则是按最大值来考虑。

当采用有效值时，正弦电流、电压的一般表达式也常写成

$$i(t)=\sqrt{2}I\sin(\omega t+\psi_i)$$

$$u(t)=\sqrt{2}U\sin(\omega t+\psi_u)$$

【例 3-1】 已知一正弦电流，其 $I_m=5\text{A}$，$f=50\text{Hz}$，初相角 $\psi_i=30°$。(1) 试求该电流有效值 I；(2) 写出该电流的解析式；(3) 求 $t=0.02\text{s}$ 时的电流值。

解 (1) 正弦电流有效值 $I=\frac{I_m}{\sqrt{2}}=\frac{5}{\sqrt{2}}=3.54(\text{A})$

(2) 角频率 $\omega=2\pi f=314\text{rad/s}$

所以 $i(t)=I_m\sin(\omega t+\psi_i)=5\sin(314t+30°)\text{A}$

或 $i(t)=\sqrt{2}I\sin(\omega t+\psi_i)=3.54\sqrt{2}\sin(314t+30°)\ \text{A}$

(3) 当 $t=0.02\text{s}$ 时，$i(0.02)=5\sin(314\times0.02+30°)=2.5\text{A}$

自　测　题

一、填空题

3.1.1 交流电流是指电流的大小和____都随时间做周期性变化，且在一个周期内其平均值为________的电流。

3.1.2 我国工业及生活中使用的交流电的频率为____，周期为____，角频率为____。

3.1.3 角频率是指交流电在______时间内变化的电角度。

3.1.4 正弦交流电的三个基本要素是______、______和______。

3.1.5 已知两个正弦交流电流 $i_1=10\sin(314t-30°)$A，$i_2=310\sin(314t+90°)$A，则 i_1 和 i_2 的相位差为______，______超前______。

3.1.6 已知正弦交流电压 $u=220\sqrt{2}\sin(314t+60°)$V，它的最大值为______，有效值为______，角频率为____，相位为____，初相位为____。

二、选择题

3.1.7 两个同频率正弦交流电的相位差等于180°时，则它们相位关系是（ ）。

A. 同相 B. 反相 C. 相等

3.1.8 图 3-8 所示波形图，电流的瞬时表达式为（ ）A。

A. $i=I_m\sin(\omega t+45°)$ B. $i=I_m\sin(\omega t+135°)$ C. $i=I_m\sin(\omega t-45°)$

3.1.9 图 3-9 所示波形图中，e 的瞬时表达式为（ ）。

A. $e=E_m\sin(\omega t-30°)$ B. $e=E_m\sin(\omega t-60°)$ C. $e=E_m\sin(\omega t+60°)$

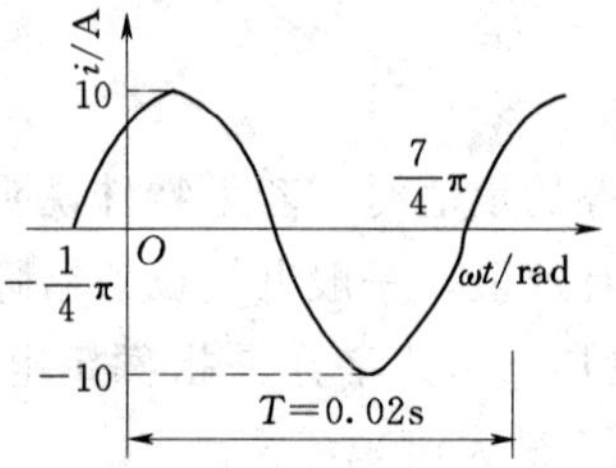

图 3-8 自测题 3.1.8 图

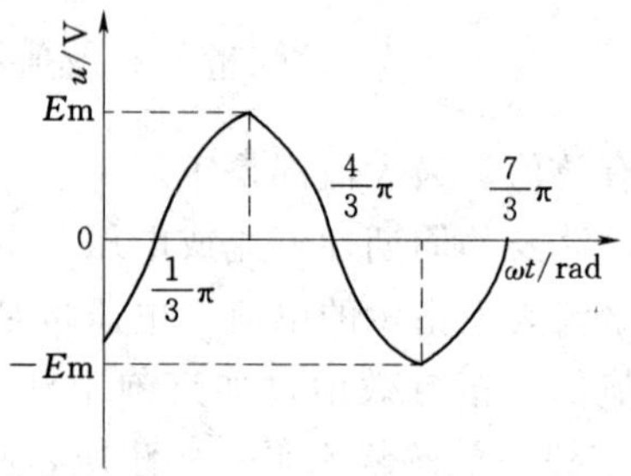

图 3-9 自测题 3.1.8 图

3.1.10 白炽灯的额定工作电压为 220V，它允许承受的最大电压（ ）。

A. 220V B. 311V C. 380V D. $u(t)=220\sqrt{2}\sin314$V

3.1.11 已知 $i_1=10\sin(314t+90°)$A，$i_2=10\sin(628t+30°)$A，则（ ）。

A. i_1 超前 $i_2$60° B. i_1 滞后 $i_2$60° C. 相位差无法判定

三、判断题

3.1.12 正弦量的初相角与起始时间的选择有关，而相位差则与起始时间无关。（ ）

3.1.13 两个不同频率的正弦量可以求相位差。（ ）

3.1.14 正弦量的三要素是最大值、频率和相位。（ ）

3.1.15 人们平时所用的交流电压表、电流表所测出的数值是有效值。（ ）

3.1.16 交流电的有效值是瞬时电流在一周期内的均方根值。（ ）

四、计算题

3.1.17 已知 $i(t)=7.07\sin(300\pi t-70°)$A，$u(t)=311\sin(300\pi t-285°)$V，$i(t)$ 比 $u(t)$ 超前或滞后多少？

3.1.18 一个正弦电流的初相位 $\psi=15°$，$t=\frac{T}{4}$时，$i(t)=0.5$A，试求该电流的有效

值 I。

3.2 正弦量的相量表示法

众所周知，一个正弦量可以用三角函数式表示，也可以用正弦波形曲线表示。但是用这两种方法表示的正弦量在进行计算时都是很繁琐的，将正弦量用相量表示，将使正弦交流电路的分析计算大大简化。

在正弦交流电路中，所有的电压、电流响应都是与激励同频率的正弦量，所以要确定这些正弦量，只要确定它们的有效值和初相位就可以了。相量法就是用复数来表示正弦量，一个复数可以同时表达正弦量的有效值和初相位，所以引用相量后就可以将正弦时间函数的分析计算转换为相应的复数运算，使正弦电路的分析计算大为简化。因此，在介绍正弦量的相量表示法之前，先简要复习一下复数的概念和运算法则。

3.2.1 复数及其表示法

1. 复数的概念

设 A 是一个复数，则有

$$A=a+\mathrm{j}b \tag{3-6}$$

式中，a 和 b 都是实数，a 为实部，b 为虚部；$\mathrm{j}=\sqrt{-1}$为虚数单位（为避免与电流 i 混淆，在电工中选用 j 表示虚单位），常用 $\mathrm{Re}[A]$ 表示取复数 A 的实部，用 $\mathrm{Im}[A]$ 表示取复数 A 的虚部，即 $a=\mathrm{Re}[A],b=\mathrm{Im}[A]$。

复数还可以用复平面上所对应的点表示。作一直角坐标系，以横轴为实轴，纵轴为虚轴，此直角坐标所确定的平面称为复平面。复数 A 可以用复平面上坐标为（a，b）的点来表示，如图 3-10 所示。复数 A 还可以用原点指向点（a，b）的矢量来表示，如图 3-11 所示。该矢量的长度称复数 A 的模，记做 $|A|$，并有

$$|A|=\sqrt{a^2+b^2}$$

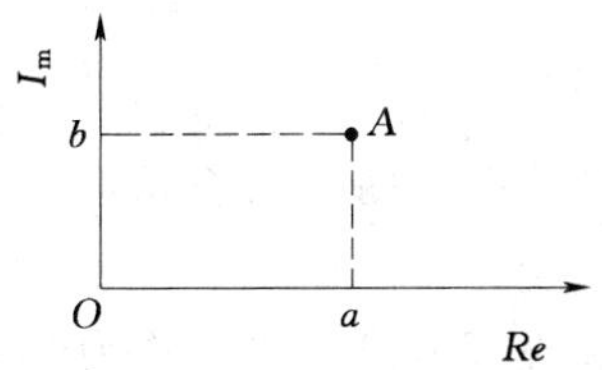

图 3-10 复数在复平面上的表示

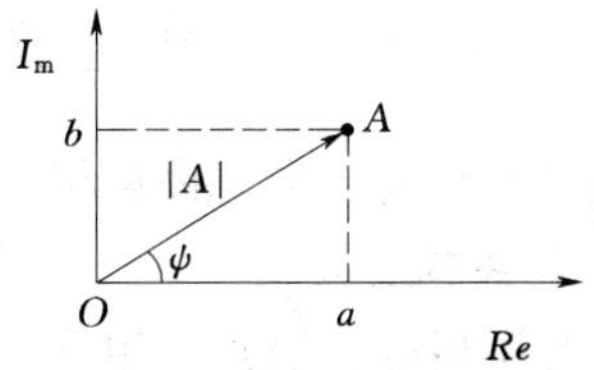

图 3-11 复数的矢量表示

复数 A 的矢量与实轴正向间的夹角 ψ 称为 A 的辐角，记做

$$\psi=\arctan\frac{b}{a}$$

从图 3-11 中可得以下关系，即

$$\begin{cases}a=|A|\cos\psi\\ b=|A|\sin\psi\end{cases}$$

2. 复数的表示方法

（1）代数形式：$A=a+\mathrm{j}b$。

（2）三角函数形式：$A=|A|\cos\psi+\mathrm{j}|A|\sin\psi$。

（3）指数形式：利用欧拉公式　$e^{\mathrm{j}\psi}=\cos\psi+\mathrm{j}\sin\psi$

复数的三角函数形式，可变换为指数形式，即

$$A=|A|e^{\mathrm{j}\psi} \tag{3-7}$$

（4）极坐标形式：在电工中指数形式常简写为 $A=|A|\angle\psi$。

以上 4 种形式可以相互转换。

3.2.2　复数运算

1. 复数的加、减运算

进行复数相加（或相减），要先把复数转化为代数形式。设有两个复数

$$A_1=a_1+\mathrm{j}b_1$$

$$A_2=a_2+\mathrm{j}b_2$$

$$A_1\pm A_2=(a_1\pm a_2)+\mathrm{j}(b_1\pm b_2)$$

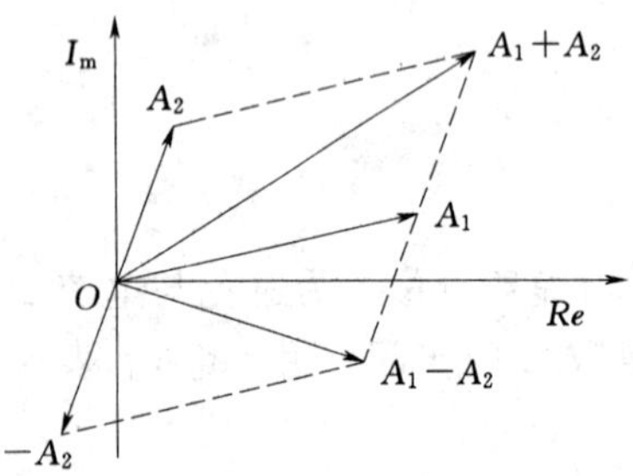

图 3-12　复数的加减

即复数的加、减运算就是把它们的实部和虚部分别相加减。复数相加减也可以在复平面上进行。容易证明，两个复数相加的运算在复平面上是符合平行四边形的求和法则的；两个复数相减时，可先作出（$-A_2$）矢量，然后把 $A_1+(-A_2)$ 用平行四边形法则相加，如图 3-12 所示。

2. 复数的乘、除运算

复数的乘、除运算，一般采用极坐标形式。设有两个复数

$$A_1=a_1+\mathrm{j}b_1=|A_1|\angle\psi_1$$

$$A_2=a_2+\mathrm{j}b_2=|A_2|\angle\psi_2$$

$$A_1A_2=|A_1|\cdot|A_2|\angle\psi_1+\psi_2$$

$$\frac{A_1}{A_2}=\frac{|A_1|}{|A_2|}\angle\psi_1-\psi_2$$

即复数相乘时，将模与模相乘，幅角相加；复数相除时，将模与模相除，幅角相减。

3. 复数相等和共轭复数

若两个复数的模相等，辐角也相等；或实部和虚部分别相等，称为两个复数相等。

设
$$A_1=a_1+\mathrm{j}b_1=|A_1|\angle\psi_1$$

$$A_1=a_1+\mathrm{j}b_1=|A_2|\angle\psi_2$$

若 $|A_1|=|A_2|$，$\psi_1=\psi_2$；或 $a_1=a_2$，$b_1=b_2$

则
$$A_1=A_2$$

若两个复数的实部相等，虚部大小相等但异号，称为共轭复数。与 A 共轭的复数记做 A^*。

设
$$A=a+\mathrm{j}b=|A|\angle\psi$$

则其共轭复数为

$$A^*=a-\mathrm{j}b=|A|\angle-\psi$$

可见，一对共轭复数的模相等，辐角大小相等且异号，复平面上对称于横轴。

复数 $e^{j\psi}=1\angle\psi$ 是一个模等于 1，而辐角等于 ψ 的复数。任意复数 $A=|A|e^{j\psi_1}$ 乘以 $e^{j\psi}$ 等于

$$|A|e^{j\psi_1}\times e^{j\psi}=|A|e^{j(\psi_1+\psi)}=|A|\angle\psi_1+\psi$$

即复数的模不变，辐角变化了 ψ 角，此时复数矢量按逆时针方向旋转了 ψ 角。所以 $e^{j\psi}$ 称为旋转因子。使用最多的旋转因子是 $e^{j90^\circ}=j$ 和 $e^{j(-90^\circ)}=-j$。一个复数乘以 j，相当于将该复数矢量按逆时针方向旋转 90°；而乘以 −j 则相当于将该复数矢量按顺时针方向旋转 90°。

电路理论中还用到一种旋转因子，即 $a=e^{j120^\circ}$ 称为 120°旋转因子。且有

$$a=e^{j120^\circ}=1\angle 120^\circ=-\frac{1}{2}+j\frac{\sqrt{3}}{2}$$

$$a^2=e^{j2\times 120^\circ}=1\angle 240^\circ=1\angle -120^\circ=-\frac{1}{2}-j\frac{\sqrt{3}}{2}$$

并有

$$1+a+a^2=0$$

3.2.3 正弦量的相量表示法

设正弦量

$$u=U_m\sin(\omega t+\psi)$$

可以写作

$$u=U_m\sin(\omega t+\psi)=\mathrm{Im}[\sqrt{2}Ue^{j(\omega t+\psi)}]=\mathrm{Im}[\sqrt{2}Ue^{j\psi}e^{j\omega t}] \tag{3-8}$$

式（3-8）表明，正弦电压 u 等于复数函数 $\sqrt{2}Ue^{j(\omega t+\psi)}$ 的虚部，该复数函数包含了正弦量的三要素。而其中 $Ue^{j\psi}$ 是包含了正弦量的有效值 U 和初相角 ψ 的复数，把这个复数称为正弦量的相量，并用符号 $\dot{U}$ 表示，上面的小圆点是用来表示正弦量的相量，即

$$\dot{U}=Ue^{j\psi}$$

可简写为

$$\dot{U}=U\angle\psi$$

用相量表示正弦量时，必须把正弦量和相量加以区分。正弦量是时间的函数，而相量只包含了正弦量的有效值和初相位，它只代表正弦量，并不等于正弦量。正弦量和相量之间存在着一一对应关系。给定了正弦量，可以得出表示它的相量，即用复数的模表示正弦量的有效值，用复数的幅角表示正弦量的初相角；反之，由一已知的相量，如果知道其对应正弦量的角频率，就可以写出代表它的正弦量。

相量和复数一样，可以在复平面上用矢量表示，这种表示相量的图称为相量图，如图 3-13 所示。为了清楚起见，图上省去了虚轴+j，今后实轴也可以省去。值得注意的是，不同频率正弦量的相量图不可画在同一复平面上。

【例 3-2】 已知正弦电压

$$u_1=100\sqrt{2}\sin(314t+60^\circ)\ \mathrm{V}$$

$$u_2=50\sqrt{2}\sin(314t-60^\circ)\ \mathrm{V}$$

写出表示 u_1 和 u_2 的相量表示式，并画出相量图。

解 $\dot{U}_1=100\angle 60^\circ$ V $\dot{U}_2=50\angle -60^\circ$ V 相量图如图 3－14 所示。

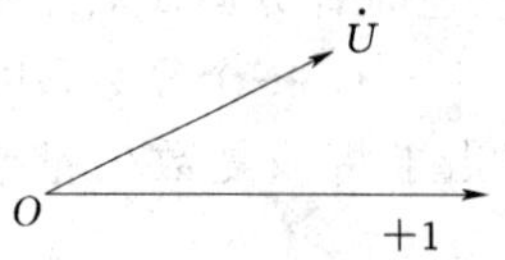

图 3－13 电压相量图

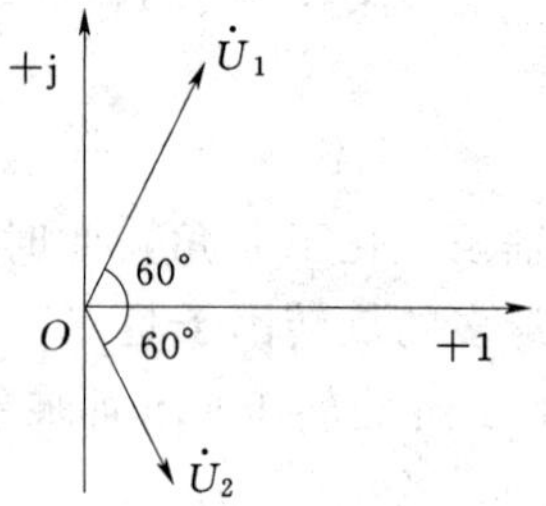

图 3－14 ［例 3－2］电压的相量图

【例 3－3】 已知两频率均为 50Hz 的电压，表示它们的相量分别为 $\dot{U}_1=380\angle 30^\circ$ V，$\dot{U}_2=220\angle -60^\circ$ V，试写出这两个电压的解析式。

解 $\omega=2\pi f=314\text{rad/s}$

$$u_1=380\sqrt{2}\sin(314t+30^\circ)\text{V}$$

$$u_2=220\sqrt{2}\sin(314t-60^\circ)\text{V}$$

3.2.4 用相量法求正弦量的和与差

利用三角函数求正弦量的和与差时，其计算过程较繁琐。引用相量的概念后，求解它们的和与差就比较方便了。现以两个同频率的正弦电流为例说明。设正弦电流为

$$i_1(t)=I_{1\text{m}}\sin(\omega t+\psi_1)$$

$$i_2(t)=I_{2\text{m}}\sin(\omega t+\psi_2)$$

另设两正弦量的和与差为

$$i(t)=i_1(t)\pm i_2(t)$$

根据式（3－8）可写出

$$\begin{aligned}i(t)&=i_1(t)\pm i_2(t)\\&=\text{Im}\left[\sqrt{2}\,I_1\,e^{j(\omega t+\psi_1)}\right]\pm\text{Im}\left[\sqrt{2}\,I_2\,e^{j(\omega t+\psi_2)}\right]\\&=\text{Im}\left[\sqrt{2}\,I_1\,e^{j\psi_1}\,e^{j\omega t}\right]\pm\text{Im}\left[\sqrt{2}\,I_2\,e^{j\psi_2}\,e^{j\omega t}\right]\\&=\text{Im}\left[\sqrt{2}\dot{I}_1\,e^{j\omega t}\right]\pm\text{Im}\left[\sqrt{2}\dot{I}_2\,e^{j\omega t}\right]\\&=\text{Im}\left[\sqrt{2}\,(\dot{I}_1\pm\dot{I}_2)e^{j\omega t}\right]\end{aligned}$$

由于两个同频率的正弦量的和或差仍是同频率的正弦量，故设

$$\begin{aligned}i(t)&=\sqrt{2}I\sin(\omega t+\psi)=\text{Im}\left[\sqrt{2}Ie^{j(\omega t+\psi)}\right]\\&=\text{Im}\left[\sqrt{2}\dot{I}\,e^{j\omega t}\right]\end{aligned}$$

那么比较上述两个表达式，可知

$$i(t)=i_1(t)\pm i_2(t)$$

$$\text{Im}\left[\sqrt{2}\dot{I}\,e^{j\omega t}\right]=\text{Im}\left[\sqrt{2}(\dot{I}_1\pm\dot{I}_2)e^{j\omega t}\right]$$

$$\dot{I}=\dot{I}_1\pm\dot{I}_2$$

上式表明，正弦量用相量表示后，相同频率正弦量的相加或相减运算就可以变成相应的相量相加或相减的运算。以后要计算同频率正弦量的和与差运算时，只要先进行对应相量的计算，相量之间的相加减运算可按复数运算法则进行，由相量计算结果得出相应的正弦量。

【例 3-4】 已知两个同频率正弦电流分别为

$$i_1(t)=70.7\sqrt{2}\sin(314t+45°)\text{A}$$

$$i_2(t)=42.4\sqrt{2}\sin(314t-30°)\text{A}$$

试求 $i_1(t)$、$i_2(t)$ 之和并画出相量图。

解 用相量表示 $i_1(t)$、$i_2(t)$ 为

$$\dot{I}_1=70.7\angle 45°\text{A}$$

$$\dot{I}_2=42.2\angle -30°\ \text{A}$$

它们的相量图如图 3-15（a）所示。

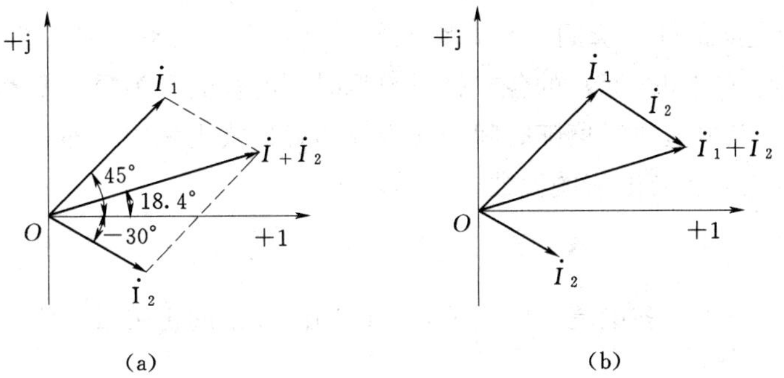

图 3-15 ［例 3-4］相量图

将相量 $\dot{I}_1$、$\dot{I}_2$ 相加，得

$$\begin{aligned}\dot{I}&=\dot{I}_1+\dot{I}_2=(70.7\angle 45°+42.2\angle -30°)\\&=[(50+j50)+(36.7-j21.2)]\\&=(86.7+j28.8)\\&=91.4\angle 18.4°\ (\text{A})\end{aligned}$$

将 $\dot{I}$ 写成它所代表的正弦量，即

$$i(t)=91.4\sqrt{2}\sin(\omega t+18.4°)\ \text{A}$$

即为电流 $i_1(t)$、$i_2(t)$ 之和。

另外，相量 $\dot{I}_1$ 与 $\dot{I}_2$ 相加可以用平行四边形法作相量图求出，如图 3-15（a）所示，也可以更简单地用多边形法作图求出，如图 3-15（b）所示，即根据矢量首尾相接的原则进行。通常并不要求准确地作图，只是近似地画出相量的模和相位，得出定性的结果，以便与计算结果作比较。

相量 $\dot{I}_1$ 与 $\dot{I}_2$ 相减时，如 $\dot{I}_1-\dot{I}_2$，只要将其看作 $\dot{I}_1+(-\dot{I}_2)$，先画出 $-\dot{I}_2$，然后采用相量相加的方法进行计算即可求得 $i(t)=i_1(t)-i_2(t)$。图 3-16（a）采用平行四边形

法作图，图 3-16（b）采用多边形法作图得出。

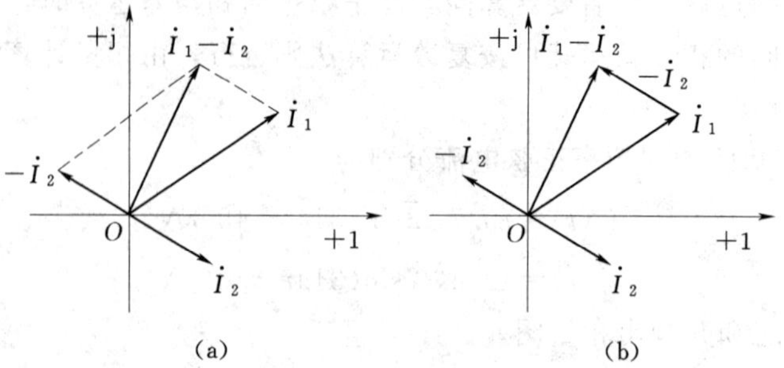

图 3-16 相量加减图

由此可见，正弦量用相量表示，可以使正弦量的运算得以简化。

3.2.5 基尔霍夫定律的相量形式

1. 相量形式的 KCL

KCL 适用于电路的任一瞬间，与电路元件性质无关。正弦电流电路的任一瞬间，连接在电路任一节点（或闭合面）的各支路电流瞬时值的代数和为零。既然对任一瞬间都适用，那么对表达正弦电流瞬时值随时间变化规律的解析式也适用，即连接在电路任一节点（或闭合面）的各支路正弦电流的代数和为零，即

$$\sum i(t)=0$$

在正弦交流电路中，各电流、电压都是与激励同频率的正弦量，将这些正弦量用相量表示，便有

$$\sum \dot{I}=0$$

即连接在电路任一节点（或闭合面）的各支路正弦电流的相量代数和为零。这就是适用于正弦电流电路中的相量形式的 KCL。

由上述相量形式的 KCL 可知，正弦电流电路中连接在电路任一节点（或闭合面）的各支路正弦电流的相量图组成一个闭合多边形。

2. 相量形式的 KVL

KVL 适用于电路的任一瞬间，与电路元件性质无关。正弦电流电路的任一瞬间，任一回路的各支路电压瞬时值的代数和为零。既然对每一瞬间都适用，那么对表达正弦电压瞬时值随时间变化规律的解析式也适用，即任一回路的各支路正弦电压的代数和为零，即

$$\sum u(t)=0$$

将正弦电压用相量表示，则有

$$\sum \dot{U}=0$$

即正弦电流电路任一回路的各支路正弦电压相量的代数和为零。这就是适用于正弦电流电路中的相量形式的 KVL。

由上述相量形式的 KVL 可知，正弦电流电路中任一回路的各支路正弦电压的相量图组成一个闭合多边形。

自 测 题

一、填空题

3.2.1 正弦交流电的四种表示方法是相量图、波形曲线图、________和________。

3.2.2 正弦量的相量表示法，就是用复数的模数表示正弦量的______，用复数的辐角表示正弦量的______。

3.2.3 已知某正弦交流电压 $u=U_m\sin(\omega t-\psi_u)$ V，则其相量形式 $\dot{U}=$____V。

3.2.4 已知某正弦交流电流相量形式为 $\dot{I}=50e^{j120°}$ A，则其瞬时表达式 $i=$____________A。

3.2.5 已知复数 $Z_1=12+j9$，$Z_2=12+j16$，则 $Z_1\cdot Z_2=$____________，$Z_1/Z_2=$____________。

3.2.6 已知复数 $Z_1=15\angle 30°$，$Z_2=20\angle 20°$，则 $Z_1\cdot Z_2=$____________，$Z_1/Z_2=$____________。

3.2.7 已知 $i_1=5\sqrt{2}\sin(\omega t+30°)$A，$i_2=10\sqrt{2}\sin(\omega t+60°)$A，则 $\dot{I}_1+\dot{I}_2=$____________，所以 $i_1+i_2=$________。

3.2.8 基尔霍夫电压定律的相量形式的内容是在正弦交流电路中，沿________各段电压恒等于零。

3.2.9 流入节点的各支路电流________的代数和恒等于零，是基尔霍夫________定律的相量形式。

二、判断题

3.2.10 电动势 $e=100\sin\omega t$ 的相量形式为 $\dot{E}=100$。 （ ）

3.2.11 某电流相量形式为 $\dot{I}_1=(3+j4)$A，则其瞬时表达式为 $i=100\sin\omega t$ A。 （ ）

3.2.12 频率不同的正弦量可以在同一相量图中画出。 （ ）

3.2.13 正弦量可以用相量表示，故有 $u=10\sqrt{2}\sin(\omega t+30°)=10\angle 30°$。 （ ）

三、计算题

3.2.14 已知：$A=4+j5$，$B=6\angle -65°$。试计算 $A+B$、$A-B$、AB、A/B、AA^*，并将各计算结果化成极坐标形式。

3.2.15 已知 $u_1=220\sqrt{2}\sin(\omega t+60°)$V，$u_2=220\sqrt{2}\sin(\omega t+120°)$V，试求 u_1+u_2、u_1-u_2 并作出相量图。

3.3 正弦电流电路中的电阻元件

在直流电路中，无源元件只有电阻一种。在正弦电流电路中，常见的无源元件除电阻元件外还有电感元件和电容元件。电阻元件是耗能元件，电感元件和电容元件是储能元件。假定这些元件是线性元件，则这些元件的电压、电流在正弦稳态电路中都是同频率的正弦量，涉及的有关运算可以用相量法进行。下面先研究在正弦电流电路中电阻的情况。

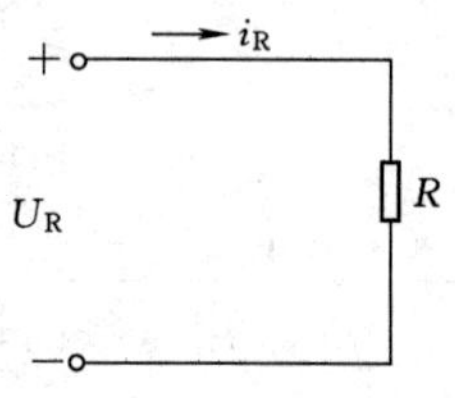

图 3-17 电阻元件

3.3.1 电压和电流关系

当电阻两端加上正弦交流电压时，电阻中就有交流电流通过，电压与电流的瞬时值仍然满足欧姆定律。如图 3-17 所示，电压与电流为关联参考方向，则电阻的电流为

$$i_R = \frac{u_R}{R} \tag{3-9}$$

设电阻两端的正弦交流电压为

$$u_R = U_{Rm}\sin(\omega t + \psi_u)$$

则电路中的电流为

$$i_R = \frac{u_R}{R} = \frac{U_{Rm}\sin(\omega t + \psi_u)}{R} = I_{Rm}\sin(\omega t + \psi_i) \tag{3-10}$$

式中

$$I_{Rm} = \frac{U_{Rm}}{R}, \psi_i = \psi_u$$

写成有效值关系为

$$I_R = \frac{U_R}{R} \quad 或 \quad U_R = RI_R \tag{3-11}$$

从以上分析可知：

(1) 电阻两端的电压与电流同频率、同相位。

(2) 电阻两端的电压与电流的有效值满足欧姆定律。

其波形如图 3-18 所示（设 $\psi_i = 0$）。

电阻元件上电压与电流的相量关系为

$$\dot{U}_R = U_R \angle \psi_u = RI_R \angle \psi_i$$

$$\dot{U}_R = R\dot{I}_R \tag{3-12}$$

式（3-12）就是相量形式的欧姆定律。也可以写做

$$\dot{I} = G\dot{U}$$

式中，G 为电阻元件的电导，单位，西门子（S）。

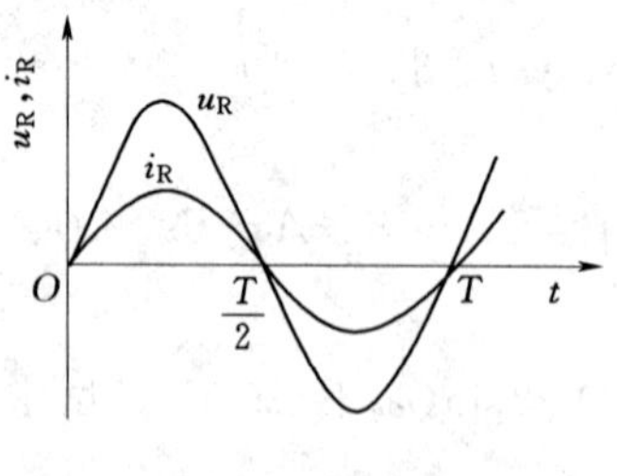

图 3-18 电阻元件的电压与电流波形

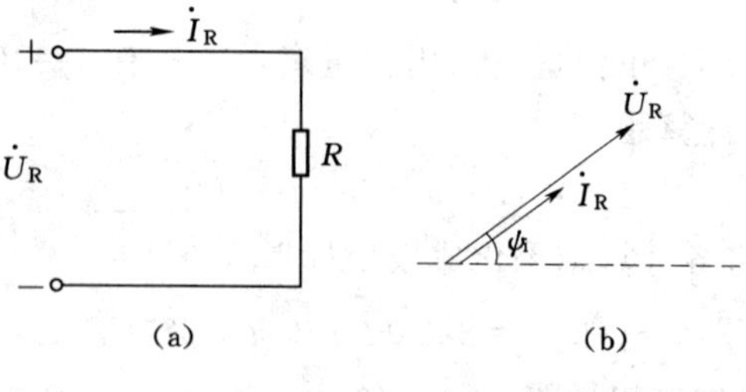

图 3-19 电阻元件的相量模型及相量图

(a) 相量模型；(b) 相量图

电阻元件的相量模型及相量图如图 3-19 所示。

3.3.2 电阻元件的功率

在交流电路中，电阻元件同样要消耗电功率。由于交流电压、电流都随时间变化，故电阻元件的功率也随时间变化，各瞬间消耗的功率不同。电路任一瞬间吸收或消耗的功率称为瞬时功率，设电阻元件电压、电流为关联的参考方向时，则瞬时功率等于电压、电流

瞬时值的乘积。电阻元件的瞬时功率用小写字母 p 表示，即

$$p=u_R i_R \tag{3-13}$$

瞬时功率的 SI 单位仍然是 W。若电阻两端的电压、电流为（设初相角 $\psi=0°$）

$$u_R=U_{Rm}\sin(\omega t)$$

$$i_R=U_{Rm}\sin(\omega t)$$

则正弦交流电路中电阻元件上的瞬时功率为

$$\begin{aligned}p&=u_R i_R\\&=U_{Rm}\sin(\omega t)\times I_{Rm}\sin(\omega t)=U_{Rm}I_{Rm}\sin^2(\omega t)\\&=U_R I_R[1-\cos(2\omega t)]\end{aligned} \tag{3-14}$$

其电压、电流、功率的波形如图 3-20 所示。式(3-14)中的前一部分是常量 $U_R I_R$，后一部分是以两倍频率变化的正弦量。功率 p 曲线整个波形在平均值 $U_R I_R$ 上下变化。由于电压和电流同相，电压、电流同时为零，同时达到最大值。电压、电流达到最大值时，瞬时功率也是最大值。而且，当电压、电流都是负值时，瞬时功率也是正值。或者说，电阻元件的瞬时功率总是正值，即电阻元件在电路中总是吸收功率（消耗功率），它是一个耗能元件。

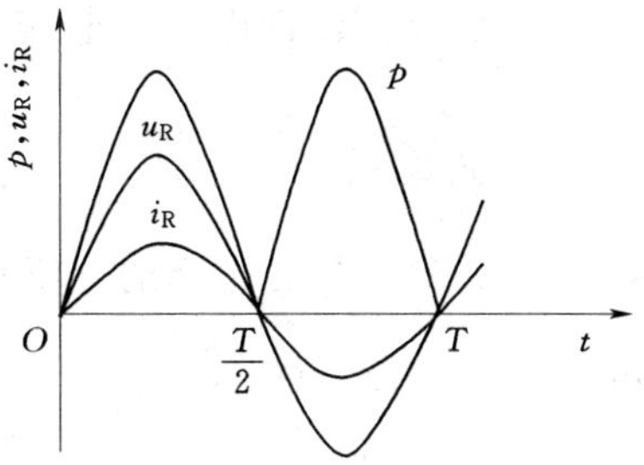

图 3-20　电阻元件的功率波形

由于交流电路中，瞬时功率不能有效或准确地比较和衡量电路功率的大小，故在工程上都采用平均功率来表示电路功率的情况，周期性交流电路中的平均功率就是瞬时功率在一个周期的平均值，用 P 来表示

$$P=\frac{1}{T}\int_0^T p\mathrm{d}t=\frac{1}{T}\int_0^T U_R I_R[1-\cos(2\omega t)]\mathrm{d}t=U_R I_R$$

又因

$$U_R=RI_R$$

所以

$$P=U_R I_R=I_R^2 R=\frac{U_R^2}{R} \tag{3-15}$$

可知与直流电路中计算电阻元件的功率公式完全一样。

由于平均功率反映了电路实际消耗功率的情况，所以又称有功功率。习惯上简称功率。

【例 3-5】 将一个阻值为 1210Ω 的白炽灯接到电压为 $u=220\sqrt{2}\sin(\omega t+30°)$V 的电源上，求：(1) 通过白炽灯的电流为多少？写出电流的解析式；(2) 白炽灯消耗的功率是多少？

解　由 $u=220\sqrt{2}\sin(\omega t+30°)$V 可知，电压有效值 $U=220$V，初相位 $\psi_u=30°$。

(1) 通过白炽灯的电流

$$I=\frac{U}{R}=\frac{220}{1210}=0.182(\mathrm{A})$$

电阻元件　　$\psi_i=\psi_u=30°$

电流的解析式为 $i=0.182\sqrt{2}\sin(\omega t+30^\circ)$ A

(2) 白炽灯消耗的功率 $P=UI=220\times0.182=40$ (W)。

自 测 题

一、填空题

3.3.1 在电阻元件交流电路中，电压与电流的相位关系是________。

3.3.2 把 110V 的交流电压加在 55Ω 的电阻上，则电阻上 $U=$______V，电流 $I=$______A。

3.3.3 正弦交流电路中，关联参考方向下，电阻元件的电压与电流的一般关系是______，有效值关系是______，相量关系是______。

二、选择题

3.3.4 已知 2Ω 电阻的电流 $i=6\sin(314t+45^\circ)$A，当 u、i 为关联方向时，$u=$___V。

A. $12\sin(314t+30^\circ)$　　B. $12\sqrt{2}\sin(314t+45^\circ)$　　C. $12\sin(314t+45^\circ)$

3.3.5 已知 2Ω 电阻的电压 $\dot{U}=10\angle 60^\circ$ V，当 u、i 为关联方向时，电阻元件上电流的 $\dot{I}=$________A。

A. $5\sqrt{2}\angle 60^\circ$　　B. $5\angle 60^\circ$　　C. $5\angle 60^\circ$

3.3.6 试指出下列公式表示正确的是（　　）。

A. $p=UI$　　B. $p=i^2R=\frac{u^2}{R}$　　C. $p=ui=I^2R=\frac{U^2}{R}$

三、计算题

3.3.7 在 5Ω 电阻的两端加上电压 $u=310\sin(314t)$V，求：(1) 流过电阻的电流有效值；(2) 电流瞬时值；(3) 有功功率；(4) 画相量图。

3.3.8 已知在 10Ω 的电阻上通过的电流为 $i_1=5\sin\left(314t-\frac{\pi}{6}\right)$A，试求电阻上电压的有效值，并求电阻消耗的功率为多少？

3.4 电感线圈与电感元件

3.4.1 电感线圈

1. 电感

导体通过电流会产生磁场，电流交变时产生的交变磁场又会在导体中产生感应电动势或感应电压，这种现象称为磁感应现象，又称电感现象。为了充分利用通电导体的这种磁感应效应，工程上专门使用人为制成的螺旋线圈作为一种重要的电路器件，即电感线圈，如图 3-21 所示。当一个匝数为 N 的线圈通过电流 i 时，在线圈中建立磁场形成磁通 Φ，称为自感磁通。磁通与线圈各线匝相交链形成磁链，称为自感磁链 Ψ，有 $\Psi=N\Phi$，单位为韦伯（Wb）。理论上用电感（或自感系数）L 来表征电感线圈产生磁感应效应的强弱，

即规定线圈电流 i 的参考方向与其所产生的磁链参考方向之间符合右手螺旋定则关系时，电感线圈的电感为

$$L=\frac{\Psi}{i} \tag{3-16}$$

式（3-16）表明，电感就是单位电流产生磁链的大小。电感越大，线圈通过电流产生磁链（磁通）的能力越强。电感的单位为亨（H），常用的还有毫亨（mH）、微亨（μH）。

$$1\text{H}=10^3\text{mH}=10^6\mu\text{H}$$

值得注意的是，线圈的电感只与线圈的匝数、结构尺寸和介质的磁导率有关。如果 L 为常数，则称为线性电感线圈，否则为非线性电感线圈，铁芯线圈电感是非线性的。

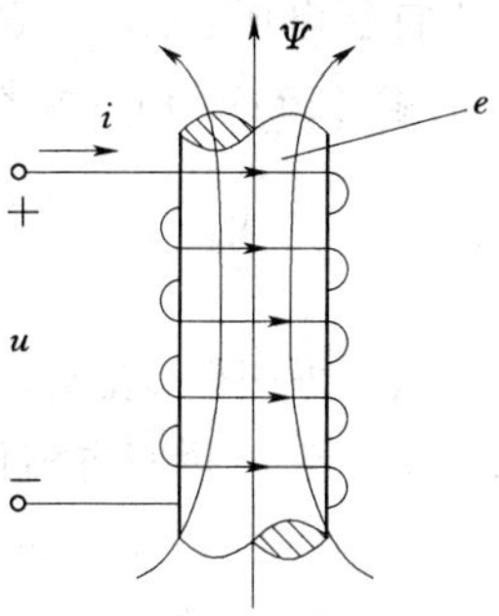

图 3-21　电感线圈

2. 自感电动势

当线圈中的电流变化时，自感磁链 ψ 也随之变化，线圈中就会产生感应电动势，线圈中由于自身电流变化而产生感应电动势的现象称为自感应现象。线圈中由于自感应现象而产生的电动势称为自感应电动势，用 e_L 表示，根据法拉第电磁感应定律公式，有

$$|e_L|=\left|\frac{d\psi}{dt}\right|$$

如果是线性电感，则有

$$|e_L|=\left|\frac{dLi}{dt}\right|=L\left|\frac{di}{dt}\right| \tag{3-17}$$

式（3-17）表明，自感电动势的大小与电感及通过线圈的电流变化率成正比。

下面来讨论自感电动势的方向。

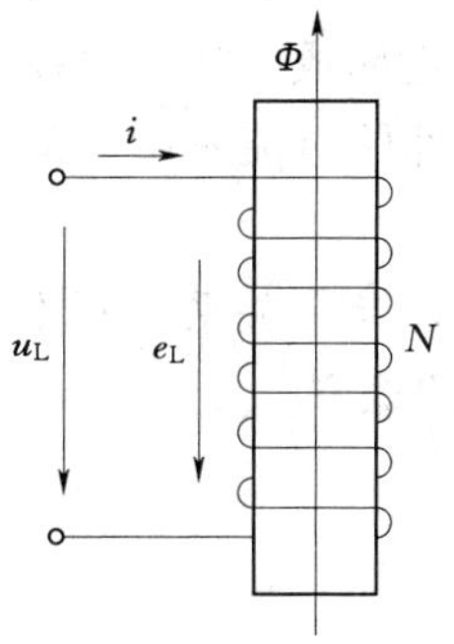

图 3-22　线圈中自感电动势和自感电压的参考方向

图 3-22 所示为一只线性电感线圈，图中已标出电流 i 和自感磁链 Ψ 的参考方向。另假设自感电动势 e_L 的参考方向与自感磁链 Ψ 的参考方向之间也符合右手螺旋定则关系，即 e_L 的参考方向与 i 的参考方向一致。

当线圈中的电流为正值且增加时，$\frac{di}{dt}>0$，依据楞次定律可知，此时 e_L 为负，表明 e_L 实际方向与电流的实际方向相反。这时的自感电动势起着反电动势作用，它阻碍线圈中电流的增加。

当线圈中的电流为正值但减小时，$\frac{di}{dt}<0$，此时 e_L 为正，表明 e_L 实际方向与电流的实际方向相同。这时的自感电动势起着电源的作用，它要维持线圈中的电流，阻碍其减小。

由上述分析可知，当 e_L 与 i 的参考方向一致时，式（3-17）可改写为

$$e_L=-\frac{d\psi}{dt}=-L\frac{di}{dt} \tag{3-18}$$

线圈通过变化的电流而在线圈中产生自感电动势，使得线圈两端产生电压，这个电压

称为自感电压，用 u_L 表示。如果忽略线圈的电阻（即纯电感线圈），如图 3－22 所示，当 u_L 的参考方向与 e_L 参考方向也假设一致时，即有

$$u_L = -e_L = L\frac{di}{dt} \tag{3-19}$$

式（3－19）表明，电感线圈任一瞬间感应电压大小，并不决定于该瞬间电流大小，而是决定于该瞬间电流随时间的变化率。电感线圈电流变化得越快，感应电压就越大；反之就越小。很高频率的电流通过线圈就会造成过电压破坏匝间绝缘，损坏器件。

3.4.2　电感元件

一个实际的电感线圈除了具有磁感应和磁场储能效应两方面主要电磁性能外，其导线的电阻还要消耗电能，线圈匝间还存在电容效应。但是通常线圈的导线电阻和匝间电容都很小，所消耗的能量和电容效应可以忽略不计。因此，理论上可以定义出一种理想电路元件——电感元件，作为实际电感线圈的电路模型。电感元件即理想化的电感线圈（即纯电感线圈），电感元件是一个二端元件。

磁链与电流的大小成正比关系的电感元件称为线性电感元件，图 3－23 是表示电感元件的电路模型。

1．电感元件的电压与电流关系

由式（3－19）可知，在电压、电流的参考方向关联下，线性电感元件的电压与电流关系为

$$u = L\frac{di}{dt} \tag{3-20}$$

式（3－20）就是电感元件的电压和电流的一般关系式，对于任何波形的电压都适用。任何时刻，线性电感元件的电压与电流的变化率成正比。电流变化快，感应电压就高；反之就低。当电感元件的电流不随时间变化时，电感电压为零，此时相当于短路。

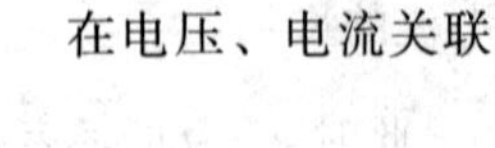

图 3－23　电感元件电路模型

要注意，电感元件的电压与电流的关系是导数关系，而不是代数关系。这是电感元件与电阻元件相区别的地方。

2．电感元件的磁场储能

在电压、电流关联参考方向下，电感元件吸收的电功率为

$$p = ui = Li\frac{di}{dt}$$

在 dt 时间内，电感元件的磁场储能增加量为

$$dw = p\,dt = Li\,di$$

电流为零时，磁场也为零，即无磁场能量。而当电流由 0 增大到 i 时，电感元件储存的磁场能量为

$$W = \int_0^i Li\,di = \frac{1}{2}Li^2 \tag{3-21}$$

可以看出，电感元件的磁场能量只与最终的电流值有关，而与电流的变化过程无关。

当线圈通过电流时，在线圈中就建立起磁场，磁场是一种能量，只要维持电流，线圈中就一直储存着由电源提供的电能转换而来的能量。当电流 i 增大时，磁通 Φ 增大，这时储存的磁场能量就增加；当电流 i 减小时，磁通 Φ 减小，这时储存的磁场能量也减小，把一部分能量释放给电路。当电流减小为零时，磁通也相应为零，这时线圈原先储存的磁场能全部释放出来。所以电感元件属于电路的储能元件。同时，电感元件也不会释放出多于它先前所吸收或储存的能量，因此它又是一种无源元件。

自 测 题

一、填空题

3.4.1 由于通过线圈本身的电流变化引起的电磁感应现象叫________，由此产生的电动势叫________。

3.4.2 衡量线圈产生自感磁通（磁链）本领大小的物理量叫做________，它的表示符号是____，其单位是____，表示符号是____。

3.4.3 自感电动势的大小与线圈的______和线圈中________成正比。

3.4.4 自感电动势（自感电流）的方向总是和线圈中电流变化的趋势____，即线圈中电流增加时就与电流方向相______，线圈中电流减小时，就与电流方向相______。

3.4.5 通电线圈产生磁场的方向，不但与________有关，而且还与________有关。

二、选择题

3.4.6 对某一固定线圈，下面结论中正确的是（　　）。

A. 电流越大，自感电压越大　　B. 电流变化量越大，自感电压越大

C. 电流变化率越大，自感电压越大

3.4.7 用同样粗细的铝线和铜线分别绕成两个形状、尺寸完全相同的空心线圈，其电感（　　）。

A. $L_{(铝)}=L_{(铜)}$　　B. $L_{(铝)}>L_{(铜)}$　　C. $L_{(铝)}<L_{(铜)}$

3.4.8 有一个电感线圈，其电感量 $L=0.1$H，线圈中的电流 $i=2\sin500t$(A)，若 u_L 与 i 取关联参考方向，则线圈自感电压 u_L 为（　　）V。

A. $100\cos500t$　　B. $500\cos1000t$　　C. $2\sin1000t$　　D. $100\sin500t$

3.4.9 电感元件的电压 u 和电流 i 关联参考方向时，它们的基本关系式是（　　）。

A. $u=Li$　　B. $i=L\dfrac{\mathrm{d}u}{\mathrm{d}t}$　　C. $i=L\dfrac{u}{t}$　　D. $u=L\dfrac{\mathrm{d}i}{\mathrm{d}t}$

三、判断题

3.4.10 线圈中有电流就有感应电动势，电流越大，感应电动势就越大。（　　）

3.4.11 空心电感线圈通过的电流越大，自感系数 L 越大。（　　）

3.4.12 电感元件通过直流时可视作短路，此时的电感 L 为零。（　　）

3.4.13 电感元件两端电压为零，其储能一定为零。（　　）

3.4.14 10A 的直流电流通过电感为 10mH 的线圈时，线圈存储的能量为 5J。（　　）

四、计算题

3.4.15　某通电线圈，磁链 $\Psi=144\text{Wb}$，若在 0.12s 内磁链均匀地降低到 2Wb，求线圈此时的感应电动势。

3.4.16　已知 10mH 电感线圈电流已达 5A，欲继续将电流增至 8A，试问该线圈的磁场能量增加了多少？

3.5　正弦电流电路中的电感元件

3.5.1　电压和电流的关系

将正弦电流 i 通入电感元件 L，其电压、电流参考方向如图 3-24 所示。

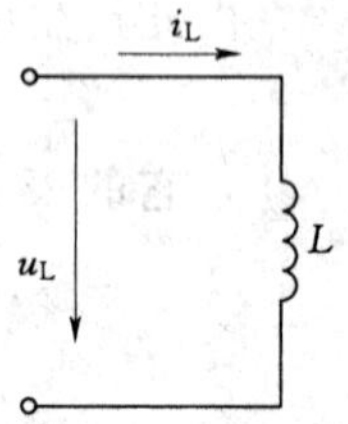

图 3-24　正弦电路中的电感元件

设 $i_L=I_{Lm}\sin(\omega t+\psi_i)$

则电感两端的电压为

$$u_L=L\frac{di_L}{dt}=L\frac{dI_{Lm}\sin(\omega t+\psi_i)}{dt}$$

$$=I_{Lm}\omega L\cos(\omega t+\psi_i)$$

$$=I_{Lm}\omega L\sin\left(\omega t+\psi_i+\frac{\pi}{2}\right)=U_{Lm}\sin(\omega t+\psi_u) \qquad (3-22)$$

式中

$$U_{Lm}=\omega LI_{Lm}，\psi_u=\psi_i+\frac{\pi}{2}$$

写成有效值为

$$U_L=\omega LI_L$$

或

$$\frac{U_L}{I_L}=\omega L \qquad (3-23)$$

从以上分析可知：

（1）电感两端的电压与电流同频率。

（2）电感两端的电压在相位上超前电流 90°。

（3）电感两端的电压与电流有效值（或最大值）之比为 ωL。

令

$$X_L=\frac{U_L}{I_L}=\omega L=2\pi fL \qquad (3-24)$$

式中，X_L 为感抗，用来表示电感元件对正弦电流阻碍或限制作用的一个物理量，它的 SI 单位是欧姆（Ω）。

在电感一定的情况下，电感元件的感抗与频率成正比，只有在一定频率下，感抗才是常数。频率越高，感抗越大，端电压一定的情况下，电流越小，说明电感元件对电流的抑制作用越大；频率越小，感抗越大，端电压一定的情况下，电流越大，说明电感元件对电流的抑制作用越小。在直流电路中，$\omega=0$，$X_L=\omega L=0$，所以电感在直流电路中视为短路。当 $\omega\to\infty$ 时，感抗也随之趋于无限大，虽有电压作用于电感，但电流为零，此时电感相当于开路。因此，电感元件具有“通低频，阻高频”的特性。

将式（3-24）代入式（3-23）得

$$U_L = X_L I_L \qquad (3-25)$$

电感元件的电压、电流波形如图 3-25 所示（设 $\psi_i=0$）。

应当注意，这里的感抗代表正弦电压与正弦电流的有效值之比，不代表它们的瞬时值之比，因此电感上的电压 u_L 并不与电流 i_L 成正比，而与电流对时间的导数成正比。感抗只对正弦交流电才有意义。

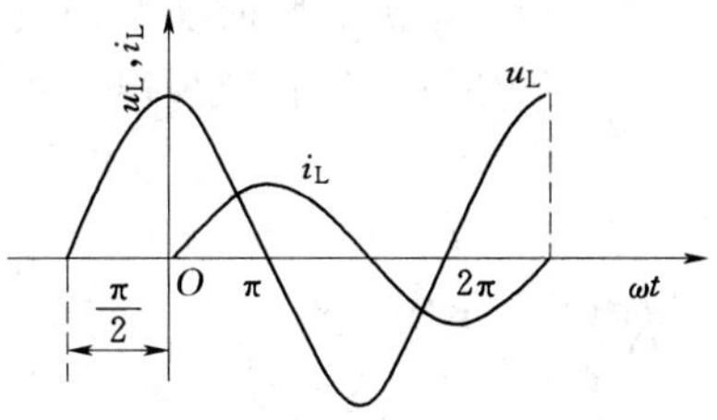

图 3-25　电感元件的电压、电流波形

设正弦电流相量

$$\dot{I}_L = I_L \angle \psi_i$$

则

$$\begin{aligned}\dot{U}_L &= U_L \angle \psi_i = \omega L I_L \angle \psi_i + 90^\circ \\ &= j\omega L I_L \\ &= jX_L \dot{I}_L\end{aligned}$$

即

$$\dot{U}_L = jX_L \dot{I}_L \qquad (3-26)$$

式中，jX_L 为复感抗。

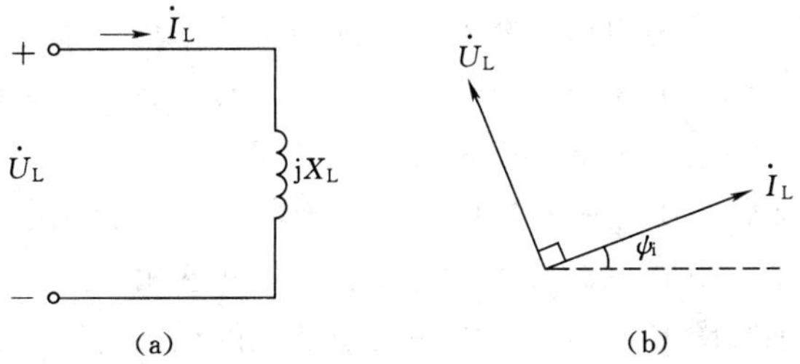

图 3-26　电感元件的相量模型及相量图

（a）相量模型；（b）相量图

电感元件的相量模型及相量图如图 3-26 所示。

有时要用到感抗的倒数，记为

$$B_L = \frac{1}{X_L} = \frac{1}{\omega L} \qquad (3-27)$$

式中，B_L 为感纳，其 SI 单位是 S，于是式（3-26）可写成

$$\dot{I}_L = -jB_L \dot{U}_L \qquad (3-28)$$

3.5.2　电感元件的功率

当电压与电流的参考方向为关联时的情况下，电感元件的瞬时功率

$$p = u_L i_L$$

设电感两端的电流、电压为

$$i_L = I_{Lm}\sin(\omega t)$$

$$u_L = U_{Lm}\sin\left(\omega t + \frac{\pi}{2}\right)$$

则正弦交流电路中电感元件上的瞬时功率为

$$\begin{aligned}p = u_L i_L &= U_{Lm}\sin\left(\omega t + \frac{\pi}{2}\right) \times I_{Lm}\sin(\omega t) \\ &= U_{Lm} I_{Lm}\sin(\omega t)\cos(\omega t) \\ &= U_L I_L \sin(2\omega t)\end{aligned}$$

其电压、电流、瞬时功率的波形如图3-27所示。由上式或波形图都可以看出，此功率是以两倍角频率做正弦规律变化的。

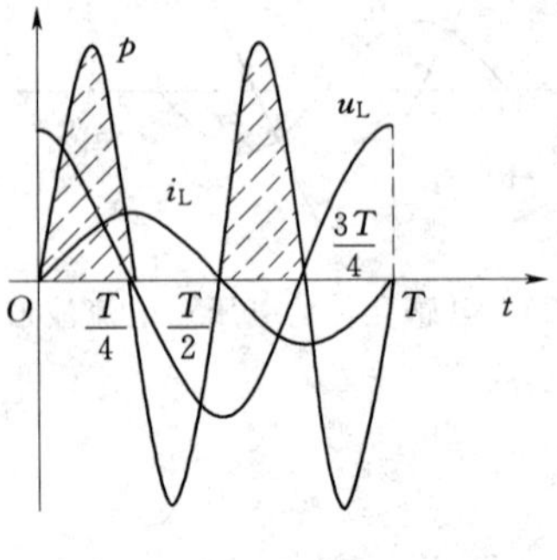

图3-27　电感元件的功率波形

电感在通以正弦电流时，所吸收的平均功率为

$$P=\frac{1}{T}\int_0^T p\mathrm{d}t=\frac{1}{T}\int_0^T U_L I_L \sin(2\omega t)\mathrm{d}t=0$$

上式表明，电感元件在一个周期内是不消耗能量的，它是储能元件。电感吸收的瞬时功率是一个随时间按正弦规律变化的量，在第一个和第三个1/4周期内，瞬时功率为正值，电感吸取电源的电能，并将其转换成磁场能量储存起来；在第二个和第四个1/4周期内，瞬时功率为负值，将储存的磁场能量转换成电能释放给电源，即电感元件与电源之间存在能量交换现象。

虽然电感元件上电压有效值和电流有效值不为零，但平均功率却为零，这是由于电压与电流在相位上恰好相差90°的缘故。工程上为了衡量电源与电感元件（或电路）间的能量交换的大小，把电感元件电压与电流的有效值的乘积称为无功功率，用Q表示。则电感元件的无功功率为

$$Q_L=U_L I_L=I_L^2 X_L=\frac{U_L^2}{X_L} \tag{3-29}$$

无功功率具有与平均功率相同的量纲，但因无功功率并不是实际做功的平均功率，为了与平均功率相区别，无功功率的单位不用W，而是用乏（var）表示，工程上常用单位kvar，1kvar$=10^3$var。相对于无功功率，平均功率通常可以称为有功功率。

下面说明电感元件无功功率的物理意义。由于电感不断吸收与发出能量，或者说电感和外部之间有能量交换，瞬时功率并不为零。由式（3-29）可以看出，电感元件上的无功功率等于瞬时功率的最大值，也就是电感线圈的磁场与外电路交换能量的最大速率。无功功率反映了储能元件与其外部交换能量的规模。“无功”的含义是交换而不是消耗，不应理解为“无用”。电感元件上的无功功率称为感性无功功率，感性无功功率在电力供应中占有很重要的地位。在工程中，具有电感性质的电动机、变压器等设备都是依据电磁能量转换工作的，如果没有无功功率，就没有电源和磁动间的能量转换，这些设备也就无法工作。

【例3-6】 若将$L=20$mH的电感元件，接在$U_L=110$V的正弦电源上，则通过的电流是1mA，求：(1) 电感元件的感抗及电源的频率；(2) 若把该元件接在直流110V电源上，会出现什么现象？

解 (1)

$$X_L=\frac{U_L}{I_L}=\frac{110}{1\times10^{-3}}=110(\mathrm{k\Omega})$$

电源频率
$$f=\frac{X_L}{2\pi L}=\frac{110\times10^3}{2\pi\times20\times10^{-3}}=8.76\times10^5(\mathrm{Hz})$$

(2) 在直流电路中，$X_L=0$，电流很大，电感元件可能烧坏。

【例3-7】 一个0.8H的电感元件接到电压为

$$u(t)=220\sqrt{2}\sin(314t-120^\circ)\text{V}$$

的电源上。(1) 试求电感元件的电流瞬时值解析式和吸收的无功功率；(2) 如电源的频率改为 150Hz，电压有效值不变，电感元件的电流和吸收的无功功率各为多少？

解 (1) 电压相量为 $\dot{U}=220\angle{-120^\circ}$ V，电感元件感抗为 $X_L=\omega L=314\times0.8=251$ (Ω)，由式 (3-26) 得

$$\dot{I}=\frac{\dot{U}}{\text{j}X_L}=\frac{220\angle{-120^\circ}}{\text{j}251}=0.876\angle{-210^\circ}=0.876\angle{150^\circ}\text{ A}$$

电流的瞬时值解析式为

$$i(t)=0.876\sqrt{2}\sin(314+150^\circ)\text{ A}$$

电感元件吸收的无功功率为

$$Q_L=UI=220\times0.876=192.7(\text{var})$$

(2) 感抗与频率成正比，频率改变为原来的 3 倍，感抗增加为原来的 3 倍，电压有效值不变，则电流减小为原来的$\frac{1}{3}$，即$\frac{0.876}{3}$A$=0.292$A，无功功率也减少为原来的$\frac{1}{3}$，即$\frac{192.7}{3}=64.2$ (var)。

自 测 题

一、填空题

3.5.1 在纯电感交流电路中，电压与电流的相位关系是电压________电流 90°，感抗 $X_L=$____，单位是____。

3.5.2 在纯电感正弦交流电路中，若电源频率提高一倍，而其他条件不变，则电路中的电流将变________。

3.5.3 在正弦交流电路中，已知流过纯电感元件的电流 $I=5$A，电压 $u=20\sqrt{2}\sin314t$V，若 u、i 取关联方向，则 $X_L=$____Ω，$L=$____H。

二、选择题

3.5.4 感抗反映了电感元件对________起限制作用。

A. 直流电流　　B. 交变电流　　C. 正弦电流　　D. 周期电流

3.5.5 在纯电感电路中，电流应为____。

A. $i=U/X_L$　　B. $I=U/L$　　C. $I=U/(\omega L)$

3.5.6 在纯电感电路中，电压应为____。

A. $\dot{U}=LX_L$　　B. $\dot{U}=\text{j}X_L\dot{I}$　　C. $\dot{U}=-\text{j}\omega LI$

3.5.7 在纯电感电路中，感抗应为____。

A. $X_L=\text{j}\omega L$　　B. $X_L=\dot{U}/\dot{I}$　　C. $X_L=U/I$　　D. $X_L=u/i$

3.5.8 加在一个感抗是 20Ω 的纯电感两端的电压是 $u=10\sin(\omega t+30^\circ)$V，则通过它的电流瞬时值为____A。

A. $i=0.5\sin(2\omega t-30^\circ)$　　B. $i=0.5\sin(\omega t-60^\circ)$　　C. $i=0.5\sin(\omega t+60^\circ)$

三、计算题

3.5.9 有一电感 $L=0.626\text{H}$，加正弦交流电压 $U=220\text{V}$，$f=50\text{Hz}$，求：(1) 电感中的电流 I_m、I 和 i；(2) 无功功率 Q_L；(3) 画电流与电压相量图。

3.5.10 若 $f=1000\text{Hz}$ 电感元件上的电压和电流分别为 $U=220\text{V}$，$I=10\text{A}$，求：(1) 感抗；(2) 复感抗；(3) 电感量。

3.5.11 在关联参考方向下，已知加于电感元件两端的电压为 $u_L=100\sin(100t+30°)\text{V}$，通过的电流为 $i_L=10\sin(100t+\psi_i)\text{A}$，试求电感的参数 L 及电流的初相 ψ_i。

3.6 电容器与电容元件

3.6.1 电容器

两块金属板，中间隔以绝缘材料，就构成一个电容器。平行板电容器是一种最简单的电容器，如图 3-28 所示。两块金属板称为电极板，通过电极板可以接到电路中去。极板之间的绝缘材料称为电介质，平行板电容器的电介质就是空气。

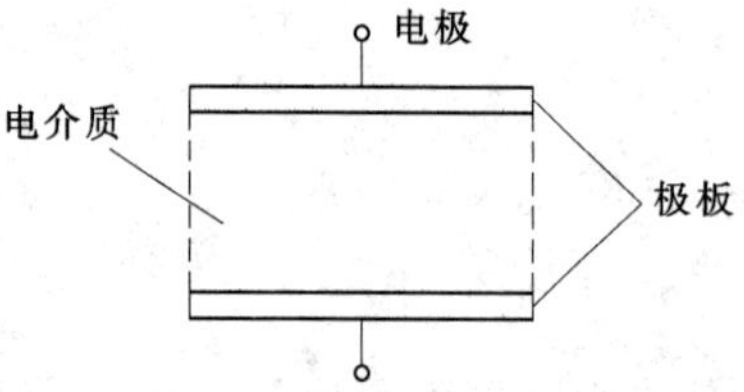

图 3-28 电容器

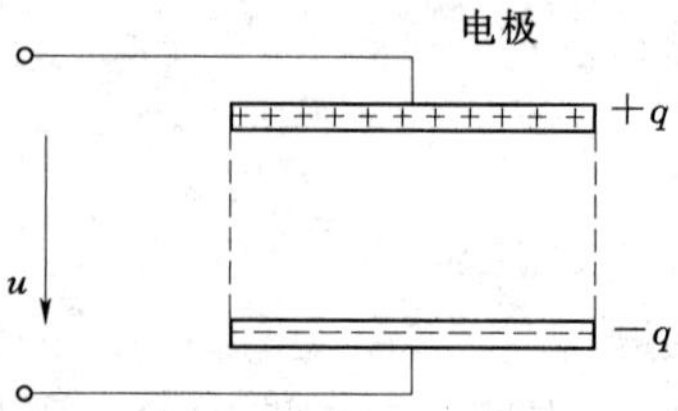

图 3-29 电容器极板上的电荷

把电容器的两个电极分别与直流电源的正、负极相连时，两块极板上便会带有等量而异种的电荷 $+q$ 和 $-q$，如图 3-29 所示，q 称为电容器的电荷量。如果移去电源，正、负电荷 q 因相互吸引而仍然保留在极板上，所以电容器可以储存一定量的电荷和电场能量。

实验证明，加在一个电容器极板间的电压 u 越高，极板上的电荷量 q 就越多（注意：所加电压是有限度的，以介质不致击穿为度）。也就是说，电容器的电荷量与其端电压成正比，两者的比值 $\frac{q}{u}$ 是一个常量。对不同的电容器，这个比值一般是不同的。在电压 u 相同的条件下，比值越大，表示电容器所带的电荷量越多，因此，这个比值反映了电容器储存或容纳电荷能力的大小，称为电容器的电容量，简称电容，用大写字母 C 表示。

电容 C 等于电容器的电荷量 q 与端电压 u 之比值，即

$$C=\frac{q}{u} \tag{3-30}$$

电容的 SI 单位是 F（法［拉］）。1F＝1C/V，实际的电容器的电容不可能达到 1F，所以常用较小的单位 μF（微法）和 pF（皮法）。

$$1\mu\text{F}=10^{-6}\text{F},1\text{pF}=10^{-6}\mu\text{F}=10^{-12}\text{F}$$

除了专门制造的电容器外，实际电路中还存在自然形成的电容器。例如，两条输电线之间、输电线与大地之间、三极管电极之间都形成电容器，它们的电容称为分布电容，在

后续课程中会陆续讨论。

【例 3-8】 一个电容器两端加电压 100V，极板上的电荷量为 2×10^{-3}C，求此电容器的电容。

解 根据式（3-30）可得

$$C=\frac{q}{u}=\frac{2\times10^{-3}}{100}=20\times10^{-6}(\text{F})=20\mu\text{F}$$

3.6.2 电容元件

实际的电容器，其绝缘介质的电阻不可能为无限大，加上电压后，就会有很小量的电流通过电介质，这个电流叫做泄漏电流，它还会引起能量损耗。在交变电压作用下，电介质的分子会反复运动，使电介质发热而产生能量损耗。一般情况下，电容器的这些损耗都很小，如果忽略不计，就是一个理想电容器，称为电容元件。实际中可以用一个电容元件和电阻元件的组合作为实际电容器的模型。

电容元件是一个理想电路元件，它只表征电路具有储存电荷和电场能量的特性，也是一个二端元件。电容元件的图形符号可参见图 3-30，有时也简称电容。

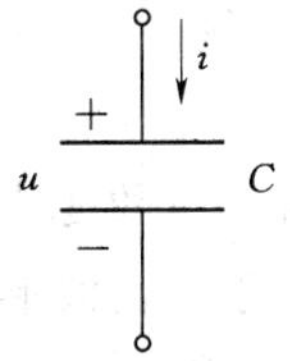

图 3-30 电容元件电路模型

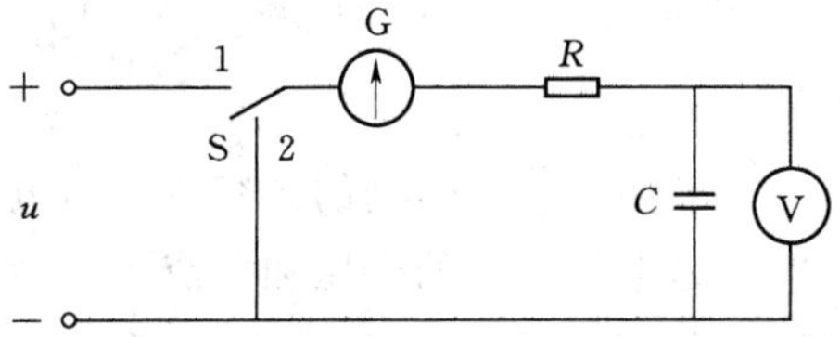

图 3-31 电容元件的充电和放电电路

1. 电容元件的充、放电

电容器的充电、放电就是指电容器储存电荷和释放电荷的过程。电容器充电、放电实验电路如图 3-31 所示。

当电容元件与直流电源接通时，电容元件极板上的电荷逐渐增多，这个过程叫做电容元件的充电。在图 3-31 所示的电路中，当开关 S 由端钮 2 合到端钮 1 时，可以发现检流计 G 一开始偏转较大，但随即返回并逐渐至零。这表明开始时电流较大，但很快减小直至为零。在电流由大变小的过程中，接在电容元件两端的电压表（可用数字式万用表）指示值很快上升，当检流计回零时，电压表指示值等于电源电压 u，说明极板上的电荷增加至最大值 $q=Cu$，充电过程结束。

电容元件充好电后，把开关 S 由 1 合至 2，电容元件通过导线与电阻 R 连接，正、负电荷中和，极板上的电荷消失，这个过程称为电容元件的放电。通过观察可以发现，放电时检流计 G 的指针朝反向偏转，开始时偏转较大，而后很快减小并逐渐回零。与此同时，电压表的指示值也很快下降并逐渐至零。电压减小表明极板上的电荷在减少，电压为零表明极板上的电荷全部被中和。

注意，长距离输电线或电缆，在终端开路条件下，相当于一个电容器，在与电源接通瞬间，可能有很大的充电电流。

将充好电的电容元件从电路上断开后，电压 u_C 和电荷 q 保持不变，如电压很高时（如电视机内的高压电容），仍不能直接接触，必须进行彻底放电。

2. 电容电流及电场能量

(1) 电容电流。

电容元件充电时，充电电荷经过导线时形成电流，其方向与电容元件电压的方向一致，这个电流称为充电电流。电容元件放电时，放电电荷也在连接导线上形成电流，其方向与电容电压的方向相反，这个电流称为放电电流。电容元件的充电电流和放电电流合称电容电流。形成电容电流的条件是电容元件两端的电压要不断变化。

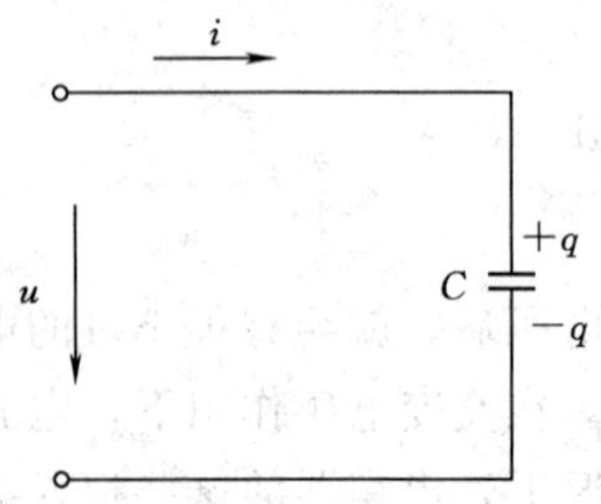

图 3-32 电容电流

如图 3-32 所示，设电容元件 C 两端电压为 u，当电压 u 变化时，极板上的电荷 q 也跟着变化，若在极短时间 $\mathrm{d}t$ 内，极板上的电荷增加了 $\mathrm{d}q$，则在导线上形成的电流为

$$i=\frac{\mathrm{d}q}{\mathrm{d}t}$$

代入 $q=Cu$，因电容 C 是常数，故

$$i=C\frac{\mathrm{d}u}{\mathrm{d}t} \tag{3-31}$$

式 (3-31) 表明，任一时刻的电容电流与电容元件两端电压的变化率成正比。

式 (3-31) 是电容元件的电压和电流的一般关系式，对于任何波形的电压都适用。

应该注意，式 (3-31) 中 u 和 i 的参考方向一致。如果 u 和 i 的参考方向相反，则应在式子的等号一边加上负号，即

$$i=-C\frac{\mathrm{d}u}{\mathrm{d}t} \tag{3-32}$$

在直流电路中，电容电压是不随时间变化的，即$\frac{\mathrm{d}u}{\mathrm{d}t}=0$，故 $i=0$。也即在含电容的支路中是没有电流的，电容起了“隔直”的作用。

(2) 电容电场储能。

电容元件在充电的过程中，端电压和电流是随时间变化的。设在某一瞬间，电容电压为 u，与 u 参考方向相同的电流为$i=C\frac{\mathrm{d}u}{\mathrm{d}t}$，则该瞬间电容元件吸收的功率为

$$p=ui=Cu\frac{\mathrm{d}u}{\mathrm{d}t}$$

在时间 $\mathrm{d}t$ 内，电容元件吸收的电能为

$$\mathrm{d}w_C=p\mathrm{d}t=Cu\mathrm{d}u$$

当电容电压由零增加到 u 时，电容元件吸收的电能总共为

$$W_C=\int_0^u Cu\,\mathrm{d}u=\frac{1}{2}Cu^2 \tag{3-33}$$

式中，C 的单位为 F，u 的单位为 V，W_C 的单位为 J。

可以看出，电场能量只与最终的电压值有关，而与电压建立过程无关。当电容两端电

压增加时，电容元件吸收能量，并全部转换成电场能量存储起来；当电容两端电压减小时，电容元件释放电场能量。可见，电容元件并不消耗能量。所以电容元件是一种储能元件。同时，电容元件也不释放出多于它吸收或储存的能量，因此它是一种无源元件。

3.6.3 电容元件的串并联

实际的电容器均标出电容量和额定工作电压两个参数。电容量表明了电容器储存电荷的能力；额定工作电压则表明电容器工作时允许的最大电压，使用时应注意电容器的电压不应超过其额定值；否则电容器的介质就有可能损坏或击穿，失去电容器的功能。如果电容器的容量和额定工作电压不能满足电路要求时，可以将电容器适当连接，以满足电路工作要求。

1. 电容元件的并联

图 3-33 所示为电容元件的并联。由于加在各电容元件上的电压都为 u，它们所充的电荷量

分别为

$$q_1=C_1u, q_2=C_2u, q_3=C_3u$$

所以

$$q_1:q_2:q_3=C_1:C_2:C_3 \tag{3-34}$$

即并联各电容元件所带的电荷量与各电容量成正比。

电容元件并联后所带的总电量为

$$q=q_1+q_2+q_3=C_1u+C_2u+C_3u=(C_1+C_2+C_3)u$$

因此，等效电容

$$C=C_1+C_2+C_3 \tag{3-35}$$

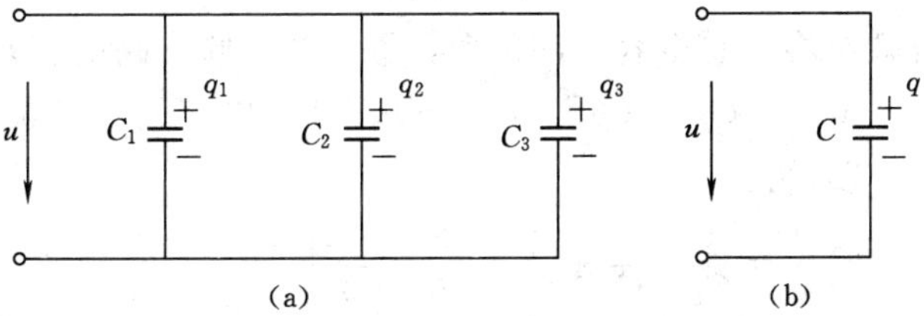

图 3-33 电容元件的并联

即电容元件并联的等效电容（总电容）等于各并联电容元件电容量之和。

并联的电容元件越多，总电容就越大。电容元件并联，相当于极板面积加大，从而增大了电容。因此，当单个电容元件的电容不够大时，可以采用并联的方法得到大的电容，但要注意，每个电容元件的耐压必须大于外施电压。

【例 3-9】 $C_1=1\mu F$ 和 $C_2=2\mu F$ 两个电容元件并联，求等效电容。

解 根据式（3-35）

$$C=C_1+C_2=1+2=3\mu F$$

如果有 n 个电容为 C 的电容元件并联，则等效电容为 nC。

2. 电容元件的串联

图 3-34 所示为电容元件的串联。当串联电容的两端加上电压 u 时，在与电源直接相

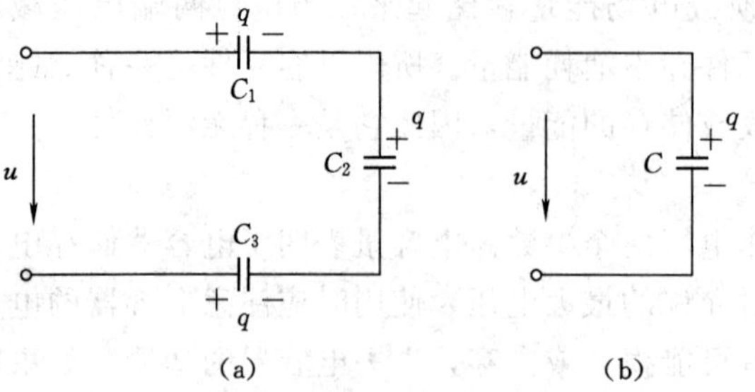

图 3-34　电容元件的串联

连的两块极板上，分别充有电荷 $+q$ 和 $-q$。由于静电感应的结果，中间的其他极板上会出现等量而异号的感应电荷 q。虽然每个电容元件上的电荷都等于 q，但此串联电容从电源充得的总电荷仍然是 q。因而其总电容为

$$C=\frac{q}{u}$$

各个电容元件上的电压分别为

$$u_1=\frac{q}{C_1},u_2=\frac{q}{C_2},u_3=\frac{q}{C_3}$$

所以

$$u_1:u_2:u_3=\frac{1}{C_1}:\frac{1}{C_2}:\frac{1}{C_3} \tag{3-36}$$

即串联各电容元件两端的电压与各电容元件的电容成反比。

u_1、u_2 和 u_3 之和应为电源电压 u，即

$$u=u_1+u_2+u_3=\frac{q}{C_1}+\frac{q}{C_2}+\frac{q}{C_3}=\left(\frac{1}{C_1}+\frac{1}{C_2}+\frac{1}{C_3}\right)q$$

对于总电容，有 $u=\frac{q}{C}$

所以

$$\frac{1}{C}=\frac{1}{C_1}+\frac{1}{C_2}+\frac{1}{C_3} \tag{3-37}$$

即电容元件串联的等效电容（总电容）的倒数，等于各串联支路电容元件电容倒数之和。

【例 3-10】 $C_1=20\mu F$、$C_2=30\mu F$、$C_3=60\mu F$ 3 只电容元件串联，求等效电容。

解　根据式（3-37）可得

$$\frac{1}{C}=\frac{1}{C_1}+\frac{1}{C_2}+\frac{1}{C_3}=\frac{1}{20}+\frac{1}{30}+\frac{1}{60}=\frac{1}{10}\frac{1}{\mu F}$$

故

$$C=10\mu F$$

如果是两只电容器串联，则等效电容为

$$C=\frac{C_1C_2}{C_1+C_2} \tag{3-38}$$

由上例可知，串联电容元件的等效电容（总电容）小于串联的任一只电容，且串联的电容元件越多，等效电容越小。n 只相同的电容器串联，等效电容为单个电容的 $1/n$。电容串联，相当于加大了极板间的距离，从而减小了电容量。

【例 3-11】 有两个电容器串联后两端接到电压为 360V 的电源上，其中 $C_1=100pF$，耐压 100V，$C_2=400pF$，耐压 350V，问电路能否正常工作？

解　根据式（3-38），可得总电容为

$$C=\frac{C_1C_2}{C_1+C_2}=\frac{100\times400}{100+400}=80(pF)$$

各电容所带电荷电荷量 $Q=Q_1=Q_2=CU=80\times10^{-12}\times360=2.88\times10^{-8}$（C）

电容器 C_1 承受的电压 $U_1=\dfrac{Q}{C_1}=\dfrac{2.88\times10^{-8}}{100\times10^{-12}}=288$（V）$>100$V

电容器 C_2 承受的电压 $U_2=\dfrac{Q}{C_2}=\dfrac{2.88\times10^{-8}}{400\times10^{-12}}=72$（V）

由于电容器 C_1 所承受的电压是 280V，超过了它的耐压，C_1 会被击穿，导致 360V 电压全部加到 C_2 上，C_2 也会被击穿，因此，电路不能正常工作。

自　测　题

一、填空题

3.6.1　电容电压随时间变化得越快，电容电流越______；电容电压不变化，则电容电流为______。在直流电路中，电容相当于______。

3.6.2　有 3 个电容器 1μF、2μF、3μF，将它们串联时等效电容 $C=$______；将它们并联时等效电容 $C=$______。

3.6.3　2μF 和 3μF 两个电容器串联，外施电压 3V 直流电压，则 2μF 电容器的电压为______，3μF 电容器的电压为______。

3.6.4　电容器的储能与______和______有关。一只电容器充电到 100V，需要 5J 的电能，则此电容器的电容为______。

二、选择题

3.6.5　对某一电容器，下面结论中正确的是（　　）。

A. 某一时刻电流越大，电压越大　　B. 某一时刻电压变化率越大，电流越大

C. 某一时刻电压越大，电流越大

3.6.6　对于某一电容器，其电容量与其（　　）有关。

A. 工作电压　　B. 工作电流　　C. 工作频率　　D. 电极板尺寸

3.6.7　有一个电容器，其电容量为 $C=0.01$F，电容的电流 $u=2\sin(500t)$V，若 u_C 与 i 取关联参考方向，则电容器的电流 i 为（　　）A。

A. $10\cos(500t)$　　B. $50\cos(1000t)$　　C. $2\sin(1000t)$　　D. $10\sin(500t)$

3.6.8　电容元件的电压 u 和电流 i 关联参考方向时，它们的基本关系式是（　　）。

A. $i=Cu$　　B. $i=C\dfrac{du}{dt}$　　C. $i=C\dfrac{u}{t}$　　D. $u=C\dfrac{di}{dt}$

3.7　正弦电流电路中的电容元件

3.7.1　电压和电流的关系

图 3-35（a）是正弦电路中的电容元件，在关联参考方向下，电压和电流的关系为

$$i=C\frac{du}{dt}$$

设电容元件两端的正弦电压为

$$u=U_m\sin\omega t$$

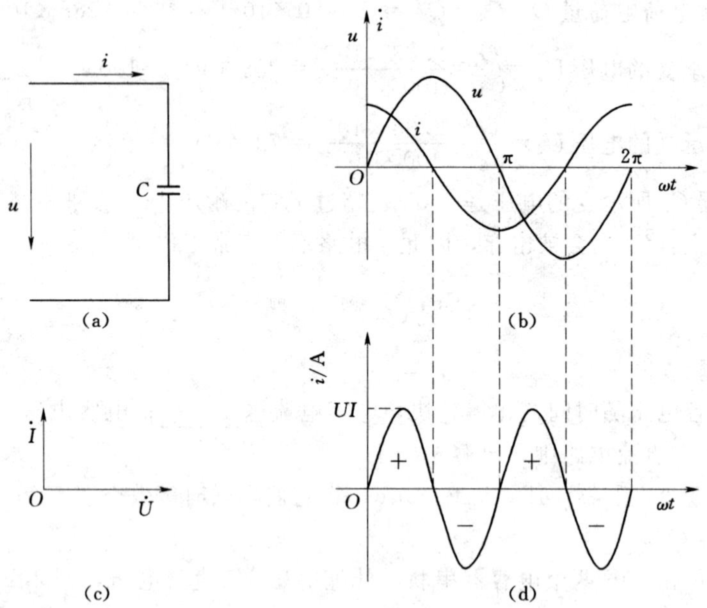

图 3-35 正弦电路中的电容元件

则电容电流为

$$\begin{aligned} i &= C\frac{\mathrm{d}u}{\mathrm{d}t} \\ &= C\frac{\mathrm{d}}{\mathrm{d}t}(U_m \sin\omega t) \\ &= \omega C U_m \cos\omega t \\ &= \omega C U_m \sin(\omega t + 90°) \\ &= I_m \sin(\omega t + 90°) \end{aligned}$$

也是一个同频率的正弦量，其中

$$I_m = \omega C U_m$$

或

$$\frac{U_m}{I_m} = \frac{U}{I} = \frac{1}{\omega C} \tag{3-39}$$

可见，电容元件的电压和电流的最大值（或有效值）之比等于$\frac{1}{\omega C}$；在相位上，电流超前电压 90°。

电容的电流、电压的波形如图 3-35（b）所示。

由式（3-39）可知，当电压 U 一定时，$\frac{1}{\omega C}$越大，则电流 I 越小，因而具有阻碍正弦电流的作用，称为容抗，用符号 X_C 表示，即

$$X_C = \frac{1}{\omega C} = \frac{1}{2\pi f C} = \frac{U}{I} \tag{3-40}$$

容抗的单位也是 Ω。

应该注意，容抗只是电压与电流的最大值或有效值之比，而不是瞬时值之比，即 $X_C \neq \frac{u}{i}$。

容抗与电容、频率成反比，这是因为电压 U 的大小一定时，电容越大，储存的电荷越多，每次充、放电的电流就越大；而频率越高，充、放电的频率也越高，单位时间内电荷移动量多，电流也就越大。所以，当电容和频率增加时，表现出的容抗就越小。电容和频率这两个因素对正弦电流的限制作用，都通过容抗 $X_C=\frac{1}{\omega C}=\frac{1}{2\pi fC}$反映出来。对于两种极端情况：

（1）当 $f\rightarrow\infty$时，$X_C\rightarrow 0$，电容元件相当于短路。

（2）当 $f=0$（即直流）时，$X_C=\infty$，电容元件相当于开路。也就是说，直流电流不能通过电容元件，电容元件具有“隔直”作用。

在关联参考方向下，电容电流总是超前电压 90°，这是因为电容电流与电压对时间的变化率成正比，即 $i=C\frac{\mathrm{d}u}{\mathrm{d}t}$。图 3－35（c）画出了电压、电流的相量图。当电压的初相为 ψ_u 时，电容电流的初相 $\psi_i=\psi_u+90°$，电压与电流之间的相位差 $\varphi_{ui}=\psi_u-\psi_i=-90°$。

引入容抗以后，电容元件的电压和电流写成相量的形式为 $\dot{U}=U\angle 0°$，$\dot{I}=I\angle 90°$。则

$$\dot{I}=I\angle 90°=\omega CU\angle 90°$$

$$\dot{I}=\mathrm{j}\omega C\dot{U} \tag{3-41}$$

或

$$\dot{U}=\frac{\dot{I}}{\mathrm{j}\omega C}=-\mathrm{j}\frac{1}{\omega C}\dot{I}=-\mathrm{j}X_C\dot{I}$$

式（3－41）表明，电容电流相量等于电压相量乘以 $\mathrm{j}\omega C$ 或电容电压相量等于电流相量乘以$-\mathrm{j}X_C$。式（3－41）既表明了电容电流和电压的大小关系，又表明了电流超前电压 90°的关系。

有时要用到容抗的倒数，记为

$$B_C=\frac{1}{X_C}=\omega C \tag{3-42}$$

式中，B_C 为容纳，其 SI 单位是 S，于是式（3－41）可写成

$$\dot{I}=\mathrm{j}B_C\dot{U}$$

【例 3－12】 一个 $C=100\mu\mathrm{F}$ 的电容元件，接于 $u=220\sqrt{2}\sin(314t+30°)\mathrm{V}$ 的电源上，求：

（1）容抗。

（2）关联方向下的电流 i。

（3）画出电压、电流的相量图。

解 （1）容抗

$$X_C=\frac{1}{\omega C}=\frac{1}{314\times100\times10^{-6}}=31.8(\Omega)$$

（2）电流有效值

$$I=\frac{U}{X_C}=\frac{220}{31.8}=6.9(\mathrm{A})$$

电流瞬时值表示式

$$i=\sqrt{2}I\sin(314t+30°+90°)=6.9\sqrt{2}\sin(314t+120°)\mathrm{A}$$

（3）相量图如图3-36所示。

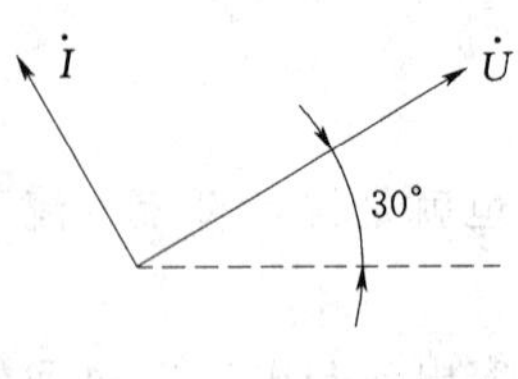

图3-36 ［例3-12］图

3.7.2 电容元件的功率

当电压与电流的参考方向为关联时的情况下，设正弦电压 $u=U_m\sin\omega t$ 时，电容元件的瞬时功率为

$$p=ui=U_m\sin\omega t\times I_m\sin(\omega t+90°)$$
$$=\frac{U_mI_m}{2}\sin2\omega t=UI\sin2\omega t \tag{3-43}$$

式（3-43）表明，p 是一个幅值为 UI，以 2ω 的角频率变化的正弦量。p 的波形如图3-35（d）所示。

由图3-35可见，在第一个1/4周期内，u 和 i 均为正值，故 $p>0$，表明电容元件吸收功率，在此期间，u 从零增至 U_m，电场储能也从零增至最大值 $\frac{1}{2}CU_m^2$，电容元件吸收电能并将它转换为电场能储藏起来。在第二个1/4周期内，u 为正值，i 为负值，故 $p<0$，表明电容元件发出功率。在此期间，u 从 U_m 降至零，电场储能也从 $\frac{1}{2}CU_m^2$ 降至零，电容元件释放电场能并将它转变为电能还给电源。后两个1/4周期，除因电压方向改变而产生相反方向的电场外，能量转换情况与前面两个1/4周期相同。

在一个周期 T 内，瞬时功率 p 的曲线与时间轴 t 所包围的面积，恰好正、负面积相等，说明电容元件吸收和释放的能量相等。因此，在正弦电路中，电容元件在一周期内的平均功率为零，即

$$P=\frac{1}{T}\int_0^T p\mathrm{d}t=\frac{1}{T}\int_0^T UI\sin(2\omega t)\mathrm{d}t=0$$

电容元件是不消耗能量的，所以也是一个储能元件。

电容元件虽不消耗电能，但与电源不断地交换能量，为了衡量这种能量交换的规模，同样定义：电容元件与电源交换功率的最大值（即交换能量的最大速率）为电容元件的无功功率，用 Q_C 表示。

由式（3-43）可见

$$Q_C=UI=I^2X_C=\frac{U^2}{X_C} \tag{3-44}$$

【例3-13】 试用相量式表示例3-12中的电压和电流，并求电容元件的无功功率。

解 电压相量为

$$\dot{U}=220\angle30°\mathrm{V}$$

根据式（3-41），电流相量为

$$\dot{I}=\mathrm{j}\omega C\dot{U}=\mathrm{j}314\times10\times10^{-6}\times220\angle30^\circ$$
$$=\mathrm{j}6.9\angle30^\circ=6.9\angle30^\circ+90^\circ=6.9\angle120^\circ(\mathrm{A})$$

根据式（3-44），电容的无功功率为

$$Q_C=UI=220\times6.9=1520(\mathrm{var})=1.52\mathrm{kvar}$$

自　测　题

一、填空题

3.7.1　容抗反映了电容元件对________起阻碍或限制作用。

3.7.2　电容元件的容抗与电容的________有关。

3.7.3　电容元件在正弦交流电路中，电压与电流的相位关系是电压____电流 90°。容抗 $X_C=$______，单位是____。

3.7.4　电容元件在正弦交流电路中，已知 $I=5\mathrm{A}$，电压 $u=10\sqrt{2}\sin314t\mathrm{V}$，容抗 $X_C=$____，电容量 $C=$____。

3.7.5　电容元件在正弦交流电路中，增大电源频率时，若其他条件不变，电容元件中的电流________。当电压与电流的参考方向为关联时的情况下，电感元件的瞬时功率将________。

3.7.6　在正弦交流电路中，已知电容元件电压 $U_C=10\mathrm{V}$，电流 $I_C=4\mathrm{A}$，则电容元件的有功功率 P 为________，无功功率 Q 为________。

二、选择题

3.7.7　在纯电容正弦交流电路中，复容抗为（　　）。

A. $-\mathrm{j}\omega C$　　B. $-\dfrac{1}{\mathrm{j}\omega C}$　　C. $\dfrac{1}{\omega C}$　　D. $-\mathrm{j}\dfrac{1}{\omega C}$

3.7.8　在纯电容正弦交流电路中，下列各式正确的是（　　）。

A. $i_C=U\omega C$　　B. $\dot{I}=\dot{U}\omega C$　　C. $I=U\omega C$　　D. $i=U/C$

3.7.9　若电路中某元件的端电压为 $u=5\sin(314t+35^\circ)\mathrm{V}$，电流 $i=2\sin(314t+125^\circ)\mathrm{A}$，$u$、$i$ 为关联方向，则该元件是（　　）。

A. 电阻　　B. 电感　　C. 电容

三、计算题

3.7.10　一个 $C=50\mu\mathrm{F}$ 的电容接于 $u=220\sqrt{2}\sin(314\mathrm{t}+60^\circ)\mathrm{V}$ 的电源上，求 X_C、i_C 及 Q_C，并绘出电容电流和电压的相量图。

3.8　电阻、电感、电容串联电路

3.8.1　电压和电流的关系

设图 3-37（a）所示 RLC 串联电路中的电流为

$$i=\sqrt{2}I\sin(\omega t+\varphi_i)\qquad(3-45)$$

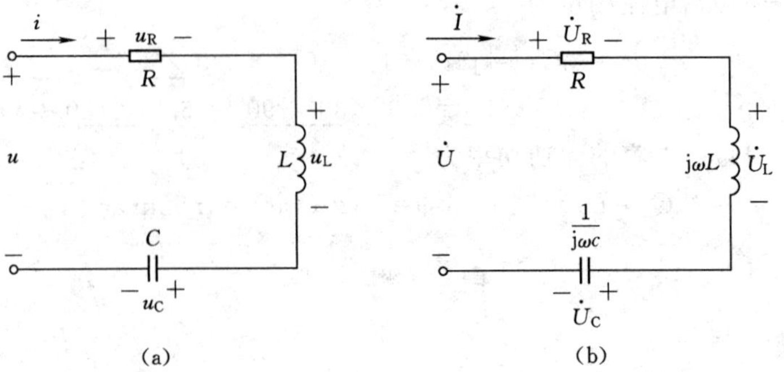

图 3-37 *RLC* 串联电路

根据以上几节所述可以得出每个元件上的电压都是同一频率的正弦量。取参考方向如图 3-37（a）所示，根据 KVL，此电路瞬时值电压方程为

$$u=u_R+u_L+u_C \tag{3-46}$$

用相量表示式（3-45）、式（3-46），参考方向如图 3-37（b）所示，得

$$\left.\begin{aligned}\dot{I}&=I\angle\psi_i\\ \dot{U}&=\dot{U}_R+\dot{U}_L+\dot{U}_C\end{aligned}\right\} \tag{3-47}$$

式（3-47）的第二式也可以由相量形式的 KVL 直接得出。假设各元件的电压、电流相量均为关联参考方向，代入各元件相量形式的电压与电流关系，可将式（3-47）的第二式写成

$$\begin{aligned}\dot{U}&=R\dot{I}+\mathrm{j}\omega L\dot{I}+\frac{1}{\mathrm{j}\omega C}\dot{I}\\ &=\left[R+\mathrm{j}\left(\omega L-\frac{1}{\omega C}\right)\right]\dot{I}=Z\dot{I}\end{aligned} \tag{3-48}$$

式（3-48）称为 *RLC* 串联电路的欧姆定律的相量形式，式中复数 Z 称为 *RLC* 串联电路的复阻抗。

3.8.2 复阻抗

复阻抗等于图 3-37（b）所示电路端口电压相量与端口电流相量的比值，即 $Z=\dot{U}/\dot{I}$。它是电路的一个复数参数，而不是表示正弦量的相量，为了区别起见，复阻抗只用大写字母表示，而不加点。

由式（3-48）可得

$$Z=R+\mathrm{j}\left(\omega L-\frac{1}{\omega C}\right)=R+\mathrm{j}(X_L-X_C)=R+\mathrm{j}X \tag{3-49}$$

它为复阻抗的代数形式，其实部 R 就是所研究电路的电阻，虚部 X 是感抗 X_L 与容抗 X_C 之差，即 $X=X_L-X_C$，称为电抗。感抗和容抗总是正的，而电抗为一个代数量，可正可负，这是由于电感电压超前电流 $\pi/2$，而电容电压滞后电流 $\pi/2$ 造成的结果。单一电阻、电感及电容的复阻抗分别为 $Z=R$、$Z=\mathrm{j}X_L=\mathrm{j}\omega L$ 及 $Z=-\mathrm{j}X_C=-\mathrm{j}\dfrac{1}{\omega C}$。

复阻抗也可以用极坐标形式表示，即

$$Z=|Z|\angle\varphi \tag{3-50}$$

式中

$$\left.\begin{aligned}|Z|&=\sqrt{R^2+X^2}\\ \varphi&=\arctan\left(\frac{X}{R}\right)=\arctan\left(\frac{X_L-X_C}{R}\right)\end{aligned}\right\} \tag{3-51}$$

以及

$$\left.\begin{aligned}R&=|Z|\cos\varphi\\ X&=|Z|\sin\varphi\end{aligned}\right\} \tag{3-52}$$

复阻抗的模$|Z|$称为阻抗，总是正值；φ是复阻抗的辐角，称为阻抗角，可能是正的，也可能是负的，视X的正负而定。显然，$|Z|$和R、X的单位相同，都是Ω。

当$X_L>X_C$时，$X>0$，$\varphi>0$，电压超前电流，电路是电感性的；当$X_L<X_C$时，$X<0$，$\varphi<0$，电压滞后电流，电路是电容性的；当$X_L=X_C$时，$X=0$，电压、电流同相，电路是电阻性的，电路发生串联谐振。

对阻抗的性质进行讨论以后，得式（3-48）的电压相量为

$$\begin{aligned}\dot{U}&=Z\dot{I}=|Z|\angle\varphi\times I\angle\psi_i\\ &=|Z|I\angle\psi_i+\varphi=U\angle\psi_u\end{aligned} \tag{3-53}$$

其正弦量解析式为

$$\begin{aligned}u&=\sqrt{2}|Z|I\sin(\omega t+\psi_i+\varphi)\\ &=\sqrt{2}U\sin(\omega t+\psi_u)\end{aligned} \tag{3-54}$$

式中，$\varphi=\psi_u-\psi_i$，为关联参考方向下电压相量超前电流相量的角度，等于阻抗角。如上所述，对于感性电路，$\varphi>0$；对于容性电路，$\varphi<0$。

3.8.3 相量图

根据电抗的正负，作出RLC串联电路的相量图，如图 3-38 所示。在图 3-38（a）中画出了$\varphi>0$（感性电路）时的相量图，图 3-38（b）中画出了$\varphi<0$（容性电路）时的相量图。作相量图时，先作出式（3-47）的电流相量，为了简单起见，设$\psi_i=0$，将$\dot{I}$画在正实轴方向。然后作R、L、C各元件的电压相量，电阻电压$\dot{U}_R$与电流同相位，电感的电压$\dot{U}_L$超前于电流π/2，而电容的电压$\dot{U}_C$滞后于电流π/2，所以相量$\dot{U}_L$与$\dot{U}_C$的相

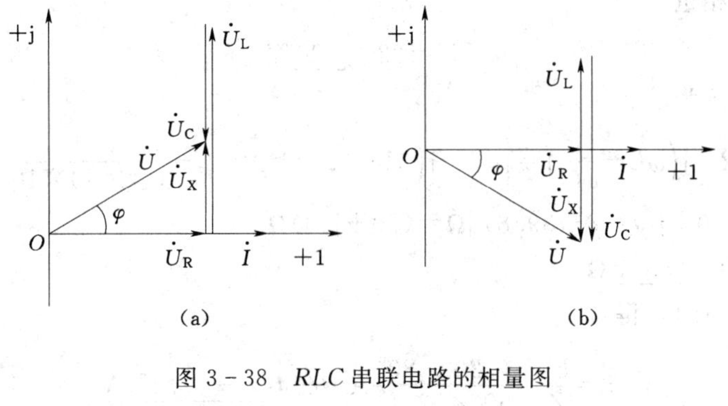

图 3-38 RLC串联电路的相量图

位差为π。图中采用多边形法，即根据矢量首尾相接的原则进行。具体做法是：先画出第一个相量 $\dot{U}_R$，再在 $\dot{U}_R$ 的尾端直接画出第二个相量 $\dot{U}_L$，在 $\dot{U}_L$ 的尾端再画出第三个相量 $\dot{U}_C$。求和的结果即是从第一个相量的首端指向最后一个相量的尾端，得出相量 $\dot{U}$。图 3-38（a）中 $U_L>U_C$，是感性电路，所以 $\dot{U}$ 超前 $\dot{I}$，$\varphi>0$；图 3-38（b）中 $U_L<U_C$，是容性电路，所以 $\dot{U}$ 滞后 $\dot{I}$，$\varphi<0$。由于 $\varphi=\psi_u-\psi_i$，其正负视 $\dot{U}$ 超前或滞后于 $\dot{I}$ 而定。

在图 3-38（a）、（b）中，将相量 $\dot{U}_L$ 和 $\dot{U}_C$ 合并成 $\dot{U}_X$，则

$$\dot{U}=\dot{U}_R+\dot{U}_L+\dot{U}_C=\dot{U}_R+\dot{U}_X \tag{3-55}$$

或

$$Z\dot{I}=R\dot{I}+jX\dot{I}$$

同样，有

$$Z=R+jX \tag{3-56}$$

电压 $\dot{U}_R$、$\dot{U}_X$ 和 $\dot{U}$ 组成一直角三角形，称为电压三角形，端口电压 U 为斜边，而 U_R 和 U_X 分别为两个直角边。由式（3-56）可以看出，电阻 R、电抗 X 和阻抗模 $|Z|$ 也构成一个直角三角形，称为阻抗三角形，$|Z|$ 为斜边，而 R 和 X 分别为两个直角边。两个三角形是相似的，如图 3-39 所示。

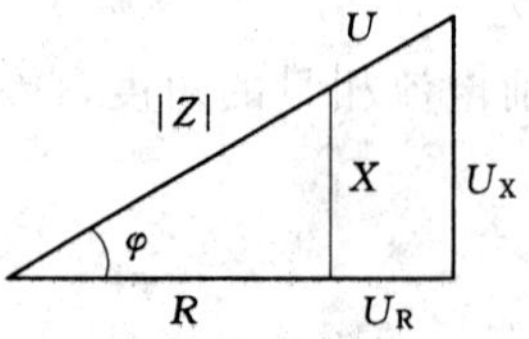

图 3-39 电压三角形与阻抗三角形

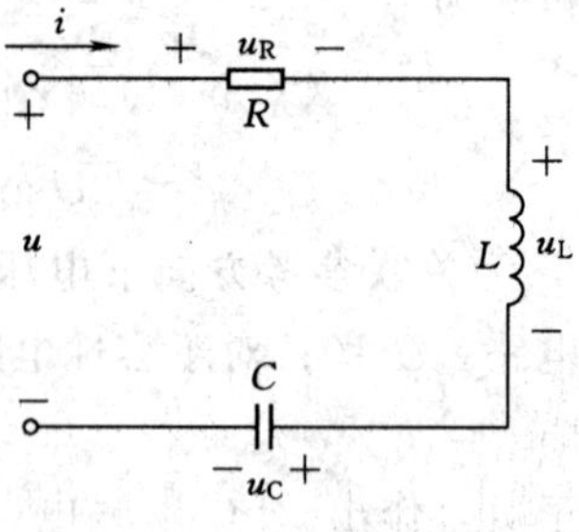

图 3-40 ［例 3-14］电路

【例 3-14】 图 3-40 所示 RLC 串联电路中，$R=30\Omega$，$L=254\text{mH}$，$C=80\mu\text{F}$，电源电压 $u=220\sqrt{2}\sin(314t+20°)\text{V}$。试求电路中的电流和各元件上的电压正弦量解析式。

解 采用相量法，先写出已知相量，计算电路的阻抗，然后求出解答。

电路的电压相量为

$$\dot{U}=220\angle 20°\text{V}$$

电路的复阻抗为

$$\begin{aligned}Z&=R+j\left(\omega L-\frac{1}{\omega C}\right)=\left[30+j\left(314\times254\times10^{-3}-\frac{1}{314\times80\times10^{-6}}\right)\right]\Omega\\&=[30+j(79.8-39.8)]\Omega=(30+j40)\Omega\\&=50\angle 53.1°\Omega\end{aligned}$$

根据式（3-48），得

$$\dot{I}=\frac{\dot{U}}{Z}=\frac{220\angle 20°}{50\angle 53.1°}\text{A}=4.4\angle -33.1°\text{ A}$$

各元件上的电压相量分别为

$$\dot{U}_R=R\dot{I}=30\times4.4\angle-33.1^\circ\ \text{V}=132\angle-33.1^\circ\ \text{V}$$

$$\dot{U}_L=\text{j}\omega L\dot{I}=\text{j}79.8\times4.4\angle-33.1^\circ\ \text{V}=351.1\angle56.9^\circ\ \text{V}$$

$$\dot{U}_C=-\text{j}\frac{1}{\omega C}\dot{I}=-\text{j}39.8\times4.4\angle-33.1^\circ\ \text{V}=175.1\angle-123.1^\circ\ \text{V}$$

它们的正弦量解析式为

$$i=4.4\sqrt{2}\sin(314t-33.1^\circ)\text{A}$$

$$u_R=132\sqrt{2}\sin(314t-33.1^\circ)\text{V}$$

$$u_L=351.1\sqrt{2}\sin(314t+56.9^\circ)\text{V}$$

$$u_C=175.1\sqrt{2}\sin(314-123.1^\circ)\text{V}$$

【例 3-15】 日光灯导通后，整流器与灯管串联。整流器可用电感元件作为其模型，灯管可用电阻元件作为其模型。一个日光灯电路的 $R=300\Omega$、$L=1.66\text{H}$，工频电源电压为 220V，忽略整流器电阻。试求：电源电压与灯管电流的相位差、灯管电流、灯管电压和整流器电压。

解 这是电阻、电感串联电路，整流器的感抗

$$X_L=\omega L=100\pi\times1.66\Omega=521.5\Omega$$

电路的复阻抗

$$Z=R+\text{j}X_L=(300+\text{j}521.5)\Omega=601.6\angle60^\circ\Omega$$

所以电源电压比灯管电流超前 60°。

灯管电流

$$I=\frac{U}{|Z|}=\frac{220}{601.6}\text{A}=0.366\text{A}$$

灯管电压、整流器电压各为

$$U_R=RI=300\times0.366\text{V}=110\text{V}$$

$$U_L=X_LI=521.5\times0.366\text{V}=191\text{V}$$

自 测 题

一、填空题

3.8.1 在 RLC 串联电路中，当 $X_L>X_C$ 时，电路呈______性；当 $X_L<X_C$ 时，电路呈______性；当 $X_L=X_C$ 时，电路呈______性。

3.8.2 把 RLC 串联接到 $u=20\sin314t\text{V}$ 的交流电源上，$R=3\Omega$，$L=1\text{mH}$，$C=500\mu\text{F}$，则电路的复阻抗 $Z=$______Ω，电流 $i=$______A，电路呈______性。

3.8.3 RLC 串联电路，已知 $R=30\Omega$、$\omega L=30\Omega$、$\frac{1}{\omega C}=60\Omega$，则电路的复阻抗 $Z=$________，阻抗角 $\varphi=$________。如果电路端口电压 $U=10\text{V}$，则电流 $I=$______A。

3.8.4 RLC 串联电路中，$U_R=4\text{V}$，$U_L=6\text{V}$，$U_C=3\text{V}$，则端口 $U=$____V。

二、选择题

3.8.5 在 RLC 串联电路中，复阻抗的模 $|Z|$ 是（　　）。

A. $|Z|=U/I$　　B. $|Z|=\sqrt{R^2+X^2}$　　C. $|Z|=U/i$　　D. $|Z|=R+jX$

3.8.6 在 RLC 串联电路中，电压电流为关联方向总电压与总电流的相位差角 φ 为____。

A. $\varphi=\arctan\dfrac{\omega L-\omega C}{R}$　　B. $\varphi=\arctan\dfrac{X_L-X_C}{R}$

C. $\varphi=\arctan\dfrac{U_L+U_C}{R}$　　D. $\varphi=\arctan\dfrac{U_L-U_C}{R}$

3.8.7 在 RLC 串联的正弦交流电路中，电压与电流为关联参考方向，总电压为（　）。

A. $U=U_R+U_L+U_C$　　B. $U=\sqrt{U_R^2+(U_L-U_C)^2}$

C. $U=U_R+U_L-U_C$

3.8.8 在 RLC 串联的正弦交流电路中，电路的性质取决于（　）。

A. 电路外施电压的大小　　B. 电路连接形式

C. 电路各元件参数及电源频率　　D. 无法确定

3.8.9 在 RLC 串联的正弦交流电路中，调节其中电容 C 时，电路性质变化的趋势为（　）。

A. 调大电容，电路的感性增强　B. 调大电容，电路的容性增强

C. 调小电容，电路的感性增强　D. 调小电容，电路的容性增强

三、判断题

3.8.10 RLC 串联电路的复阻抗随电源的频率的升高而增大，随频率的下降而减小。（　）

3.8.11 在 RLC 串联交流电路中，各元件上电压总是小于总电压。（　）

3.8.12 在 RLC 串联交流电路中，总电压 $U=U_R+U_L+U_C$。（　）

3.8.13 在 RLC 串联交流电路中，容抗和感抗的数值越小，电路中电流就越大。（　）

四、计算题

3.8.14 在 RLC 串联电路中，已知 $R=10\Omega$，$L=0.1\text{H}$，$C=200\mu\text{F}$，电源电压 $U=100\text{V}$，频率 $f=50\text{Hz}$，求电路中的电流 I，并画出电压、电流的相量图。

3.8.15 如电阻 R 与一线圈串联电路，已知 $R=28\Omega$，测得 $I=4.4\text{A}$，$U=220\text{V}$，电路总功率 $P=580\text{W}$，频率 $f=50\text{Hz}$，试求线圈的参数 r 和 L。

3.8.16 正弦交流电路的 $i=10\sqrt{2}\sin(2t+60°)\text{A}$，$u=100\sqrt{2}\sin(2t+30°)\text{V}$，求电路的复阻抗及等效参数。

3.8.17 已知 RLC 串联电路中，$R=10\Omega$，$X_L=15\Omega$，$X_C=5\Omega$，其中电流 $\dot{I}=2\angle 30°\text{A}$，试求：(1) 总电压 U；(2) 电路 $\cos\varphi$。

3.9 电阻、电感、电容并联电路

3.9.1 电压和电流的关系

RLC 并联电路如图 3-41（a）所示。设加到电路的电压为

$$u=\sqrt{2}U\sin(\omega t+\psi_u) \tag{3-57}$$

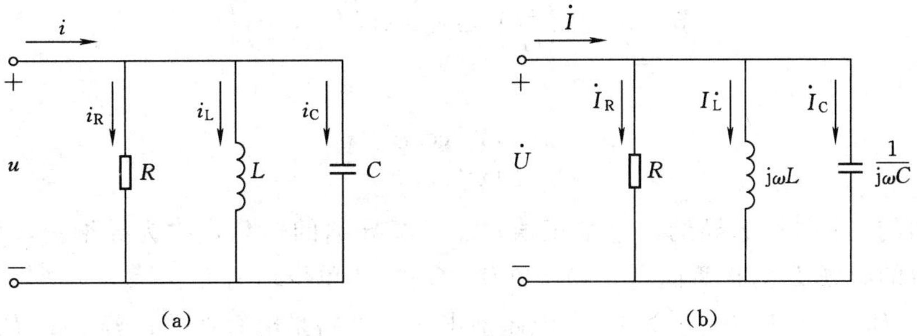

图 3-41 *RLC* 并联电路

电压及各支路电流参考方向如图 3-41 所示，根据 KCL 可以写出

$$i=i_R+i_L+i_C \tag{3-58}$$

用相量表示式（3-57）、式（3-58），参考方向如图 3-41（b）所示，得

$$\left.\begin{aligned}\dot{U}&=U\angle\psi_u\\ \dot{I}&=\dot{I}_R+\dot{I}_L+\dot{I}_C\end{aligned}\right\} \tag{3-59}$$

假设各元件的电压、电流相量均为关联参考方向，式（3-59）的第二式也可写成

$$\begin{aligned}\dot{I}&=\frac{\dot{U}}{R}+\frac{\dot{U}}{j\omega L}+\frac{\dot{U}}{\frac{1}{j\omega C}}\\ &=\left[\frac{1}{R}+j\left(-\frac{1}{\omega L}+\omega C\right)\right]\dot{U}=Y\dot{U}\end{aligned} \tag{3-60}$$

此式也称为 *RLC* 并联电路的欧姆定律的相量形式，式中复数 Y 称为 *RLC* 并联电路的复导纳。

3.9.2 复导纳

复导纳等于图 3-41（b）所示端口电流相量与端口电压相量（它们为关联的参考方向）的比值，即 $Y=\dot{I}/\dot{U}$。

由式（3-60），可得

$$\begin{aligned}Y&=\frac{1}{R}+j\left(-\frac{1}{\omega L}+\omega C\right)\\ &=G+j(-B_L+B_C)=G+j(B_C-B_L)=G+jB\end{aligned} \tag{3-61}$$

它为复导纳的代数形式，其实部 G 是该电路的电导，虚部 B 是容纳 B_C 与感纳 B_L 之差，即 $B=B_C-B_L$，称为电纳。容纳和感纳总是正的，而电纳为一个代数量，可正可负。单一电阻、电容及电感的复导纳分别为 $Y=G$，$Y=jB_C=j\omega C$ 及 $Y=-jB_L=-j\frac{1}{\omega L}$。

导纳还可以用极坐标形式表示

$$Y=|Y|\angle\varphi' \tag{3-62}$$

式中

$$\left.\begin{aligned}|Y|&=\sqrt{G^2+B^2}\\ \varphi'&=\arctan\left(\frac{B}{G}\right)=\arctan\left(\frac{B_C-B_L}{G}\right)\end{aligned}\right\}\tag{3-63}$$

以及

$$\left.\begin{aligned}G&=|Y|\cos\varphi'\\ B&=|Y|\sin\varphi'\end{aligned}\right\}\tag{3-64}$$

复导纳的模$|Y|$称为导纳，总是正值；φ'是复导纳的辐角，称为导纳角，可能是正，也可能是负的，视B的正负而定。$|Y|$和B、G的SI单位均为S。

若$B_C>B_L$，则$B>0$，$\varphi'>0$，电流超前电压，电路是电容性的；若$B_C<B_L$，则$B<0$，$\varphi'<0$，电流滞后电压，电路是电感性的；当$B_C=B_L$，则$B=0$，$\varphi'=0$，电流、电压同相位，电路是电阻性的，电路发生并联谐振。

由式（3-60）得电流相量为

$$\begin{aligned}\dot{I}&=Y\dot{U}=|Y|\angle\varphi'\times U\angle\psi_u\\&=|Y|\,U\angle\psi_u+\varphi'=I\angle\psi_i\end{aligned}\tag{3-65}$$

其正弦量解析式为

$$\begin{aligned}i&=\sqrt{2}\,|Y|\,U\sin(\omega t+\psi_u+\varphi')\\&=\sqrt{2}\,I\sin(\omega t+\psi_i)\end{aligned}\tag{3-66}$$

式中，$\varphi'=\psi_i-\psi_u$，为电流相量超前电压相量的角度，等于导纳角。如上所述，对于容性电路，$\varphi'>0$；对于感性电路，$\varphi'<0$。

3.9.3 相量图

根据导纳的正负，作出RLC并联电路的相量图，如图3-42所示。先作出式（3-59）的电压相量，为了简单起见，设$\psi_u=0$，将$\dot{U}$画在正实轴方向（图3-42）。然后作R、L、C各支路的电流相量，按式（3-60），电阻中电流$\dot{I}_R$与电压同相位，电感中的电流$\dot{I}_L$滞后于电压$\frac{\pi}{2}$，而电容中的电流$\dot{I}_C$超前于电压$\frac{\pi}{2}$，所以$\dot{I}_L$与$\dot{I}_C$的相位差为π。采用多边形法则求各支路电流的相量和得出电流$\dot{I}$。在图3-42（a）中，$I_C>I_L$，是容性电路，所以$\dot{I}$超前$\dot{U}$，$\varphi'>0$；在图3-42（b）中，$I_C<I_L$，是感性电路，所以$\dot{I}$滞后$\dot{U}$，

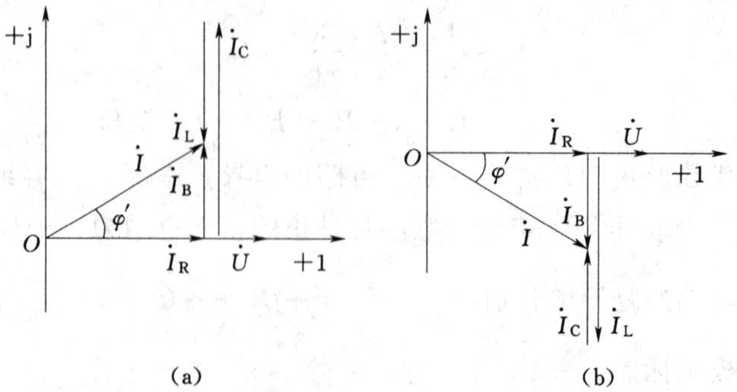

图3-42 RLC并联电路的相量图

$\varphi' < 0$。

在图 3-42 中，将相量 $\dot{I}_L$ 与 $\dot{I}_C$ 合并成 $\dot{I}_B$，则

$$\dot{I} = \dot{I}_R + \dot{I}_L + \dot{I}_C = \dot{I}_R + \dot{I}_B \tag{3-67}$$

或

$$\dot{I} = G\dot{U} + jB\dot{U}$$

同样有

$$Y = G + jB \tag{3-68}$$

电流 I_R、I_B 和 I 组成一直角三角形，称为电流三角形，I 为斜边，而 I_R 和 I_B 分别为两个直角边。从式（3-68）可以看出，电导 G、电纳 B 和导纳 $|Y|$ 也构成一个直角三角形，称为导纳三角形，$|Y|$ 为斜边，而 G 和 B 分别为两个直角边。两个三角形是相似的，如图 3-43 所示。

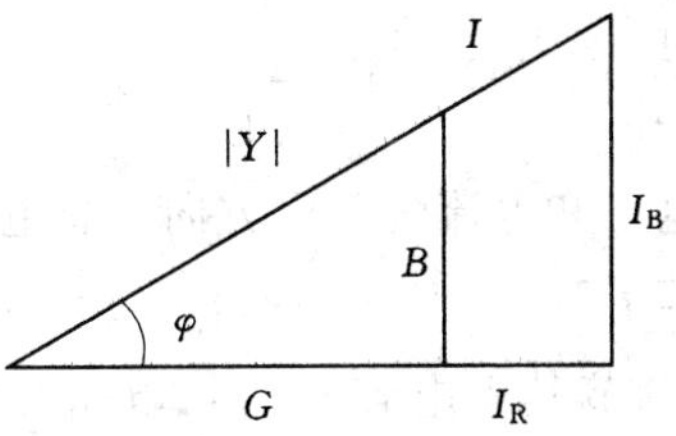

图 3-43 电流三角形与导纳三角形

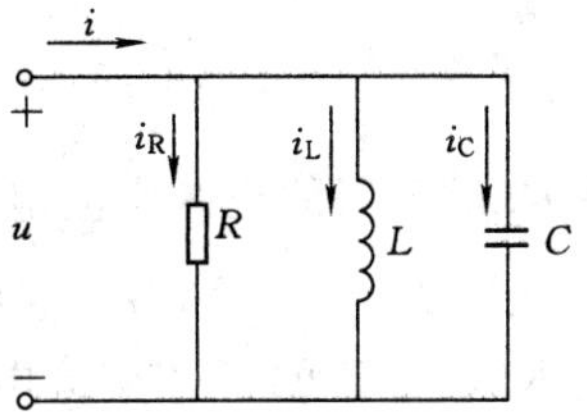

图 3-44 ［例 3-16］电路

【例 3-16】 图 3-44 所示为一个由 RLC 组成的并联电路，已知 $R=25\Omega$，$L=2\text{mH}$，$C=5\mu\text{F}$，总电流 i 有效值为 0.34A，电源角频率 $\omega=5000\text{rad/s}$。试求总电压和通过各元件的电流。

解 由式（3-61）得电路的导纳为

$$\begin{aligned} Y &= \frac{1}{R} + j\left(-\frac{1}{\omega L} + \omega C\right) \\ &= \left[\frac{1}{25} + j\left(-\frac{1}{5000 \times 2 \times 10^{-3}} + 5000 \times 5 \times 10^{-6}\right)\right]\text{S} \\ &= [0.04 + j(-0.1 + 0.025)]\text{S} \\ &= (0.04 - j0.075)\text{S} = 0.085\angle -61.9^\circ\ \text{S} \end{aligned}$$

取电流相量为 $\dot{I} = 0.34\angle 0^\circ\ \text{A}$，总电压相量为

$$\dot{U} = \frac{\dot{I}}{Y} = \frac{0.34\angle 0^\circ}{0.085\angle -61.9^\circ}\text{V} = 4\angle 61.9^\circ\ \text{V}$$

通过各元件的电流相量分别为

$$\dot{I}_R = 0.04 \times 4\angle 61.9^\circ\ \text{A} = 0.16\angle 61.9^\circ\ \text{A}$$

$$\dot{I}_L = -j0.1 \times 4\angle 61.9^\circ\ \text{A} = 0.4\angle -28.1^\circ\ \text{A}$$

$$\dot{I}_C = j0.025 \times 4\angle 61.9^\circ\ \text{A} = 0.1\angle 151.9^\circ\ \text{A}$$

由于从电压、电流的相量很容易写出它们代表的正弦值，因此，在用相量法求解的最

后结果中，一般也不必把相量转化为对应的正弦值解析式。

自 测 题

一、填空题

3.9.1 在 RLC 并联交流电路中，当 $B_C>B_L$ 时，电路呈____性，$B_C<B_L$ 时，电路呈____性，$B_C=B_L$ 时，电路呈____性。

3.9.2 把 R、L、C 并联连接到 $u=20\sqrt{2}\sin 314t$V 的交流电源上，$R=3\Omega$，$L=1$mH，$C=500\mu$F，则电路的复导纳 $Y=$______Ω，电流有效值 $I=$______A，电路呈______性。

3.9.3 RLC 并联电路中，各支路电流为 $I_R=4$V，$I_L=6$V，$I_C=3$V，则端口电流 $I=$____A。

二、选择题

3.9.4 在 RLC 并联电路中，电路复导纳的模 $|Y|$ 是（　　）。

A. $|Y|=\dfrac{U}{I}$　B. $|Y|=\sqrt{\left(\dfrac{1}{R}\right)^2+\left(\omega C-\dfrac{1}{\omega L}\right)^2}$　C. $|Y|=\dfrac{\dot{I}}{\dot{U}}$　D. $|Y|=G+jB$

3.9.5 在 RLC 并联的正弦交流电路中，电压和电流为关联方向，总电压为（　　）。

A. $I=I_R+I_L+I_C$　　B. $I=\sqrt{I_R^2+(I_L-I_C)^2}$　　C. $I=I_R+(I_L-I_C)$

3.9.6 在 RLC 并联的正弦交流电路中，调节其中电容 C 时，电路性质变化的趋势为（　　）。

A. 调大电容，电路的感性增强　　B. 调大电容，电路的容性增强

C. 调小电容，电路的感性增强　　D. 调小电容，电路的容性增强

三、判断题

3.9.7 RLC 并联电路的复导纳随电源的频率的升高而增大，随频率的下降而减小。（　　）

3.9.8 在 RLC 并联交流电路中，各元件上电流总是小于总电流。（　　）

3.9.9 在 RLC 并联交流电路中，总电压 $I=I_R+I_L+I_C$。（　　）

3.9.10 在 RLC 并联交流电路中，容抗和感抗的数值越小，电路中电流就越大。（　　）

四、计算题

3.9.11 在 RLC 并联电路中，已知 $R=10\Omega$，$L=0.1$H，$C=200\mu$F，电路总电流 $I=2$A，频率 $f=50$Hz，求电路的总电压 U，并画出电压、电流的相量图。

3.9.12 已知 RLC 并联电路中，$R=10\Omega$，$X_L=10\Omega$，$X_C=5\Omega$，其中电流 $\dot{U}=100\angle 0^\circ$ V，试求：(1) 总电流 I；(2) $\dot{I}_R$、$\dot{I}_L$、$\dot{I}_C$。

3.10 复阻抗的等效变换及串并联

3.10.1 复阻抗的等效变换

图 3-45 (a) 所示是一个无源二端网络，端口电压相量为 $\dot{U}$，端口电流相量为 $\dot{I}$，$\dot{U}$、

$\dot{I}$ 为关联参考方向。$\dot{U}$ 与 $\dot{I}$ 之间的关系由欧姆定律决定，即

$$\dot{U}=Z\dot{I}\text{，}\dot{I}=Y\dot{U} \tag{3-69}$$

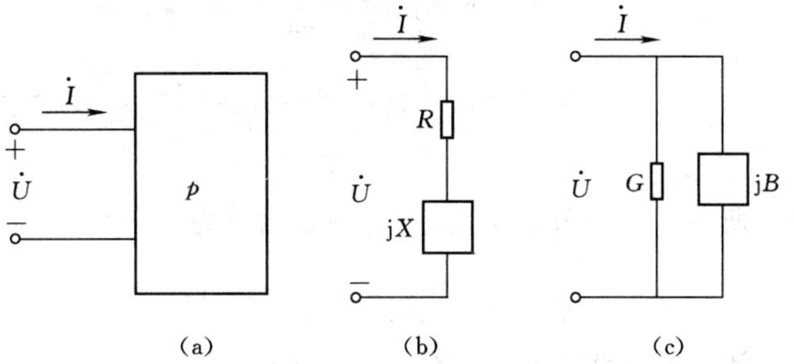

图 3-45 二端网络的两种等效电路

其中 Z 和 Y 为二端网络的输入复阻抗和输入复导纳，也称为等效复阻抗和等效导复纳。如果用等效复阻抗 $Z=R+\mathrm{j}X$ 表示，则此二端网络被看作由电阻 R 与电抗 X 相串联组成的电路，称为串联等效电路［图 3-45（b）］；如果用等效复导纳 $Y=G+\mathrm{j}B$ 表示，则此二端网络可看作由电导 G 与电纳 B 相并联组成的电路，称为并联等效电路［图 3-45（c）］。

由于这两种等效电路有相同的 VCR，显然有

$$ZY=1 \tag{3-70}$$

即等效复阻抗和等效复导纳的模互为倒量，而它们的辐角大小相等而符号相反，即

$$\left.\begin{aligned}|Z|&=\frac{1}{|Y|}\\ \varphi&=-\varphi'\end{aligned}\right\}$$

利用式（3-70）可进行两种等效电路参数的互换。

如果已知串联等效电路的复阻抗 $Z=R+\mathrm{j}X$，则它的并联等效电路的复导纳为

$$Y=\frac{1}{Z}=\frac{1}{R+\mathrm{j}X}=\frac{R}{R^2+X^2}-\mathrm{j}\frac{X}{R^2+X^2}=G+\mathrm{j}B$$

即

$$G=\frac{R}{R^2+X^2}\text{，}B=-\frac{X}{R^2+X^2} \tag{3-71}$$

同理，如果已知并联等效电路的复导纳为 $Y=G+\mathrm{j}B$，则它的串联等效电路的复阻抗为

$$Z=\frac{1}{Y}=\frac{1}{G+\mathrm{j}B}=\frac{G}{G^2+B^2}-\mathrm{j}\frac{B}{G^2+B^2}=R+\mathrm{j}X$$

即

$$R=\frac{G}{G^2+B^2}\text{，}X=-\frac{B}{G^2+B^2} \tag{3-72}$$

式（3-71）和式（3-72）就是二端网络的两种等效电路的互换条件。

【例 3-17】 有一 RLC 串联电路，其中 $R=5\Omega$，$L=0.01\mathrm{H}$，$C=400\mu\mathrm{F}$，$f=50\mathrm{Hz}$，

试求其串联、并联等效电路。

解 串联等效电路的复阻抗为

$$Z=R+\mathrm{j}\left(\omega L-\frac{1}{\omega C}\right)$$
$$=\left[5+\mathrm{j}\left(2\pi\times50\times0.01-\frac{1}{2\pi\times50\times400\times10^{-6}}\right)\right]\Omega$$
$$=(5-\mathrm{j}4.82)\Omega$$

如图 3-46（a）所示，其等效电阻为 5Ω，等效电容为

$$C=\frac{1}{\omega X_C}=\frac{1}{2\pi\times50\times4.82}=661(\mu\mathrm{F})$$

并联等效电路的复导纳可直接由式（3-65），求得

$$Y=\frac{1}{Z}=\frac{1}{5-\mathrm{j}4.82}=(0.104+\mathrm{j}0.1)\mathrm{S}$$

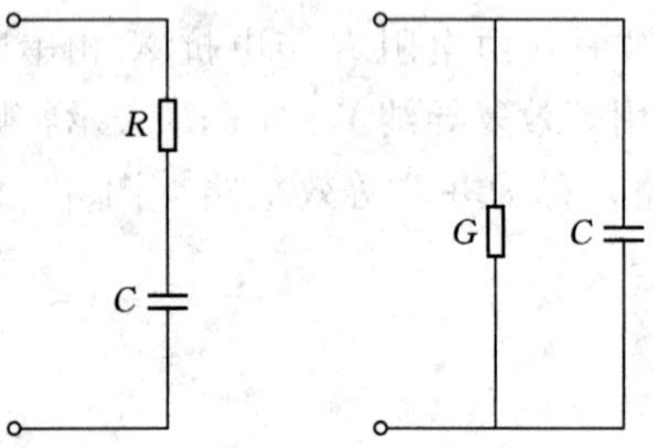

(a) (b)

图 3-46 ［例 3-17］电路

因电纳为正值，电路表现为电容性，其并联等效电路由电导和电容构成，如图 3-46（b）所示，电导为

$$G=0.104\mathrm{S}$$

电容为

$$C=\frac{B_C}{\omega}=\frac{0.1}{2\pi\times50}\mathrm{F}=318\mu\mathrm{F}$$

应当注意，以上的等效条件只在 $f=50\mathrm{Hz}$ 时才是正确的，原因是感抗及容抗均随频率变化而变化。

3.10.2 复阻抗的串并联

复阻抗的串并联计算与电阻电路电阻的串并联计算相似。对于 n 个复阻抗串联而成的电路，其等效复阻抗为

$$Z=Z_1+Z_2+\cdots+Z_n \tag{3-73}$$

两个复阻抗 Z_1 和 Z_2 串联时，两个复阻抗的电压分配是

$$\left.\begin{aligned}\dot{U}_1&=\frac{Z_1}{Z_1+Z_2}\dot{U}\\ \dot{U}_2&=\frac{Z_2}{Z_1+Z_2}\dot{U}\end{aligned}\right\} \tag{3-74}$$

式中，$\dot{U}$ 为总电压；$\dot{U}_1$ 和 $\dot{U}_2$ 分别为 Z_1 和 Z_2 上的电压。

对于由 n 个复导纳并联而成的电路，其等效复导纳为

$$Y=Y_1+Y_2+\cdots+Y_n \tag{3-75}$$

两个复阻抗 Z_1 和 Z_2 并联时，等效复阻抗为

$$Z=\frac{1}{Y}=\frac{1}{Y_1+Y_2}=\frac{1}{\dfrac{1}{Z_1}+\dfrac{1}{Z_2}}=\frac{Z_1Z_2}{Z_1+Z_2} \tag{3-76}$$

两个复阻抗支路中的电流分配是

$$\left.\begin{aligned}\dot{I}_1&=\frac{Z_2}{Z_1+Z_2}\dot{I}\\ \dot{I}_2&=\frac{Z_1}{Z_1+Z_2}\dot{I}\end{aligned}\right\}\tag{3-77}$$

式中，$\dot{I}$ 为总电流；$\dot{I}_1$ 和 $\dot{I}_2$ 分别为流过 Z_1 和 Z_2 的电流。

【例 3-18】 有两个复阻抗 $Z_1=(6.16+j9)\Omega$ 和 $Z_2=(2.5-j4)\Omega$，它们串联接至 $\dot{U}=220\angle 40^\circ$ V 的电源。试计算电路中的电流 $\dot{I}$ 和各个复阻抗上的电压 $\dot{U}_1$ 及 $\dot{U}_2$。

解 电路中各电压、电流的参考方向如图 3-47（a）所示。定性作出相量图如图 3-47（b）所示。在相量图上，最为关心的是各个相量彼此间的相位关系。由于相量的相位差与计时起点无关，所以在作相量图时，可以任意选择一个相量作为参考相量，其他相量就根据与参考相量的关系作出。在已熟悉相量图的情况下，图上也不必画出实轴和虚轴了。

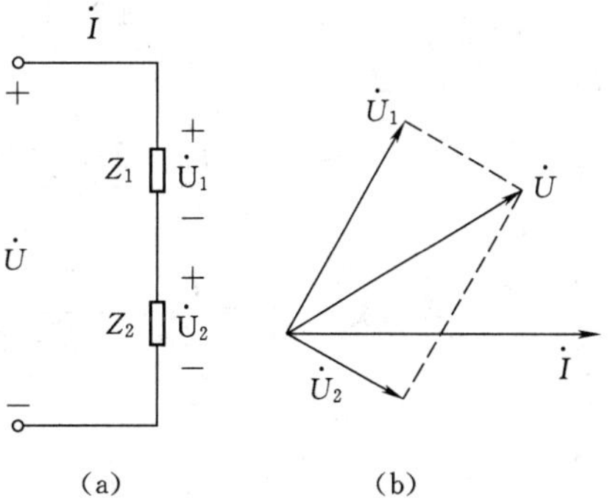

图 3-47 ［例 3-18］电路及相量图

在作串联电路的相量图时，由于串联时各元件的电流相等，一般选电流相量为参考相量比较方便，将 $\dot{I}$ 画在水平方向，Z_1 是感性阻抗，$\dot{U}_1$ 超前于 $\dot{I}$；Z_2 是容性阻抗，$\dot{U}_2$ 滞后于 $\dot{I}$。$\dot{U}_1$ 与 $\dot{U}_2$ 的相量和等于 $\dot{U}$，所以可作出近似的相量图，如图 3-47（b）所示，然后进行计算。

$$\begin{aligned}Z&=Z_1+Z_2=[(6.16+j9)+(2.5-j4)]\\&=(8.66+j5)=10\angle 30^\circ\Omega\end{aligned}$$

$$\dot{I}=\frac{\dot{U}}{Z}=\frac{220\angle 40^\circ}{10\angle 30^\circ}=22\angle 10^\circ\text{A}$$

所以

$$\dot{U}_1=Z_1\dot{I}=(6.16+j9)\times 22\angle 10^\circ=239.9\angle 65.6^\circ\text{V}$$

$$\dot{U}_2=Z_2\dot{I}=(2.5-j4)\times 22\angle 10^\circ=103.8\angle -48^\circ\text{ V}$$

计算结果表明相量之间的相位关系与图 3-47（b）相同。

【例 3-19】 在图 3-48（a）所示电路中，已知 $R_1=3\Omega$，$X_1=4\Omega$，$R_2=8\Omega$，$X_2=6\Omega$ $u=220\sqrt{2}\sin(314t+10^\circ)$V。试求电流 i_1、i_2 和 i。

解 电路图及参考方向如图 3-48（a）所示。定性作出相量图，本例题是一个并联电路，由于并联时电压相等，作相量图时取电压 $\dot{U}$ 为参考相量比较方便。虽然 $\dot{U}$ 初相为 10°，仍然将 $\dot{U}$ 画在水平方向，第一支路是感性电路，$\dot{I}_1$ 滞后于 $\dot{U}$；第二支路是容性支路，$\dot{I}_2$ 超前于 $\dot{U}$。$\dot{I}_1$ 和 $\dot{I}_2$ 的相量和等于 $\dot{I}$，所以可作出相量图如图 3-48（b）所示，然后进行计算。

$$Z_1=R_1+jX_1=(3+j4)\Omega$$
$$Z_2=R_2-jX_2=(8-j6)\Omega$$

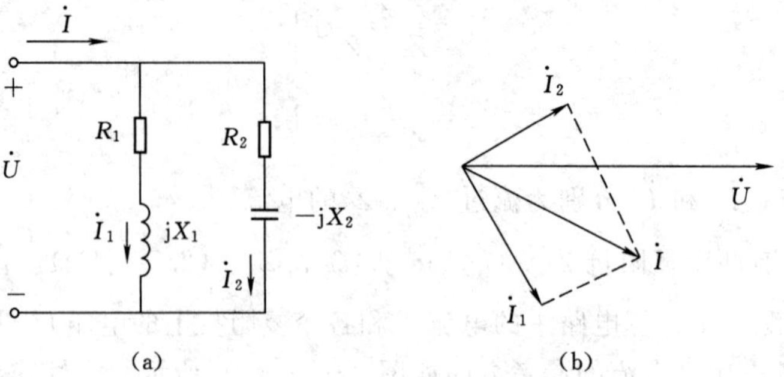

图 3-48 [例 3-19] 电路及相量图

所以

$$\dot{I}_1=\frac{\dot{U}}{Z_1}=\frac{220\angle 10^\circ}{3+j4}=\frac{220\angle 10^\circ}{5\angle 53^\circ}=44\angle -43^\circ(\mathrm{A})$$

$$\dot{I}_2=\frac{\dot{U}}{Z_2}=\frac{220\angle 10^\circ}{8-j6}=\frac{220\angle 10^\circ}{10\angle -37^\circ}=22\angle 47^\circ(\mathrm{A})$$

得

$$\begin{aligned}\dot{I}&=\dot{I}_1+\dot{I}_2=(44\angle -43^\circ+22\angle 47^\circ)\\&=[(32.2-j30)+(15+j16.1)]\\&=(47.2-j13.9)=49.2\angle -16.4^\circ(\mathrm{A})\end{aligned}$$

用瞬时值解析式表示为

$$i_1=44\sqrt{2}\sin(314t-43^\circ)\mathrm{A}$$

$$i_2=22\sqrt{2}\sin(314t+47^\circ)\mathrm{A}$$

$$i=49.2\sqrt{2}\sin(314t-16.4^\circ)\mathrm{A}$$

本题也可用阻抗并联公式直接计算总电流，由式（3-76）得

$$\begin{aligned}Z&=\frac{Z_1Z_2}{Z_1+Z_2}=\frac{(3+j4)\times(8-j6)}{(3+j4)+(8-j6)}\\&=\frac{5\angle 53^\circ\times 10\angle -37^\circ}{11.18\angle -10.3^\circ}=4.47\angle 26.3^\circ(\Omega)\end{aligned}$$

$$\dot{I}=\frac{\dot{U}}{Z}=\frac{220\angle 10^\circ}{4.47\angle 26.3^\circ}=49.2\angle -16.4^\circ\ (\mathrm{A})$$

计算结果表明各相量之间的相位关系与图 3-48（b）相符。

自 测 题

一、填空题

3.10.1 复导纳 $Y=G+j(B_C-B_L)$，G 称为____，B_C 称为____，B_L 称为____。

3.10.2 $Z_1=(30+j40)\Omega$，则对应 $Y_1=$________S。

3.10.3 已知 $Z_1=(3+j4)\Omega$，$Z_2=(8-j6)\Omega$。现将 Z_1 与 Z_2 串联，等效复阻抗

$Z=$________Ω；将 Z_1 与 Z_2 并联，等效复阻抗 $Z=$________Ω。

二、判断题

3.10.4 复阻抗与复导纳的等效互换是在某一固定频率条件下进行的。 ( )

3.10.5 若 Z_1 与 Z_2 并联，则等效复导纳 $Y=1/Z_1+1/Z_2$。 ( )

3.10.6 若 Z_1 与 Z_2 并联，电压与电流为关联参考方向，则总电流 $\dot{I}=\dot{U}Y$。 ( )

3.10.7 若 Z_1 与 Z_2 并联，电流参考方向都一致，则总电流 $\dot{I}=\dot{I}_1+\dot{I}_2$。 ( )

三、计算题

3.10.8 如图 3-49 所示电路，$Z_1=10\Omega$、$Z_2=\mathrm{j}10\Omega$、$Z_3=-\mathrm{j}5\Omega$，求输入端复阻抗 Z_{ab}。

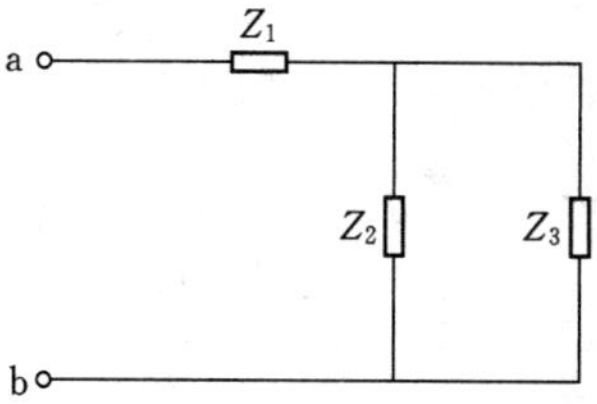

图 3-49 自测题 3.10.8 图

3.10.9 已知不含独立源的二端网络的端口电压、端口电流为 $\dot{U}=48\angle 70^\circ$ V，$\dot{I}=8\angle 100^\circ$ A，求该网络的复阻抗、等效串联电路和复导纳、等效并联电路。

3.11 正弦交流电路中的功率

正弦交流电路中的负载一般是含有电阻、电感、电容的无源二端网络，前几节中分析了电阻、电感及电容各元件的功率，这一节将要研究无源二端网络的功率。

3.11.1 瞬时功率

设二端网络的端口电压 u 和端口电流 i 为关联参考方向，如图 3-50（a）所示，其表达式为

$$\left.\begin{aligned} u(t)&=\sqrt{2}U\sin(\omega t+\psi_u) \\ i(t)&=\sqrt{2}I\sin(\omega t+\psi_i) \end{aligned}\right\} \tag{3-78}$$

相位差 $\psi_u-\psi_i=\varphi$，为了简单起见，设 $\psi_i=0$，式（3-78）可写成

$$\left.\begin{aligned} u(t)&=\sqrt{2}U\sin(\omega t+\varphi) \\ i(t)&=\sqrt{2}I\sin(\omega t) \end{aligned}\right\} \tag{3-79}$$

式中，φ 为电压超前于电流的相位，即该无源二端网络的等效复阻抗的阻抗角。

按式（3-79）的 u、i，得二端网络吸收的瞬时功率为

$$\begin{aligned} p(t)&=u(t)i(t)=\sqrt{2}U\sin(\omega t+\varphi)\times\sqrt{2}I\sin(\omega t) \\ &=UI[\cos\varphi-\cos(2\omega t+\varphi)] \end{aligned} \tag{3-80}$$

其波形如图 3-50（b）所示，图中同时画出了电压、电流的波形。由图 3-50 可以看出，当 u、i 瞬时值同号时，$p>0$，二端网络从外电路吸收功率；当 u、i 瞬时值异号时，$p<0$，二端网络向外电路提供功率。瞬时功率有正有负的现象说明，在外电路和二端网络之间有能量往返交换。这种现象是由储能元件引起的。作为储能元件的电感和电容，只能储存能量而不消耗能量。电感的磁场能量将随电感电流的增减而增减，电容的电场能量将随电容电压的增减而增减。当磁场能量或电场能量减小时，一个储能元件释放出来的能

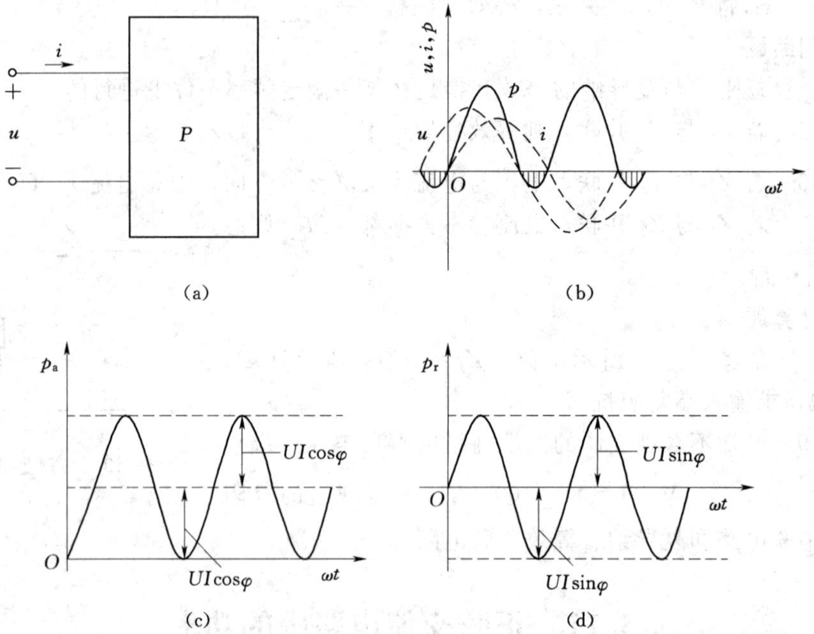

图 3-50 二端网络的功率

量，可以转移到另一个储能元件中，也可以消耗于电阻中，如有多余则必然要送回电源。这就造成了能量由二端网络反向传输到外电路的现象。

从图 3-50（b）中还可以看出，在一个循环内，$p>0$ 的部分大于 $p<0$ 的部分，因此，平均看来，二端网络仍是从外电路吸收功率的，这是由于二端网络中存在消耗能量的电阻。

为了便于说明二端网络的有功功率和无功功率，将式（3-80）括号内的第二项展开，经过整理，可得瞬时功率为

$$p(t)=UI\cos\varphi[1-\cos(2\omega t)]+UI\sin\varphi\sin(2\omega t)=p_a+p_r \tag{3-81}$$

式（3-81）表明，瞬时功率可以看成由 p_a 和 p_r 两个分量组成。

第一个分量：$p_a=UI\cos\varphi[1-\cos(2\omega t)]$，波形如图 3-50（c）所示，它的瞬时值大于或等于零，为二端网络等效电阻吸收的瞬时功率，其平均值为 $UI\cos\varphi$。这个瞬时功率便是代表二端网络耗能速率的有功分量。

第二个分量：$p_r=UI\sin\varphi\sin(2\omega t)$，波形如图 3-50（d）所示，它是一个交变分量，其正、负半周面积相等，为二端网络等效电抗吸收的瞬时功率，其平均值为零。这个瞬时功率便是代表二端网络与外电路之间进行能量交换的速率，在平均意义上不能做功的无功分量。

应该指出，将瞬时功率看成由上述两个分量组成，这完全是人为的，其目的是便于理解二端网络的有功功率和无功功率。实际上，二端网络从外电路吸收的瞬时功率是按图 3-50（b）所示的总体曲线进行的。

3.11.2 平均功率

由于二端网络中一般总有电阻，而电阻又总要消耗功率，所以二端网络的瞬时功率虽

然有正有负，但二端网络吸收的平均功率一般恒大于零。

平均功率又称为有功功率，前面已有定义，将式（3-80）代入，即得

$$P=\frac{1}{T}\int_0^T p(t)\mathrm{d}t=\frac{1}{T}\int_0^T UI[\cos\varphi-\cos(2\omega t+\varphi)]\mathrm{d}t$$
$$=UI\cos\varphi=UI\lambda \tag{3-82}$$

式(3-82)表明，正弦电流电路中无源二端网络的有功功率一般并不等于电压与电流有效值的乘积，它还与电压与电流之间相位差 φ 有关。式(3-82)中

$$\lambda=\cos\varphi \tag{3-83}$$

称为二端网络的功率因数，φ 称为功率因数角，它等于二端网络等效复阻抗的阻抗角。若 $\varphi=0$，即 $\lambda=\cos\varphi=1$ 时，二端网络吸收的有功功率才等于电压与电流有效值的乘积，这是因为 $\varphi=0$ 时，电压与电流同相位，二端网络等效于一个电阻。若 $\varphi=\pm\pi/2$，即 $\lambda=\cos\varphi=0$ 时，二端网络不吸收有功功率，这是因为 $\varphi=\pm\pi/2$ 时，电压与电流相位正交，二端网络等效于一个电抗。

如果二端网络仅由 R、L、C 元件组成，则可以证明它吸收的有功功率等于二端网络各部分消耗的有功功率的和，实际上，就是等于所有电阻消耗的功率的和。

在直流电路中，若测出电压与电流的量值，那么它们的乘积就是有功功率，因此在直流电路中一般不用功率表测量功率。但在正弦电流电路中，即使测出电路中电压与电流的有效值，它们的乘积还不是有功功率，因为有功功率还与功率因数有关，所以在正弦电流电路中需采用功率表测量有功功率。

3.11.3 无功功率

电感和电容虽然并不消耗能量，但却会在二端网络与外电路之间造成能量的往返交换现象。能量交换的规模显然与二端网络瞬时功率无功分量的最大值有关［图 3-50（d）］，此值越大，则瞬时功率无功分量波形正、负半周与横轴之间构成的面积越大，二端网络与外电路往返交换的能量也就越多。只要知道瞬时功率的无功分量的最大值，就能了解能量交换的大小，因此定义二端网络的无功功率为

$$Q=UI\sin\varphi \tag{3-84}$$

若 $\varphi=0$，二端网络等效为一个电阻，它吸收的无功功率为零。当 φ 不等于零时，则二端网络中必有储能元件，它与外电路间有能量交换，因而构成了无功功率。由式（3-84）可知，对于感性的二端网络，$\varphi>0$，则 Q 为正值；对于容性的二端网络，$\varphi<0$，则 Q 为负值。无功功率的正负与二端网络阻抗角 φ 的正负以及等效电抗的正负相一致。

若 $\varphi=\pi/2$，二端网络等效为一个电感，它吸收的无功功率为 $Q=UI=Q_L$，即是电感元件的无功功率；若 $\varphi=-\pi/2$，二端网络等效为一个电容，它吸收的无功功率为 $Q=-UI=-Q_C$，即是电容元件无功功率的负值。

若二端网络中既有电感又有电容，则它们在二端网络内部先自行交换一部分能量，其差额再与外电路进行交换，因而二端网络由外电路吸收的无功功率 Q 应等于电感吸收的无功功率 Q_L 与电容吸收的无功功率 Q_C 的差，即

$$Q=Q_L-Q_C \tag{3-85}$$

式中，Q_L 和 Q_C 总是正的，而 Q 为一代数量，可正可负。

虽然无功功率在平均意义上并不做功，但在电力工程中也把无功功率看作可以“产生”或“消耗”的。对于感性二端网络，Q为正值，习惯上把它看作吸收（消耗）无功功率；而对于容性二端网络，Q为负值，习惯上把它看作提供（产生）无功功率。

可以证明，二端网络吸收的无功功率等于各部分吸收的无功功率的代数和。

3.11.4 视在功率

变压器、电机及一些电气器件的容量由它们的额定电压和额定电流决定，所以引入视在功率的概念。对于一个二端网络，定义其端口电压、端口电流有效值的乘积为视在功率，用符号S代表，即

$$S=UI \tag{3-86}$$

视在功率的量纲与有功功率相同，为了与有功功率区别起见，视在功率的单位为伏安（V·A），工程上常用单位有千伏安（kV·A）和兆伏安（MV·A）等。视在功率与有功功率、无功功率的关系由式（3-82）、式（3-84）得出，即

$$P^2+Q^2=(UI\cos\varphi)^2+(UI\sin\varphi)^2=(UI)^2=S^2$$

所以

$$S=\sqrt{P^2+Q^2} \tag{3-87}$$

因此，P、Q和S也构成一个直角三角形（图3-51），它与串联电路中的阻抗三角形、电压三角形是相似的，此三角形则称为功率三角形。

由功率三角形可得出下列关系式，即

$$\tan\varphi=\frac{Q}{P},\ \cos\varphi=\frac{P}{S}=\lambda \tag{3-88}$$

以及

$$Q=P\tan\varphi, P=S\cos\varphi=\lambda S \tag{3-89}$$

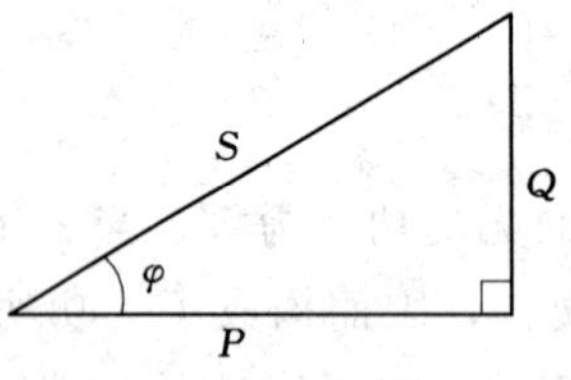

图3-51 功率三角形

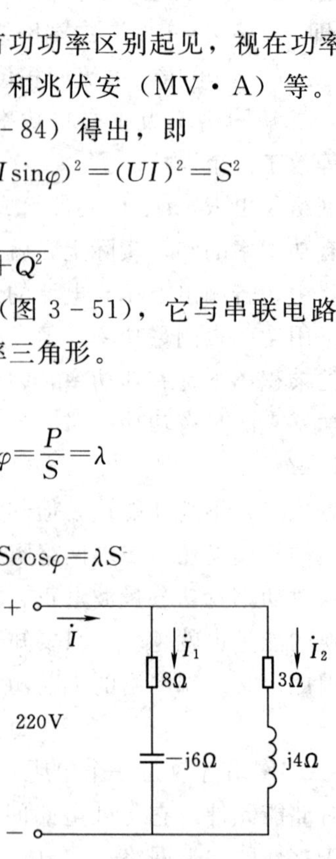

图3-52 ［例3-20］电路

【例3-20】 图3-52所示为两个支路并联连接到220V交流电源上，各支路的参数如图3-52所示。求各支路吸收的和电源提供的有功功率、无功功率和视在功率，并验证整个电路的功率平衡。

解 设$\dot{U}=220\angle 0°$ V，求各支路的功率。

（1）支路1电压、电流为关联参考方向，所以支路1中的电流和吸收的功率分别为

$$\dot{I}_1=\frac{220\angle 0°}{8-\mathrm{j}6}\mathrm{A}=\frac{220\angle 0°}{10\angle -36.9°}\mathrm{A}=22\angle 36.9°\ \mathrm{A}$$

$$\varphi_1=\psi_u-\psi_i=0°-36.9°=-36.9°$$

$$P_1=UI_1\cos\varphi_1=220\times22\times\cos(-36.9^\circ)\text{W}=3870\text{W}=3.87\text{kW}$$

$$Q_1=UI_1\sin\varphi_1=220\times22\times\sin(-36.9^\circ)\text{var}=-2906\text{var}=-2.9\text{kvar}$$

$$S_1=UI_1=220\times22\text{V}\cdot\text{A}=4.84\text{kV}\cdot\text{A}$$

（2）支路 2 电压、电流为关联参考方向，所以支路 2 中的电流和吸收的功率分别为

$$\dot{I}_2=\frac{220\angle0^\circ}{3+\text{j}4}\text{A}=\frac{220\angle0^\circ}{5\angle-53.1^\circ}\text{A}=44\angle-53.1^\circ\ \text{A}$$

$$\varphi_1=\psi_u-\psi_i=0^\circ-(-53.1^\circ)=53.1^\circ$$

$$P_2=UI_2\cos\varphi_2=220\times44\times\cos53.1^\circ\text{W}=5812\text{W}=5.81\text{kW}$$

$$Q_2=UI_2\sin\varphi_2=220\times44\times\sin53.1^\circ\text{var}=7741\text{var}=7.74\text{kvar}$$

$$S_2=UI_2=220\times44\text{V}\cdot\text{A}=9.68\text{kV}\cdot\text{A}$$

（3）电源电压、电流为非关联参考方向，所以电源电流和电源提供的功率分别为

$$\dot{I}=\dot{I}_1+\dot{I}_2=(22\angle36.9^\circ+44\angle-53.1^\circ)\text{A}=49.2\angle-26.55^\circ\ \text{A}$$

$$\varphi=\psi_u-\psi_i=0^\circ-(-26.55^\circ)=26.55^\circ$$

$$P=UI\cos\varphi=220\times49.2\times\cos26.55^\circ\text{W}=9.68\text{kW}$$

$$Q=UI\sin\varphi=220\times49.2\times\sin26.55^\circ\text{kvar}=4.84\text{kvar}$$

$$S=UI=220\times49.2\text{V}\cdot\text{A}=10.82\text{kV}\cdot\text{A}$$

（4）验证整个电路的有功功率、无功功率、视在功率平衡。

$$P_1+P_2=3.87+5.81=9.68(\text{kW})=P$$

$$Q_1+Q_2=-2.9+7.74=4.84(\text{kvar})=Q$$

$$S_1+S_2=4.84+9.68=14.52(\text{kVA})\neq S$$

即两条支路吸收的有功功率、无功功率之和分别等于电源提供的有功功率、无功功率。视在功率不存在功率平衡关系。

3.11.5　复功率

由式（3-87）式（3-88）得知

$$S=\sqrt{P^2+Q^2},\tan\varphi=Q/P$$

式中，$\varphi=\psi_u-\psi_i$。这一关系可以用下述复数表达，定义为复功率，记为 $\tilde{S}$，即

$$\tilde{S}=P+\text{j}Q=S\angle\varphi=UI\angle\psi_u-\psi_i \tag{3-90}$$

由式（3-90）得 $\dot{U}=U\angle\psi_u$，$\dot{I}=I\angle\psi_i$，或 $\dot{I}^*=I\angle\psi_i$（$\dot{I}$ 的共轭相量），所以复功率又可表示为

$$\tilde{S}=U\angle\psi_u\times I\angle-\psi_i=\dot{U}\dot{I}^* \tag{3-91}$$

当计算某一复阻抗 Z 吸收的复功率时，可把 $\dot{U}=Z\dot{I}$ 代入式（3-91），得复功率的计算式为

$$\tilde{S}=Z\dot{I}\dot{I}^*=ZI^2=(R+\text{j}X)I^2 \tag{3-92}$$

当计算某一复导纳 Y 吸收的复功率时，则可把 $\dot{I}=Y\dot{U}$代入式（3-91），得复功率的计算式为

$$\tilde{S}=\dot{U}(Y\dot{U})^*=\dot{U}Y^*\dot{U}^*=Y^*U^2=(G-\text{j}B)U^2 \tag{3-93}$$

复功率的单位为 V·A，工程上常用的单位有 kV·A 和 MV·A 等。

复功率与复阻抗相似，它们都是一个计算用的复数量，并不代表正弦量，因此也不能作为相量对待。

需要指出，对于正弦电流电路，由于有功功率 P 和无功功率 Q 都是守恒的，所以复功率也应守恒，即在整个电路中某些支路吸收的复功率应等于其余支路发出的复功率。此结论可用来校验电路计算结果。

【例 3-21】 对例 3-20 和图 3-52 求各支路和电源的复功率，并验证整个电路的复功率平衡。

解 取 $\dot{U}=220\angle 0°$ V，求各支路和电源的复功率。

(1) 支路 1 电压、电流为关联参考方向，所以支路 1 吸收的复功率为

$$\tilde{S}_1=\dot{U}\dot{I}_1^*=220\angle 0°\times 22\angle -36.9°\ \text{V·A}=(3.87-\text{j}2.9)\text{kV·A}$$

(2) 支路 2 电压、电流为关联参考方向，所以支路 2 吸收的复功率为

$$\tilde{S}_2=\dot{U}\dot{I}_2^*=220\angle 0°\times 44\angle 53.1°\ \text{V·A}=(5.81+\text{j}7.74)\ \text{kV·A}$$

(3) 电源电压、电流为非关联参考方向，所以电源输出的复功率为

$$\begin{aligned}\tilde{S}&=\dot{U}\dot{I}^*=220\angle 0°\times 49.2\angle 26.55°\ \text{V·A}=10.824\angle 26.55°\ \text{kV·A}\\&=(9.68+\text{j}4.84)\ \text{kV·A}\end{aligned}$$

验证整个电路的复功率平衡，即

$$\tilde{S}_1+\tilde{S}_2=[(3.87-\text{j}2.9)+(5.81+\text{j}7.74)]\text{kV·A}=(9.68+\text{j}4.84)\text{kV·A}=\tilde{S}$$

即两条支路吸收的复功率之和等于电源提供的复功率。

【例 3-22】 图 3-53 所示为采用电压表、电流表和功率表测量一个电感线圈的参数 R 和 L 的电路，电源的频率为 50Hz，测得下列数据：电压表的读数为 100V，电流表的读数为 2A，功率表的读数为 120W。试求 R 和 L。

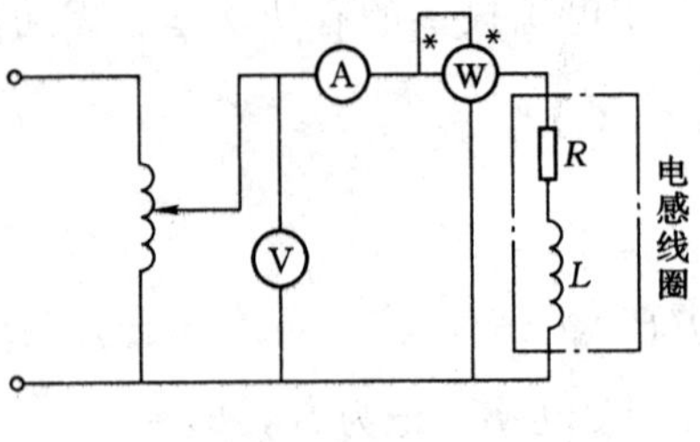

图 3-53 [例 3-22] 电路

解 电感线圈可用电阻 R 和电感 L 的串联电路表示。设线圈的阻抗为 $Z=|Z|\angle\varphi$，根据测量的数据计算如下：

按电压表和电流表的读数，有

$$|Z|=\frac{U}{I}=\frac{100}{2}\Omega=50\Omega$$

按功率表读数有

$$P=UI\cos\varphi=100\times 2\times\cos\varphi=120(\text{W})$$

故功率因数为

$$\lambda=\cos\varphi=\frac{120}{100\times 2}=0.6$$

功率因数角即阻抗角，为

$$\varphi=\arccos 0.6=53.1°$$

因而得

$$Z=50\angle 53.1^\circ\ \Omega=(30+\mathrm{j}40)\Omega$$

所以

$$R=30\Omega$$

$$L=\frac{40}{\omega}=\frac{40}{2\pi\times 50}\mathrm{H}=0.127\mathrm{H}$$

【例 3－23】 在图 3－54 中，电源内阻抗 $Z_0=R_0+\mathrm{j}X_0$，负载阻抗 $Z=R+\mathrm{j}X$，并且 R 及 X 均可调。试求 R 及 X 为何值时负载获得最大有功功率？

解 负载吸收的有功功率为

$$P=RI^2=\frac{RU_S^2}{(R_0+R)^2+(X_0+X)^2}$$

式中，R 及 X 均可调。固定 R 不变，先调节 X。由上式知，当 $X=-X_0$ 时，P 值最大，即

$$P'_{max}=\frac{RU_S^2}{(R_0+R)^2}$$

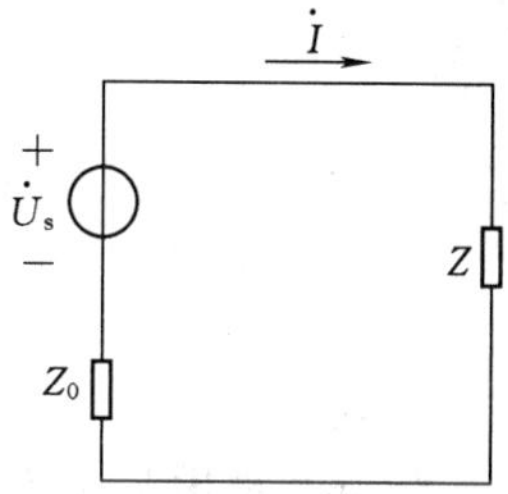

图 3－54 ［例 3－23］电路

在上式中，只有 R 可调，不同 R 有不同的 P'_{max}。由二端网络最大功率传输定理可知，当 $R=R_0$ 时（负载与电源匹配），P'_{max}达到最大值，可得

$$P_{max}=\frac{U_S^2}{4R_0^2}$$

因此，$Z=R+\mathrm{j}X=R_0-\mathrm{j}X_0=Z_0^*$ 时，负载才能获得最大功率，这个条件称为负载与电源间的共轭匹配。

3.11.6 功率因数的改善

正弦电流电路中，负载从电源获得的有功功率 $P=UI\lambda=UI\cos\varphi$。除与负载的电压、电流有效值有关外，还与负载的功率因数 λ 有关，而负载的功率因数决定于负载的阻抗角 φ。电阻（如白炽灯、电炉）的功率因数为 1，感应电动机是感性负载，其功率因数一般为 0.7～0.85；其他如日光灯、感应加热装置也是功率因数低的感性负载。负载功率因数不等于 1，它的无功功率就不等于零，这意味着它除从电源获得能量外，还与电源进行能量交换，功率因数越低，交换部分所占比例越大。

负载的功率因数低将造成两个不良结果：①电源设备的容量不能得到充分利用，因为电源设备的视在功率为定值，负载的功率 $P=UI\cos\varphi$，功率因数 $\cos\varphi$ 越低，被负载消耗掉的功率 P 就越小，电源设备容量的利用率就越低。例如，一台 1000 kV·A 的变压器，当功率因数 $\lambda=0.7$ 时，它的输出功率仅为 $1000\times 0.7\mathrm{kW}=700\mathrm{kW}$。②在供电线上要引起较大的能量损耗和电压降低，在输电电压和输送的功率确定的情况下，负载的功率因数越低，通过线路的电流 $I=\frac{P}{U\cos\varphi}$越大，导线电阻的能量损耗和导线阻抗的电压降越大。线路电压降增大，引起负载电压的降低，影响负载的正常工作，如白炽灯不够亮、电动机转速降低等。

提高电力系统的功率因数，能使电源设备的容量得到合理的利用，能减少输电电能损

耗，又能改善供电的电压质量，所以功率因数是电力技术经济中的一个重要指标。

一般用电负载都是感性的，即通常所说的功率因数滞后。对于感性负载，提高功率因数的最常用方法是采用电容器和负载并联，供电线上增加一个电容电流，用电的综合功率因数将会得到改善。

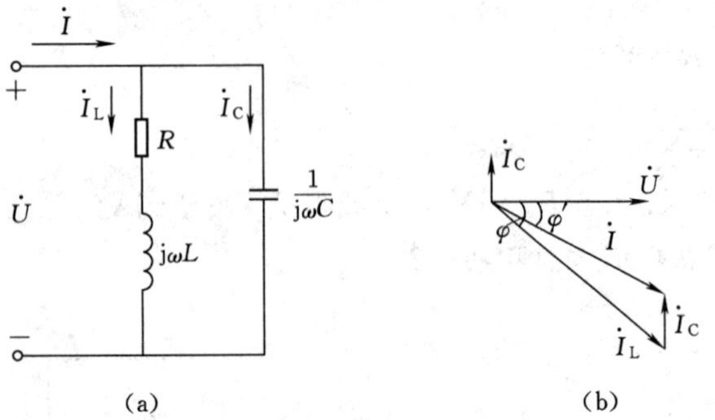

图 3-55 ［例 3-24］电路

【例 3-24】 设有一电感负载［图 3-55（a）中用串联的 R、L 代表］，其端电压为 U，有功功率为 P，现要求把它的供电功率因数从 $\cos\varphi$ 提高到 $\cos\varphi'$，试决定需要并联多大的电容（图中用 C 代表）？

解 作相量图如图 3-55（b）所示，以电压相量 $\dot{U}$ 为参考，原来负载电流为 $\dot{I}_L$（功率因数角为 φ），并联电容后，电容电流为 $\dot{I}_C$，使线路电流由原来的 $\dot{I}_L$ 变为 $\dot{I}=\dot{I}_L+\dot{I}_C$（功率因数角变为 φ'）。

未并联电容 C 时，线路电流等于负载电流，为

$$I_L=\frac{P}{U\cos\varphi} \tag{3-94}$$

电流 I_L 的无功功率为 $I_L\sin\varphi$。

并联电容后，线路电流等于

$$I=\frac{P}{U\cos\varphi'} \tag{3-95}$$

这时电流 I 的无功分量变为 $I\sin\varphi'$。

显然，所需电容电流等于两个无功电流之差，即

$$I_C=I_L\sin\varphi-I\sin\varphi'$$

由于 $I_C=\omega CU$，所以所需并联的电容为

$$C=\frac{I_C}{\omega U}=\frac{I_L\sin\varphi-I\sin\varphi'}{\omega U} \tag{3-96}$$

将式（3-94）、式（3-95）代入，得

$$C=\frac{P}{\omega U^2}(\tan\varphi-\tan\varphi') \tag{3-97}$$

【例 3-25】 一个负载的工频电压为 220V，功率为 10kW，功率因数为 0.6，欲将功率因数提高到 0.9，试求所需并联的电容。

解 未并联电容时，功率因数角为

$$\varphi=\arccos 0.6=53.1°$$

并联电容后，功率因数角为

$$\varphi'=\arccos 0.9=25.8°$$

由式（3-97）得所需并联的电容为

$$C=\frac{P}{\omega U^2}(\tan\varphi-\tan\varphi')$$

$$=\frac{10000}{2\pi\times 50\times 220^2}(\tan 53.1^\circ-\tan 25.8^\circ)$$

$$=559\times 10^{-6}\text{F}=559\mu\text{F}$$

自　测　题

一、填空题

3.11.1　在正弦交流电路中，视在功率 S 是指________，单位为____。

3.11.2　由功率三角形写出交流电路中 P、Q、S、φ 之间的关系式 $P=$__________，$Q=$____________，$S=$____________。

3.11.3　已知某一无源网络的等效复阻抗 $Z=10\angle 60^\circ\ \Omega$，外加电压 $U=220\text{V}$，则 $P=$__________；$Q=$________；$S=$________；$\cos\varphi=$________。

3.11.4　纯电阻负载的功率因数为____，纯电感和纯电容负载的功率因数为____。

3.11.5　在供电设备输出的功率中，既有有功功率又有无功功率，当总功率 S 一定时，功率因数 $\cos\varphi$ 越低，有功功率就________；无功功率就________。

3.11.6　当电源电压和负载有功功率一定时，功率因数越低，电源提供的电流就________；线路的电压降就________。

3.11.7　电力工业中为了提高功率因数，常采用人工补偿法，即在通常广泛应用的感性电路中，人为地加入________负载。

二、选择题

3.11.8　交流电路的功率因数等于（　　）。

A. 有功功率与无功功率之比　　B. 有功功率与视在功率之比

C. 无功功率与视在功率之比　　D. 电路中电压与电流相位差

3.11.9　在 R、L 串联的正弦交流电路中，功率因数 $\cos\varphi=$（　　）。

A. X/R　　B. $R/(X_L+R)$　　C. $R/\sqrt{R^2+X_L^2}$　　D. $X_L/\sqrt{R^2+X_L^2}$

3.11.10　在 R、L、C 串联正弦交流电路中，若电路中的电流为 I，总电压为 U，有功功率为 P，无功功率为 Q，视在功率 S，则阻抗为（　　）。

A. $|Z|=U/I$　　B. $|Z|=P/I^2$　　C. $|Z|=Q/I^2$　　D. $|Z|=S/U$

3.11.11　在 R、L、C 串联正弦交流电路中，有功功率为 $P=$（　　）。

A. $P=I^2R$　　B. $P=U_RI\cos\varphi$　　C. $P=UI$　　D. $P=S-Q$

三、判断题

3.11.12　串联交流电路中的电压三角形、阻抗三角形、功率三角形都是相似三角形。（　　）

3.11.13　并联交流电路的电流三角形、电导三角形、功率三角形都是相似三角形。（　　）

3.11.14　在正弦交流电路中，总的有功功率 $P=P_1+P_2+P_3+\cdots$。（　　）

3.11.15　在正弦交流电路中，总的无功功率 $Q=Q_1+Q_2+Q_3+\cdots$。（　　）

3.11.16　在正弦交流电路中，总的视在功率 $S=S_1+S_2+S_3+\cdots$。（　　）

3.11.17　在 L、C 组成的正弦交流电路中，总的无功功率 $Q=|Q_L|-|Q_C|$。（　　）

四、计算题

3.11.18 把一个电阻为6Ω、电感为50mH的线圈接到$u=300\sin(200t+\pi/2)$V的电源上。求电路的阻抗、电流、有功功率、无功功率、视在功率。

3.11.19 把一个电阻为6Ω、电容为120μF的电容串接在$u=220\sqrt{2}\sin(314t+\pi/2)$V的电源上，求电路的阻抗、电流、有功功率、无功功率及视在功率。

3.11.20 一个线圈接到220V直流电源上时，功率为1.2kW，接到50Hz、220V的交流电源上，功率为0.6kW。试求该线圈的电阻与电感各为多少？

3.11.21 已知40W的日光灯电路，在$U=220$V正弦交流电压下正常发光，此时电流值$I=0.36$A，求该日光灯的功率因数和无功功率Q。

3.12 用相量法分析复杂交流电路

通过前几节分析知道，正弦交流电路引入电压、电流相量以及复阻抗（复导纳）的概念后，得出了相量形式的欧姆定律和基尔霍夫定律。然后根据这两个定律又导出了复阻抗串、并联，分压及分流公式。这些公式在形式上与直流电路中相应的公式相对应，由此可以推知：分析直流电路的各种定理和计算方法完全适用于分析复杂的线性正弦交流电路，故正弦交流电路一般采用相量分析计算，即相量法。相量法可归纳为下列几点：

（1）作电路的相量模型。电路的相量模型是指原电路中各元件都用它们的相量模型表示，而元件的连接方式不变。电路的相量模型也称为电路图。

（2）所有电流、电压均用其相量表示，并选定它们的参考方向，标注在电路图上。

（3）利用电路的相量模型，根据两类约束的相量形式列写出电路方程式，然后解得未知量的相量解答。用相量代替正弦量后，两类约束的相量形式与直流电路中所用同一公式在形式上完全相同。

（4）分析计算时可以利用相量图，有时可用相量图来简化计算，或者利用相量之间的几何关系帮助分析。

（5）如果需要，可再由求得的相量形式的解答写出对应的瞬时值解析式。

下面通过一些例题说明相量法在分析计算较复杂正弦交流电路中的应用。

【例3-26】 在图3-56所示电路中，已知$\dot{U}_{S1}=100$V，$\dot{U}_{S2}=100\angle 90^\circ$ V，$R=5\Omega$，$X_L=5\Omega$，$X_L=2\Omega$，试用支路电流法求支路电流。

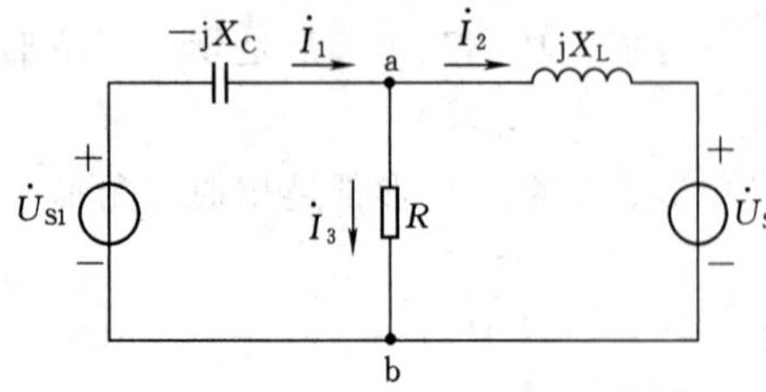

图3-56 ［例3-26］图

解 选定支路电流参考方向如图3-56所示。

列出回路电流方程，即

$$\begin{cases}\dot{I}_1-\dot{I}_2-\dot{I}_3=0\\(-jX_C)\dot{I}_1+R\dot{I}_3=\dot{U}_{S1}\\-R\dot{I}_3+(jX_L)\dot{I}_2=-\dot{U}_{S2}\end{cases}$$

代入数据得

$$\begin{cases}\dot{I}_1-\dot{I}_2-\dot{I}_3=0\\(-\mathrm{j}2)\dot{I}_1+5\dot{I}_3=100\\-5\dot{I}_3+(\mathrm{j}5)\dot{I}_2=-100\angle 90^\circ\end{cases}$$

对以上方程求解得

$$\dot{I}_1=27.8\angle -56.3^\circ\ \mathrm{A}$$

$$\dot{I}=32.3\angle -115.4^\circ\ \mathrm{A}$$

$$\dot{I}_3=29.9\angle -11.9^\circ\ \mathrm{A}$$

【例 3－27】 电路如图 3－56 所示，用戴维南定理求支路电流 $\dot{I}_3$。

解 将待求支路（R_3 支路）引出，其余部分用戴维南等效电路（即等效电压源）来代替，整理后电路如图 3－57（a）所示。

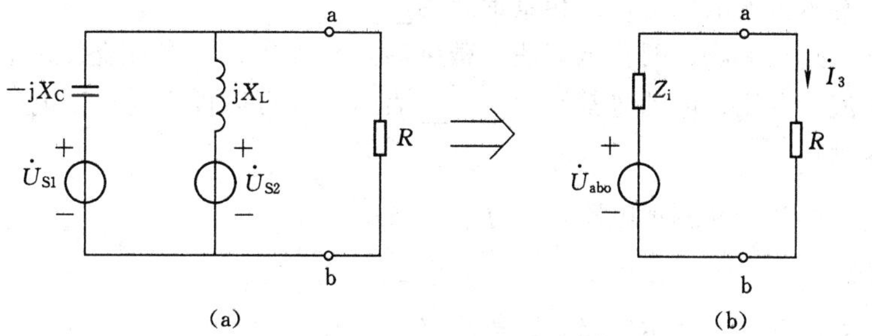

图 3－57 ［例 3－27］图

（a）电路；（b）等效电路

（1）先求开路电压 $\dot{U}_{ab0}$

$$\dot{U}_{ab0}=\frac{\dot{U}_{S1}-\dot{U}_{S2}}{\mathrm{j}(X_L-X_C)}\times \mathrm{j}X_L+\dot{U}_{S2}=179.7\angle -21.8^\circ\ \mathrm{V}$$

（2）求输入端阻抗（将电压源 $\dot{U}_{S1}$、$\dot{U}_{S2}$ 用短接线代替）

$$Z_j=\frac{\mathrm{j}X_L(-\mathrm{j}X_C)}{\mathrm{j}X_L-\mathrm{j}X_C}=\frac{\mathrm{j}5(-\mathrm{j}2)}{\mathrm{j}5-\mathrm{j}2}=-\mathrm{j}3.33(\Omega)$$

（3）求电流

$$\dot{I}_3=\frac{U_{ab0}}{Z_i+R}=\frac{179.7\angle 21.8^\circ}{-\mathrm{j}3.33+5}=29.9\angle 11.9^\circ\ (\mathrm{A})$$

【例 3－28】 图 3－58 所示为交流电桥测试线圈的电阻 R_x 和电感 L_x 的线路，R_A、R_B、R_C、C_n 均已知，试求交流电桥平衡时的 R_x 和 L_x 值。

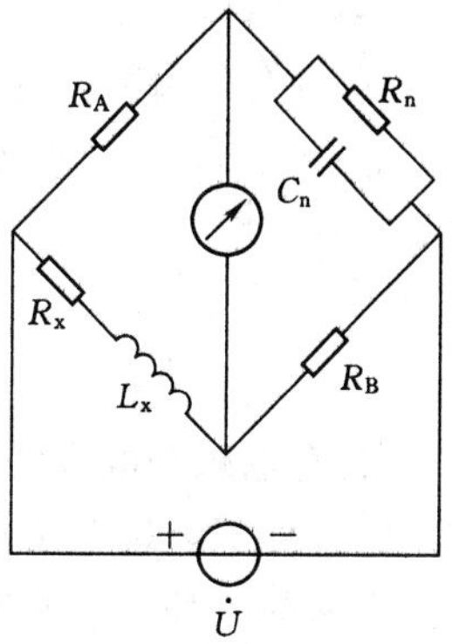

图 3－58 ［例 3－28］交流电桥测量原理

解 与直流电桥类似，一般交流电桥平衡的条件是

$$Z_1Z_4=Z_2Z_3$$

式中

$$Z_1=R_A$$

$$Z_4=R_B$$

上式等号两边的实部和虚部应分别相等，所以有

$$\left(\frac{R_n}{1+j\omega C_n R_n}\right)\cdot(R_x+j\omega L_x)=R_A R_B$$

$$R_n R_x+j\omega L_x R_n=R_A R_B+j\omega C_n R_n R_A R_B$$

$$得\begin{cases}R_x=R_A R_B/R_n\\L_x=C_n R_A R_B\end{cases}$$

自 测 题

一、填空题

3.12.1 欧姆定律的相量形式为________或________。

3.12.2 基尔霍夫电流定律的相量形式为________。

3.12.3 基尔霍夫电压定律的相量形式为________。

3.12.4 支路电流法、网孔电流法、戴维南定理等，只要将直流公式中的电阻用________代替，电流、电压、电动势都用________表示，都可以推广到正弦电流电路。

二、选择题

3.12.5 如图 3-59 所示电路，$\dot{I}$ 为（ ）。

A. $2\angle 45^\circ$ B. $5\angle 30^\circ$ C. $2\angle -23^\circ$ D. 4

3.12.6 如图 3-60 所示电路，$\dot{U}$ 等于（ ）。

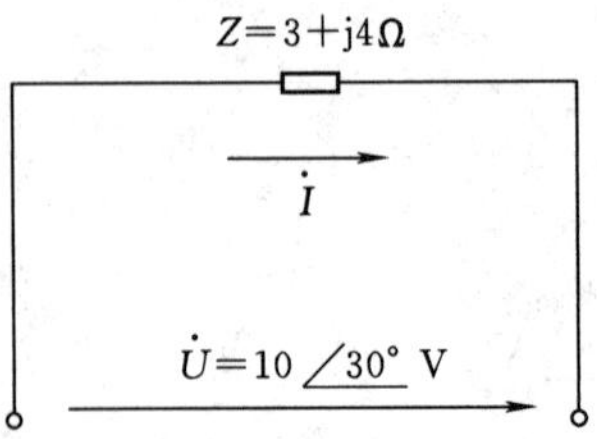

图 3-59 自测题 3.12.5 图

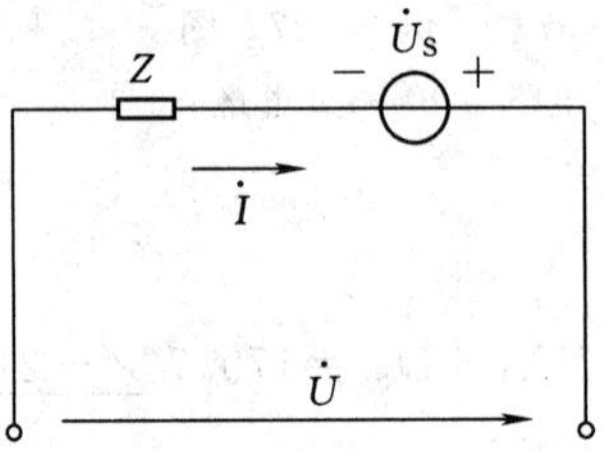

图 3-60 自测题 3.12.6 图

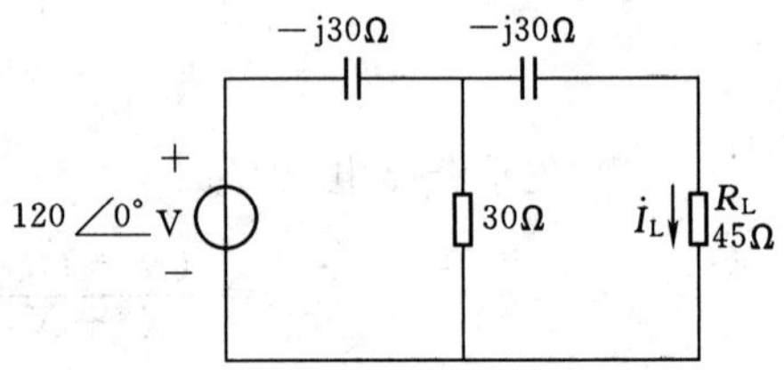

图 3-61 自测题 3.12.7 图

三、计算题

3.12.7 如图 3-61 所示电路，试用支路电流法求各支路中的电流。(列出方程)

3.12.8 如图上题图 3-61 所示电路，试用戴维南定理求 R_L 中的电流 $\dot{I}_L$。

3.13 电 路 的 谐 振

含有电感和电容的交流电路，在一般情况下，电路的端电压和电流存在相位差。但在一定条件下，端电压和电流可能出现同相位的现象，称为电路的谐振现象。电路中的谐振是电路的一种特殊的工作状况，谐振现象在电信工程和电工技术中得到广泛的应用，但谐振在有些场合下又有可能破坏系统的正常工作，因此，研究谐振现象有重要的意义。谐振按发生电路的不同可分为串联谐振和并联谐振。

3.13.1 串联谐振

1. 谐振条件

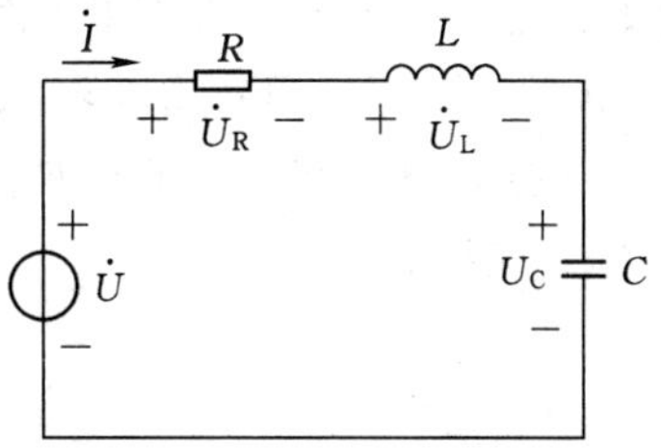

图 3-62 RLC 串联电路

发生在 RLC 串联电路中的谐振叫做串联谐振。如图 3-62 所示，在 RLC 元件串联电路中，在正弦电压 u 的作用下，电路的电流有效值为

$$I=\frac{U}{|Z|}=\frac{U}{\sqrt{R^2+\left(\omega L-\frac{1}{\omega C}\right)^2}}$$

电路的复阻抗为

$$Z=R+\mathrm{j}\left(\omega L-\frac{1}{\omega C}\right)$$

电路电压与电流的相位差为

$$\varphi=\arctan\frac{\omega L-\frac{1}{\omega C}}{R}$$

如果电源电压频率可调，当 ω 从零逐渐增加时，感抗 ωL 也由零逐渐增加，而容抗 $\frac{1}{\omega C}$ 则从无限大逐渐减小。当调节频率 ω 使 $\left(\omega L-\frac{1}{\omega C}\right)=0$ 时，电路的阻抗 Z 等于电阻 R，$\varphi=0$ 时电压与电流同相，电路的这种工作状况称为谐振。

电路谐振时的角频率称为谐振角频率，记做 ω_0，电路串联时的谐振角频率为

$$\omega_0 L-\frac{1}{\omega_0 C}=0$$

所以

$$\omega_0=\frac{1}{\sqrt{LC}} \tag{3-98}$$

谐振频率为

$$f_0=\frac{1}{2\pi\sqrt{LC}} \tag{3-99}$$

式（3-99）即为 RLC 串联电路发生谐振的条件。可见，这一谐振频率与电路中的电阻无关，仅决定于电路中的 L 和 C 的数值。改变 ω、L、C 中的任何一个量都可使电路达到谐振。f_0 反映电路的一种固有性质，在电路的 L、C 一定，f_0 就称为电路的固有频率。只有电路的频率 $f=f_0$ 时，电路才发生调谐。

如果外加电压的频率一定，也可以通过改变 L 或 C 来使电路达到谐振。调节电路参数使电路达到谐振的过程称为谐振。

2. 谐振特点

（1）电路的输入阻抗最小，一定电压下电路电流有效值最大。

RLC 串联谐振电路为纯电阻性质，电流有效值 $I=\frac{U}{|Z|}=\frac{U}{R}=I_0$ 达最大，且 R 越小

时 I 将越大，与电路 L 和 C 值无关。

(2) $U_L=U_C$ 且都等于输入电源电压 Q 倍。

谐振时感抗和容抗的绝对值称为串联谐振电路的特性阻抗，用符号 ρ 表示，它由电路的 L、C 参数决定，即

$$\rho=\omega_0 L=\frac{1}{\omega_0 C}=\sqrt{\frac{L}{C}} \tag{3-100}$$

式中，L 单位为 H；C 单位为 F；ρ 单位为 Ω。

电工技术中将谐振电路的特性阻抗与回路电阻的比值定义为该谐振电路的品质因数，即

$$Q=\frac{\rho}{R}=\frac{\omega_0 L}{R}=\frac{1}{\omega_0 CR}=\frac{1}{R}\sqrt{\frac{L}{C}} \tag{3-101}$$

Q 是个无量纲的量，其大小可反映谐振电路的性能，它与电感、电容及电源上电压的关系为

$$U_L=\omega_0 L I_0=\frac{\omega_0 L}{R}U=QU$$

$$U_C=\frac{1}{\omega_0 C}I_0=\frac{1}{\omega_0 CR}U=QU$$

因此

$$U_L=U_C=QU$$

实用上由于电容器的损耗可忽略不计，而电感线圈的损耗 R 必须考虑。因此谐振电路的电阻主要由线圈的电阻决定，即线圈自身的品质因数就是整个 RLC 串联谐振电路的品质因数。实际无线电工程中，Q 值一般可达 50～300，因而谐振时电感电压和电容电压在电路谐振时可高出外加电压几十倍以上，所以串联谐振又称为电压谐振。在电信工程电路中，将微弱的电信号输入到串联谐振电路，就可从电容两端提出比输入高 Q 倍的电压信号。

(3) 谐振时，电源提供的能量全部消耗在电阻上，电容和电感之间进行能量交换，二者和电源无能量交换。

3. 串联谐振电路的谐振曲线

串联谐振电路对于不同频率的信号具有选择能力，可通过电路的谐振曲线来说明。

在上述串联谐振电路中，电流有效值为

$$I=\frac{U}{|Z|}=\frac{U}{\sqrt{R^2+\left(\omega L-\frac{1}{\omega C}\right)^2}}$$

$$=\frac{U}{\sqrt{R^2+R^2\left(\frac{\omega}{\omega_0}\cdot\frac{\omega_0 L}{R}-\frac{\omega_0}{\omega}\cdot\frac{1}{\omega_0 CR}\right)^2}}$$

$$=\frac{U}{R\sqrt{1+Q^2\left(\frac{\omega}{\omega_0}-\frac{\omega_0}{\omega}\right)^2}}$$

令 $\frac{U}{R}=I_0$ 及 $\frac{\omega}{\omega_0}=\eta$，则有

$$\frac{I}{I_0}=\frac{1}{\sqrt{1+Q^2\left(\eta-\frac{1}{\eta}\right)^2}} \tag{3-102}$$

根据式（3-102），以$\frac{I}{I_0}$为纵坐标，η为横坐标，以Q值为参变量可以画出一组不同的曲线，如图3-63所示。这一组曲线称为串联谐振电路的通用谐振曲线。

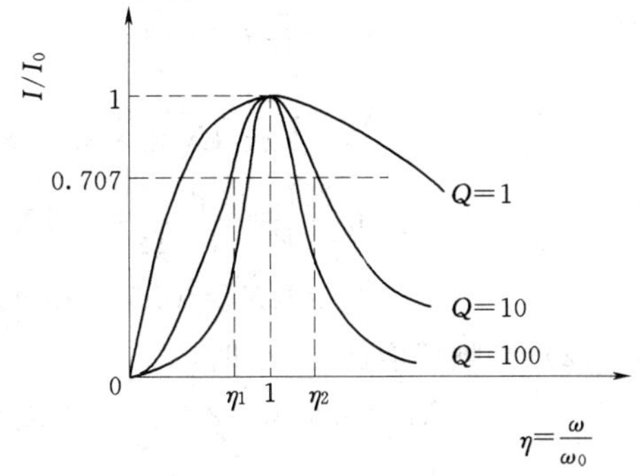

图3-63 串联谐振电路的通用谐振曲线

在谐振时，$\omega=\omega_0$，$\eta=1$，得$I=I_0$，$\frac{I}{I_0}=1$；而当ω偏离ω_0时，$\eta=\frac{\omega}{\omega_0}\neq1$，这时有$\frac{I}{I_0}<1$，即电流有效值开始下降。从图3-63中可以看出，在一定的频率偏移下，Q值越大，电流有效值下降得越快，这表明电路对不是谐振频率点附近的电流信号具有较强的抑制能力，或者说选择性较好；反之，Q值很小，则在谐振点附近电流变化较缓慢，所以选择性很差。

通用谐振曲线上纵坐标为$\frac{I}{I_0}=\frac{1}{\sqrt{2}}=0.707$，这一数值对应的两个频率点之间的宽度（见图3-63的η_1、η_2）工程上称为通频带（或称为带宽），它决定了谐振电路允许通过信号的频率范围。由曲线可见，Q值越高，带宽越窄。也就是说，提高了电路的选择性，电路的带宽就减小。因此，Q值是反映谐振电路性质的一个重要指标。

4. 串联谐振的应用

在具有电感和电容元件的电路中，电路两端的电压与其中的电流一般是不同相的，如果调节电路的参数或电源的频率而使它们同相，这时电路中就发生谐振现象。在电力工程中发生串联谐振时，如果电压过高时，可能会击穿线圈和电容器的绝缘，所以一般应避免发生串联谐振。但在无线电工程中则常利用串联谐振以获得较高电压，电容或电感元件上的电压常高于电源电压几十倍或几百倍。

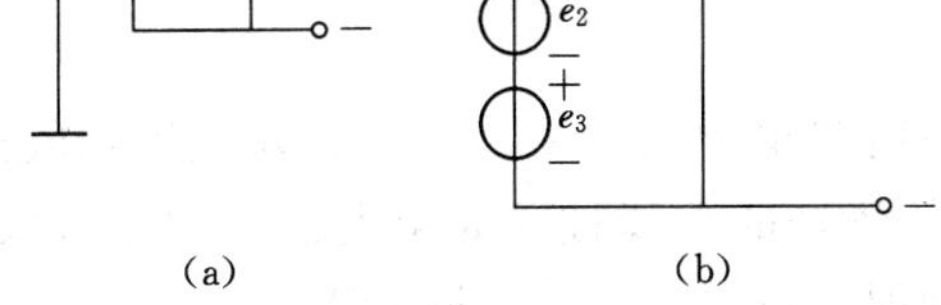

图3-64 收音机谐振电路

（a）接收器的调谐电路；（b）等效电路

无线电技术中常应用串联谐振的选频特性来选择信号。收音机通过接收天线，接收到各种频率的电磁波，每一种频率的电磁波都要在天线回路中产生相应的微弱的感应电流。为了达到选择信号的目的，通常在收音机里采用如图3-64所示的谐振电路。把调谐回路中的电容C调节到某一值，电路就具有一个固有的频率f_0。如果这时某电台的电磁波的频率正好等于调谐电路的固有频率，就能收听该电台的广播节目，其他频率的信号被抑制掉，这样就实现了选择电台的目的。

【例 3-29】 将电容器（$C=320\mu F$）与一线圈（$L=8mH$，$R=100\Omega$）串联，接在 $U=50V$ 的电源上。(1) 当 $f_0=100kHz$ 时发生谐振，求电流与电容器的电压；(2) 当频率增加 10%时，求电流与电容器上的电压。

解 (1) 当 $f_0=100kHz$ 电路发生谐振时

$$X_L=2\pi f_0 L=2\times3.14\times100\times10^3\times8\times10^{-3}=5000(\Omega)$$

$$X_C=\frac{1}{2\pi f_0 C}=\frac{1}{2\times3.14\times100\times10^3\times320\times10^{-12}}=5000(\Omega)$$

$$I_0=\frac{U}{R}=\frac{50V}{100\Omega}=0.5A$$

$$U_C=I_0X_C=0.5\times5000=2500(V)(>U)$$

(2) 当频率增加 10% 时，

$$X_L=2\pi f_0 L=2\times3.14\times100\times10^3\times110\%\times8\times10^{-3}\Omega=5500\Omega$$

$$X_C=\frac{1}{2\pi f_0 C}=\frac{1}{2\times3.14\times100\times10^3\times110\%\times320\times10^{-12}}\Omega=4545\Omega$$

$$|Z|=\sqrt{R^2+(X_L-X_C)^2}=\sqrt{100^2+(5500-4545)^2}\Omega\approx960\Omega$$

$$I_0=\frac{U}{|Z|}=\frac{50V}{960\Omega}=0.05A$$

$$U_C=I_0X_C=0.05\times4545=227V(<2500V)$$

由此可见，当频率调整，偏离谐振频率时，电流和电压就大大减小。

【例 3-30】 收音机的输入回路可用 RLC 串联电路为其模型，其电感为 0.233mH，可调电容的变化范围为 42.5～360pF。试求该电路谐振频率的范围。

解 $C=42.5pF$ 时的谐振频率为

$$f_{01}=\frac{1}{2\pi\sqrt{LC}}=\frac{1}{2\pi\sqrt{0.233\times10^{-3}\times42.5\times10^{-12}}}Hz$$
$$=1600kHz$$

$C=360pF$ 时的谐振频率为

$$f_{02}=\frac{1}{2\pi\sqrt{LC}}=\frac{1}{2\pi\sqrt{0.233\times10^{-3}\times360\times10^{-12}}}Hz$$
$$=550kHz$$

所以，此电路的调谐频率为 550～1600kHz。

3.13.2 并联谐振

串联谐振电路只有当电源的内阻较小时，才能得到较高的 Q 值，也才能获得较好的选择性。如果电源的内阻较大，选择性就会降低，此时就可采用并联谐振电路。

发生在 RLC 并联电路中的谐振称为并联谐振。并联谐振电路有 RLC 并联电路和电容 C 与线圈（电阻与电感串联）并联的电路两种，本书以工程上广泛应用的第二种为例介绍，其电路模型如图 3-65 所示。

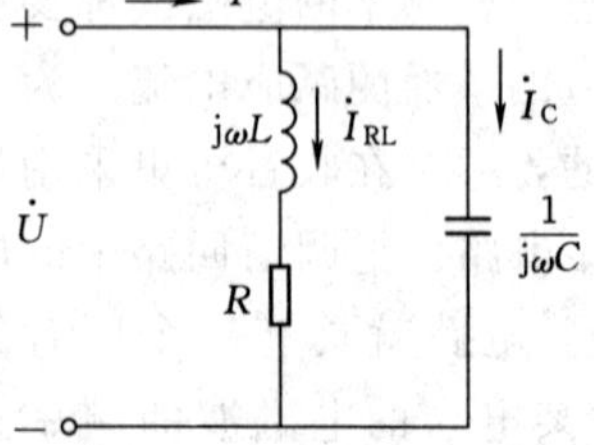

图 3-65 并联谐振电路

1. 谐振条件

由图 3-65 所示的线圈与电容并联电路可得，电路等效复导纳的表达式为

$$\begin{aligned} Y &= \frac{1}{R+j\omega L}+j\omega C \\ &= \frac{R}{R^2+(\omega L)^2}+j\left[\omega C-\frac{\omega L}{R^2+(\omega L)^2}\right] \\ &= G+jB \end{aligned} \tag{3-103}$$

式中

$$G=\frac{R}{R^2+(\omega L)^2}\text{ ，}B=\omega C-\frac{\omega L}{R^2+(\omega L)^2}$$

当复导纳的虚部 $B=0$ 时，电路端口电压与电流同相位，电路发生并联谐振。

并联谐振时有

$$\frac{\omega L}{R^2+(\omega L)^2}=\omega C$$

由上式可求得谐振角频率为

$$\omega_0=\sqrt{\frac{1}{LC}-\frac{R^2}{L^2}}=\frac{1}{\sqrt{LC}}\sqrt{1-\frac{CR^2}{L}} \tag{3-104}$$

谐振频率为

$$f_0=\frac{1}{2\pi\sqrt{LC}}\sqrt{1-\frac{CR^2}{L}} \tag{3-105}$$

式（3-105）中，只有当 $R<\sqrt{\frac{L}{C}}$ 时，为 f_0 实数，电路才有可能发生谐振。如果 $R>\sqrt{\frac{L}{C}}$，则 f_0 为虚数，电路就不可能发生谐振。一般情况下，线圈电阻很小，在谐振时，$\omega_0 L\gg R$，则式（3-104）和式（3-105）可写成

$$\omega_0\approx\frac{1}{\sqrt{LC}} \tag{3-106}$$

和

$$f_0\approx\frac{1}{2\pi\sqrt{LC}}$$

与串联谐振电路的谐振频率计算公式近似相同。

2. 谐振特征

（1）支路电流 I_{RL} 和 I_C 相等，并可能远远大于电路端口输入电流。

并联谐振时电路电压、电流的相量图如图 3-66 所示。谐振时，各支路电流分别为

$$I_{RL}=\frac{U}{\sqrt{R^2+(\omega_0 L)^2}}$$

$$I_C=U\omega_0 C$$

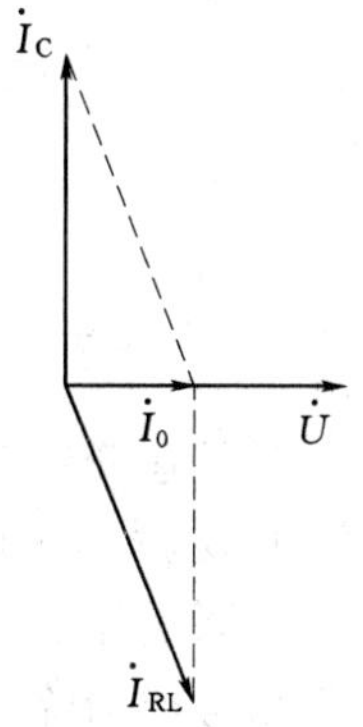

图 3-66 并联谐振相量图

当 $\omega_0 L \gg R$ 时，$I_{RL} \approx \dfrac{U}{\omega_0 L} \approx \omega_0 CU = I_C$，即 $I_{RL} \approx I_C$。

总电流为

$$I_0 = UG = \frac{UR}{R^2 + (\omega_0 L)^2} \approx \frac{UR}{(\omega_0 L)^2} = \frac{U}{\omega_0 L} \times \frac{R}{\omega_0 L} \approx I_{RL} \times \frac{R}{\omega_0 L}$$

则

$$I_{RL} \approx I_C \approx I_0 \cdot \frac{\omega_0 L}{R} \gg I_0$$

可见，在并联谐振时，两并联支路的电流近似相等，并且远大于电路端口输入总电流。因此并联谐振电路又称为电流谐振。

(2) 电路的等效阻抗为最大（或接近最大）（$\varphi=0$）。

并联谐振时，电路的等效导纳 $Y_0 = G$，电路的等效阻抗 Z_0 等于 Y_0 的倒数，相当于电阻，由式（3-103）得

$$Z_0 = \frac{1}{G} = \frac{R^2 + (\omega_0 L)^2}{R}$$

将式（3-104）中的 ω_0 代入上式，可得

$$Z_0 = \frac{1}{G} = \frac{L}{RC} \tag{3-107}$$

式（3-107）表明，谐振时电路的等效阻抗最大，其值由电路的参数决定而与外加电源频率无关。电感线圈的电阻越小，则谐振时电路等效阻抗越大。当 $R \to 0$ 时，相当于电感 L 与电容 C 相并联，这时 $Z_0 \to \infty$，即并联部分相当于开路。

3. 并联谐振电路的特性阻抗和品质因数

同串联谐振电路一样，并联谐振电路的特性阻抗为

$$\rho = \sqrt{\frac{L}{C}}$$

它与串联谐振电路的特性阻抗在形式上和意义上是相同的。

并联谐振电路的品质因数定义为电路谐振时的容纳（或感纳）与输入电导 G 的比值，即

$$Q = \frac{\omega_0 C}{G} = \frac{\omega_0 C}{\frac{RC}{L}} = \frac{\omega_0 L}{R} \approx \frac{1}{R}\sqrt{\frac{L}{C}} = \frac{\rho}{R} \tag{3-108}$$

那么有

$$\frac{I_C}{I_0} = \frac{\omega_0 CU}{GU} = Q$$

可见在并联谐振时，支路电流 $I_C \approx I_{RL}$ 是总电流 I_0 的 Q 倍。

4. 并联谐振的应用

并联谐振在工业和通信电子技术中经常应用。例如，利用并联谐振时阻抗高的特点来选择信号或消除干扰。

【例3-31】 图3-65所示的并联电路中 $C=100\text{pF}$，$L=100\mu\text{H}$，$R=10\Omega$，由 $1\mu\text{A}$ 电流源供电。当电路发生谐振时，试求：(1) 谐振角频率；(2) 品质因数 Q；(3) 端口电

压 U_0 及支路电流 I_{RL}、I_C。

解　(1) 由近似公式（3－106）计算角频率

$$\omega_0 \approx \frac{1}{\sqrt{LC}} = \sqrt{\frac{1}{100\times10^{-6}\times100\times10^{-12}}}$$
$$=100\times10^5\,(\text{rad/s})$$

(2)品质因数

$$Q=\frac{1}{R}\sqrt{\frac{L}{C}}=\frac{1}{10}\sqrt{\frac{100\times10^{-6}}{100\times10^{-12}}}=100$$

(3)端口电压及支路电流

$$Z_0=\frac{1}{RC}=\frac{100\times10^{-6}}{10\times100\times10^{-12}}=10^5\,(\Omega)$$
$$U_0=Z_0I_0=10^5\times10^{-6}=0.1\ (\text{V})$$
$$I_{RL}\approx I_C=QI_0=100\times1\mu\text{A}=100\mu\text{A}$$

自　测　题

一、填空题

3.13.1　一个由电阻、电感、电容组成的电路中出现________的现象，称为谐振。

3.13.2　串联正弦交流电路发生谐振的条件是________，谐振时，谐振频率 f=________，品质因数 Q=________。

3.13.3　当发生串联谐振时，电路中的感抗与容抗________，总阻抗 Z=________，电流最________。

3.13.4　在发生并联谐振时，电路中的容纳与感纳________，总导纳 Y=________，电流最________。

3.13.5　串联谐振回路品质因数 Q 是由参数________决定的。Q 值越高则回路的选择性________，回路的通频带________。

二、判断题

3.13.6　谐振也可能发生在纯电阻电路中。　　（　　）

3.13.7　串联谐振会产生过电压，所以也称为电压谐振。　　（　　）

3.13.8　并联谐振时，支路电流可能比总电流大，所以又称为电流谐振。　　（　　）

3.13.9　电路发生谐振时，电源只供给电阻耗能，而电感元件和电容元件进行能量转换。　　（　　）

三、选择题

3.13.10　图 3－67 所示电路在开关 S 断开时谐振频率为 f_0，当 S 合上时，电路谐振频率为（　　）。

A. $\frac{1}{2}f_0$　　B. $\frac{1}{\sqrt{3}}f_0$　　C. $3f_0$　　D. f_0

3.13.11　上题图中，已知开关 S 打开时，电路发生谐振，当把开关合上时，电路呈现（　　）。

A. 阻性　　B. 感性　　C. 容性　　D. 阻容性

3.13.12 如图 3-68 所示电路，当此电路发生谐振时，V 表读数为（　）。

A. U_S　　B. 大于 0 且小于 U_S　　C. 等于 0　　D. 大于 U_S

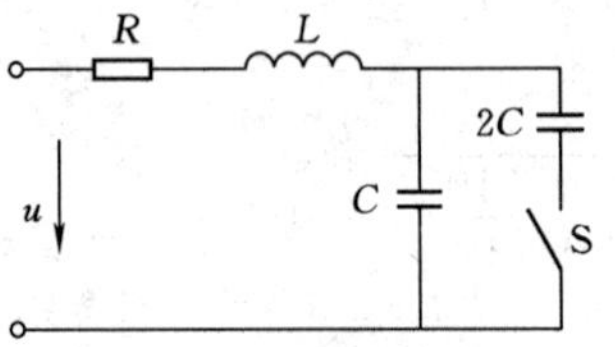

图 3-67 自测题 3.13.10 图

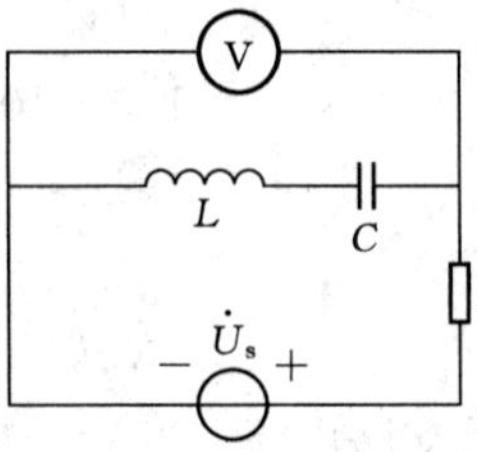

图 3-68 自测题 3.13.12 图

3.13.13 在 R、L、C 串联正弦交流电路中，已知 $X_L=X_C=20\Omega$，$R=10\Omega$，总电压有效值为 220V，则电容上电压为（　）。

A. 0V　　B. 440V　　C. 220V　　D. 110V

3.13.14 在 R、L、C 并联谐振电路中，电阻 R 越小，其影响是（　）。

A. 谐振频率升高　　B. 谐振频率降低　　C. 电路总电流增大　　D. 电路总电流减小

四、思考题

3.13.15 什么是电路的谐振？串联谐振和并联谐振各有何特征？

3.13.16 串联谐振电路的品质因数 Q 值具有什么意义？说明 Q 值的大小对谐振曲线的影响。

3.13.17 RL 串联后与电容 C 并联网络，如 $\omega<\omega_0$，网络是感性还是容性的？如 $\omega>\omega_0$，网络是感性还是容性的？

3.13.18 一个线圈与电容器串联电路谐振时，线圈电压为 150V，电容器电压 120V，试问电源电压是多少？

3.14 互 感 电 路

3.14.1 互感的基本概念

1. *互感现象与互感*

当两个线圈离得很近或两个线圈同绕在一个铁芯上时，一个线圈中通入变化的电流（交变电流），在另一个线圈中将产生感应电动势的现象。把两个线圈中这种电磁感应现象叫做互感现象。

如图 3-69（a）所示，两个有磁耦合的线圈 11′和线圈 22′（简称一对磁耦合线圈），电流 i_1 在线圈 1 和线圈 2 中产生的磁通分别为 Φ_{11} 和 Φ_{21}，则 $\Phi_{21}\leqslant\Phi_{11}$，电流 i_1 称为施感电流；Φ_{11} 称为线圈 1 的自感磁通；Φ_{21} 称为线圈 1 对线圈 2 的互感磁通，它与线圈 2 交链形成的磁链记为 Ψ_{21}，它等于 Φ_{21} 与匝数 N_2 的乘积。这样的线圈 1 和线圈 2 称为互感线圈。

类似自感的定义 $L_1=\dfrac{\Psi_{11}}{i_1}$，定义线圈 1 对线圈 2 的互感量为

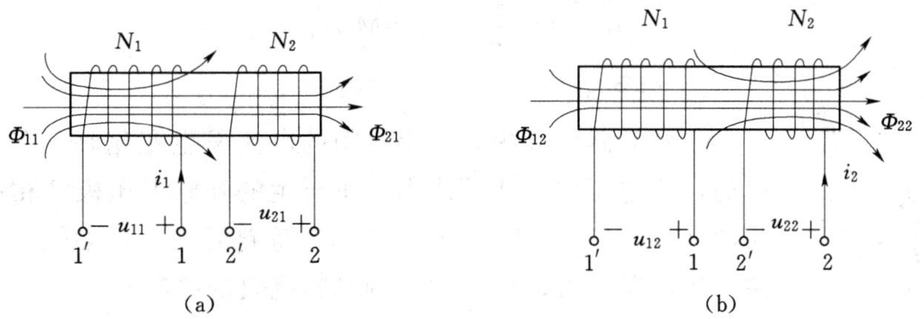

图 3-69 互感电路

$$M_{21}=\frac{\Psi_{21}}{i_1} \tag{3-109}$$

同理，如图 3-69（b）所示，电流 i_2 在线圈 2 和线圈 1 中产生的磁通分别为 Φ_{22} 和 Φ_{12}，且 $\Phi_{12}\leqslant\Phi_{22}$。$\Phi_{22}$ 称为线圈 2 的自感磁通，Φ_{12} 称为线圈 2 对线圈 1 的互感磁通，它与线圈 1 交链形成的磁链记为 Ψ_{12}，它等于 Φ_{12} 与匝数 N_1 的乘积。即线圈 2 对线圈 1 的互感量为

$$M_{12}=\frac{\Psi_{12}}{i_2} \tag{3-110}$$

上述系数 M_{12} 和 M_{21} 称为互感系数。对线性电感 M_{12} 和 M_{21} 相等，记为 M，互感与自感有相同的单位，也是亨（H）。

变压器是利用互感现象制成的一种电气设备，它利用磁的耦合把能量从一次绕组传输到二次绕组。变压器在电力系统和电子线路中应用广泛，收录机常用的稳压电源就是变压器的一种。

2. 耦合系数

两个载流线圈通过彼此的磁场相互联系的物理现象称为磁耦合。为了描述两个线圈间磁耦合紧密的程度，引入耦合系数，设两个线圈的自感分别为 L_1、L_2，两个线圈间的互感为 M，则耦合系数定义为

$$K=\frac{M}{\sqrt{L_1L_2}}\quad K\leqslant 1 \tag{3-111}$$

其值大小取决于两线圈的几何尺寸、相对位置和中间介质，$K=1$ 时为全耦合。

3. 互感电压

两个耦合线圈中通以交变电流，则产生的磁通链也是交变的，交变的磁通链将分别在两线圈中产生感应电压，由互感磁通链产生的电压称为互感电压。

类似于自感电压 $u=\frac{\mathrm{d}\Psi}{\mathrm{d}t}=L\frac{\mathrm{d}i}{\mathrm{d}t}$，在上述两线圈中分别通以交变电流 i_1 与 i_2，互感磁通链 Ψ_{21} 与 Ψ_{12} 在两线圈中产生的互感电压为

$$u_{21}=\frac{\mathrm{d}\Psi_{21}}{\mathrm{d}t},u_{12}=\frac{\mathrm{d}\Psi_{12}}{\mathrm{d}t} \tag{3-112}$$

互感电压与互感磁通链间也符合右手螺旋定则。线性电感线圈中，互感电压与电流的关系有

$$u_{21}=M_{21}\frac{di_1}{dt},u_{12}=M_{12}\frac{di_2}{dt} \quad (3-113)$$

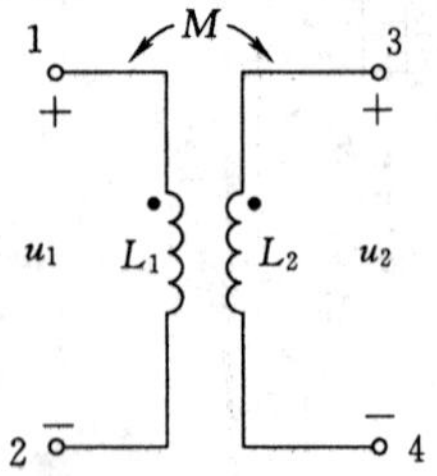

图 3-70 互感电路的同名端

4. 同名端

一对互感线圈中，一个线圈的电流发生变化时，在本线圈中产生的自感电压与在相邻线圈中所产生的互感电压极性相同的端点称为同名端，以“*”、“·”、“△”等符号表示，如图 3-70 所示电路。在电路中可以根据同名端判断绕组的绕向。

5. 同名端的意义及其测定

某变压器的一次绕组由两个匝数相等、绕向一致的绕组组成，如每个绕组额定电压为 110V，则当电源电压为 220V 时，应把两个绕组串联起来使用；如电源电压为 110V 时，则应将它们并联起来使用。可见，绕组接法正确非常重要，而实际中绕组的绕向是看不到的，而接法的正确与否与同名端（同极性端）标记直接相关，因此同名端的判别相当重要。

对于已制成的变压器以及其他的电子仪器中的线圈，无法从外部观察其绕组的绕向，因此无法辨认其同名端，此时可用实验的方法进行测定。测定的方法有直流法和交流法两种。

（1）直流判别法。依据同名端定义以及互感电动势参考方向标注原则来判定。

如图 3-71 所示，两个耦合线圈的绕向未知，当开关 S 合上的瞬间，电流从 1 端流入，此时若电压表指针正偏转，说明 3 端电压为正极性，因此 1、3 端为同名端；若电压表指针反偏，说明 4 端电压正极性，则 1、4 端为同名端。

（2）交流判别法。如图 3-72 所示，将两个线圈各取一个接线端连接在一起，如图 3-72中的 2 和 4，并在匝数多的线圈上（图中为 L_1 线圈）加一个较低的交流电压 u_1，交流电压表就有显示，如果电压表读数小于 U_1，则绕组为反极性串联，故 1 和 3 为同名端。如果电压表读数大于 U_1，则 1 和 4 为同名端。

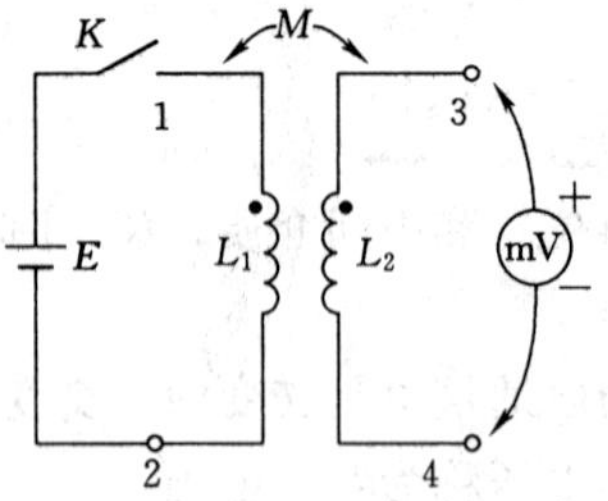

图 3-71 直流法判定绕组同名端

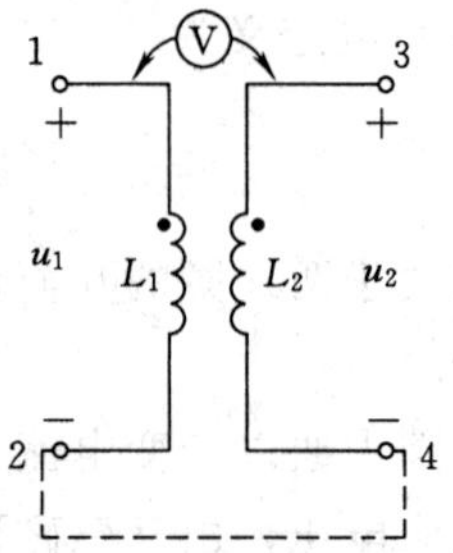

图 3-72 交流法判定绕组同名端

3.14.2 具有互感的电路

1. 互感线圈的伏安关系

两个互感线圈 L_1 和 L_2 中分别有电流 i_1 与 i_2 流过时，在每一个线圈中既有自身电流产生的自感电压，又有另一线圈的电流产生的互感电压。因此，互感线圈中伏安关系应为

$$\left.\begin{aligned} u_1 &= u_{11} + u_{12} = L_1\frac{\mathrm{d}i_1}{\mathrm{d}t} \pm M\frac{\mathrm{d}i_2}{\mathrm{d}t} \\ u_2 &= u_{22} + u_{21} = L_2\frac{\mathrm{d}i_2}{\mathrm{d}t} \pm M\frac{\mathrm{d}i_1}{\mathrm{d}t} \end{aligned}\right\} \tag{3-114}$$

规律：电流同时流入同名端时，互感电压与自感电压同号；电流同时流入异名端时，互感电压与自感电压异号；端钮处电压与电流向内部关联时，自感电压取正号；端钮处电压与电流向内部非参考关联时，自感电压取负号。

在正弦电流电路中，用相量形式表示成

$$\left.\begin{aligned} \dot{U}_1 &= \mathrm{j}\omega L_1\dot{I}_1 \pm \mathrm{j}\omega M\dot{I}_2 \\ \dot{U}_2 &= \mathrm{j}\omega L_2\dot{I}_2 \pm \mathrm{j}\omega M\dot{I}_1 \end{aligned}\right\} \tag{3-115}$$

2. 互感线圈串联的电路

将有互感的两个线圈串联，有顺串和反串两种连接方式，它们都可以用一个纯电感来等效替代。

(1) 顺串。

顺串是把两个线圈的异名端接在一起。如图 3-73 (a) 所示，这时电流从两个线圈的同名端流入，两个互感线圈中互感电压与自感电压方向一致，故顺向串联后的总电压相量为

$$\begin{aligned} \dot{U} &= \dot{U}_1 + \dot{U}_2 = (\mathrm{j}\omega L_1\dot{I} + \mathrm{j}\omega M\dot{I}) + (\mathrm{j}\omega L_2\dot{I} + \mathrm{j}\omega M\dot{I}) \\ &= \mathrm{j}\omega(L_1 + L_2 + 2M)\dot{I} = \mathrm{j}\omega L_{顺串}\dot{I} \end{aligned}$$

替代互感的等效电感为

$$L_{顺串} = L_1 + L_2 + 2M \tag{3-116}$$

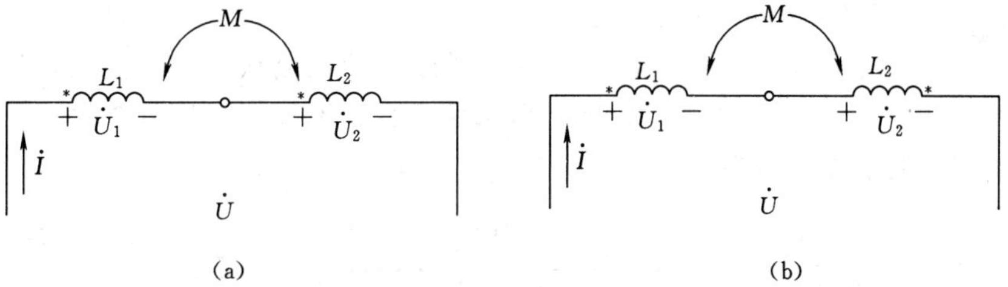

图 3-73 互感线圈的串联

(a) 顺串；(b) 反串

(2) 反串。

反串是把两个线圈的同名端接在一起。如图 3-73 (b) 所示，这时，电流从两个线圈的异名端流入，两个互感线圈中互感电压与自感电压方向相反，故反向串联后的总电压相量为

$$\begin{aligned} \dot{U} &= \dot{U}_1 + \dot{U}_2 = (\mathrm{j}\omega L_1\dot{I} - \mathrm{j}\omega M\dot{I}) + (\mathrm{j}\omega L_2\dot{I} - \mathrm{j}\omega M\dot{I}) \\ &= \mathrm{j}\omega(L_1 + L_2 - 2M)\dot{I} = \mathrm{j}\omega L_{反串}\dot{I} \end{aligned}$$

替代互感的等效电感为

$$L_{反串}=L_1+L_2-2M \tag{3-117}$$

注意：即使是在反向串联的情况下，串联后的等效电感不会小于零，即 $L_1+L_2\geqslant 2M$

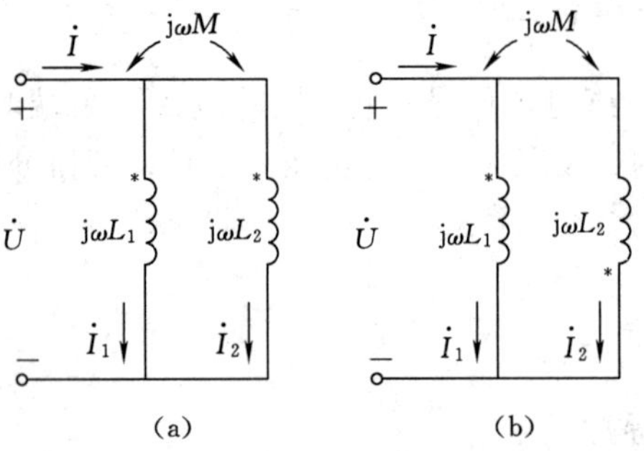

图 3-74　两个有互感的线圈并联
(a) 同名端同侧并联；(b) 同名端异侧并联

3. 互感线圈并联的电路

(1) 具有互感的线圈两端并联连接。

此并联连接方式有两种：一种是线圈的同名端同侧并联，如图 3-74 (a) 所示；另一种是线圈的同名端异侧并联，如图 3-74 (b) 所示。

首先写出图 3-74 所示电路的伏安关系为

$$\left.\begin{aligned}\dot{U}&=\dot{I}_1\cdot j\omega L_1\pm\dot{I}_2\cdot j\omega M\\\dot{U}&=\dot{I}_2\cdot j\omega L_2\pm\dot{I}_1\cdot j\omega M\end{aligned}\right\}$$

根据 $\dot{I}=\dot{I}_1+\dot{I}_2$，求解电路可得输入端阻抗为

$$Z=\frac{\dot{U}}{\dot{I}}=j\omega\frac{L_1L_2-M^2}{L_1+L_2\mp 2M}$$

则并联等效电感为

$$L_{并联}=\frac{L_1L_2-M^2}{L_1+L_2\mp 2M} \tag{3-118}$$

线圈同名端同侧并联时，式 (3-118) 分母中 $2M$ 前取负号；线圈的同名端异侧并联时，式 (3-118) 分母中 $2M$ 前取正号。即互感并联与互感线圈串联时一样，它们也都可以用一个纯电感来等效替代。

(2) 具有互感的线圈一端并联连接。

图 3-75 (a) 是两个同名端并接在一起，线圈中的电流从同名端流入，如果将互感线圈电路图 3-75 (a) 改成图 3-75 (b) 所示的形式，推导可得如图 3-75 (c) 所示的去耦等效电路，其伏安关系为

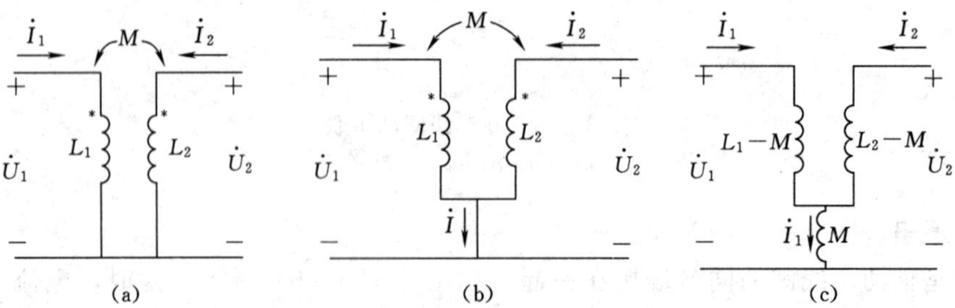

图 3-75　互感线圈同名端一端并联电路

$$\left.\begin{aligned}\dot{U}_1&=\dot{I}_1\cdot j\omega(L_1-M)+\dot{I}\cdot j\omega M\\\dot{U}_2&=\dot{I}_2\cdot j\omega(L_2-M)+\dot{I}\cdot j\omega M\end{aligned}\right\} \tag{2-119}$$

图 3-76 (a) 所示是两个线圈异名端并接的情况，两线圈中电流由异名端流入，同

理将互感线圈电路图 3-76（a）改成图 3-76（b）所示的形式，推导可得如图 3-76（c）所示去耦等效电路，其伏安关系为

$$\left.\begin{aligned}\dot{U}_1&=\dot{I}_1\cdot \mathrm{j}\omega(L_1+M)-\dot{I}\cdot \mathrm{j}\omega M\\ \dot{U}_2&=\dot{I}_2\cdot \mathrm{j}\omega(L_2+M)-\dot{I}\cdot \mathrm{j}\omega M\end{aligned}\right\}\tag{2-120}$$

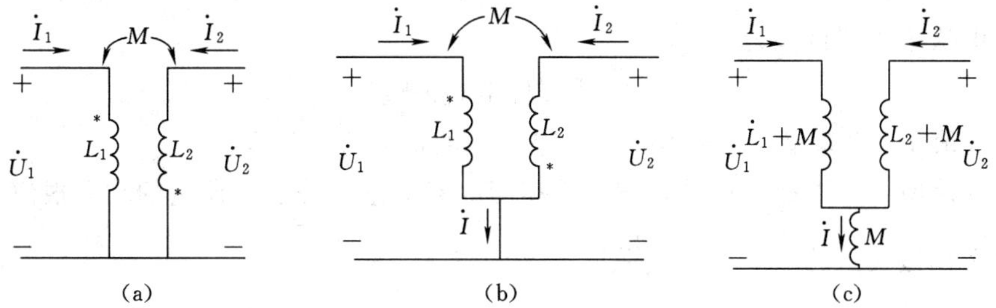

图 3-76　互感线圈异名端一端并联电路

【例 3-32】 求图 3-77（a）所示电路 ab 端钮的入端阻抗。

解　图 3-77（a）所示电路的去耦等效电路如图 3-77（b）所示，则很容易根据阻抗串并联公式得到入端阻抗为

$$Z_{\mathrm{ab}}=10+\mathrm{j}15+\frac{\mathrm{j}10(20+\mathrm{j}5)}{20+\mathrm{j}15}=(13.2+\mathrm{j}22.6)(\Omega)$$

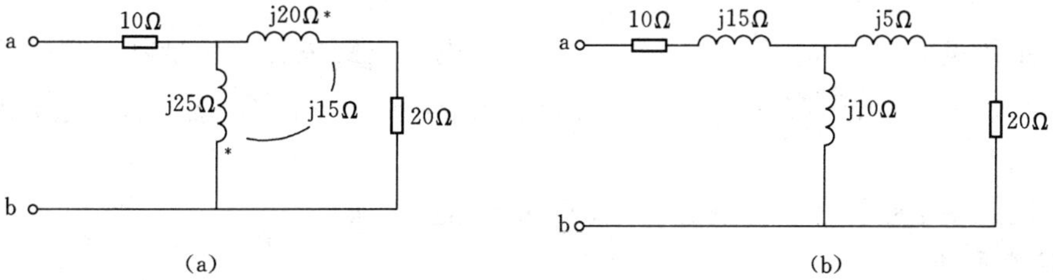

图 3-77　例 3-32

自　测　题

一、填空题

3.14.1　由于一个线圈的电流变化而在另一个线圈中产生________的现象称为____________。

3.14.2　具有互感磁通交链的两个线圈称为________线圈。互感 M 反映了一个线圈在另外一个线圈中产生________的能力。

3.14.3　两个线圈的电流都自同名端通入时，互感磁通与自感磁通相互________。

3.14.4　具有磁耦合的两个线圈顺接时，等效电感 $L=$________________；两个线圈反接时等效电感 $L=$________________。

小　　结

正弦电流电路是指同频率正弦激励下线性动态电路的稳定状态，正弦电流电路中所有

响应都是与激励同频率的正弦量。本章先介绍正弦量概念和用相量表示正弦量，这是分析计算正弦电流电路的基础。然后从分析正弦电流电路中的 R、L、C 元件和 RLC 串联电路、RLC 并联电路这些特殊情况出发，定义复阻抗和复导纳，介绍复阻抗、复导纳的等效变换及串并联，并讨论正弦电流电路中的功率以及利用相量法分析正弦电流电路。

1. 正弦量

(1) 正弦量的解析式为

$$i(t)=\sqrt{2}I\sin(\omega t+\psi)$$

式中，有效值 I、角频率 ω、初相 ψ 是决定一个正弦量的三要素。

(2) 有效值 I 是周期量在热效应方面相当的直流量，等于周期量的均方根值。正弦量的有效值为其最大值的 $\frac{1}{\sqrt{2}}$，即 $I=\frac{I_m}{\sqrt{2}}$。

(3) 正弦量一个周期内相位为 2πrad；角频率 ω 是正弦量相位增长的速度 $\omega=2\pi f=\frac{2\pi}{T}$，式中 f 为频率，单位为 Hz；T 为周期，单位为 S，$f=1/T$。

(4) 初相反映正弦量在计时起点（$t=0$）的状态。初相为正的正弦量，其初始值为正；初相为负的正弦量，其初始值为负。相位差等于两个同频率正弦量初相之差，相位差的存在表示两个正弦量在不同时刻到达零点。

2. 用相量表示正弦量

(1) 正弦量 $i(t)=\mathrm{Im}[\sqrt{2}Ie^{j(\omega t+\psi)}]$，由于正弦电流电路中各正弦量具有相同的角频率 ω，略去 $e^{j\omega t}$，$i(t)=\mathrm{Im}[\sqrt{2}Ie^{j\psi}]$，可以用有效值相量 $\dot{I}=Ie^{j\psi}=I\angle\psi$ 表示，其运算方法和复数相同。

(2) 同频率正弦量之和的相量等于正弦量的相量之和。

3. 储能元件

(1) 线性电感元件。线性电感元件的韦安特性曲线为通过原点的一条直线，电感（自感）定义为 $L=\frac{\psi}{i}$，为一常量，单位为 H；在关联参考方向下的 $u=L\frac{\mathrm{d}i}{\mathrm{d}t}$；储能为 $W_L=\frac{1}{2}Li^2$。

(2) 线性电容元件。线性电容元件的库伏特性曲线为通过原点的一条直线，电容定义为 $C=q/u$，为一常量，单位为 F；在关联参考方向下 $i=C\frac{\mathrm{d}u}{\mathrm{d}t}$；储能为 $W_L=\frac{1}{2}Cu^2$。

4. 正弦电流电路的基本性质和计算公式（可利用对偶关系帮助理解和记忆）

(1) KCL、KVL 的相量形式：$\sum\dot{I}=0$，$\sum\dot{U}=0$。

(2) R、L、C 元件 VCR 的相量形式为

$$\dot{U}=R\dot{I},\dot{U}_L=j\omega L\dot{I}=jX_L\dot{I},\dot{U}_C=\frac{1}{j\omega C}\dot{I}=-jX_C\dot{I}$$

式中，R 为电阻；X_L 为感抗；X_C 为容抗。单位均为 Ω。

$$\dot{I}=G\dot{U},\dot{I}=\frac{1}{j\omega L}\dot{U}=-jB_L\dot{U},\dot{I}=j\omega C\dot{U}=jB_C\dot{U}$$

式中，G 为电导；B_L 为感纳；B_C 为容纳。单位均为 S。

（3）RLC 串联电路的复阻抗为

$$Z=R+j\omega L+\frac{1}{j\omega C}=R+j\left(\omega L-\frac{1}{\omega C}\right)=R+j(X_L-X_C)$$
$$=R+jX=|Z|\angle\varphi$$

式中，Z 为复阻抗；R 为电阻；X 为电抗，单位均为 Ω；$|Z|$、φ 分别为阻抗、阻抗角。R、X、$|Z|$ 构成阻抗三角形。

当 $X_L>X_C$ 时，$\varphi>0$，为感性电路；当 $X_L<X_C$ 时，$\varphi<0$，为容性电路；当 $X_L=X_C$ 时，$\varphi=0$，为电阻性电路。

（4）RLC 并联电路的复导纳为

$$Y=\frac{1}{R}+\frac{1}{j\omega L}+j\omega C=G+j\left(-\frac{1}{\omega L}+\omega C\right)=G+j(-B_L+B_C)$$
$$=G+jB=|Y|\angle\varphi'$$

式中，Y 为复导纳；G 为电导；B 为电纳，单位均为 S；$|Y|$、φ' 分别为导纳、导纳角。G、B、$|Y|$ 构成导纳三角形。

当 $B_C>B_L$ 时，$\varphi'>0$，为容性电路；当 $B_C<B_L$ 时，$\varphi'<0$，为感性电路；当 $B_L=B_C$ 时，$\varphi'=0$，为电阻性电路。

（5）不含独立源的二端网络，在关联参考方向时，端口电压相量（或电流相量）与电流相量（或电压相量）的比值为二端网络的复阻抗（或复导纳），即

$$Z=\frac{\dot{U}}{\dot{I}}=|Z|\angle\varphi,\ Y=\frac{\dot{I}}{\dot{U}}=|Y|\angle\varphi'$$

对同一不含独立源的二端网络，其端口复阻抗与复导纳互为倒数，即

$$Z=\frac{1}{Y}$$

5．正弦电流电路的功率

（1）不含独立源二端网络的功率，在电压、电流为关联参考方向时：

有功功率 $P=UI\cos\varphi=UI\lambda$，为二端网络吸收的平均功率；$\varphi=\psi_u-\psi_i$ 为功率因数角，等于二端网络的阻抗角；λ 为功率因数。P 的单位为 W。

无功功率 $Q=UI\sin\varphi$，为二端网络与外电路进行能量交换的最大速率。若 $Q>0$，吸收感性无功功率；若 $Q<0$，吸收容性无功功率，相当于提供感性无功功率。Q 的单位为 var。

视在功率 $S=UI$，常用来表征电气设备的容量，S 的单位为 V・A。

P、Q、S 构成功率三角形，$Q=P\tan\varphi$。

复功率是一个计算用的复数量，在关联参考方向下二端网络的复功率定义为

$$\tilde{S}=\dot{U}\dot{I}^*=P+jQ=S\angle\varphi$$

其计算公式为

$$\tilde{S}=\dot{U}\dot{I}^*=ZI^2=Y^*U^2$$

单位为 V・A。

(2) 为了改善功率因数（由 $\cos\varphi$ 提高为 $\cos\varphi_1$），以减少线路的电压损失和功率损耗，可在电感性负载两端并联电容器，所需电容器的无功功率为

$$Q_C = P\tan\varphi - P\tan\varphi_1$$

电容器的电容为

$$C=\frac{Q_C}{\omega U^2}=\frac{P}{U^2\omega}(\tan\varphi-\tan\varphi_1)$$

6. 相量法

(1) 画出电路的相量模型，将激励和响应用相量表示，选定它们的参考方向，元件用复阻抗或复导纳表示。

(2) 根据两类约束的相量形式列写电路方程，并用相量图辅助进行求解。

7. 谐振

含由电阻、电感和电容组成的交流电路，端口电压和电流出现同相位的现象称为谐振。谐振时，电路对外呈阻性。

RLC 串联电路发生谐振的条件是感抗等于容抗，即

$$X_L = X_C \text{ 或 } \omega L=\frac{1}{\omega C}$$

串联谐振的角频率为

$$\omega_0=\frac{1}{\sqrt{LC}}$$

调节电源频率 f，或调节 L、C，使电路达到谐振的过程称为调谐。

串联谐振的特点是：①电路的输入阻抗最小，电流有效值达到最大；②电感和电容的电压 $U_L=U_C=QU$，可能远大于电路输入电压，所以也称电压谐振。

串联谐振时，电感或电容电压与电源电压之比值称为品质因数 Q，即

$$Q=\frac{U_L}{U}=\frac{U_C}{U}$$

$$=\frac{\omega_0 L}{R}=\frac{1}{R\omega_0 C}$$

$$=\frac{\rho}{R}$$

ρ 为特性阻抗，即

$$\rho=\omega_0 L=\frac{1}{\omega_0 C}=\sqrt{\frac{L}{C}}$$

8. RLC 并联电路发生谐振的条件

其感纳等于容纳，即 $B_C=B_L$，或 $B=0$。这时，电感和电容的电流有效值相等、相位相反，彼此相互抵消。

并联谐振的特点是：①电路呈阻性，等效谐振 $Z_0=\frac{L}{RC}$，电路的输入阻抗最大或接近最大；②电感和电容的电流 $I_C\approx I_L=QI_0$，有可能比输入电流大许多倍，所以并联谐振又称为电流谐振。

在电力工程中，谐振引起的高电压或大电流可能造成危害而应予以防止。但在无线电技术中谐振得到了广泛应用，从串联谐振电路的电流谐振或并联谐振电路的阻抗谐振曲线中可以知道，谐振电路对不同频率的信号具有选择能力，Q 值越大，选择性越好。

9. 磁耦合线圈

每个线圈的合成磁链为自感磁链和互感磁链的代数和，即

$$\psi_1=\psi_{11}\pm\psi_{12}=L_1 i_1\pm Mi_2$$

$$\psi_2=\psi_{22}\pm\psi_{21}=L_2 i_2\pm Mi_2$$

式中，L_1、L_2 为每个线圈的自感；M 为互感，都是正值，$M=k\sqrt{L_1L_2}$，k 为耦合因数，$0\leqslant k\leqslant 1$。

每个线圈的电压包括自感电压和互感电压两部分，由于每个线圈的电压与电流取关联参考方向，所以自感电压总是正值；而互感电压则与引起该电压的另一个线圈的电流参考方向有关，如对同名端相关联时取正值，为非关联时取负值，即

$$u_1=L_1\frac{\mathrm{d}i_1}{\mathrm{d}t}\pm M\frac{\mathrm{d}i_2}{\mathrm{d}t}$$

$$u_2=L_2\frac{\mathrm{d}i_2}{\mathrm{d}t}\pm M\frac{\mathrm{d}i_1}{\mathrm{d}t}$$

10. 同名端

当电流 i_1 和 i_2 在耦合线圈中产生的磁通方向相同且相互增强时，电流 i_1 和 i_2 流入的两个端钮为同名端；否则为异名端。当外加电流由一线圈的端钮流入且增大时，于耦合线圈感生电动势，在同名端引起较异名端为高的电位，并由同名端向外电路流出电流。

11. 耦合电感的相量形式

$$\dot{U}_1=\mathrm{j}\omega L_1\dot{I}\pm\mathrm{j}\omega M\dot{I}_2$$

$$\dot{U}_2=\mathrm{j}\omega L_2\dot{I}_2\pm\mathrm{j}\omega M\dot{I}_1$$

互感电压与引起该电压的另一个线圈电流的参考方向对同名端相关联时取正值，为非关联时取负值。

计及互感电压后，可用支路分析法等列出含耦合电感电路的电路方程，然后求解。

12. 耦合电感

耦合电感的串联或并联均等效为一个电感。

串联时，等效电感为 $L=L_1+L_2\pm 2M$，顺接时取“+”号，反接取“−”号。

并联时，等效电感为 $L=\dfrac{L_1L_2-M^2}{L_1+L_2\mp 2M}$，同名端相连取“−”号，异名端相连取“+”号。

习　题

3-1　有两个正弦量

$$u=10\sqrt{2}\sin(314t+30^\circ)\,\mathrm{V}$$

$$i=0.5\sqrt{2}\sin(314t-60^\circ)\,\mathrm{A}$$

试求：(1) 它们各自的幅值、有效值、角频率、频率、周期、初相位；

(2) 它们之间的相位差，并说明其超前与滞后关系；

(3) 试绘出它们的波形图。

3-2 已知正弦电压和电流的波形如图3-78所示，频率为50Hz。

(1) 试指出它们的最大值和初相位及其相位差，并说明哪个正弦量超前，超前多少角度。

(2) 写出电压、电流的瞬时值表达式。

(3) 画出相量图。

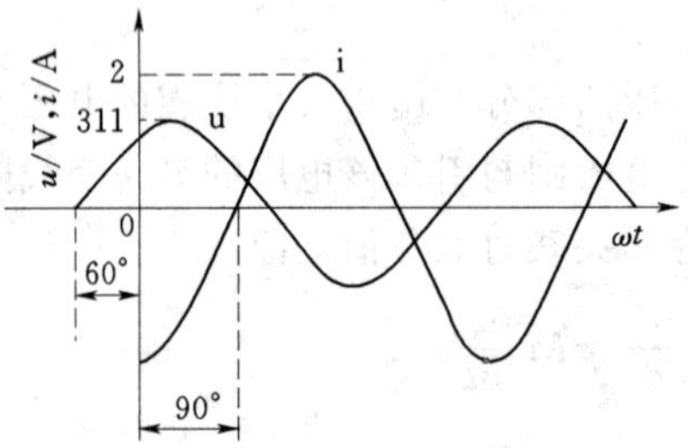

图3-78 习题3-2图

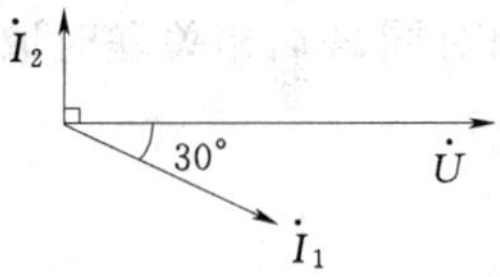

图3-79 习题3-4图

3-3 已知两个正弦量

$$i_1=10\sqrt{2}\sin(\omega t+30^\circ)\text{A}$$

$$i_2=5\sqrt{2}\sin(\omega t+60^\circ)\text{A}$$

写出两电流的相量形式；试求 $i_1+i_2=?$；$i_1-i_2=?$

3-4 在图3-79所示的相量图中，已知：$U=220\text{V}$，$I_1=5\text{A}$，$I_2=3\text{A}$，它们的角频率为 ω，试写出各正弦量的瞬时值表达式 u、i_1、i_2 以及其相量 $\dot{U}$、$\dot{I}_1$、$\dot{I}_2$。

3-5 某电路只具有电阻，$R=2\Omega$，电源电压 $u=14.1\sin(\omega t-30^\circ)\text{V}$，试写出电阻的电流瞬时值表达式；如果用交流电流表测量该电路的电流，其读数应为多少？电路消耗的功率是多少？若电源频率增大一倍，电源电压值不变又如何？

3-6 某线圈的电感为0.5H（电阻可忽略），接于220V的工频电源上（设电压的初相位为30°），求电路中电流的有效值及无功功率，画出相量图；若电源频率为100Hz，其他条件不变又如何？

3-7 某电容 $C=8\mu\text{F}$ 接于220V的工频电源上，设电压的初相角为30°，求电路中的电流有效值及无功功率，并画出相量图；若电源的频率为100Hz，其他条件不变又如何？

3-8 日光灯管与镇流器串联接到交流电压上，可看作 R、L 串联电路。如已知某灯管的等效电阻 $R_1=280\Omega$，镇流器的电阻和电感分别为 $R_2=20\Omega$ 和 $L=1.65\text{H}$，电源电压 $U=220\text{V}$。试求电路中电流和灯管两端与镇流器上的电压。电源频率为50Hz。

3-9 有一电感线圈，其 $R=7.5\Omega$ 电阻，电感 $L=6\text{mH}$，将此线圈与 $C=5\mu\text{F}$ 的电容串联后，接到有效值为10V、$\omega=5000\text{rad/s}$ 的正弦电压源上，求电流和 R、L、C 上的电压，并画出相量图。

3-10 在 RLC 并联电路中，已知 $R=10\Omega$，$X_L=15\Omega$，$X_C=8\Omega$，电路电压 $U=$

120V，$f=50$Hz。试求：(1) 电流 $\dot{I}_R$、$\dot{I}_L$、$\dot{I}_C$ 及总电流 $\dot{I}$；(2) 复导纳 Y；(3) 画出相量图。

3-11　电路如图 3-80 所示，$R=5\Omega$，$L=0.05$H，$\dot{I}=1$A，$\omega=200$rad/s，试求 $\dot{U}_R$、$\dot{U}_L$ 和 $\dot{U}_S$，并作出相量图。

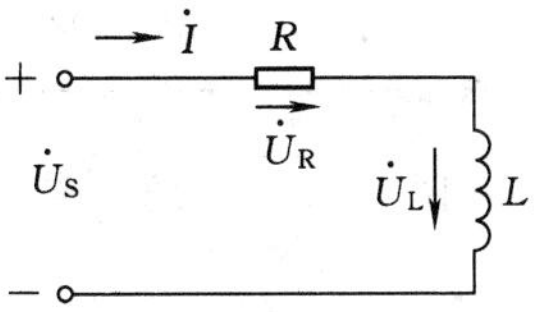

图 3-80　习题 3-11 图

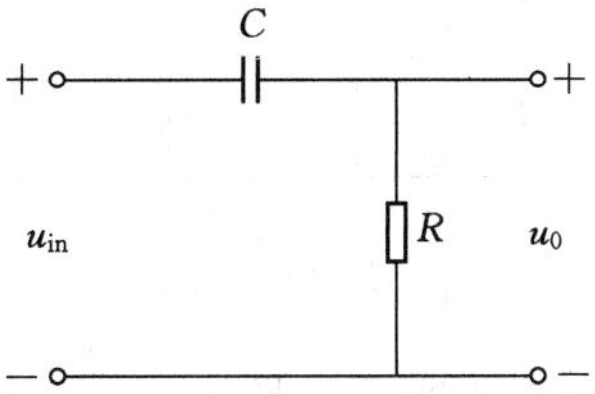

图 3-81　习题 3-12 图

3-12　RC 移相电路如图 3-81 所示，$C=0.01\mu$F，输入电压 $u_{in}=\sqrt{2}\sin 6280t$V，欲使输出电压 u_o 比输入电压超前，电阻应为多大？输出电压的有效值为多少？

3-13　已知图 3-82 所示电路中电压表的读数 V_1 为 6V、V_2 为 8V、V_3 为 14V，电流表的读数 A_1 为 3A、A_2 为 8A、A_3 为 4A。求电压表和电流表的读数。

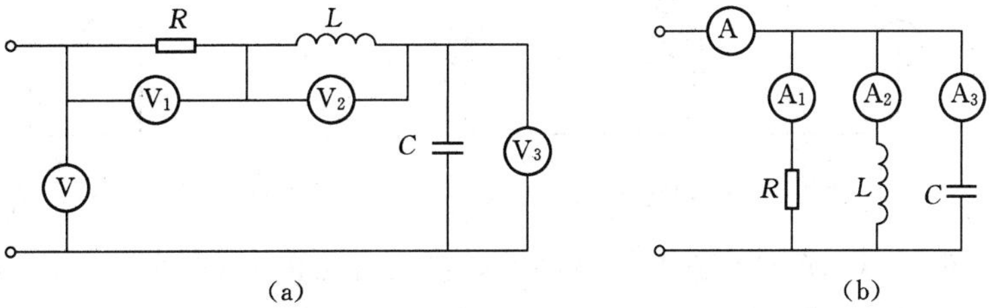

图 3-82　习题 3-13 图

3-14　在 R、L、C 串联电路中，已知 $R=10\Omega$，$X_L=15\Omega$，$X_C=5\Omega$，电源电压 $u=10\sqrt{2}\sin(314t+30°)$V。求此电路的复阻抗 Z，电流 $\dot{I}$，电压 $\dot{U}_R$、$\dot{U}_L$、$\dot{U}_C$，并画出相量图。

3-15　已知 RLC 并联电路如图 3-83 所示，电源电压 $\dot{U}=120\angle 0°$ V，$f=50$Hz。试求：(1) 各支路电流及总电流；(2) 电路的功率因数，电路呈电感性还是电容性？(已知 $R=10\Omega$，$X_L=20\Omega$，$X_C=5\Omega$)

3-16　某线性无源二端网络的端口电压和电流分别为 $\dot{U}=220\angle 65°$ V、$\dot{I}=10\angle 35°$ A，电压、电流取关联参考方向，工频。(1) 求等效阻抗及等效参数，并画出等效电路图；(2) 判断电路的性质。

3-17　有 3 个复阻抗 $Z_1=40+\mathrm{j}15\Omega$、$Z_2=20-\mathrm{j}20\Omega$、$Z_3=60+\mathrm{j}80\Omega$ 相串联，电源电压 $\dot{U}=100\angle 30°$ V。试计算：

(1) 总的复阻抗 Z。

(2) 电路的电流 $\dot{I}$。

(3) 各阻抗电压$\dot{U}_1$、$\dot{U}_2$、$\dot{U}_3$，并画出相量图。

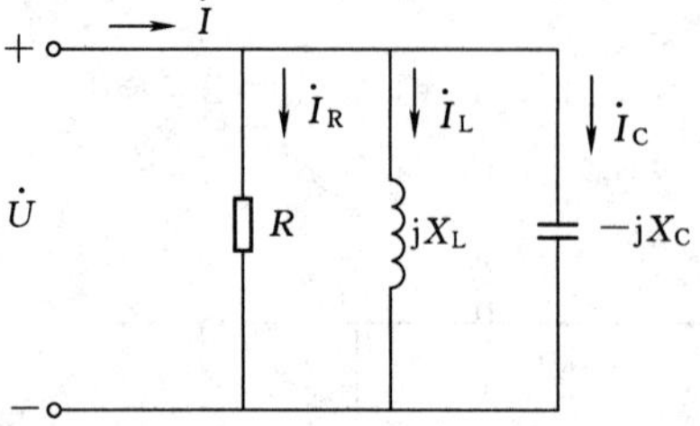

图 3-83　习题 3-15 图

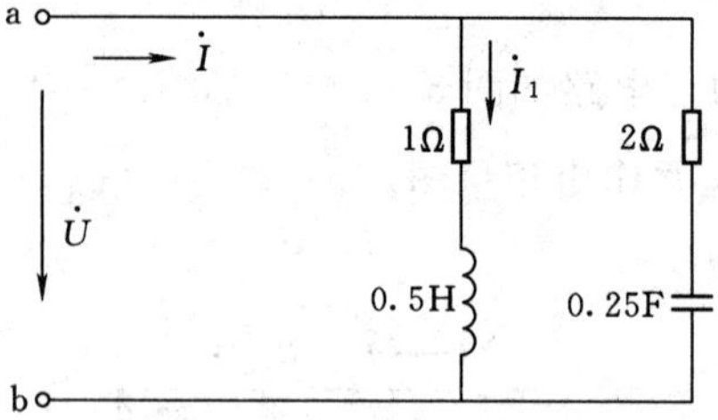

图 3-84　习题 3-18 图

3-18　如图 3-84 所示电路 $u=5\sqrt{2}\sin(2t)$ V，求：(1) 等效 Z_{ab}及等效导纳 Y_{ab}；(2) 总电流 $\dot{I}$及 $\dot{I}_1$。

3-19　电路如图 3-85 所示，已知$\dot{U}_{S1}=50\angle 90°$ V，$\dot{U}_{S2}=50\angle 0°$ V，$R_1=5\Omega$，$R_2=2\Omega$，$X_L=5\Omega$。试用支路电流法求各支路电流$\dot{I}_1$、$\dot{I}_2$和$\dot{I}_3$。

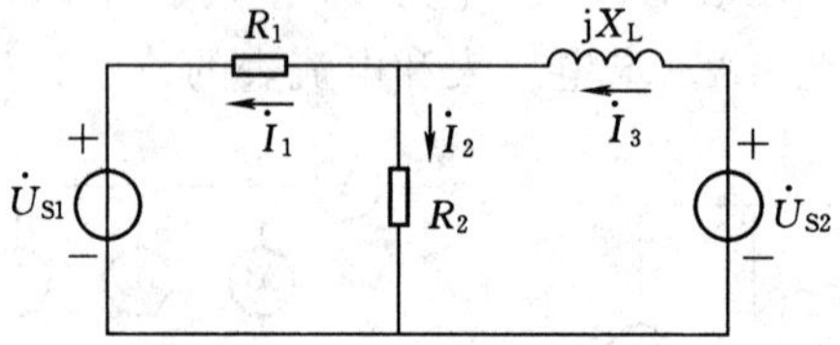

图 3-85　习题 3-19 图

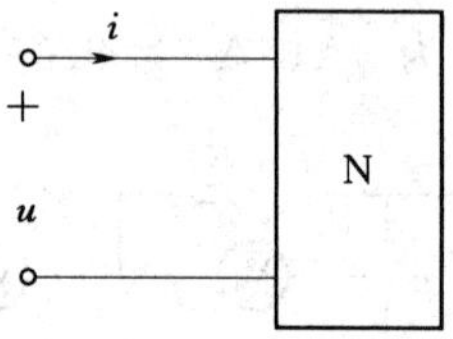

图 3-86　习题 3-20 图

3-20　如图 3-86 所示无源单口网络 N，已知 $u=40\sin(5t+30°)$V，$i=20\sin(5t-30°)$A，求网络 N 的等效阻抗、有功功率 P、无功功率 Q、视在功率 S、功率因数。

3-21　电路如图 3-87 所示。已知 $Z_1=20+j15\Omega$、$Z_2=20-j10\Omega$，外加正弦电压的有效值为 220V，求各负载和整个电路的有功功率、无功功率、视在功率和功率因数。

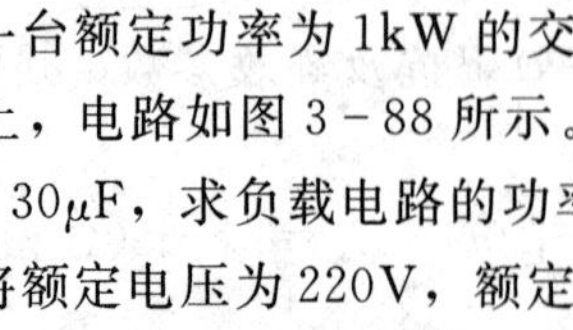

图 3-87　习题 3-21 图

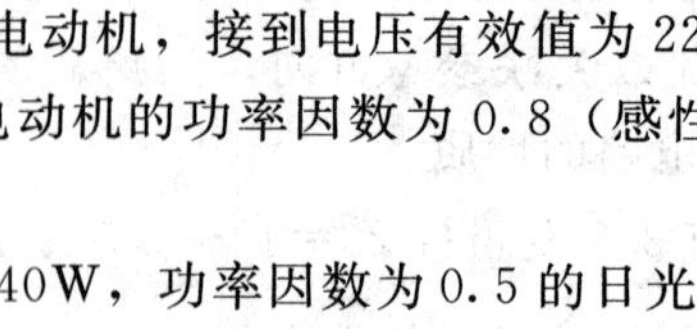

图 3-88　习题 3-22 图

3-22　一台额定功率为 1kW 的交流异步电动机，接到电压有效值为 220V，频率 $f=50$Hz 的电源上，电路如图 3-88 所示。已知电动机的功率因数为 0.8（感性），与电动机并联的电容为 30μF，求负载电路的功率因数。

3-23　将额定电压为 220V，额定功率为 40W，功率因数为 0.5 的日光灯电路的功率因数提高到 0.9，需并联多大电容？

3-24　电压为 220V 的线路上接有功率因数为 0.5、功率为 800W 的日光灯和功率因数为 0.65、功率为 500W 的电风扇。试求线路的总有功功率、无功功率、视在功率、功率因数及总电流。

3-25　电路如图 3-89 所示，已知 $R_1=10\Omega$，$R_2=50\Omega$，$X_L=10\Omega$，$X_C=20\Omega$，电压$\dot{U}_2=20\angle 0^\circ$ V，试求：

（1）电路的总阻抗 Z，总电流$\dot{I}$，总电压$\dot{U}$。

（2）电路的 P、Q、S。

（3）画出各电压、电流相量图。

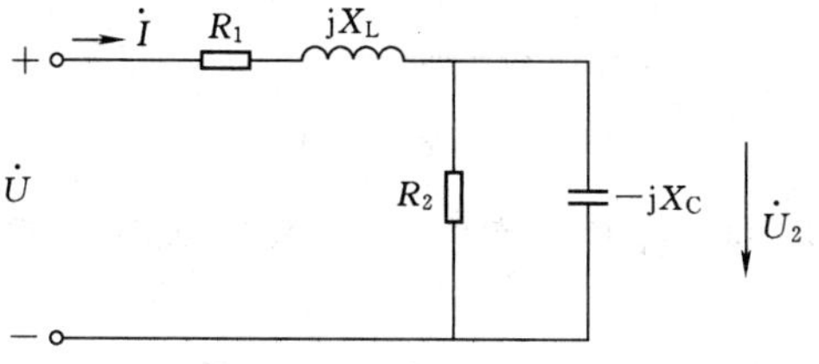

图 3-89　习题 3-25 图

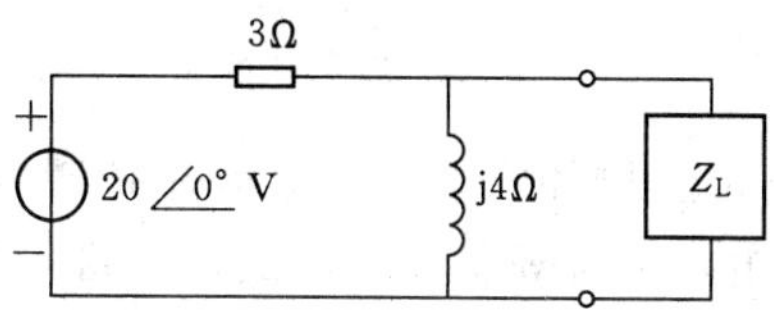

图 3-90　习题 3-26 图

3-26　电路如图 3-90，已知 Z_L 的实部和虚部皆可改变，求使 Z_L 获得最大功率的条件和最大功率值。

3-27　电路如图 3-91 所示，已知 $R_1=4\Omega$，$R_2=3\Omega$，$R_3=5\Omega$，$X_{L1}=3\Omega$，$X_{L3}=4\Omega$，$X_{C1}=1\Omega$，$X_{C2}=3\Omega$，$\dot{E}_1=100\angle 0^\circ$ V，$\dot{E}_2=50\angle 30^\circ$ V。试用戴维南定理求流过电阻 R 的电流。

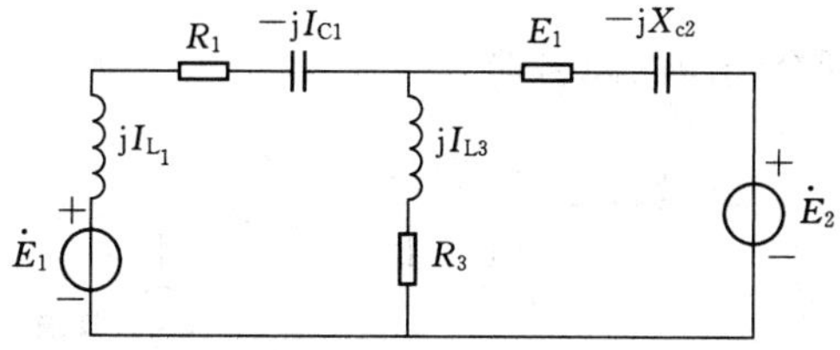

图 3-91　习题 3-27 图

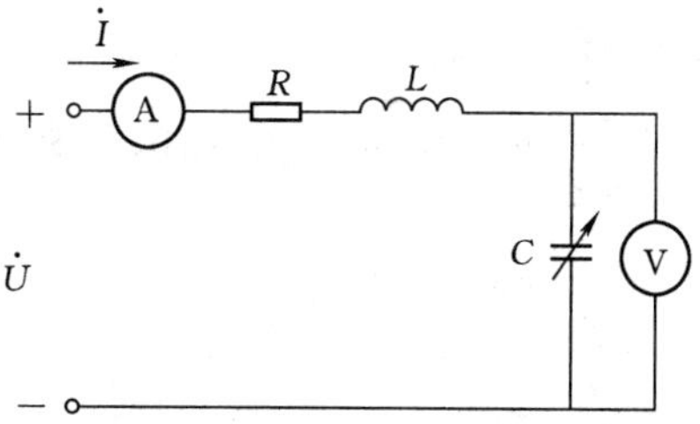

图 3-92　习题 3-29 图

3-28　在 RLC 串联电路中，已知 $R=50\Omega$，$L=300$mH，在 $f=100$Hz 时电路发生谐振。试求：（1）电容 C 值及电路特性阻抗 ρ 和品质因数 Q；（2）若谐振时电路两端电压有效值 $U=20$V，求电路中电流 I_0 及电阻、电感、电容上的各自电压；（3）若改变电路 R 大小，电路的谐振频率是否改变。

3-29　在如图 3-92 所示电路中，电源电压 $U=10$V，角频率 $\omega=5000$rad/s。调节电容 C 使电路中电流达最大，这时电流为 200mA，电压为 600V。试求 R、L、C 之值及回路的品质因数 Q。

3-30　如图 3-93 所示电路中，电流表 A 的读数为 5A，电流表 A_1 的读数为 13A，电流表 A_2 的读数为 12A，电压表读数为 130V。（1）试判断电路是否达到谐振？（2）求 R 和 X_L 的值。

3-31　如图 3-94 所示电路处于谐振状态，电压表的读数为 100V，两个电流表的读数均为10A。试求 X_L、R、X_C。

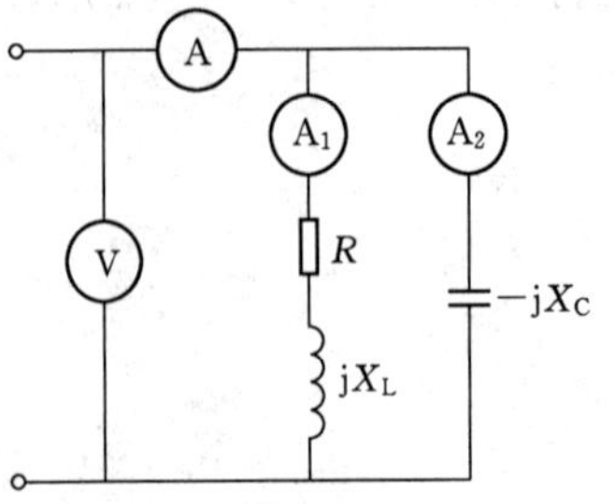

图 3-93 习题 3-30 图

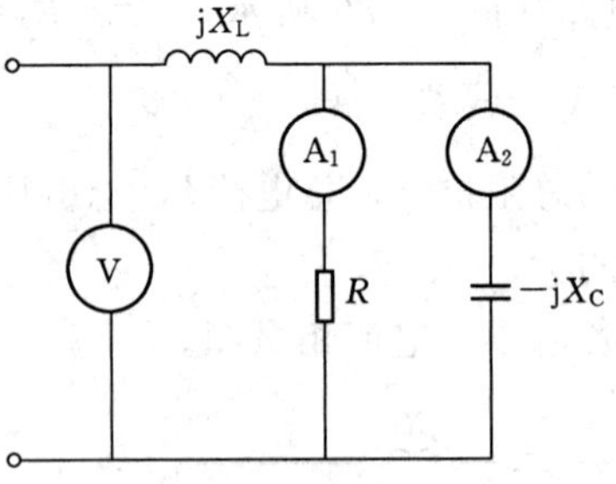

图 3-94 习题 3-31 图

3-32 已知图 3-95 所示并联谐振电路的谐振角频率中 $\omega=5\times10^6$ rad/s，$Q=100$，谐振时电路阻抗等于 2kΩ，试求电路参数 R、L 和 C。

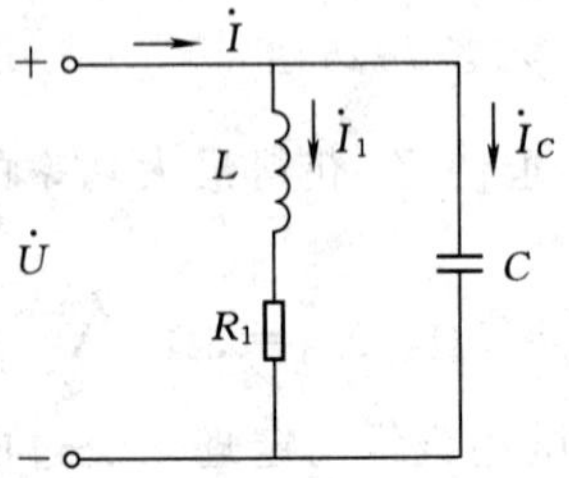

图 3-95 习题 3-32 图

3-33 已知谐振电路如上题图 3-95 所示。已知电路发生谐振时 RL 支路电流等于 15A，电路总电流为 9A，试用作相量法图求出电容支路电流 I_C。

3-34 试述同名端的概念。为什么对两互感线圈串联和并联时必须要注意它们的同名端？

3-35 耦合线圈 $L_1=0.6$H，$L_2=0.4$H，$M=0.6$H，试计算两个线圈串联和并联时的等效电感。

3-36 如果误把顺串的两互感线圈反串，会发生什么现象？为什么？

3-37 如图 3-96 所示，试判断下列耦合线圈的同名端。

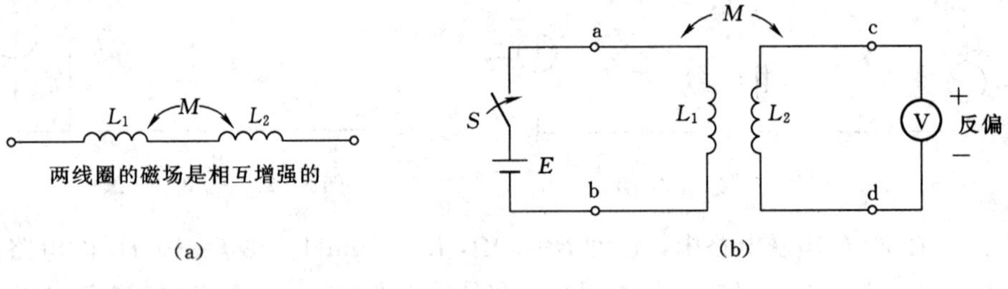

图 3-96 习题 3-37 图

第4章　三相交流电路

学习目标：

（1）了解三相交流电的产生，理解对称正弦三相正弦量的特点并掌握其表示方法。

（2）理解对称三相电源的特点；牢固掌握三相电源、三相负载的星形和三角形连接方式及相电压、相电流、线电压、线电流的概念和相互关系，了解中性线的作用。

（3）熟练掌握三相对称电路的特点和计算，掌握Y形三相不对称电路的计算；掌握对称三相电路功率的计算方法。

（4）了解不对称三相电路中性点电压分析法，理解中性点位移的概念和中性线的作用。

（5）了解对称分量的概念及不对称三相正弦量的分解。

4.1　三　相　电　源

三相电源是由3个频率相同、幅值相等但相位不同的电动势组成的电源，用三相电源供电的电路就称为三相电路。当今绝大多数电力系统均采用三相电路来产生和传输电能。这表现为几乎所有的发电厂都用三相交流发电机，绝大多数的输电线都是三相输电线，工厂中的电力设备大多数也是三相设备，如三相交流电动机。三相交流电路的应用如此广泛，是由于它与单相交流电路相比有着许多技术和经济上的优点。

4.1.1　三相电源概述

在电力工业中，三相电路中的电源通常是三相发电机，由它可以获得3个频率相同、幅值相等，对应于已选定的参考方向，其初相依次互差120°的电动势，这样的发电机称为对称三相电压源，通常简称三相电源。图4－1是三相同步发电机的原理。

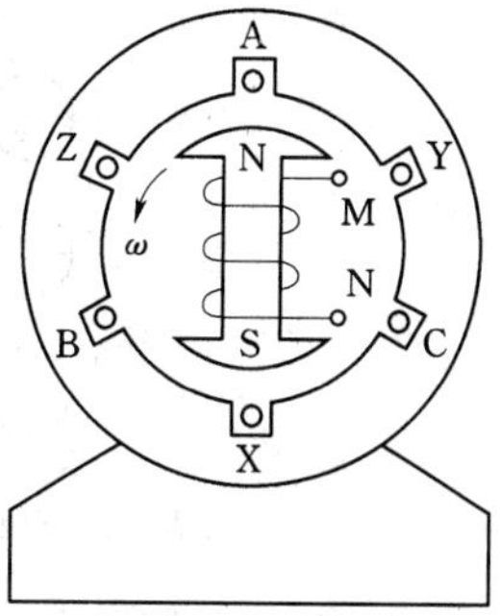

图4－1　三相同步发电机原理

三相发电机中转子上的励磁线圈MN内通有直流电流，使转子成为一个磁极。在定子内侧面、空间相隔120°的槽内装有3个完全相同的线圈A－X、B－Y、C－Z。转子与定子间磁场即电机气隙磁场被设计成正弦分布。当转子以角速度ω转动时，3个线圈中便分别感应出频率相同、幅值相等、初相依次互差120°的3个电动势。有这样的3个电动势的发电机便构成对称三相电源。

对称三相电源的电压瞬时值表达式（以u_A为参考正弦量）为

$$\begin{cases} u_A=\sqrt{2}U\sin(\omega t) \\ u_B=\sqrt{2}U\sin(\omega t-120^\circ) \\ u_C=\sqrt{2}U\sin(\omega t+120^\circ) \end{cases} \tag{4-1}$$

三相发电机中 3 个线圈的首端分别用 A、B、C 表示；尾端分别用 X、Y、Z 表示。三相电压的参考方向为首端指向尾端。对称三相电源的电路符号如图 4-2 所示。

它们的相量形式为

$$\begin{cases} \dot{U}_A=U\angle 0^\circ \\ \dot{U}_B=U\angle -120^\circ \\ \dot{U}_C=U\angle +120^\circ \end{cases} \tag{4-2}$$

对称三相电压的相量图和波形图如图 4-3 和图 4-4 所示。

4.1.2 对称三相正弦量

如同上述三相电源电压的特点，3 个频率相同、有效值相等而初相依次互差 120°的正弦电压或电流称为对称三相正弦量。频率相同，但有效值或相位差不满足上述定义的就称为不对称三相正弦量。

很明显，对称三相正弦量瞬时值之和恒为零，如对称三相正弦电压 u_A、u_B、u_C 之和有

$$u_A+u_B+u_C=0 \tag{4-3}$$

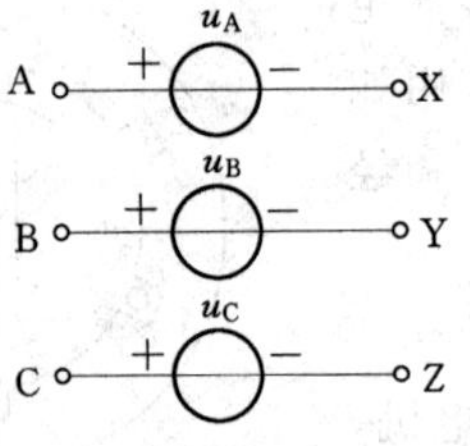

图 4-2 对称三相电源

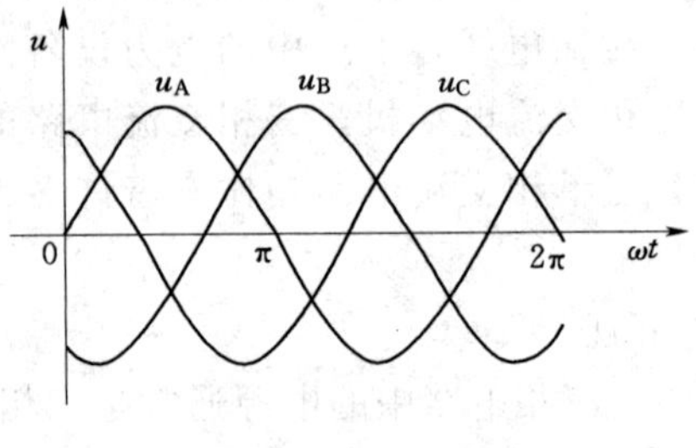

图 4-3 波形

3 个电压的相量之和也为零，即

$$\dot{U}_A+\dot{U}_B+\dot{U}_C=0 \tag{4-4}$$

这是对称三相电源的重要特点。

通常三相发电机产生的都是对称三相电源。本书今后若无特殊说明，提到的三相电源均为对称三相电源。

4.1.3 相序

三相电源中每一相电压经过同一值（如正的最大值）的先后次序称为相序。从图 4-3 可以看出，其三相电压到达最大值的次序依次为 u_A、u_B、u_C，其相序为 A—B—C—A，称为顺序或正序。若将发电机转子反转，有

$$u_A = \sqrt{2}U\sin\omega t$$

$$u_C = \sqrt{2}U\sin(\omega t - 120°)$$

$$u_B = \sqrt{2}U\sin(\omega t + 120°)$$

则相序为 A－C－B－A，称为逆序或负序。

工程上常用的相序是顺序，如果不加以说明，都是指顺序（正序）。工业上通常在交流发电机的三相引出线及配电装置的三相母线上，涂有黄、绿、红 3 种颜色，分别表示 A、B、C 三相。

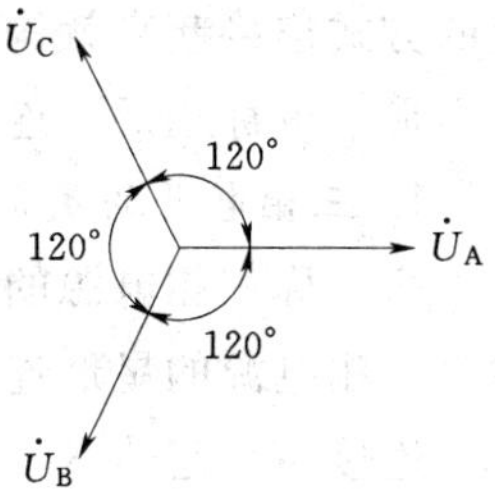

图 4－4 相量图

自 测 题

一、填空题

4.1.1 3 个电动势的________相等，________相同，________依次互差 120°，就称为对称三相电动势。

4.1.2 对称三相正弦量（包括对称三相电动势，对称三相电压、对称三相电流）的瞬时值之和恒等于________。

4.1.3 三相电压到达幅值（或零值）的先后次序称为________。

4.1.4 三相电压的相序为 A－B－C 的称为________相序，工程上通用的相序指________相序。

4.1.5 对称三相电源，设 B 相的相电压 $\dot{U}_B = 220\angle 90°$ V，则 A 相电压 $\dot{U}_A =$ ________，C 相电压 $\dot{U}_C =$ ________。

4.1.6 对称三相电源，设 A 相电压为 $u_A = 220\sqrt{2}\sin(314t)$ V，则 B 相电压为 $u_B =$ ________________，C 相电压为 $u_C =$ ________________。

二、判断题

4.1.7 假设三相电源的正相序为 A－B－C，则 C－B－A 为负相序。（　　）

4.1.8 对称三相电源，假设 A 相电压 $u_A = 220\sqrt{2}\sin(\omega t + 30°)$ V，则 B 相电压为 $u_B = 220\sqrt{2}\sin(\omega t - 120°)$ V。（　　）

4.1.9 3 个频率、振幅和相位相同的正弦电压，就称为对称三相电压。（　　）

4.1.10 对称三相正弦量达到零值（指由负变正时经过的零值）的顺序叫做它们的相序。（　　）

三、计算题

4.1.11 若已知对称三相交流电源 B 相电压为 $u_B = 220\sqrt{2}\sin(\omega t + 30°)$ V，根据习惯相序写出其他两相的电压的瞬时值表达式及三相电源的相量式，并画出波形图及相量图。

4.2 三相电源和三相负载的连接

4.2.1 三相电源的连接

三相发电机的每一相绕组产生的电动势都是独立的电源。将三相电源的 3 个绕组以一定的方式连接起来就构成三相电路的电源。通常的连接方式是星形（也称Y形）连接和三角形（也称△形）连接。对三相发电机来说，三相绕组通常采用星形连接。

1. 三相电源的星形连接

将对称三相电源的尾端X、Y、Z连在一起，始端A、B、C引出作输出线，这种连接称为三相电源的星形连接，如图4-5所示。

连接在一起的X、Y、Z点称为三相电源的中性点，用N表示，从中性点引出的线称为中性线。3个电源始端A、B、C引出的线称为端线或相线（俗称火线）。

电源每相绕组两端的电压称为电源的相电压，电源相电压用符号 u_A、u_B、u_C 表示，一般规定其参考方向从端线指向中点；而端线之间的电压称为线电压，用 u_{AB}、u_{BC}、u_{CA} 表示。一般规定线电压的参考方向是由A线指向B线，B线指向C线，C线指向A线。下面分析星形连接时对称三相电源线电压与相电压的关系。

根据图4-5，由KVL可得，星形连接三相电源的线电压与相电压有以下关系：

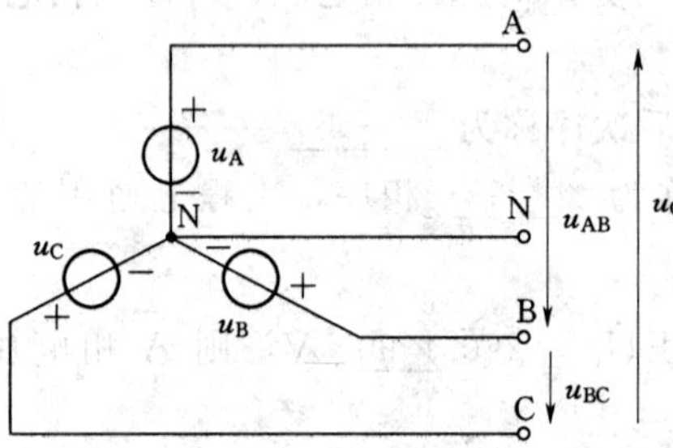

图4-5 星形连接的三相电源

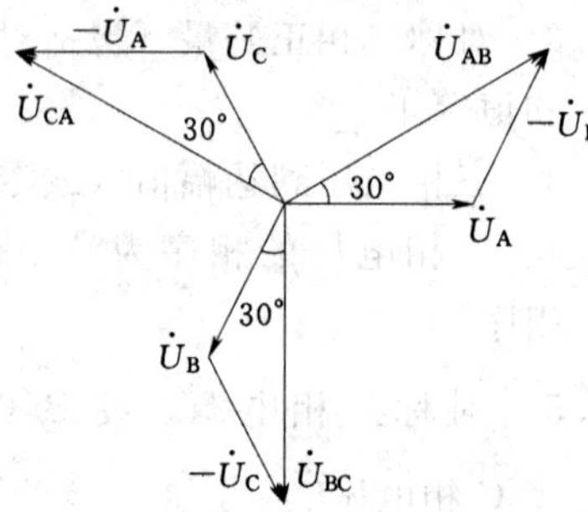

图4-6 星形连接三相电源电压相量图

$$u_{AB}=u_A-u_B$$
$$u_{BC}=u_B-u_C$$
$$u_{CA}=u_C-u_A \tag{4-5}$$

用相量表示，假设

$$\dot{U}_A=U\angle 0°,\dot{U}_B=U\angle -120°,\dot{U}_C=U\angle 120°$$

则线电压与相电压的相量形式关系为

$$\dot{U}_{AB}=\dot{U}_A-\dot{U}_B=\sqrt{3}\dot{U}_A\angle 30°$$
$$\dot{U}_{BC}=\dot{U}_B-\dot{U}_C=\sqrt{3}\dot{U}_B\angle 30°$$
$$\dot{U}_{CA}=\dot{U}_C-\dot{U}_A=\sqrt{3}\dot{U}_C\angle 30°$$

由上式可以看出，星形连接的对称三相电源的线电压也是对称的。如线电压有效值用 U_L 表示，相电压有效值用 U_P 表示，则三相电源星形（Y）连接时，有

$$U_L=\sqrt{3}U_P \tag{4-6}$$

且各线电压的相位超前于相应的相电压30°。其相量图如图4-6所示。

三相电源星形连接可以有两种供电方式：一种是三相四线制（3条端线和一条中性线）；另一种是三相三线制，即无中性线。目前电力网的低压供电系统（又称民用电）为三相四线制，此系统供电的线电压为380V，相电压为220V，通常写做电源电压380V/220V。

2. 三相电源的三角形连接

将对称三相电源中的3个单相电源首尾相接，由3个连接点引出3条端线就形成三角形连接的对称三相电源，如图4－7所示。

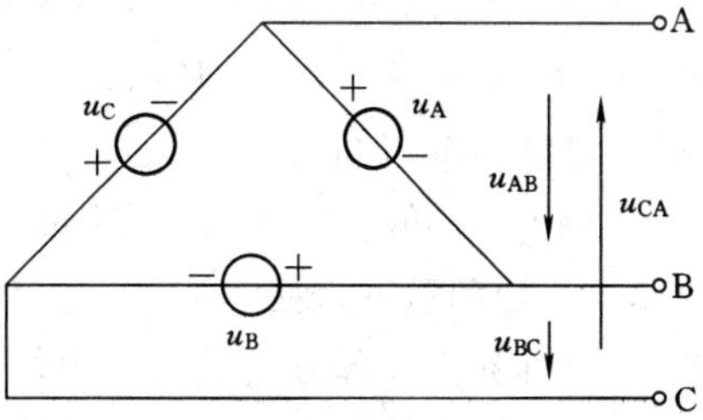

图4－7 三角形连接的三相电源

对称三相电源三角形连接时，只有3条端线，没有中性线，它只能是三相三线制供电。在图4－7中可以明显地看出，线电压就是相应的相电压，即

$$u_{AB}=u_A \quad \dot{U}_{AB}=\dot{U}_A$$
$$u_{BC}=u_B \text{ 或 } \dot{U}_{BC}=\dot{U}_B$$
$$u_{CA}=u_C \quad \dot{U}_{CA}=\dot{U}_C$$

上式说明三角形连接的对称三相电源，线电压等于相应的相电压。

应该注意，三相电源作三角形连接时，要注意连接的正确性。当三相电源连接正确时，在电源的闭合回路中总的电压之和为零，即

$$\dot{U}_A+\dot{U}_B+\dot{U}_C=0$$

相量图如图4－8（b）所示，这样才能保证电源在没有输出的情况下，电源内部没有环形电流存在。但是，如果将某一相电源（如A相）极性对调，则这时在三相电源闭合回路之前总的电压为

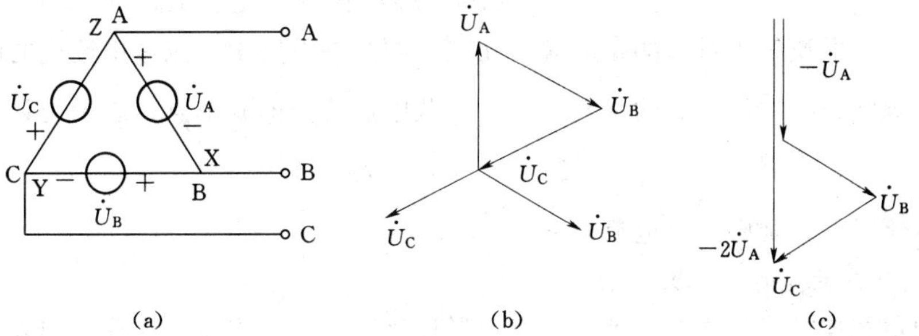

图4－8 三角形连接三相电源电压相量图

$$-\dot{U}_A+\dot{U}_B+\dot{U}_C=-2\,\dot{U}_A$$

是一相电源电压的2倍，相量图如图4－8（c）所示。当三相电源形成三角形闭合回路后，两倍的相电压将作用于三相电源的内阻抗上，由于电源内阻抗很小，就会在电源闭合回路中产生很大的环流，将造成电源毁坏。因此，此种连接一定要事先正确判明三相电源的极性。

另外，三相电路的3个线电压按照KVL，无论对称与否，也无论什么连接，3个线电压瞬时值或相量之和恒等于零。

综上所述可知，三相电源相电压和线电压有以下特点：

(1) 电源线电压、相电压都是对称的。

(2) 电源星形(Y)连接时,线电压等于$\sqrt{3}$倍的相电压,即 $U_L=\sqrt{3}U_P$,且线电压相位超前对应相电压 30°。

(3) 电源三角星形(△)连接时,线电压等于对应的相电压。

4.2.2 三相负载的连接

三相负载由 3 部分组成,其中每一个部分称为一相负载。当三相负载都具有相同的参数(即复阻抗相等)时,三相负载就称为对称三相负载。与三相电源一样,三相负载也有星形、三角形两种常规连接方式。

1. 三相负载的星形(Y)连接

如果 3 个单相负载连接成星形,则称为星形连接(或称 Y 连接)负载。如果各相负载是有极性的,则必须同三相电源一样按各相末端(或各相首端)相连接成中性点,否则将造成不对称。如果各相负载没有极性,则可以任意连接成星形。星形连接负载引出 3 条端线向外连接至三相电源的相线,而将负载中性点 n 连接到三相电源的中性线,如图 4-9 所示。

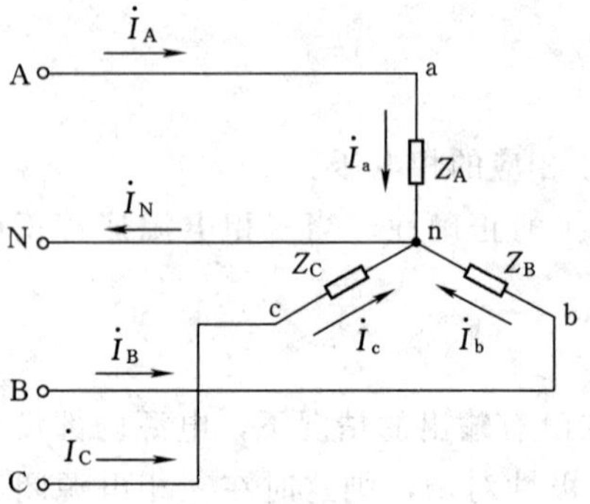

图 4-9 三相负载的星形(Y)连接

三相电路中,流经各相端线(或相线)的电流称为线电流,规定选择各个线电流的参考方向从电源流向负载,如$\dot{I}_A$、$\dot{I}_B$、$\dot{I}_C$;而流过各相负载的电流称为相电流,且负载相电流的参考方向与负载相电压的参考方向关联,如星形连接的相电流$\dot{I}_a$、$\dot{I}_b$、$\dot{I}_c$ 或三角形连接的相电流$\dot{I}_{ab}$、$\dot{I}_{bc}$、$\dot{I}_{ca}$。显然负载星形连接时,线电流等于对应的相电流。在三相四线制电路中,流过中性线的电流称为中性线电流,规定选择中线电流的参考方向由负载中点流向电源中点,表示为$\dot{I}_N$,即有

$$\dot{I}_N=\dot{I}_A+\dot{I}_B+\dot{I}_C$$

如果三相电流对称,则中性线电流$\dot{I}_N=0$。

2. 三相负载的星形(△)连接

当三相负载连接成三角形,则称为三角形连接(或称△连接)负载。如果各相负载是有极性的,则必须同三相电源一样,注意极性连接的顺序。图 4-10 (a) 所示为三角形连接负载,显然各负载的电压就是负载的线电压,而流过各相负载的相电流假设为$\dot{I}_{ab}$、$\dot{I}_{bc}$、$\dot{I}_{ca}$,各端线的线电流假设为$\dot{I}_A$、$\dot{I}_B$、$\dot{I}_C$。按照图 4-10 (a) 所示参考方向,根据 KCL 可得以下关系式,即

$$\dot{I}_A=\dot{I}_{ab}-\dot{I}_{ca}$$

$$\dot{I}_B=\dot{I}_{bc}-\dot{I}_{ab}$$

$$\dot{I}_C=\dot{I}_{ca}-\dot{I}_{bc}$$

如果三相负载相电流对称,则可作相量图如图 4-10 (b) 所示。由相量图可知 3 个

线电流亦对称，如果设 $I_{ab}=I_{bc}=I_{ca}=I_P$，$I_A=I_B=I_C=I_L$，则有

$$I_L=\sqrt{3}I_P \tag{4-7}$$

即线电流的有效值等于$\sqrt{3}$倍的相电流的有效值，而且线电流的相位滞后于对应相的相电流 30°，即$\dot{I}_A=\sqrt{3}\dot{I}_{ab}\angle -30^\circ$、$\dot{I}_B=\sqrt{3}\dot{I}_{bc}\angle -30^\circ$、$\dot{I}_C=\sqrt{3}\dot{I}_{ca}\angle -30^\circ$。

另外，而对于三相三线制电路，根据 KCL，无论线电流对称与否，3 个线电流之和恒为零。

综上所述可知，三相负载 Y 和△连接时，其负载电流有以下特点：

(1) 三相负载 Y 连接时，线电流等于相应的相电流。

(2) △连接时，线电流等于相应的相电流之差。

(3) 如果三相负载对称，则相电流、线电流均对称，且负载△连接时线电流的有效值等于相电流有效值的$\sqrt{3}$倍，即 $I_L=\sqrt{3}I_P$，而线电流滞后相应的相电流 30°。

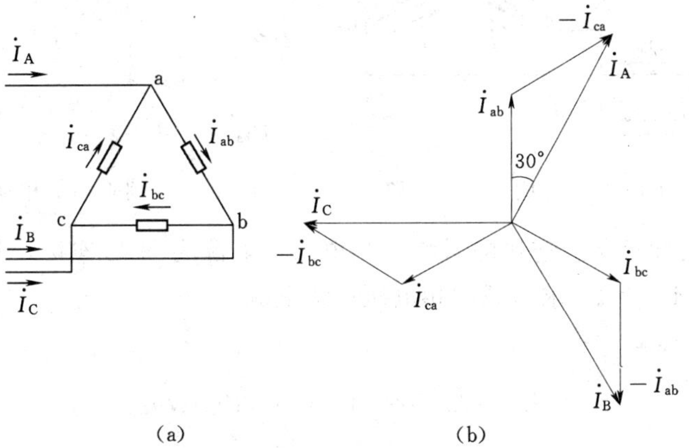

图 4-10　三相负载的三角形（△）连接

组成三相交流电路的每一相电路是单相交流电路。整个三相交流电路则是由 3 个单相交流电路所组成的复杂电路，它的分析方法通常是以单相交流电路的分析方法为基础的。

对称三相电路就是由对称三相电源向星形（Y）连接或三角形（△）连接的负载供电的电路。一般三相电源均为对称电源，因此只要负载都是对称三相负载，则该电路称为对称三相电路。

【例 4-1】 如图 4-11 所示，某对称三相电路，负载为 Y 形连接，三相四线制，其电源线电压为 380V，每相负载阻抗 $Z=8+j6\Omega$，忽略输电线路阻抗。求负载每相电流，画出负载电压和电流相量图。

解　已知 $U_L=380$V，负载为 Y 形连接，其电源无论是 Y 还是△连接，都可用等效的 Y 连接的三相电源进行分析。

电源相电压　$$U_P=\frac{380}{\sqrt{3}}=220(\text{V})$$

设　$$\dot{U}_A=220\angle 0^\circ\ \text{V}$$

则
$$\dot{I}_A=\frac{\dot{U}_A}{Z}=\frac{220\angle 0^\circ}{8+j6}=22\angle -36.87^\circ\text{(A)}$$

根据对称性可得
$$\dot{I}_B=\frac{\dot{U}_B}{Z}=\frac{220\angle -120^\circ}{8+j6}=22\angle -156.9^\circ\text{(A)}$$
$$\dot{I}_C=\frac{\dot{U}_C}{Z}=\frac{220\angle 120^\circ}{8+j6}=22\angle 83.13^\circ\text{(A)}$$

相量图如图 4-12 所示。

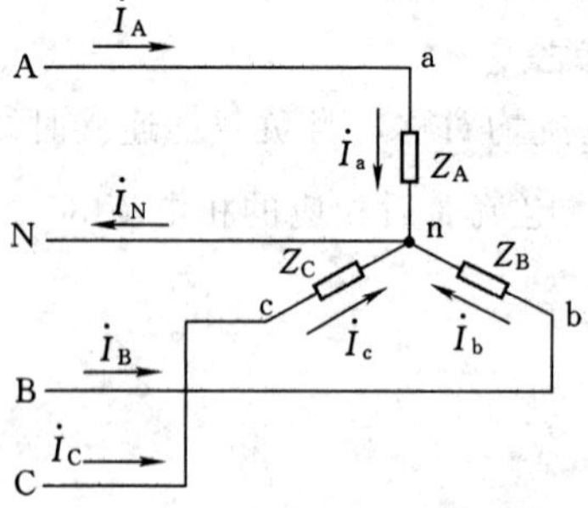

图 4-11 [例 4-1] 电路

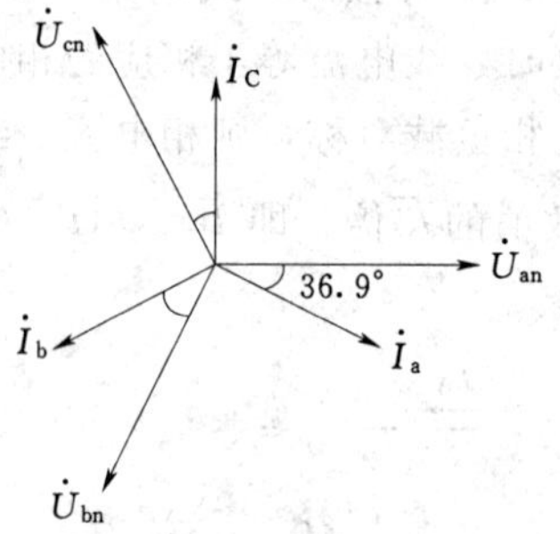

图 4-12 [例 4-1] 相量图

【例 4-2】 已知负载△连接的对称三相电路，电源为 Y 形连接，其相电压为 110V，负载每相阻抗 $Z=4+j3\Omega$。求负载的相电压和线电流。

解 电源线电压
$$U_L=\sqrt{3}U_P=\sqrt{3}\times 110=190\text{(V)}$$

设
$$\dot{U}_{AB}=190\angle 0^\circ\ \text{V}$$
$$\dot{I}_{ab}=\frac{\dot{U}_{AB}}{Z}=\frac{190\angle 0^\circ}{4+j3}=38\angle -36.9^\circ\ \text{A}$$

同理，可根据对称性得
$$\dot{I}_{bc}=38\angle -156.9^\circ\ \text{A}$$
$$\dot{I}_{ca}=38\angle 83.1^\circ\ \text{A}$$

线电流 $\dot{I}_A=\sqrt{3}\dot{I}_{ab}\angle -30^\circ=\sqrt{3}\times 38\angle -36.9^\circ-30^\circ=66\angle -66.9^\circ\ \text{A}$
$$\dot{I}_B=66\angle -186.9^\circ=66\angle 173.1^\circ\ \text{A}$$
$$\dot{I}_C=66\angle 53.1^\circ\ \text{A}$$

【例 4-3】 图 4-13 (a) 所示电路中，加在星形连接负载上的三相电压对称，其线电压为 380V。试求：(1) 三相负载每相阻抗为 $Z_A=Z_B=Z_C=(17.3+j10)\Omega$ 时，各相电流和中性线电流；(2) 断开中性线后的各相电流；(3) 仍保持有中性线，但 C 相负载改为 20Ω 时的各相电流和中性线电流。

解 (1) 由于三相电压对称，每相负载电压有效值为

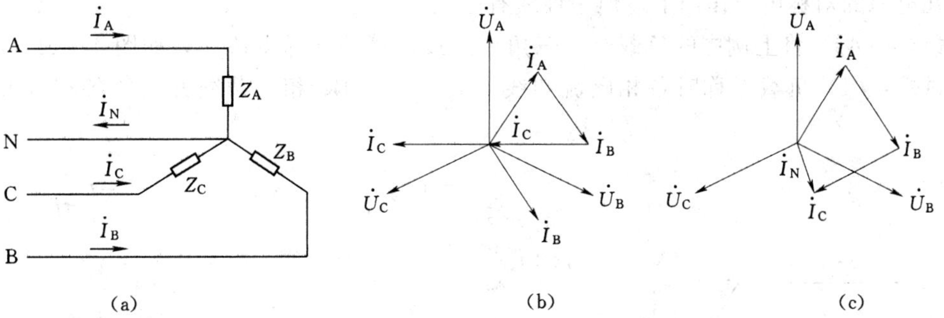

图 4-13 [例 4-3] 电路及其相量图

$$U_P=\frac{U_L}{\sqrt{3}}=\frac{380}{\sqrt{3}}=220(V)$$

设$\dot U_A=220\angle 0°$，则

$$\dot U_B=220\angle -120°\ V$$

$$\dot U_C=220\angle 120°\ V$$

各相电流为

$$\dot I_A=\frac{\dot U_A}{Z_A}=\frac{220\angle 0°}{17.3+j10}=11\angle -30°\ (A)$$

$$\dot I_B=\frac{\dot U_B}{Z_B}=\frac{220\angle -120°}{17.3+j10}=11\angle -150°\ (A)$$

$$\dot I_C=\frac{\dot U_C}{Z_C}=\frac{220\angle 120°}{17.3+j10}=11\angle 90°\ (A)$$

中性线电流为

$$\dot I_N=\dot I_A+\dot I_B+\dot I_C=(11\angle -30°+11\angle -150°+11\angle 90°)=0(A)$$

其相量图如图 4-13（b）所示。

（2）由于三相电流对称，中性线电流为零，断开中性线时三相电流不变。

（3）此情况下$\dot I_A$、$\dot I_B$不变，$\dot I_C$及$\dot I_N$将变为

$$\dot I_C=\frac{\dot U_C}{Z_C}=\frac{220\angle 120°}{20}=11\angle 120°(A)$$

$$\dot I_N=\dot I_A+\dot I_B+\dot I_C=(11\angle -30°+11\angle -150°+11\angle 120°)=5.7\angle -165°(A)$$

其相量图如图 4-13（c）所示。

由本例可知，有阻抗为零的中性线时，星形连接负载承受的相电压为线电压的$\frac{1}{\sqrt{3}}$，负载对称时，负载电流也对称，其有效值为

$$I_L=I_P=\frac{U_P}{|Z|}=\frac{220}{20}=11(A)$$

负载对称时，中性线不起作用；如果负载不对称，则阻抗为零（或很小）的中性线能使负

载处在电源的对称电压作用下，但中性线有电流。

【例 4-4】 将上例中的负载改为三角形连接，接到同样电源上，如图 4-14（a）所示。试求：(1) 负载对称时各相电流和线电流；(2) BC 相负载断开后的各相电流和线电流。

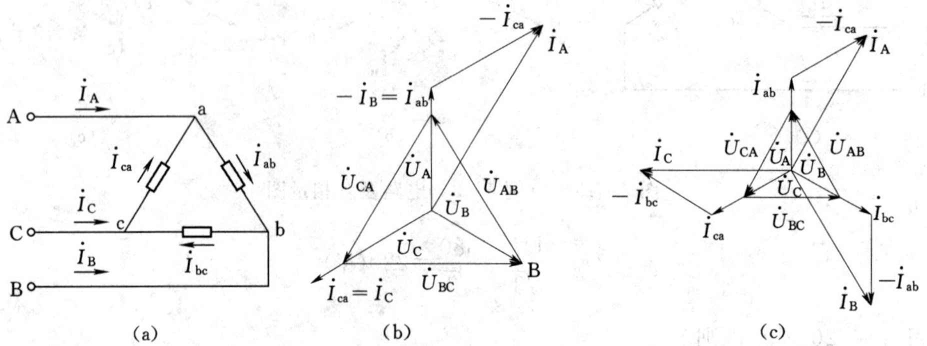

图 4-14 ［例 4-4］电路及其相量图

解 (1) 为了与上例比较，仍设$\dot U_A=220\angle 0°$ V，则可得

$$\dot U_{AB}=\sqrt3\dot U_A\angle 30°=380\angle 30°(\mathrm{V})$$

$$\dot U_{BC}=\sqrt3\dot U_B\angle 30°=380\angle -90°(\mathrm{V})$$

$$\dot U_{CA}=\sqrt3\dot U_C\angle 30°=380\angle 150°(\mathrm{V})$$

三角形连接负载承受线电压，各相电流为

$$\dot I_{ab}=\frac{\dot U_{AB}}{Z_A}=\frac{380\angle 30°}{17.3+\mathrm{j}10}=19\angle 0°(\mathrm{A})$$

$$\dot I_{bc}=\frac{\dot U_{BC}}{Z_B}=\frac{380\angle -90°}{17.3+\mathrm{j}10}=19\angle -120°(\mathrm{A})$$

$$\dot I_{ca}=\frac{\dot U_{CA}}{Z_C}=\frac{380\angle 150°}{17.3+\mathrm{j}10}=19\angle 120°(\mathrm{A})$$

各线电流为

$$\dot I_A=\sqrt3\dot I_{ab}\angle -30°=\sqrt3\times19\angle 0°\times\angle -30°=32.9\angle -30°(\mathrm{A})$$

$$\dot I_B=\sqrt3\dot I_{bc}\angle -30°=\sqrt3\times19\angle -120°\times\angle -30°=32.9\angle -150°(\mathrm{A})$$

$$\dot I_C=\sqrt3\dot I_{ca}\angle -30°=\sqrt3\times19\angle 120°\times\angle -30°=32.9\angle 90°(\mathrm{A})$$

其相量如图 4-14（b）所示。

(2) 如 BC 相负载断开，则$\dot I_{bc}=0$，而$\dot I_{ab}$、$\dot I_{ca}$不变。此情况下线电流为

$$\dot I_A=\dot I_{ab}-\dot I_{ca}=\sqrt3\dot I_{ab}\angle -30°=32.9\angle -30°(\mathrm{A})$$

$$\dot I_B=\dot I_{bc}-\dot I_{ab}=-\dot I_{ab}=19\angle 180°(\mathrm{A})$$

$$\dot I_C=\dot I_{ca}-\dot I_{bc}=\dot I_{ca}=19\angle 120°(\mathrm{A})$$

可见$\dot I_A$并不变，而$\dot I_B$、$\dot I_C$将发生变化，其相量如图 4-14（c）所示。

由本例可见，三角形连接负载承受线电压，端线阻抗为零（或很小）时，负载的电压不受负载不对称和负载变动的影响。对称的三角形连接负载的电流对称，线电流也对称，相电流和线电流有效值可直接按下面方式计算，即

$$I_P=\frac{U_L}{|Z|}=\frac{380}{20}=19(\text{A})$$

$$I_L=\sqrt{3}I_P=\sqrt{3}\times 19=32.9(\text{A})$$

比较本例和上例可见，电源电压不变时，对称负载由星形连接改为三角形连接后，相电压为星形连接时的$\sqrt{3}$倍，相电流也为星形连接时的$\sqrt{3}$倍，而线电流则为星形连接时的3倍。

自 测 题

一、填空题

4.2.1　三相电路中，对称三相电源一般连接成________或________两种特定的方式。

4.2.2　三相四线制供电系统中可以获得两种电压，即________和________。

4.2.3　三相电压源的Y连接是把3个末端连在一起，成为一个公共点N，叫做____________点，简称____________；从3个始端分别引出____________与外部相连。

4.2.4　三相电路中，两根端线间的电压叫________________规定其参考方向从A线到B线、________________、________________。

4.2.5　三相电路中，每根端线的电流叫________电流，规定其参考方向从________到________。

4.2.6　对称三相电源星形连接，若线电压$u_{AB}=380\sqrt{2}\sin(\omega t+30°)$V，则线电压$u_{BC}$=____________，$u_{CA}$=____________；相电压$u_A$=____________，$u_B$=____________，$u_C$=____________，$\dot{U}_A$=________，$\dot{U}_B$=________，$\dot{U}_C$=________。

4.2.7　对称三相电源三角形连接，若U相电压$\dot{U}_A=220\angle 0°$ V，则相电压$\dot{U}_B$=________，$\dot{U}_C$=________，线电压$\dot{U}_{AB}$=________，$\dot{U}_{BC}$=________，$\dot{U}_{CA}$=________。

4.2.8　如果三相负载的每相负载的复阻抗都相同，则称为________。

4.2.9　三相电路中若电源对称，负载也对称，则称为________电路。

4.2.10　对称三相负载为星形连接，当线电压为220V时，相电压等于________；线电压为380V时，相电压等于________。

二、判断题

4.2.11　对称三相电源，其三相电压瞬时值之和恒为零，所以三相电压瞬时值之和为零的三相电源，就一定为对称三相电源。（　　）

4.2.12　无论是瞬时值还是相量值，对称三相电源3个相电压的和恒等于零，所以接上负载不会产生电流。（　　）

4.2.13　从三相电源的3个绕组的相头A、B、C引出的3根线叫端线，俗称火线。（　　）

4.2.14　三相电源无论对称与否，3个线电压的相量和恒为零。（　　）

4.2.15 三相电源无论对称与否，3个相电压的相量和恒为零。 ( )

4.2.16 三相电源三角形连接，当电源接负载时，3个线电流之和不一定为零。 ( )

4.2.17 对称三相电源星形连接时 $U_L=\sqrt{3}U_P$；三角形连接时 $I_L=\sqrt{3}I_P$。 ( )

4.2.18 目前电力网的低压供电系统又称为民用电，该电源即为中性点接地的星形连接，并引出中性线（零线）。 ( )

4.2.19 对称三相电源作△形连接时，如果接法正确，没有接上负载时，电源回路中没有电流。 ( )

4.2.20 对称三相电源绕组在作三角形连接时，在连成闭合电路之前，应该用电压表测量闭合回路的开口电压，如果读数为两倍的相电压，则说明一相接错。 ( )

4.2.21 三相电路中一般所说的电压，如不加以说明都指线电压而言。 ( )

4.2.22 在三相四线制中，可向负载提供两种电压，即线电压和和相电压，在低压配电系统中，标准电压规定为相电压380V，线电压220V。 ( )

4.2.23 对称三相电路星形连接，中性线电流不为零。 ( )

4.2.24 一个三相负载，其每相阻抗大小均相等，这个负载必为对称的。 ( )

4.2.25 三相负载分别为 $Z_A=10\Omega$，$Z_B=10\angle -120^\circ$，$Z_C=10\angle 120^\circ\ \Omega$，则此三相负载为对称三相负载。 ( )

4.2.26 在三相四线制电路中，中性线上的电流是三相电流之和，所以中性线应选用截面积比端线（火线）截面积更粗的导线。 ( )

三、选择题

4.2.27 一台三相电动机，每组绕组的额定电压为220V，对称三相电源的线电压 $U_L=380V$，则三相绕组应采用________。

A. 星形连接，不接中性线　　B. 星形连接，并接中性线

C. a、b均可　　D. 三角形连接

4.2.28 一台三相电动机绕组星形连接，接到 $U_L=380V$ 的三相电源上，测得线电流 $I_L=10A$，则电动机每组绕组的阻抗为________Ω。

A. 38　　B. 22　　C. 66　　D. 11

4.2.29 三相电源线电压为380V，对称负载为星形连接，未接中性线。如果某相突然断掉，其余两相负载的电压均为________V。

A. 380　　B. 220　　C. 190　　D. 无法确定

4.2.30 下列陈述________是正确的。

A. 发电机绕组作星形连接时的线电压等于作三角形连接时的线电压的 $1/\sqrt{3}$

B. 对称三相电路负载作星形连接时，中性线里的电流为零

C. 负载作星形连接可以有中性线

D. 凡负载作三角形连接时，其线电流都等于相电流的 $\sqrt{3}$ 倍

四、计算题

4.2.31 三相对称负载星形连接，每相为电阻 $R=4\Omega$，感抗 $X_L=3\Omega$ 的串联负载，

接于线电压 $U_L=380V$ 的三相电源上，试求相电流$\dot{I}_A$、$\dot{I}_B$、$\dot{I}_C$，并画相量图。

4.3 对称三相电路的计算

在图 4-15 中，三相电源作星形连接。三相负载也作星形连接，且有中性线。这种连接称 Y-Y 连接的三相四线制。

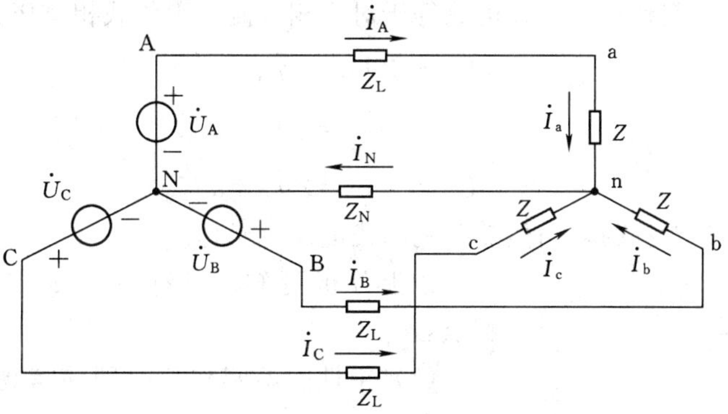

图 4-15 三相四线制电路

设每相负载阻抗均为 $Z=|Z|\angle\varphi$。N 为电源中性点，n 为负载的中性点，Nn 为中性线。设中性线的阻抗为 Z_N。每相负载上的电压称为负载相电压，用$\dot{U}_{an}$、$\dot{U}_{bn}$、$\dot{U}_{cn}$表示；负载端线之间的电压称为负载的线电压，用$\dot{U}_{ab}$、$\dot{U}_{bc}$、$\dot{U}_{ca}$表示。各相负载中的电流用$\dot{I}_a$、$\dot{I}_b$、$\dot{I}_c$ 表示；端线中的电流用$\dot{I}_A$、$\dot{I}_B$、$\dot{I}_C$ 表示。对于负载 Y 连接的电路，线电流等于对应相电流。

三相电路实际上是一个较复杂的正弦交流电路，采用节点电位法分析此电路可得

$$\dot{U}_{nN}=\frac{\dfrac{1}{Z+Z_L}(\dot{U}_A+\dot{U}_B+\dot{U}_C)}{\dfrac{3}{Z+Z_L}+\dfrac{1}{Z_N}}=0$$

结论是中性点之间的电压为零，即负载中性点与电源中性点等电位，它与中性线阻抗的大小无关。由此可得

$$\begin{cases}\dot{U}_{an}=\dot{U}_A\\ \dot{U}_{bn}=\dot{U}_B\\ \dot{U}_{cn}=\dot{U}_C\end{cases}\tag{4-8}$$

上式表明，负载相电压等于电源相电压（在忽略输电线阻抗时），即负载三相电压也为对称三相电压。若以$\dot{U}_A$ 为参考相量，则线电流为

$$\dot{I}_A=\frac{\dot{U}_A-\dot{U}_{nN}}{Z_L+Z}=\frac{\dot{U}_A}{Z_L+Z}$$

$$\dot{I}_B=\frac{\dot{U}_B-\dot{U}_{nN}}{Z_L+Z}=\frac{\dot{U}_B}{Z_L+Z}=\frac{\dot{U}_A}{Z_L+Z}\angle -120^\circ=a^2\ \dot{I}_A \tag{4-9}$$

$$\dot{I}_C=\frac{\dot{U}_C-\dot{U}_{nN}}{Z_L+Z}=\frac{\dot{U}_C}{Z_L+Z}=\frac{\dot{U}_A}{Z_L+Z}\angle 120^\circ=a\ \dot{I}_A$$

由上式可见，三相电流也是与电源同相序的对称量。因此，中性线电流$\dot{I}_N$为零，即

$$\dot{I}_N=\dot{I}_A+\dot{I}_B+\dot{I}_C=0$$

中性线可认为不起作用。而线电流等于对应相电流，则负载相电压分别为

$$\dot{U}_{an}=Z\dot{I}_a=Z\dot{I}_A$$

$$\dot{U}_{bn}=Z\dot{I}_b=Z\dot{I}_B=a^2\dot{U}_{an}$$

$$\dot{U}_{cn}=Z\dot{I}_c=Z\dot{I}_C=a\dot{U}_{an}$$

负载相电压也是对称的，当然负载侧的线电压也对称。

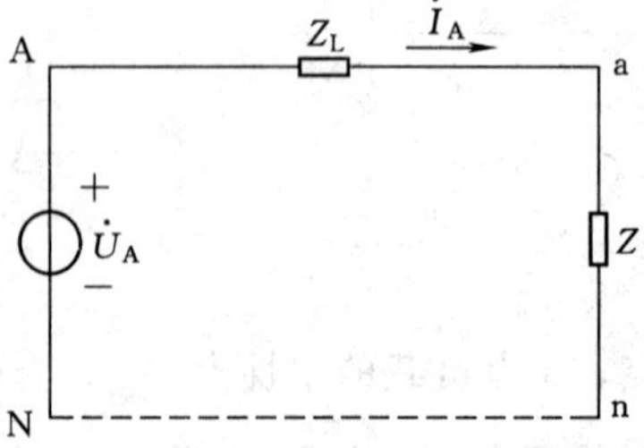

图 4-16　A 相单线图

以上分析可知，对称 Y-Y 三相电路具有下列特点：

(1) 中性线不起作用。即使考虑了中性线的阻抗 $Z_N\neq 0$，但由于此情况下的中性点电压$\dot{U}_{nN}$仍为零，故中性线电流$\dot{I}_N=0$。所以在对称三相电路中，不论有无中性线，中性线阻抗为何值，电路的情况都一样。

(2) 每相电流、电压仅由该相的电源和阻抗参数决定，各相之间彼此不相关，即各相响应具有独立性。

(3) 各相的电流、电压响应都是和电源激励同相序的对称量。

根据上述特点，对称 Y-Y 三相电路的一般计算步骤可归结如下：

(1) 把电路中三相电源都看成或化成等效 Y 形连接$\left(\text{等效 Y 形连接电压源的相电压为}\ \frac{U_L}{\sqrt{3}}\right)$，并将△形连接负载化为等效 Y 形连接$\left(Z_Y=\frac{1}{3}Z_\triangle\right)$。

(2) 取出一相电路（如取 A 相）来计算，用短路线将 N 和 n 点连接起来，画出与计算一相所对应的单线图，根据单线图中的电源相电压和该相电路阻抗参数计算出线电流。因为$\dot{U}_{nN}=0$，所以一相计算电路图中不包括中性线阻抗 Z_N。

(3) 如果负载是星形连接，则线电流也是负载的相电流，进一步计算出负载的相电压、线电压等响应。如果负载是三角形连接，则回到原电路，由线电流计算出负载的相电流，进一步计算出负载的相电压等响应。

(4) 最后根据电路响应的对称性，推知其他两相电流、电压响应，不必逐相去计算。

若对称 Y-Y 连接电路中无中性线，即 $Z_N=\infty$时，由节点法分析可知$\dot{U}_{nN}=0$，即负载中性点与电源中性点仍然等电位，此时相当于三相三线制。每相电路仍看成是独立的，计算时仍采用以上的三相四线制的计算方法。可见，对称 Y-Y 连接的电路，不论有无中性线以及中性线阻抗的大小，都不会影响各相负载的电流和电压。

由于$\dot{U}_{nN}=0$，所以负载一侧的线电压与相电压的关系同电源的线电压与相电压的关系相同，即

$$\left.\begin{aligned}\dot{U}_{ab}&=\sqrt{3}\dot{U}_{an}\angle 30^\circ\\\dot{U}_{bc}&=\sqrt{3}\dot{U}_{bn}\angle 30^\circ\\\dot{U}_{ca}&=\sqrt{3}\dot{U}_{cn}\angle 30^\circ\end{aligned}\right\}\tag{4-10}$$

$$U'_L=\sqrt{3}U'_P\tag{4-11}$$

式中，U'_L、U'_P为负载的线电压和相电压。当忽略输电线阻抗时，$U'_L=U_L$，$U'_P=U_P$。

【例4-5】 图4-17所示为一对称三相电路，对称三相电源的线电压为380V，每相负载的阻抗$Z=80\angle 30^\circ\ \Omega$，输电线阻抗$Z_L=1+j2\Omega$，求三相负载的相电压、线电压、相电流。

解 电源相电压$U_P=\dfrac{380}{\sqrt{3}}=220\text{V}$ 设$\dot{U}_A=220\angle 0^\circ$ V

则 $$\dot{I}_A=\frac{\dot{U}_A}{Z_L+Z}=\frac{220\angle 0^\circ}{1+j2+80\angle 30^\circ}=\frac{220\angle 0^\circ}{81.9\angle 30.9^\circ}=2.69\angle -30.9^\circ\ (\text{A})$$

由对称性得 $\dot{I}_B=2.69\angle -150.9^\circ$ A $\dot{I}_C=2.69\angle 89.1^\circ$ A

三相负载的相电压 $\dot{U}_{an}=Z\dot{I}_A=80\angle 30^\circ\times 2.69\angle -30.9^\circ=215.2\angle -0.9^\circ$ (V)

$\dot{U}_{bn}=215.2\angle -120.9^\circ$ V

$\dot{U}_{cn}=215.2\angle 119.1^\circ$ V

三相负载的线电压 $\dot{U}_{ab}=\sqrt{3}\dot{U}_{an}\angle 30^\circ=372.7\angle 29.1^\circ$ (V)

$\dot{U}_{bc}=372.7\angle -90.9^\circ$ V

$\dot{U}_{ca}=372.7\angle 149.1^\circ$ V

可见由于输电线路阻抗的存在，负载的相电压、线电压与电源的相电压、线电压不相等，但仍是对称的。

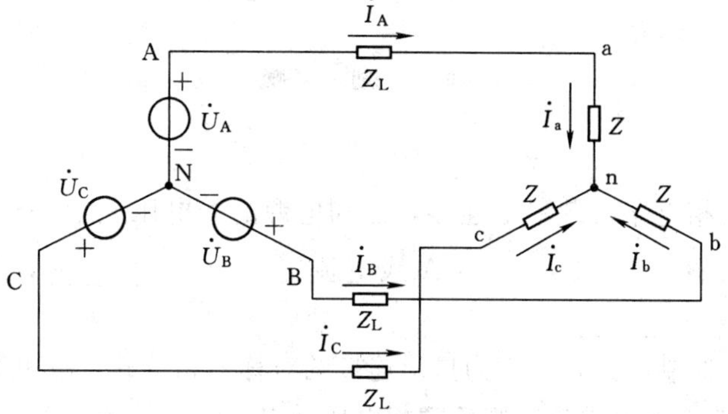

图4-17 [例4-5]电路图

负载三角形连接的电路，还可以利用阻抗的Y-△等效变换，将负载变换为星形连接，再按Y-Y连接的电路进行计算。

【例 4-6】 设有一对称三相电路如图 4-18（a）所示，对称三相电源相电压$\dot{U}_A=220\angle 0°$ V。每相负载阻抗 $Z_L=90\angle 30°\ \Omega$，线路阻抗 $Z_L=1+j2\Omega$，求负载的相电压、相电流和线电流。

解 将△形连接的对称三相负载变换成 Y 形连接的对称三相负载。取经变换后的电路中的一相等效电路，如图 4-18（b）所示。

设
$$\dot{U}_A=220\angle 0°\ \text{V}$$

线电流
$$\dot{I}_A=\frac{\dot{U}_A}{Z_L+\frac{Z}{3}}=\frac{220\angle 0°}{1+j2+30\angle 30°}=\frac{220\angle 0°}{31.9\angle 32.2°}=6.9\angle -32.2°\ (\text{A})$$

三角形连接时的负载相电流
$$\dot{I}_{ab}=\frac{1}{\sqrt{3}}\dot{I}_A\angle 30°=\frac{1}{\sqrt{3}}\times 6.9\angle -32.2°\times\angle 30°=3.98\angle -2.2°\ (\text{A})$$

△连接负载的相电压等于负载线电压，根据图 4-19（a）可得
$$\dot{U}_{ab}=Z\dot{I}_{ab}=90\angle 30°\times 3.98\angle -2.2°=358.2\angle 27.8°\ (\text{V})$$

根据对称性即可得其他两相的相电压、相电流和线电流。

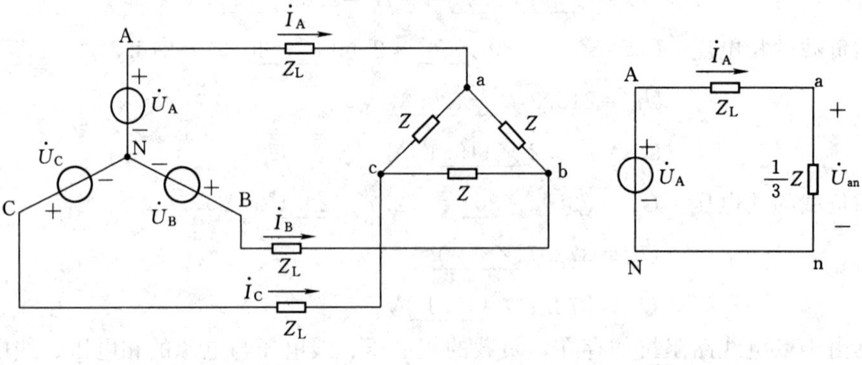

图 4-18 ［例 4-6］电路图

自 测 题

一、填空题

4.3.1 对称三相电路负载星形连接，已知电源的线电压 $u_{AB}=380\sqrt{2}\sin(314t)$V，C 线电流为 $i_C=\sqrt{2}\sin(314t+30°)$A，则 A 线电流 $i_A=$__________，负载的复阻抗 $Z=$________，阻抗角 $\varphi=$________。

4.3.2 三相三线制电路，负载为星形连接的对称三相负载，电源电压 U_L，线电流为 I_L，若忽略输电线路上的复阻抗，则负载相电压是电源线电压的________倍，负载的相电流等于其线电流的________倍。若一相短路后，其余两相负载的相电压均为 U_L 的________倍；若一相负载开路后，其余两相负载的相电压均为 U_L 的________倍。

4.3.3 对称星形连接三相三线制电路，负载各线电流为 10A，则当 A 相开路时，各

线电流 $I_A=$________、$I_B=$________、$I_C=$________；当 A 相短路时，各线电流 $I_A=$________、$I_B=$________、$I_C=$________。

4.3.4　对称三相电路，负载为星形连接，测得各相电流均为 5A，则中性线电流 $I_N=$________；当 U 相负载断开时，中性线电流 $I_N=$________。

二、选择题

4.3.5　三相电路如图 4-19 所示，若电源线电压为 220V，则当 A 相负载短路时，电压表 V 的读数为（　　）V。

A. 0　　B. 220　　C. 380　　D. 190

4.3.6　三相电路如图 4-19 所示，若正常时电流表 A 读数为 10A，则当 A 相开路时，电流表 A 的读数为（　　）A。

A. 10　　B. 5　　C. $5\sqrt{3}$　　D. $10\sqrt{3}$

4.3.7　三相四线制对称电路，负载星形连接时线电流为 5A，当两相负载电流减至 2A 时，中性线电流变为（　　）A。

A. 0　　B. 3　　C. 5　　D. 8

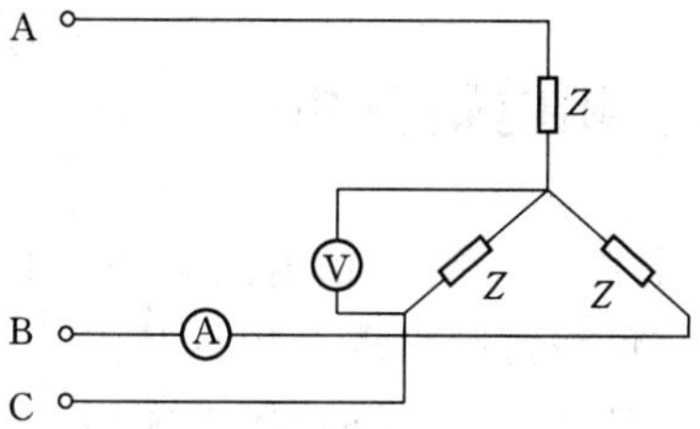

图 4-19　自测题 4.3.5 图

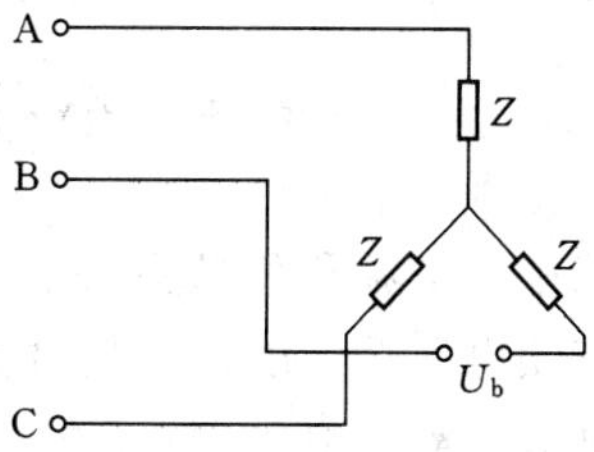

图 4-20　自测题 4.3.8 图

4.3.8　如图 4-20 所示，已知电源线电压为 380V，如果 B 相断开，则断开处的电压 $U_0=$（　　）V。

A. 380　　B. 0　　C. 330　　D. 220

4.3.9　对称三相三线制电路，负载为星形连接，对称三相电源的线电压为 380V，测得每相电流均为 5.5A。若在此负载下，装中性线一根，中性线的复阻抗为 $Z_N=(6+j8)\Omega$，则此时负载相电流的大小（　　）。

A. 不变　　B. 增大　　C. 减小　　D. 无法确定

4.3.10　一台电动机，每相绕组额定电压为 380V，对称三相电源的线电压 $U_L=380V$，则三相绕组应采用（　　）。

A. 星形连接不接中性线　　B. 星形连接并接中性线

C. a、b 均可　　D. 三角形连接

4.3.11　在三相电路中，下面结论正确的是：（　　）。

A. 在同一对称三相电源作用下，对称三相负载作星形或三角形连接时，其负载的相电压相等

B. 三相负载作星形连接时，必须有中性线

C. 三相负载作三角形连接时，相线电压大小相等

D. 三相对称电路无论负载如何接，线相电流均为相等

三、判断题

4.3.12 三相电动机的电源线可用三相三线制，同样三相照明电源线也可用三相三线制。（ ）

4.3.13 三相电动机的3个线圈组成对称三相负载，因而不必使用中性线，电源可用三相三线制。（ ）

4.3.14 要将额定电压为220V的对称三相负载接于额定线电压为380V的对称三相电源上，则负载应作星形连接。（ ）

4.3.15 对称星形三相电路中，线电压$\dot{U}_{AB}$与线电流$\dot{I}_A$之间的相位差等于$\dot{U}_{AC}$与线电流$\dot{I}_C$之间的相位差。（ ）

4.3.16 电源和负载都是星形连接无中性线的对称三相电路，计算时可假定有中性线存在，将其看成是三相四线制电路计算。（ ）

4.3.17 由一个三相电源向一组负载供电时，电源的线电流等于负载的线电流；由一个三相电源同时向对多组负载供电时，电源的线电流等于各负载线电流的相量和。（ ）

4.4 不对称三相电路分析

在三相电路中，电源和负载只要有一个不对称，则三相电路就不对称。在生产实际中，一般来说三相电源总可以认为是对称的，负载可能出现三相不对称，主要出现在低压配电网中，这部分负载一般采用星形连接，如日常照明电路就属于这种。

对于不对称Y-Y连接电路，常采用中性点电压法分析计算，即先计算出三相电路中性点之间电压，再求得各负载支路的电压、电流。图4-21所示三相四线制电路中，负载不对称，假设电源内阻抗和线路阻抗忽略不计，中性线阻抗为Z_N。

根据弥尔曼定理可求得电路中点电压为

$$\dot{U}_{nN}=\frac{\dfrac{\dot{U}_A}{Z_A}+\dfrac{\dot{U}_B}{Z_B}+\dfrac{\dot{U}_C}{Z_C}}{\dfrac{1}{Z_A}+\dfrac{1}{Z_B}+\dfrac{1}{Z_C}+\dfrac{1}{Z_N}} \tag{4-12}$$

那么各相负载的相电压为

$$\left.\begin{aligned}\dot{U}_{an}&=\dot{U}_A-\dot{U}_{nN}\\ \dot{U}_{bn}&=\dot{U}_B-\dot{U}_{nN}\\ \dot{U}_{cn}&=\dot{U}_A-\dot{U}_{nN}\end{aligned}\right\} \tag{4-13}$$

由于三相负载不对称，如果没有中线，或者是中线的阻抗较大，式（4-13）中的$\dot{U}_{nN}\neq0$，出现了中点电压，这种现象称为中点位移。而因为负载中性点n与电源中性点N点电位不相等，中点位移使得负载相电压不对称，各相负载电压相量图如图4-22所示，从相量图可知，中点电压越大（即中点位移越大），三相负载电压就越不对称，有的低于电压源电压，有的高于电压源电压，甚至可能高过电源的线电压。且负载变化，中点电压也

要变化，各相负载的电压也都跟随着变化。对于三相三线制电路，$Z_N=\infty$，在负载阻抗一定时，中性点电压$\dot{U}_{nN}$此时最大，将使负载电压出现最严重的不对称。

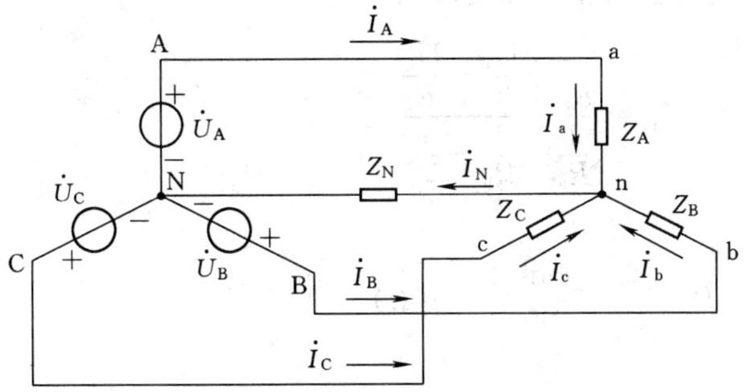

图 4-21　Y-Y 连接的不对称三相电路

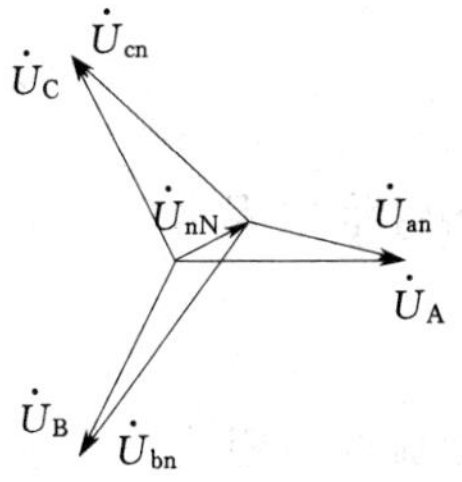

图 4-22　相量图

各相电流为

$$\dot{I}_A=\frac{\dot{U}_{an}}{Z_A},\dot{I}_B=\frac{\dot{U}_{bn}}{Z_B},\dot{I}_C=\frac{\dot{U}_{cn}}{Z_C}$$

显然，各相电流也不对称，此情况下中性线电流为

$$\dot{I}_N=\frac{\dot{U}_{nN}}{Z_N}=\dot{I}_A+\dot{I}_B+\dot{I}_C\neq 0$$

因此，负载不对称时，中性线上一定有电流，而且中点电压大小则与中性线阻抗大小有关。

由式（4-13）可知，中点电压直接影响到负载各相电压的大小。如果各相负载电压相差过大，就会给负载工作带来不良后果。例如，对于照明负载，由于白炽灯额定电压是一定的，当某一相的电压过高时，白炽灯就会被烧坏，而当某一相的电压过低时，白炽灯又亮度不足，显然这种情况会造成负载不能正常工作，甚至被毁坏。由上述分析可知，造成负载电压不对称的根本原因是出现中性点电压$\dot{U}_{nN}$，如果使中性点电压减小，三相负载电压的不对称程度就会降低。对于不对称 Y 连接负载，如果有中线，且中线的阻抗 Z_N 很小，就能够迫使中点电压很小，从而使负载电压近似等于电源线电压的 $1/\sqrt{3}$，而且几乎不随负载的变化而变化，即三相不对称负载可获得近似对称的工作电压，保证负载的正常工作。因此，照明线路都采用三相四线制供电，且供电线路的中性线必须采用阻抗很小且具有足够机械强度的导线，同时规定总中线上不准装设熔断器或开关。

【例 4-7】 电路如图 4-23 所示，每只灯泡的额定电压为 220V，额定功率为 100W，电源系 220V/380V 电网，试求：

（1）有中性线时（即三相四线制），各灯泡的亮度是否一样。

（2）中性线断开时（即三相三线制），各灯泡能正常发光吗？

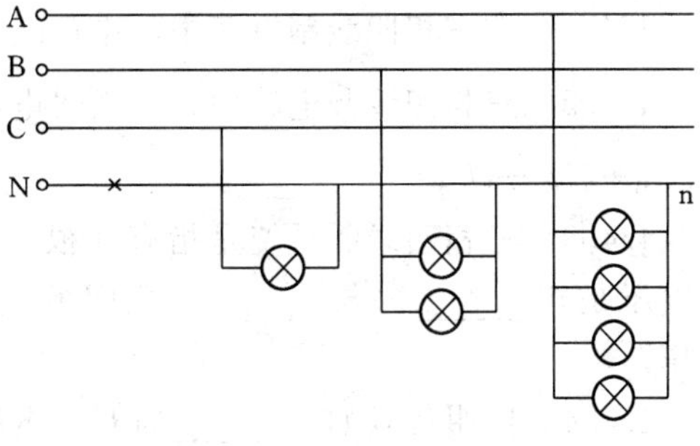

图 4-23　［例 4-7］电路

解 (1) 有中性线时，尽管此时三相负载不对称，但是有中性线，加在各相灯泡上的电压均为220V，各灯泡正常发光，亮度一样。

(2) 中性线断开时，由节点电位法得中性点之间电压为

$$\dot{U}_{nN}=\frac{\frac{\dot{U}_A}{R_a}+\frac{\dot{U}_B}{R_b}+\frac{\dot{U}_C}{R_c}}{\frac{1}{R_a}+\frac{1}{R_b}+\frac{1}{R_a}}$$

每盏灯泡电阻为

$$R=\frac{U_P^2}{P}=\frac{220^2}{100}=484(\Omega)$$

各相负载电阻为

$$R_a=\frac{R}{4}=\frac{484}{4}=121\ (\Omega)$$

$$R_b=\frac{R}{2}=\frac{484}{2}=242\ (\Omega)$$

$$R_c=R=484\ (\Omega)$$

那么有

$$\dot{U}_{nN}=\frac{\frac{220\angle 0^\circ}{121}+\frac{220\angle -120^\circ}{242}+\frac{220\angle 120^\circ}{484}}{\frac{1}{121}+\frac{1}{242}+\frac{1}{484}}=83.13\angle -19^\circ\ \text{V}$$

各负载相电压为

$$\dot{U}_{an}=\dot{U}_A-\dot{U}_{nN}=220\angle 0^\circ-83.13\angle -19^\circ=144\angle 10.9^\circ\ (\text{V})$$

$$\dot{U}_{bn}=\dot{U}_B-\dot{U}_{nN}=220\angle -120^\circ-83.13\angle -19^\circ=249\angle -139^\circ\ (\text{V})$$

$$\dot{U}_{cn}=\dot{U}_C-\dot{U}_{nN}=220\angle 120^\circ-83.13\angle -19^\circ=288\angle 130.9^\circ\ (\text{V})$$

计算看出，A相灯泡上的电压只有144V，发光不足，而C相灯泡上的电压远超过额定电压，很可能被烧坏。

自 测 题

一、填空题

4.4.1 在三相四线制电路中，中性线的作用是____________。

4.4.2 三相四线制电路中，负载线电流之和$\dot{I}_A+\dot{I}_B+\dot{I}_C=$________，负载线电压之和$\dot{U}_{AB}+\dot{U}_{BC}+\dot{U}_{CA}=$________。

4.4.3 三相四线制系统是指有3根________和一根________组成的供电系统，其中相电压是指________与________之间的电压，线电压是指________和________之间的电压。

4.4.4 照明负载如________断开，电路便不能正常工作，所以四线制电路中，中线要有足够的__________，同时总中线上不应装__________。

二、选择题

4.4.5 在三相四线制的中性线上，不安装开关和熔断器的原因是（　　）。

A. 中性线上没有电缆

B. 开关接通或断开对电路无影响

C. 安装开关和熔断器降低中性线的机械强度

D. 开关断开或熔丝熔断后，三相不对称负载承受三相不对称电压的作用，无法正常工作，严重时会烧毁负载。

4.4.6 日常生活中，照明线路采用的是（　　）接法。

A. 星形连接三相三线制　　B. 星形连接三相四线制

C. 三角形连接三相三线制　　D. 既可为三线制，又可为四线制

4.4.7 三相四线制电路，电源线电压为380V，则负载的相电压为（　　）V。

A. 380　　B. 220

C. $190\sqrt{2}$　　D. 负载的阻值未知，无法确定

三、判断题

4.4.8 三相负载越接近对称，中性线电流就越小。（　　）

4.4.9 在三相四线制电路中，相线及中性线上电流的参考方向均规定为自电源指向负载。（　　）

4.4.10 在三相四线制供电系统中，为确保安全，中性线及相线上必须装熔断器。（　　）

4.4.11 不对称三相负载作星形连接，为保证相电压对称，必须有中性线。（　　）

4.4.12 不对称三相负载接成星形，如果中性线上的复阻抗忽略不计，则中性点之间的电压$\dot{U}_{nN}=0V$。（　　）

4.4.13 对称三相三线制和不对称三相四线制星形连接的负载，都可按单相电路的计算法。（　　）

4.5 三相电路的功率

4.5.1 三相电路的功率概述

三相电路中，一个三相独立源（或一个三相负载）的总有功功率、总无功功率分别等于每相的有功功率、无功功率之和，即

$$P=P_A+P_B+P_C=U_{PA}I_{PA}\cos\varphi_A+U_{PB}I_{PB}\cos\varphi_B+U_{PC}I_{PC}\cos\varphi_C$$

$$Q=Q_A+Q_B+Q_C=U_{PA}I_{PA}\sin\varphi_A+U_{PB}I_{PB}\sin\varphi_B+U_{PC}I_{PC}\sin\varphi_C$$

视在功率，有

$$S\neq S_A+S_B+S_C$$

1. 三相总有功功率

在对称三相电路中，由于每相独立源（或负载）不但相电压有效值相等，相电流有效值相等，而且每相电压比电流超前的相位差也相等，所以每相的有功功率、无功功率都分

别相等，即在对称三相电路中，每一相的3倍就是三相的总数。同时，根据负载星形及三角形接法时线、相电压和线、相电流的关系，可分析得到三相总有功功率为

$$P=3P_A=3U_PI_P\cos\varphi=\sqrt{3}U_LI_L\cos\varphi \tag{4-14}$$

式中，U_L、I_L 为负载的线电压和线电流；U_P、I_P 为负载的相电压和相电流；φ 为相电压比相电流超前的相位差（对负载而言，φ 就是负载的阻抗角）。

2. 三相总无功功率

$$Q=\sqrt{3}U_LI_L\sin\varphi \tag{4-15}$$

3. 三相总视在功率与功率因数

$$S=\sqrt{P^2+Q^2} \tag{4-16}$$

$$\lambda'=\frac{P}{S}=\cos\varphi' \tag{4-17}$$

在对称三相电路中，三相总视在功率

$$S=\sqrt{3}U_LI_L \tag{4-18}$$

$$\lambda'=\lambda=\cos\varphi$$

在不对称三相电路中，三相总视在功率可用公式（4-16）计算，由于各相的功率因数不同，其功率因数值无实际意义。

4.5.2 三相电路有功功率测量

三相四线制电路，无论对称还是不对称，一般可用专门的四线制功率表或3只单相功率表分别测量每一相的功率，如图4-24所示，然后相加得出三相总有功功率。对于三相三线制电路，无论是否对称，则可以用专门的三线制功率表或两只单相功率表测量三相有功功率，称为两表法。两只功率表的电流线圈分别串入任意两相的端线中（如A、B两相），电压线圈的非发电机端（即无*端）接到第三相端线（即C相）上，如图4-25所示。这时，两个功率表读数的代数和等于三相有功功率值。另外，可以证明对称三相正弦交流电路的瞬时功率等于平均功率 P，是不随时间变化的常数，电路瞬时功率恒定的这种性质称为瞬时功率的平衡，瞬时功率平衡的电路称为平衡制电路。对三相电动机来说，瞬时功率恒定意味着电动机转动平稳，这是三相制的重要优点之一。

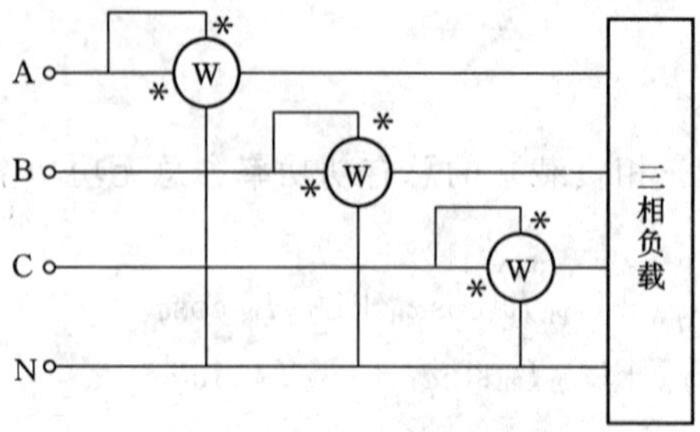

图4-24 三相功率表法

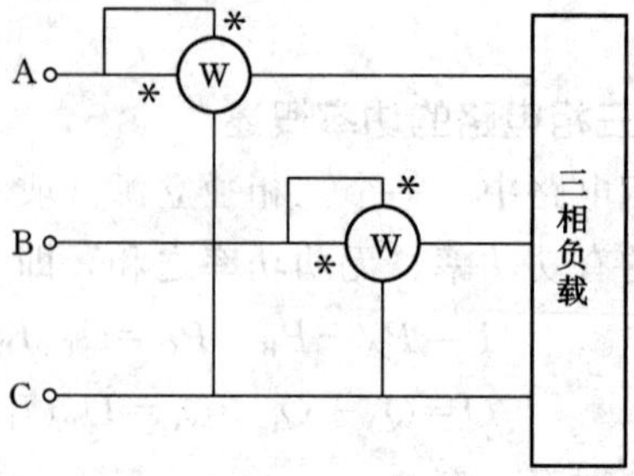

图4-25 两功率表法

【例4-8】 一台Y连接三相电动机的总有功功率、线电压、线电流分别是3.3kW、380V、6.1A，试求它的功率因数和每相阻抗。

解 由式（4-17）可知，这台电动机的功率因数为

$$\lambda=\cos\varphi=\frac{P}{\sqrt{3}U_LI_L}=\frac{3.3\times10^3}{\sqrt{3}\times380\times6.1}=0.822$$

它每相的阻抗为

$$Z=|Z|\angle\varphi=\frac{\frac{U_L}{\sqrt{3}}}{I_P}\angle\arccos\lambda$$

$$=\frac{380}{\sqrt{3}\times6.1}\angle\arccos0.822=36\angle34.7^\circ\ (\Omega)$$

【例 4-9】 某三相异步电动机每相绕组的等值阻抗 $|Z|=27.74\Omega$，功率因数 $\cos\varphi=0.8$，正常运行时绕组作三角形连接，电源线电压为 380V。试求：

（1）正常运行时相电流、线电流和电动机的输入功率。

（2）为了减小启动电流，在启动时改接成星形，试求此时的相电流、线电流及电动机输入功率。

解 （1）正常运行时，电动机作三角形连接

$$I_P=\frac{U_P}{|Z|}=\frac{380}{27.74}=13.7(\text{A})$$

$$I_L=\sqrt{3}I_P=\sqrt{3}\times13.7=23.7(\text{A})$$

$$P=\sqrt{3}U_LI_L\cos\varphi=\sqrt{3}\times380\times23.7\times0.8=12.48(\text{kW})$$

（2）启动时，电动机星形连接

$$I_P=\frac{U_P}{|Z|}=\frac{\frac{380}{\sqrt{3}}}{27.74}=7.9(\text{A})$$

$$I_L=I_P=7.9(\text{A})$$

$$P=\sqrt{3}U_LI_L\cos\varphi=\sqrt{3}\times380\times7.9\times0.8=4.16(\text{kW})$$

从此例可以看出，同一个对称三相负载接于电路，当负载作△连接时的线电流是 Y 连接时线电流的 3 倍，作△连接时的功率也是作 Y 形连接时功率的 3 倍。即有 $P_\triangle=3P_Y$。

自　测　题

一、填空题

4.5.1　不对称三相负载有功总功率等于____________之和。

4.5.2　在对称三相电路中，若相电压、相电流分别用 U_P、I_P 表示，φ 表示每相负载的阻抗角，则每相平均功率 $P_P=$________，总的平均功率 P 与 P_P 的关系式 $P=$________。

4.5.3　对称三相电路的视在功率 S 与无功功率 Q、有功功率 P 的关系式为____________。

4.5.4　在对称三相电路中，φ 为每相负载的阻抗角，若已知相电压 U_P、相电流 I_P，则三相总的有功功率 $P=$____________；若已知负载的线电压 U_L、线电流 I_L，则 P 的表达式为 $P=$____________。

4.5.5 三相异步电动机的每相绕组的复阻抗 $Z_P=(30+j20)\Omega$，三角形连接在线电压为 220V 的电源上，则功率因数 $\cos\varphi=$________，三相总功率 $P=$________。

4.5.6 若上题中的电机绕组连成星形，为使其正常工作，必须接在线电压为________V 的电源上，此时负载的相电压 $U_P=$________，三相总功率 $P_Y=$________。

4.5.7 对称三相电路中，三相总有功功率 $P=\sqrt{3}UI\cos\varphi$，其中 U 是________电压，I 是________电流，φ 是________比________超前的相位差。

4.5.8 对称三相负载为三角形连接，已知电源线电压为 220V，线电流有效值为 17.3A，三相功率为 4.5kW，则其功率因数 $\lambda=$________。

二、选择题

4.5.9 对称三相电路，电源电压 $u_{AB}=220\sqrt{2}\sin(314t)$V，负载接成星形连接，已知线电流 $i_C=2\sqrt{2}\sin(314t+30°)$A，则三相总功率 $P=$（　　）W。

A. 660　　B. 127　　C. $220\sqrt{3}$　　D. $660\sqrt{3}$

4.5.10 对称负载作三角形连接，其线电压 $\dot{I}_C=10\angle 30°$ A，线电压 $\dot{U}_{AB}=220\angle 0°$ V，则三相总功率 $P=$（　　）W。

A. 1905　　B. 3300　　C. 6600　　D. 3811

4.5.11 某对称三相负载，当接成星形时，三相功率为 P_Y，保持电源线电压不变，而将负载接成三角形，则此时三相功率 $P_\triangle=$（　　）。

A. $\sqrt{3}P_Y$　　B. P_Y　　C. $\frac{1}{3}P_Y$　　D. $3P_Y$

4.5.12 某一电动机，当电源线电压为 380V 时，作星形连接。电源线电压为 220V 时，作三角形连接。若三角形连接时功率 $P_\triangle$ 等于 3kW，则星形连接时的功率 $P_Y=$（　　）kW。

A. 3　　B. 1　　C. $\sqrt{3}$　　D. 9

4.5.13 一台三相电动机绕组为星形连接，电动机的输出功率为 4kW，效率为 0.8，则电动机的有功功率为（　　）kW。

A. 3.2　　B. 5　　C. 4　　D. 无法确定

三、判断题

4.5.14 三相负载各相电压瞬时值为 u_A、u_B、u_C，线电流瞬时值 i_A、i_B、i_C，则三相有功功率为 $P=u_Ai_A+u_Bi_B+u_Ci_C$。（　　）

4.5.15 对称三相电路有功功率的计算公式为 $P=\sqrt{3}U_LI_L\cos\varphi$，其中 φ 对于星形连接，是指相电压与相电流之间的相位差；对于三角形连接，则是指线电压与线电流之间的相位差。（　　）

4.5.16 三相负载，无论是作星形还是三角形连接，无论对称与否，其总功率均为 $P=\sqrt{3}U_LI_L\cos\varphi$。（　　）

4.5.17 在相同的线电压作用下，同一三相对称负载作三角形连接时所取用的有功功率为星形连接时的$\sqrt{3}$倍。（　　）

4.5.18 在相同的线电压作用下，三相异步电动机作三角形连接和作星形连接时，所

取用的有功功率相等。 （ ）

4.5.19 在对称三相电源上同时接入甲、乙两组对称三相负载，已知甲组负载的有功功率 $P_1=10\text{kW}$，乙组负载的有功功率 $P_2=20\text{kW}$，三相电路的总的功率为 $P=30\text{kW}$。

（ ）

4.5.20 在三相四线制中，三相功率的测量一般采用三瓦计法。 （ ）

4.5.21 在三相三线制中，三相功率的测量一般采用三瓦计法。 （ ）

四、计算题

4.5.22 3 个相等的复阻抗 $Z_P=(40+j30)\Omega$，连成三角形接到三相电源上，求总的三相功率：（1）电源为三角形连接，线电压为 220V；（2）电源为星形连接，其相电压为 220V。

4.5.23 对称纯电阻负载星形连接，其各相电阻为 $R_P=10\Omega$，接入线电压为 380V 的电源，求总的三相功率。

4.5.24 线电压为 380V，$f=50\text{Hz}$ 的三相电源的负载为一台三相电动机，其每相绕组的额定电压为 380V，连成三角形运行时，额定线电流为 19A，额定输入功率为 10kW。求电动机在额定状态下运行时的功率因数及电动机每相绕组的复阻抗。

4.5.25 对称三相负载为感性，接在对称线电压 $U_L=380\text{V}$ 的对称三相电源上，测得输入线电流 $I_L=12.1\text{A}$，输入功率为 5.5kW，求功率因数和无功功率。

4.6 三相电压和电流的对称分量

4.6.1 三相制的对称分量

在三相制电路中，凡是有效值相等、频率相同、相位差顺序相等的 3 个正弦量就是一组对称分量。在三相制中，满足上述定义条件的对称正弦量有以下 3 种：

1. 正序对称分量

设有 3 个相量 $\dot{F}_{A1}$、$\dot{F}_{B1}$、$\dot{F}_{C1}$，它们的模相等、频率相同、相位依次相差 120°、相序为 $\dot{F}_{A1}\rightarrow\dot{F}_{B1}\rightarrow\dot{F}_{C1}$，如图 4-26（a）所示。这样的一组对称正弦量称为正序对称分量，它们的相量表达式为

$$\dot{F}_{A1}\dot{F}_{B1}=a^2\dot{F}_{A1}\dot{F}_{C1}=a\dot{F}_{A1}$$

2. 负序对称分量

设有 3 个相量 $\dot{F}_{A2}$、$\dot{F}_{B2}$、$\dot{F}_{C2}$，它们的模相等、频率相同、相位依次相差 120°、相序为 $\dot{F}_{A2}\rightarrow\dot{F}_{C2}\rightarrow\dot{F}_{B2}$，如图 4-26（b）所示。这样的一组对称正弦量称为负序对称分量，它们的相量表达式为

$$\dot{F}_{A2}\dot{F}_{B2}=a\dot{F}_{A2}\dot{F}_{C2}=a^2\dot{F}_{A2}$$

3. 零序对称分量

设有 3 个相量 $\dot{F}_{A0}$、$\dot{F}_{B0}$、$\dot{F}_{C0}$，它们的模相等、频率相同、相位相同，如图 4-26（c）所示。这样的一组对称正弦量称为零序对称分量，它们的相量表达式为

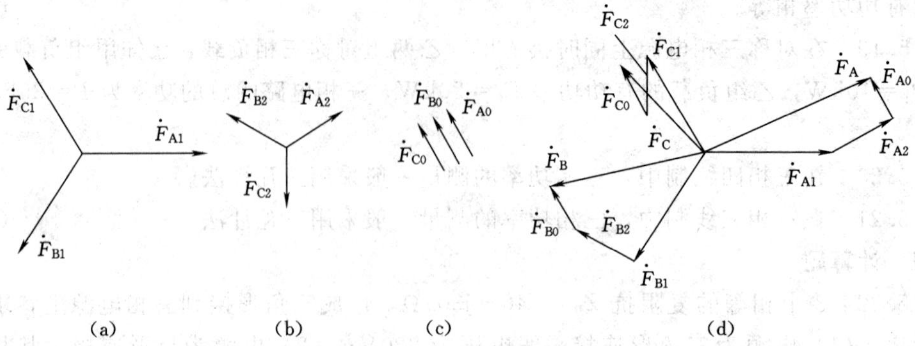

图 4-26　三相制的对称分量

$$\dot F_{A0}=\dot F_{B0}=\dot F_{C0}$$

在三相制中，除上述正序、负序、零序 3 组对称分量外，没有其他对称分量。

将上述三相同频率对称分量相加，一般情况下可以得到一组同频率的不对称三相正弦量，如图 4-26（d）所示，即

$$\left.\begin{aligned}\dot F_A&=\dot F_{A0}+\dot F_{A1}+\dot F_{A2}\\ \dot F_B&=\dot F_{B0}+\dot F_{B1}+\dot F_{B2}=\dot F_{A0}+a^2\dot F_{A1}+a\dot F_{A2}\\ \dot F_C&=\dot F_{C0}+\dot F_{C1}+\dot F_{C2}=\dot F_{A0}+a\dot F_{A1}+a^2\dot F_{A2}\end{aligned}\right\}\tag{4-19}$$

解联立方程组（4-19），可得 A 相的三相对称分量为

$$\left.\begin{aligned}\dot F_{A0}&=\frac{1}{3}(\dot F_A+\dot F_B+\dot F_C)\\ \dot F_{A1}&=\frac{1}{3}(\dot F_A+a\dot F_B+a^2\dot F_C)\\ \dot F_{A2}&=\frac{1}{3}(\dot F_A+a^2\dot F_B+a\dot F_C)\end{aligned}\right\}\tag{4-20}$$

通过以上分析可知，任意一组同频率的不对称三相正弦量都可以应用式（4-20）分解为 3 组频率相同、相序不同的对称正弦量，即对称分量；反之，3 组频率相同、相序不同的对称正弦分量，也可以应用式（4-19）把它们相加得到一组不对称的同频率正弦量。

引用对称分量后，可将不对称三相电路中的电压或电流分解为 3 组对称分量，即化为 3 组对称电路分别进行计算，然后把计算结果叠加，求出实际未知量。可见，对称分量为不对称三相电路的分析计算提供了一种有效的方法，即对称分量法。此方法可用来分析有功负载和考虑发电机等电源设备内部电压降的三相不对称电路。

【例 4-10】 试将三相负载相电压$\dot U_{an}=0$、$\dot U_{bn}=\sqrt{3}U_P\angle -150^\circ$、$\dot U_{cn}=\sqrt{3}U_P\angle 150^\circ$分解为对称分量。

解　将 3 个相电压代入式（4-20）得零序、正序和负序对称分量分别为

$$\begin{aligned}\dot U_{A0}&=\frac{1}{3}(\dot U_{an}+\dot U_{bn}+\dot U_{cn})\\ &=\frac{1}{\sqrt{3}}U_P(\angle -150^\circ+\angle 150^\circ)\end{aligned}$$

$$=U_{\mathrm{P}}\angle 180^\circ$$

$$\dot{U}_{\mathrm{A1}}=\frac{1}{3}(\dot{U}_{\mathrm{an}}+a\dot{U}_{\mathrm{bn}}+a^2\dot{U}_{\mathrm{cn}})$$

$$=\frac{1}{\sqrt{3}}U_{\mathrm{P}}(\angle -30^\circ+\angle 30^\circ)$$

$$=U_{\mathrm{P}}\angle 0^\circ$$

$$\dot{U}_{\mathrm{A2}}=\frac{1}{3}(\dot{U}_{\mathrm{an}}+a^2\dot{U}_{\mathrm{bn}}+a\dot{U}_{\mathrm{cn}})$$

$$=\frac{1}{\sqrt{3}}U_{\mathrm{P}}(\angle 90^\circ+\angle -90^\circ)$$

$$=0$$

可画出正序对称分量如图 4-27（a）所示，零序对称分量如图 4-27（b）所示，负序对称分量为零。如果按式（4-19）将各对称分量进行叠加，可得不对称的三相量如图 4-27（c）所示。

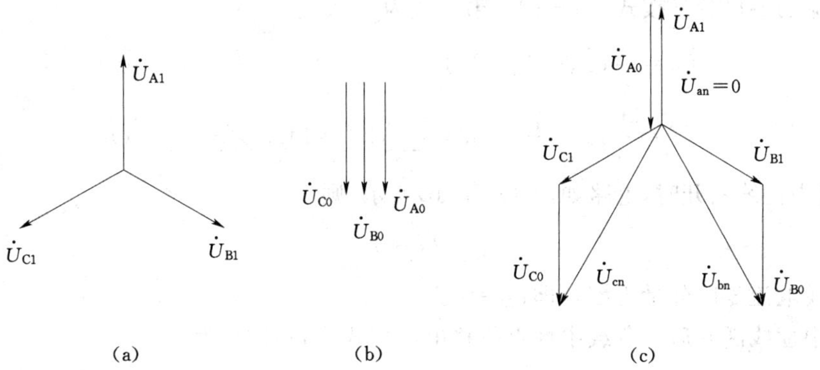

图 4-27 ［例 4-10］相量图

4.6.2 三相制对称分量的性质

在三相三线制电路中，因为 3 个线电流之和为零，所以三线制电路的线电流中不含零序对称分量。如果三线制电路的线电流不对称，就可以认为是含有负序对称分量的缘故。

在三相四线制电路中，中性线电流等于 3 个线电流零序分量的 3 倍。

不论电路是三相三线制还是三相四线制，因为 3 个线电压之和为零，所以线电压中不含零序分量。如果线电压不对称，就可以认为是含有负序分量的缘故。

通常取线电压的负序分量有效值 U_2 与正序分量有效值 U_1 的百分比，即

$$\varepsilon=\frac{U_2}{U_1}\times 100\% \tag{4-21}$$

来衡量线电压的不对称程度，ε 称为不对称度。

另外，一组不对称三相正弦量中，某一相的量为零时，其各序分量不一定都为零。

【例 4-11】 不对称星形连接负载的各相阻抗分别为 $Z_{\mathrm{A}}=(3+\mathrm{j}4)\Omega$，$Z_{\mathrm{B}}=(3-\mathrm{j}4)\Omega$，$Z_{\mathrm{C}}=5\Omega$，接在线电压为 380V 的对称三相四线制电源上。试求：（1）有中性线且中性线阻抗可忽略时中性线电流和线电流的零序分量；（2）中性线断开时线电流的零序分量；

(3) 中性线断开时负载中性点的位移电压和负载相电压的零序分量。

解 设$\dot U_A=220\angle 0^\circ$，$\dot U_A=220\angle -120^\circ$，$\dot U_C=220\angle 120^\circ$ V

(1) 当有中性线时，电路如图 4-28（a）所示，各相电流为

$$\dot I_A=\frac{\dot U_A}{Z_A}=\frac{220\angle 0^\circ}{3+j4}=44\angle -53.1^\circ \text{（A）}$$

$$\dot I_A=\frac{\dot U_B}{Z_B}=\frac{220\angle -120^\circ}{3-j4}=44\angle -66.9^\circ \text{（A）}$$

$$\dot I_A=\frac{\dot U_C}{Z_C}=\frac{220\angle 120^\circ}{5}=44\angle 120^\circ \text{（A）}$$

中性线电流为

$$\begin{aligned}\dot I_N&=\dot I_A+\dot I_B+\dot I_C\\&=44\angle -53.1^\circ+44\angle -66.9^\circ+44\angle 120^\circ\\&=43.4\angle -60^\circ(\text{A})\end{aligned}$$

线电流的零序分量按式（4-20）第一式为

$$\begin{aligned}\dot I_{A0}&=\frac{1}{3}(\dot I_A+\dot I_B+\dot I_C)\\&=\frac{1}{3}\dot I_N=\frac{1}{3}\times 43.4\angle -60^\circ=14.5\angle -60^\circ(\text{A})\end{aligned}$$

(2)当中性线断开时,电路如图 4-28(b)所示,则

$$\dot I_N=0$$

所以线电流零序分量为零，即$\dot I_{A0}=0$。

(3) 中性线断开后，负载中性点位移电压按式（4-12）为

$$\begin{aligned}\dot U_{nN}&=\frac{\dfrac{\dot U_A}{Z_A}+\dfrac{\dot U_B}{Z_B}+\dfrac{\dot U_C}{Z_C}}{\dfrac{1}{Z_A}+\dfrac{1}{Z_B}+\dfrac{1}{Z_C}}\\&=\frac{\dfrac{220\angle 0^\circ}{3+j4}+\dfrac{220\angle -120^\circ}{3-j4}+\dfrac{220\angle 120^\circ}{5}}{\dfrac{1}{3+j4}+\dfrac{1}{3-j4}+\dfrac{1}{5}}\\&=\frac{43.4\angle -60^\circ}{0.44}=98.6\angle -60^\circ(\text{V})\end{aligned}$$

下面讨论负载电压可能存在的零序分量。将式（4-13）3 式相加，由于$\dot U_A+\dot U_B+\dot U_C=0$，所以

$$\dot U_{an}+\dot U_{bn}+\dot U_{cn}=-3\dot U_{nN}$$

负载相电压的零序分量为

$$\dot U_{a0}=\frac{1}{3}(\dot U_{an}+\dot U_{bn}+\dot U_{cn})=-\dot U_{nN}$$

所以负载相电压的零序分量等于负载中性点电压的负值。在本例题中，有

$$\dot{U}_{a0}=-98.6\angle{-60^\circ}=98.6\angle{120^\circ}\text{(V)}$$

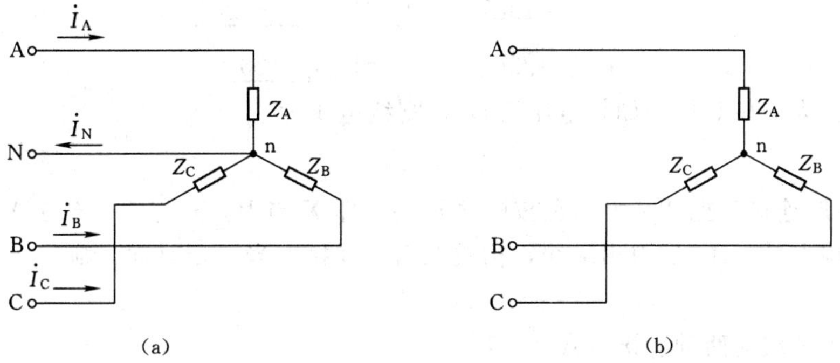

图 4-28　[例 4-11] 图

小　　结

(1) 三相电源的电压一般是 3 个频率相同、振幅相等而相位互差 120°的 3 个正弦电压源，构成对称的三相正弦电压，其瞬时值解析式为

$$u_A(t)=\sqrt{2}U\sin(\omega t)$$

$$u_B(t)=\sqrt{2}U\sin(\omega t-120^\circ)$$

$$u_C(t)=\sqrt{2}U\sin(\omega t+120^\circ)$$

对称三相正弦电压瞬时值之和为零。其相量关系为

$$\dot{U}_A=U\angle{0^\circ}$$

$$\dot{U}_B=U\angle{-120^\circ}=a^2\dot{U}_A$$

$$\dot{U}_C=U\angle{120^\circ}=a\dot{U}_A$$

对称三相正弦电压相量之和为零。把参考相量画在垂直方向，可以作出三相相量图，3 个相量顶点构成三角形。

对称三相正弦电压 A—B—C 的相序称为正序。

(2) 三相电源的两种连接方式。

1) 星形连接。把 3 个电压源的负极性端 X、Y、Z 连接在一起，形成电源中性点 N，并引出中性线；将正极性端 A、B、C 引出 3 条端线，构成了星形连接。线电压与相电压关系为

$$\dot{U}_{AB}=\dot{U}_A-\dot{U}_B$$

$$\dot{U}_{BC}=\dot{U}_B-\dot{U}_C$$

$$\dot{U}_{CA}=\dot{U}_C-\dot{U}_A$$

可用相量图表示。

对于三相对称电源，有　$\dot{U}_{AB}=\sqrt{3}\dot{U}_A\angle{30^\circ}$

$$\dot{U}_{AB}=\sqrt{3}\dot{U}_A\angle 30°$$

$$\dot{U}_{BC}=\sqrt{3}\dot{U}_B\angle 30°=\dot{U}_{AB}\angle -120°$$

$$\dot{U}_{CA}=\sqrt{3}\dot{U}_C\angle 30°=\dot{U}_{AB}\angle 120°$$

线电压也为三相对称。如相电压为U_P，则线电压为

$$U_L=\sqrt{3}U_P$$

2）三角形连接。把3个电压源按顺序相接，即X与B、Y与C、Z与A相接形成一个回路，从端点A、B、C引出端线，构成三角形连接。当三相对称，则

$$U_L=U_P$$

（3）三相负载的两种连接方式。

当三相负载参数相同，则称为对称的三相负载；否则为不对称三相负载。三相负载也有两种连接方式。

1）星形连接。三相负载连接成星形，将3个端线和一个中性线接至电源，称为三相四线制；如不接中性线，则为三相三线制。负载接成星形时，线电流等于对应的相电流。

三相四线制时，中性线电流为

$$\dot{I}_N=\dot{I}_A+\dot{I}_B+\dot{I}_C$$

如三相电流对称（振幅相等，彼此相差120°），则

$$\dot{I}_N=0$$

2）三角形连接。三相负载连接成三角形，将3个端线接至电源，电源流向负载电流为

$$\dot{I}_A=\dot{I}_{ab}-\dot{I}_{ca}$$

$$\dot{I}_B=\dot{I}_{bc}-\dot{I}_{ab}$$

$$\dot{I}_C=\dot{I}_{ca}-\dot{I}_{bc}$$

可用相量图绘出其相量关系。

如三相相电流对称，则

$$\dot{I}_A=\sqrt{3}\dot{I}_{ab}\angle -30°$$

$$\dot{I}_B=\sqrt{3}\dot{I}_{bc}\angle -30°=\dot{I}_A\angle -120°$$

$$\dot{I}_C=\sqrt{3}\dot{I}_{ca}\angle -30°=\dot{I}_A\angle 120°$$

三相线电流也对称。如相电流为I_P，则线电流$I_L=\sqrt{3}I_P$。

（4）对称三相电路的分析计算。

对称三相电路可化为Y－Y接线，负载中性点对电源中性点电压$U_{nN}=0$，中性线不起作用，形成各相的独立性因而可归结为一相计算，即可单独画出等效的A相计算电路（$Z_N=0$）进行计算，然后按照对称量的关系求得B相、C相响应。

（5）不对称三相星形连接负载的分析方法。

不对称三相星形连接负载的电路可用节点电位法求负载中性点电压$\dot{U}_{nN}$（称为负载中性点位移电压），然后求得各相电压和各相支路电流等。

(6) 三相电路的功率为三相功率之和，对称三相电路的有功功率为

$$P=\sqrt{3}U_L I_L\cos\varphi$$

对称三相电路的无功功率为

$$Q=\sqrt{3}U_L I_L\sin\varphi$$

对称三相电路的视在功率为

$$S=\sqrt{3}U_L I_L$$

(7) 三相制的对称分量。

在三相制电路中，凡是量值相等、频率相同、相位差彼此相等的3个正弦量就是一组对称分量。在三相制中，有3种对称分量：正序对称分量、负序对称分量和零序对称分量。任意一组不对称三相正弦量都可以分解为3组对称分量：

$$\dot{F}_{A0}=\frac{1}{3}(\dot{F}_A+\dot{F}_B+\dot{F}_C)$$

$$\dot{F}_{A1}=\frac{1}{3}(\dot{F}_A+a\dot{F}_B+a^2\dot{F}_C)$$

$$\dot{F}_{A2}=\frac{1}{3}(\dot{F}_A+a^2\dot{F}_B+a\dot{F}_C)$$

三相三线制电路的线电流和线电压中一定不含零序分量。三相四线制电路的中性线电流等于线电流零序分量的3倍，线电压中也不含零序分量。不对称星形连接负载中性点电压的负值等于负载相电压的零序分量。

习 题

4-1 对称三相电源 $u_A=311\sin(\omega t+30°)$V，试写出正序及负序时的 u_B 和 u_C。

4-2 图4-29所示对称三相电路，三相电源的线电压为380V，相线和中线的阻抗为零，负载阻抗 $Z_A=Z_B=Z_C=8.66+j5\Omega$，求：(1) 负载的相电流及中线电流；(2) 画出电压、电流相量图。

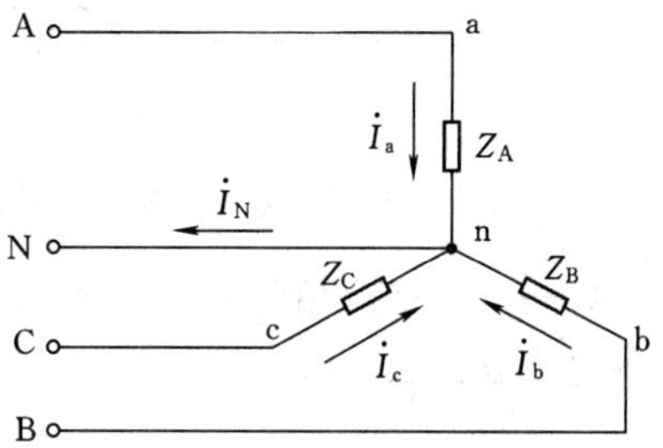

图4-29 习题4-2图

4-3 一组对称三角形连接负载，每相阻抗为 $Z=8+j6\Omega$，接于线电压为380V的对称三相电源上，求：(1) 相电流和线电流；(2) 画出电压、电流相量图。

4-4 一对称三相电路图4-30所示。对称三相电源线电压是380V，星形连接的对称负载每相阻抗 $Z_1=30\angle 30°\ \Omega$，三角形连接的对称三相负载每相阻抗 $Z_2=60\angle 60°\ \Omega$，求各电压表和电流表的读数（有效值）。

4-5 对称三相电源线电压380V，接星形连接的三相对称负载，其每相阻抗 $Z=11+j14\Omega$，端线阻抗 $Z_1=(0.2+j0.1)\Omega$，中性线阻抗 $Z_N=0.2+j0.1\Omega$。试求负载相电流及相电压并画出相量图。

4-6 线电压为380V对称三相电源上，接一组对称三角形连接负载，已知：每根相线的阻抗 $Z_L=j1\Omega$，每根负载的阻抗 $Z=12+j6\Omega$。求线电流、负载的相电流和相电压。

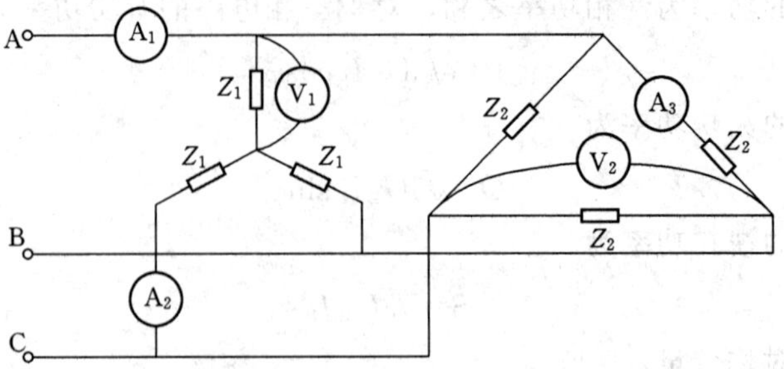

图 4-30 习题 4-4 图

4-7 在 6 层楼房中单相照明电灯均接在三相四线制电路上，若每两层为一相，每相装有 220V、40W 的白炽灯 30 盏，线路阻抗忽略不计，对称三相电源的线电压为 380V，试求：

(1) 当照明灯全部点亮时，各相电压、相电流及中性线电流。

(2) 当 B 相照明灯只有一半点亮，而 A、C 两相照明灯全部亮时，各相电压、相电流及中性线电流。

(3) 当中性线断开时，在上述两种情况下的相电压为多少？由此说明中性线的作用。

4-8 在图 4-31 所示的三相四线制电路中，电源电压为 220V/380V，三相负载为 $Z_A=10\Omega$，$Z_B=j10\Omega$，$Z_C=-j10\Omega$。试求各相电流和中性线电流并作出相量图。

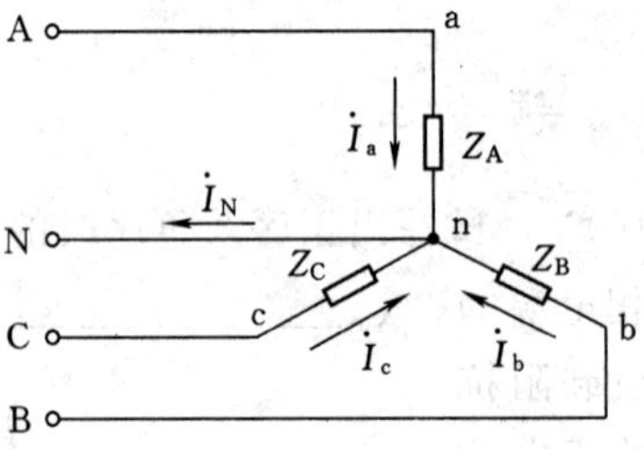

图 4-31 习题 4-8 图

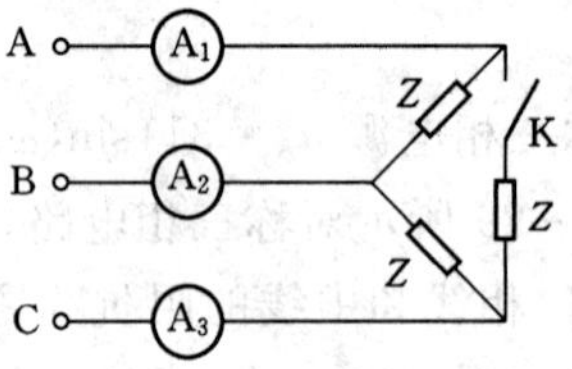

图 4-32 习题 4-9 图

4-9 对称三相电路如图 4-32 所示，3 个电流表读数均为 5A。当开关 K 断开后，求各电流表读数。

4-10 某一三相对称电路，其负载为星形连接，已知线电流 $\dot{I}_A=5\angle 10^\circ$ A，线电压 $\dot{U}_{AB}=380\angle 75^\circ$ V，求此负载消耗的功率及每相负载的功率因数。

4-11 两组感性负载并联运行，如图 4-33 所示，一组接成△形，功率为 10kW，功率因数为 0.8；另一组接成 Y 形，功率为 5.25kW，功率因数为 0.855，端线阻抗 $Z_L=0.1+j0.2\Omega$，其负载的线电压是 380V，试求电源的线电压应该是多少伏？

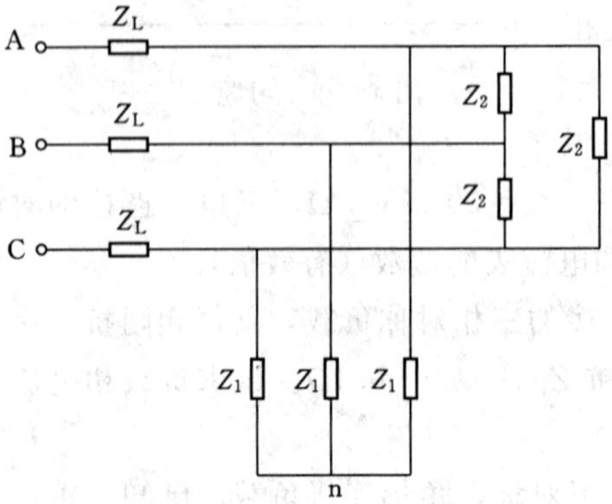

图 4-33 习题 4-11 图

4－12　对称三相星形连接负载，与线电压为 380V 的对称三相电源相连，已知负载的功率因数是 0.8，消耗的总功率是 10kW，求负载的相电流和每相的阻抗。

4－13　一台三相变压器的电压为 6600V，电流为 20A，功率因数为 0.866，试求它的有功功率、无功功率和视在功率。

4－14　一台 Y 连接、功率为 12.5×10^4kW 的发电机的电压为 13.8kV，功率因数为 0.8。试求它的电流、无功功率和视在功率。

4－15　每相阻抗 $Z=(45+\mathrm{j}20)\Omega$ 的对称 Y 连接负载接到 $U=380$V 的三相电源。试求：(1) 正常情况下负载的电压和电流；(2) A 相负载开路后，B、C 两相负载的电压和电流以及 A 相的开路电压；(3) A 相负载短路后，B、C 两相负载的电压和电流以及端线 A 的电流。

4－16　某接地系统发生单相（设为 A 相）接地故障时的 3 个线电流分别为

$$I_A=1500\mathrm{A},\ I_B=0,\ I_C=0$$

试求这组线电流的对称分量并作相量图。

第5章　非正弦周期电流电路

学习目标：

(1) 了解周期量的傅里叶级数。了解非正弦周期波的对称性及其傅里叶级数展开式的特点。

(2) 掌握非正弦周期量的有效值的概念和计算。

(3) 掌握非正弦周期电流电路的功率和电路计算。

5.1　非正弦周期量

5.1.1　非正弦周期量概述

在电工、电子电路中，除了正弦电压、电流外，还会遇到不是按正弦规律变化的电压、电流，称为非正弦量（或非正弦信号）。比如电子示波器中的锯齿波扫描电压，在电子设备、自动控制及计算机等技术领域中大量采用的脉冲信号都是非正弦信号。在电力系统中，发电机和变压器等设备的电压或电流中也会存在一些非正弦分量，在分析电力系统的工作状态时，有时也会考虑它们的影响。因此，讨论非正弦周期电流电路具有实际意义。

非正弦信号分为两种：一种是周期性的；另一种是非周期性的。当非正弦信号不按正弦规律做周期性变化时，就称为非正弦周期量（信号），如图5-1所示为几种非正弦周期信号的波形，虽然各波形形状不一，但变化的规律都是周期性的。

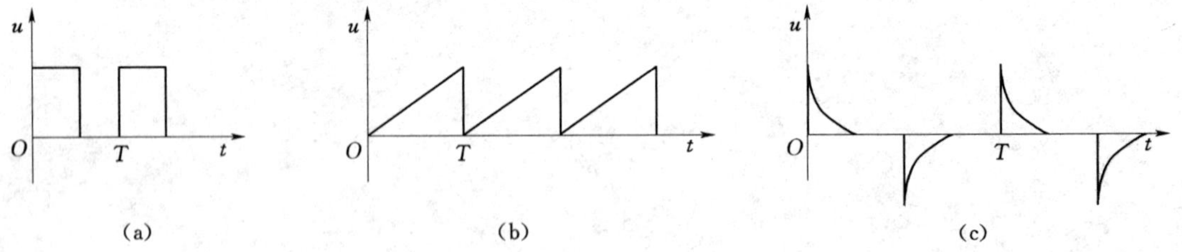

图5-1　非正弦周期信号波形

(a) 方波电压；(b) 锯齿波电压；(c) 尖脉冲波电压

5.1.2　非正弦周期量的产生原因

产生非正弦周期量的原因通常有以下3种：

(1) 电路激励为非正弦量。当电源（或信号源）的电压或电流为非正弦量时，在它的作用下电路的响应也应是非正弦量，如方波发生器、锯齿波发生器等信号源是非正弦周期电压。

（2）不同频率的正弦激励同时作用于线性电路。在线性电路中，当有两个或两个以上的不同频率的激励共同作用时，将会产生一个非正弦周期信号。如图 5－2 所示，将角频率为 ω 的正弦电压源 u_1 与角频率为 3ω 的正弦电压源 u_2 串联后接入示波器，可观察到总电压 $u=u_1+u_2$ 是一个非正弦周期波（图 5－2 中虚线），如果把此非正弦电压 u 作用于线性电路，则电路将产生非正弦的电压和电流。

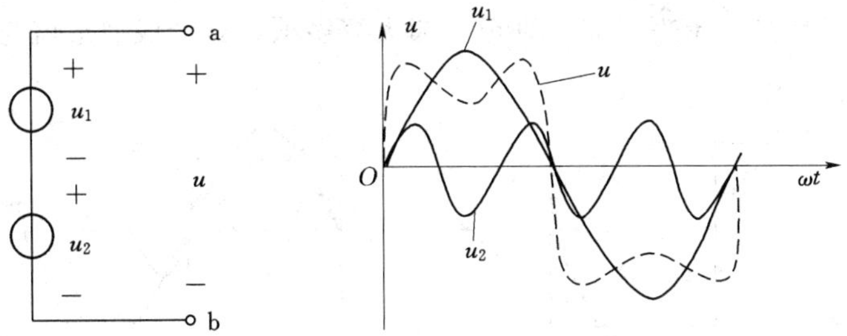

图 5－2　不同频率正弦波的叠加

（3）电路中存在非线性元件。如果电路中存在非线性元件，即使在正弦激励（电压或电流）作用下，电路中也会产生非正弦周期的响应（电压或电流）。图 5－3（a）所示的半波整流电路，电路中的二极管是一个非线性元件，它具有单向导电性，因此电路输出信号波形为非正弦周期量。

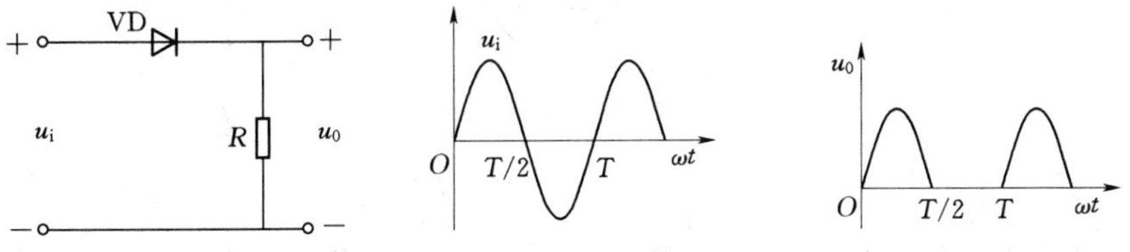

（a）　　（b）　　（c）

图 5－3　半波整流电路

（a）电路原理；（b）输入信号波形；（c）输出信号波形

自　测　题

5.1.1　非正弦信号分为哪两种？

5.1.2　什么是非正弦周期量？电路中产生非正弦周期量的原因通常有哪些？试举例说明。

5.2　非正弦周期量的谐波分析

5.2.1　非正弦周期量的合成

一个典型的非正弦周期信号波如矩形波，实际上它可以看成是幅值不等、频率成整数倍的一系列正弦波的合成波形。

图 5－4（a）所示的矩形波是角频率为 ω 的非正弦周期波，图中虚线是与它同频率的

正弦波 u_1，显然，两者的波形差别很大。如果在正弦电压 u_1 的波形上叠加角频率为 3ω、振幅为$\frac{1}{3}U_{1m}$的正弦电压 u_2，可得合成波形 u 如图 5-4（b）中的虚线所示。若再叠加上第三个角频率为 5ω、振幅为$\frac{1}{5}U_{1m}$的正弦电压 u_3，则得如图 5-4（c）中虚线所示的波形 u，显然，它已经较为接近矩形波了。照此规律把更高频率的电压分量叠加上去，所得的合成波形将会越来越接近于矩形波，直至叠加无穷多项，其合成波形就与矩形波一样了。

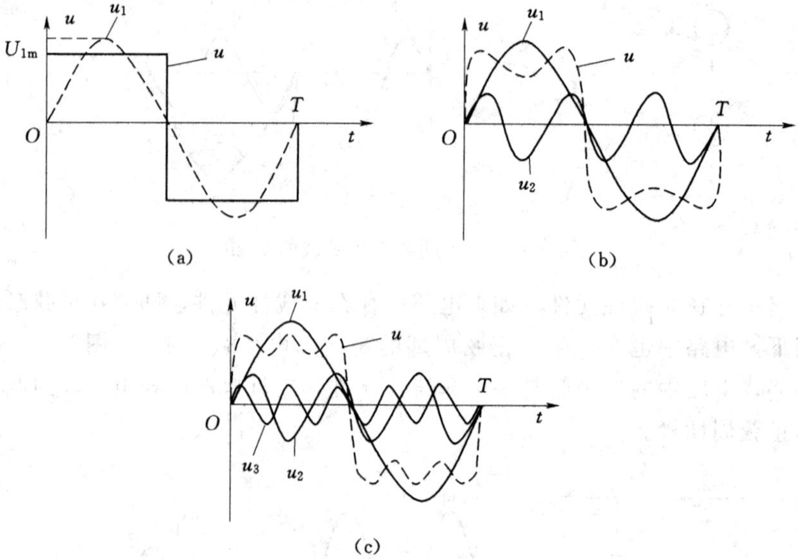

图 5-4　矩形波的合成

可见，一系列振幅不同，频率成整数倍的正弦波，叠加以后可得到一个非正弦周期波。

既然不同频率的正弦量可以叠加成一个周期性的非正弦量，那么反过来一个非正弦的周期量也可分解为无穷多个不同频率的正弦量。其分解的办法是数学里的傅里叶级数展开法。

5.2.2　非正弦周期量的分解

由数学知识可知，凡是满足狄里赫利条件的周期函数都可展开成傅里叶级数。电气电子工程中所遇到的非正弦周期量一般都可以展开成傅里叶级数。

设一非正弦周期函数 $f(t)$，其周期为 T，角频率 $\omega=\frac{2\pi}{T}$，则它的傅里叶级数的展开式为

$$f(t)=A_0+A_{1m}\sin(\omega t+\psi_1)+A_{2m}\sin(2\omega t+\psi_2)+\cdots+A_{km}\sin(k\omega t+\psi_k)+\cdots$$

$$=A_0+\sum_{k=1}^{\infty}A_{km}\sin(k\omega t+\psi_k) \tag{5-1}$$

式中，A_0 为 $f(t)$ 的恒定分量或直流分量，又称零次谐波；$A_{1m}\sin(\omega t+\psi_1)$ 的频率与 $f(t)$ 相同，称为基波或一次谐波；$A_{2m}\sin(2\omega t+\psi_2)$ 的频率是基波频率的两倍，称为二次

谐波；$A_{km}\sin(k\omega t+\psi_k)$ 的频率是基波频率的 k 倍，称为 k 次谐波。

$k\geqslant 2$ 的各次谐波统称为高次谐波。其中 k 为奇数的谐波称为奇次谐波，k 为偶数的谐波称为偶次谐波。傅里叶级数展开式有无穷多项，但因为傅里叶级数的收敛性，即幅值随谐波次数的升高而减小，且一般收敛很快，所以，实际工程计算中，一般只需取前几项就足以满足精度的要求。

由式（5－1）可推得傅里叶级数的第二种表达式，即

$$f(t)=a_0+\sum_{k=1}^{\infty}a_k\cos(k\omega t)+\sum_{k=1}^{\infty}b_k\sin(k\omega t) \tag{5-2}$$

式中，a_0 为 $f(t)$ 的直流分量；$a_k\cos(k\omega t)$ 为余弦项；$b_k\sin(k\omega t)$ 为正弦项。

式（5－1）和式（5－2）之间的关系为

$$\begin{cases}a_0=A_0\\ a_k=A_{km}\sin\psi_k\\ b_k=A_{km}\cos\psi_k\end{cases} \tag{5-3}$$

$$\begin{cases}A_{km}=\sqrt{a_k^2+b_k^2}\\ \tan\psi_k=\dfrac{a_k}{b_k}\end{cases} \tag{5-4}$$

运用数学知识，系数 a_0、a_k、b_k 可按式（5－5）求出，即

$$\left.\begin{aligned}a_0&=\frac{1}{2\pi}\int_0^{2\pi}f(\omega t)\,\mathrm{d}\omega t\\ a_k&=\frac{1}{\pi}\int_0^{2\pi}f(\omega t)\cos(k\omega t)\,\mathrm{d}\omega t\\ b_k&=\frac{1}{\pi}\int_0^{2\pi}f(\omega t)\sin(k\omega t)\,\mathrm{d}\omega t\end{aligned}\right\} \tag{5-5}$$

将一个非正弦周期函数分解为直流分量和无穷多个频率不同的谐波分量之和，称为谐波分析。谐波分析可以利用式（5－1）或式（5－2）来进行。要得出 $f(\omega t)$ 的各次谐波分量，必须先利用式（5－5）算出 a_0、a_k、b_k，再利用式（5－4）算出各分量的幅值 A_{km} 和初相 ψ_k，最后利用式（5－1）就可得出 $f(\omega t)$ 的展开式。

工程中常见的非正弦波形及傅里叶级数展开式见表 5－1，实际遇到这类波形时可直接对照其波形查出展开式。

表 5－1　　几种非正弦周期函数的傅里叶级数

名称	函数的波形图	傅里叶级数	有效值	整流平均值
矩形波	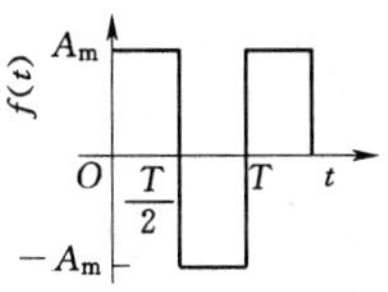	$f(t)=\frac{4A_m}{\pi}[\sin(\omega t)+\frac{1}{3}\sin(3\omega t)+\frac{1}{5}\sin(5\omega t)+\cdots+\frac{1}{k}\sin(k\omega t)+\cdots]$ （k 为奇数）	A_m	A_m

续表

名称	函数的波形图	傅里叶级数	有效值	整流平均值
梯形波	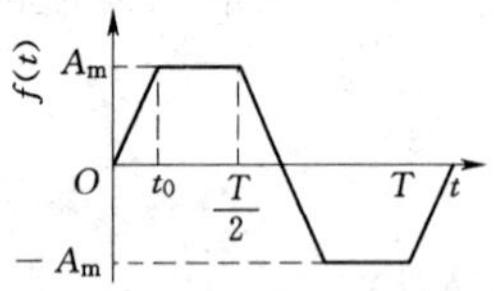	$f(t)=\frac{4A_m}{\omega t_0\pi}[\sin(\omega t_0)\sin(\omega t)$ $+\frac{1}{9}\sin(3\omega t_0)\sin(3\omega t)$ $+\frac{1}{25}\sin(5\omega t_0)\sin(5\omega t)+\cdots$ $+\frac{1}{k^2}\sin(k\omega t_0)\sin(k\omega t)+\cdots]$ （k 为奇数）	$A_m\sqrt{1-\frac{4\omega t_0}{3\pi}}$	$A_m\left(1-\frac{\omega t_0}{\pi}\right)$
三角波	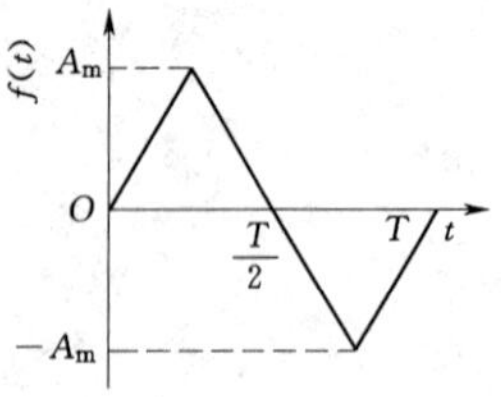	$f(t)=\frac{8A_m}{\pi^2}\Big[\sin(\omega t)-\frac{1}{9}\sin(3\omega t)$ $+\frac{1}{25}\sin(5\omega t)+\cdots$ $+\frac{(-1)^{\frac{k-1}{2}}}{k^2}\sin(k\omega t)+\cdots\Big]$ （k 为奇数）	$\frac{A_m}{\sqrt{3}}$	$\frac{A_m}{2}$
锯齿波	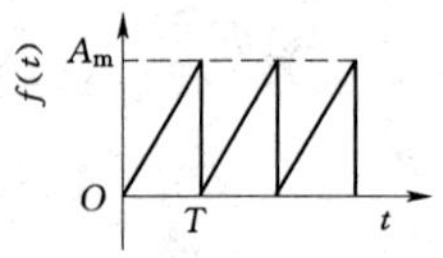	$f(t)=A_m\Big\{\frac{1}{2}-\frac{1}{\pi}[\sin(\omega t)$ $+\frac{1}{2}\sin(2\omega t)$ $+\frac{1}{3}\sin(3\omega t)+\cdots+\cdots]\Big\}$ （k 为奇数）	$\frac{A_m}{\sqrt{3}}$	$\frac{A_m}{2}$
正弦波	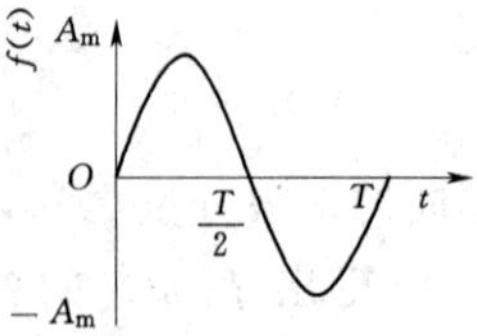	$f(t)=A_m\sin(\omega t)$	$\frac{A_m}{\sqrt{2}}$	$\frac{2A_m}{\pi}$
半波整流波	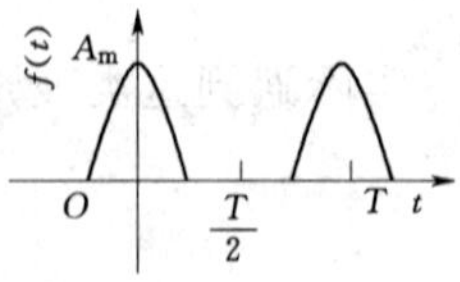	$f(t)=\frac{2A_m}{\pi}\Big[\frac{1}{2}+\frac{\pi}{4}\cos(\omega t)$ $+\frac{1}{1\times3}\cos(2\omega t)-\frac{1}{3\times5}\cos(4\omega t)$ $+\frac{1}{5\times7}\cos(6\omega t)-\cdots\Big]$	$\frac{A_m}{2}$	$\frac{A_m}{\pi}$
全波整流波	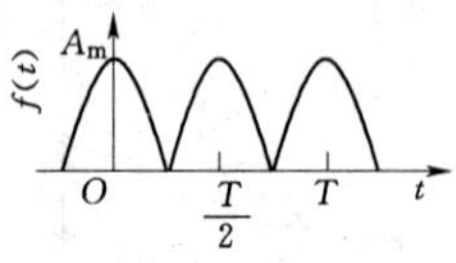	$f(t)=\frac{4A_m}{\pi}\Big[\frac{1}{2}+\frac{1}{1\times3}\cos(2\omega t)$ $-\frac{1}{3\times5}\cos(4\omega t)$ $+\frac{1}{5\times7}\cos(6\omega t)-\cdots\Big]$	$\frac{A_m}{\sqrt{2}}$	$\frac{2A_m}{\pi}$

5.2.3　周期信号的频谱

为了直观地表示一个非正弦周期函数分解为各次谐波后，其中包含哪些频率分量及各分量占有多大“比例”，常采用一种称为频谱图的方法。用横坐标表示各谐被的频率，用纵坐标方向的线段长度表示各次谐波幅值大小，这种频谱图称为幅度频谱。图 5－5 所示为锯齿波的幅度频谱图。如果在纵坐标方向把各谐波的初相用相应线段依次排列就可得到相位频谱。幅度频谱和相位频谱统称为非正弦周期信号的频谱图，简称频谱。如无特别说明，一般所说的频谱专指幅度频谱。

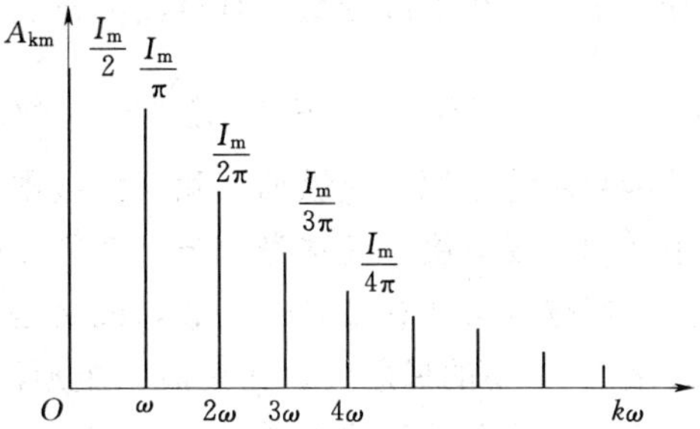

图 5－5　锯齿波的频谱图

5.2.4 非正弦波的对称性

工程中常见的非正弦波具有某种对称性，利用函数的对称性，可判断傅里叶级数展开式中哪些项不存在，使展开式的求解工作得以简化。

1. 周期函数

周期函数的波形在一个周期内横轴上、下部分包围的面积相等，这时函数的平均值等于零，傅里叶级数展开式中 $a_0=0$，即无直流分量，如表 5－1 中的矩形波、梯形波、三角波、正弦波。

2. 奇函数

满足 $f(t)=-f(-t)$ 的周期函数称为奇函数，其波形关于原点对称，如表 5－1 中的矩形波、梯形波、三角波、正弦波。奇函数的傅里叶级数展开式中，$a_0=0$、$a_k=0$，即无直流分量和余弦分量，表示为

$$f(t)=\sum_{k=1}^{\infty}b_k\sin k\omega t$$

3. 偶函数

满足 $f(t)=f(-t)$ 的周期函数称为偶函数，其波形关于纵轴对称，如表 5－1 中的半波整流波、全波整流波。偶函数的傅里叶级数展开式中 $b_k=0$，即无正弦分量，表示为

$$f(t)=a_0+\sum_{k=1}^{\infty}a_k\cos k\omega t$$

4. 奇谐波函数

满足 $f(t)=-f\left(t\pm\frac{T}{2}\right)$ 的周期函数称为奇谐波函数，其波形特点是：将 $f(t)$ 的波形移动半个周期后与原波形对称于横轴，即镜像对称，如表 5－1 中的矩形波、梯形波、三角波、正弦波。奇谐波函数的傅里叶级数展开式中无直流分量（$a_0=0$）和偶次谐波，只含奇次谐波，表示为

$$f(t)=\sum_{k=1}^{\infty}(a_k\cos k\omega t+b_k\sin k\omega t)\quad(k=1,3,5,\cdots)$$

5. 偶谐波函数

满足 $f(t)=f\left(t\pm\frac{T}{2}\right)$ 的周期函数称为偶谐波函数，其波形特点是：将 $f(t)$ 的波形移动半个周期后与原波形完全重合，如表 5－1 中的全波整流波。偶谐波函数的傅里叶级数

展开式中无奇次谐波分量，有直流分量和偶次谐波，表示为

$$f(t)=a_0+\sum_{k=2}^{\infty}(a_k\cos k\omega t+b_k\sin k\omega t)\quad (k=2,4,6,\cdots)$$

函数对称于原点或纵轴，除与函数本身有关外，还与计时起点的选择有关。而函数对称于横轴，仅取决于其本身，与计时起点的选择无关。所以，对某些奇谐波函数，适当选择计时起点，可使它又是奇函数，或又是偶函数，从而使傅里叶级数展开式得以简化。例如，表 5-1 中的梯形波、三角波、矩形波，它们本身都是奇谐波函数，它们的傅里叶级数中不含直流分量和偶次谐波；如表 5-1 中那样选择计时起点，它们又都成为奇函数，不含余弦项，两个特点综合起来，它们的傅里叶级数中就只含奇次正弦项了。

电工中常用的磁通平顶波和电流尖顶波都是奇谐波函数，适当选择计时起点，它们又是奇函数。图 5-6 所示为两者的波形，在图示计时起点下，它们分别可以近似地分解为

$$\Phi(t)=\Phi_1(t)+\Phi_3(t)=\Phi_{1m}\sin\omega t+\Phi_{3m}\sin 3\omega t$$

$$i(t)=i_1(t)+i_3(t)=I_{1m}\sin\omega t+I_{3m}\sin 3\omega t$$

由于 5 次以上谐波的振幅很小，常可忽略不计。

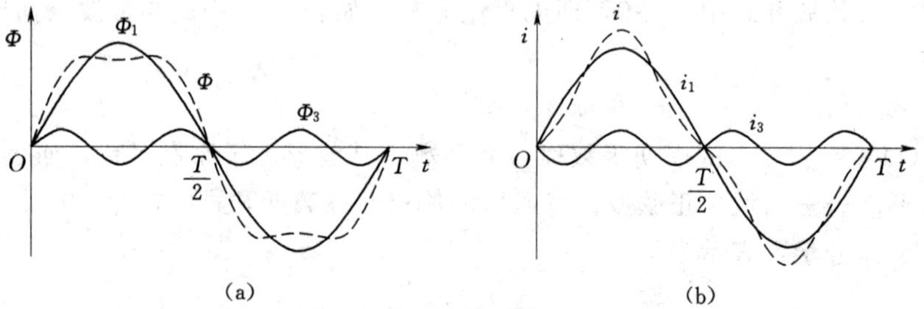

图 5-6　磁通平顶波和电流尖顶波

(a) 磁通平顶波；(b) 电流尖顶波

【例 5-1】 由波形的对称性特点判断图 5-7 中各非正弦周期波的傅里叶级数展开式中不存在的项，并写出各波形的傅里叶级数展开式。

解　图 5-7 (a) 所示的波形关于纵轴对称，为偶函数，同时又符合偶谐波函数的特点，它的展开式中不含正弦分量和奇次谐波分量，为

$$f(t)=a_0+\sum_{k=1}^{\infty}a_k\cos(k\omega t)\quad (k=2,4,6,\cdots)$$

图 5-7 (b) 所示的波形符合奇谐波函数的特点，为奇谐波函数，其展开式中不包含直流分量和偶次谐波分量，为

$$f(t)=\sum_{k=1}^{\infty}(a_k\cos k\omega t+b_k\sin k\omega t)\quad (k=1,3,5,\cdots)$$

图 5-7 (c) 所示的波形关于原点对称，为奇函数，它的展开式中不包含直流分量和余弦项，为

$$f(t)=\sum_{k=1}^{\infty}b_k\sin k\omega t$$

图 5-7 (d) 所示的波形符合偶函数和偶谐波函数两个特点，其展开式中不含正弦项

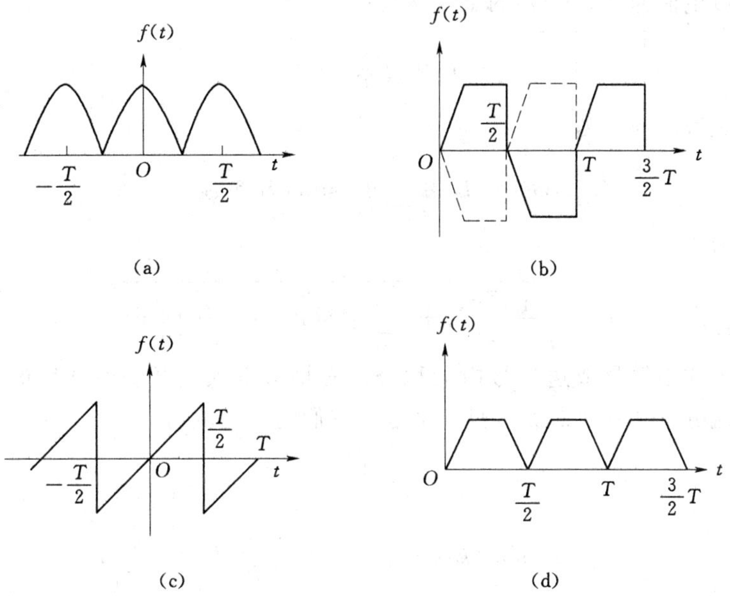

图 5-7 [例 5-1] 图

和奇次谐波分量，为

$$f(t)=a_0+\sum_{k=2}^{\infty}a_k\cos k\omega t \quad k=2,4,6,\cdots$$

自　测　题

一、判断题

5.2.1　两个正弦交流电压之和一定是正弦交流电压。　　（　　）

5.2.2　非正弦周期波的周期一定与其基波分量的周期相同。　　（　　）

5.2.3　正弦交流电含有谐波分量。　　（　　）

二、问答题

5.2.4　在式 $u(t)=200+141\sin(\omega t+\varphi_1)+80\sin(3\omega t+\varphi_3)+20\sin(5\omega t+\varphi_5)$ V 中，哪项是直流分量？哪项是基波？哪项是高次谐波？

5.2.5　说明下列函数的波形具有的特征：

$$f_1(t)=6+5\cos(\omega t)+3\cos(3\omega t)$$

$$f_2(t)=6\cos(\omega t)+4\cos(2\omega t)+2\cos(4\omega t)$$

$$f_3(t)=10\sin(\omega t)+8\sin(3\omega t)+6\sin(5\omega t)$$

$$f_4(t)=12\sin(\omega t)+8\sin(2\omega t)+4\sin(3\omega t)$$

5.3　非正弦周期量的有效值、平均值和平均功率

5.3.1　有效值

非正弦周期量的有效值等于它们的均方根值，即瞬时值的平方在一个周期内的平均值

再取平方根，以电流为例，$i(t)$ 的有效值为

$$I=\sqrt{\frac{1}{T}\int_0^T i^2\mathrm{d}t} \tag{5-6}$$

其傅里叶级数展开式为

$$i(t)=I_0+\sum_{k=1}^{\infty}I_{\mathrm{km}}\sin(k\omega t+\psi_{\mathrm{k}})$$

则其有效值为

$$I=\sqrt{\frac{1}{T}\int_0^T\left[I_0+\sum_{k=1}^{\infty}I_{\mathrm{km}}\sin(k\omega t+\psi_{\mathrm{k}})\right]^2\mathrm{d}t}$$

为了计算上式中等号或边根号内的积分，先将平方项展开。展开后的各项有两种类型：一种是直流分量和各次谐波自身的平方，它们的平均值为

$$\frac{1}{T}\int_0^T I_0^2\mathrm{d}t=I_0^2$$

$$\frac{1}{T}\int_0^T\sum_{k=1}^{\infty}I_{\mathrm{km}}^2\sin^2(k\omega t+\psi_{\mathrm{k}})\mathrm{d}t=\frac{1}{2}\sum_{k=1}^{\infty}I_{\mathrm{km}}^2=\sum_{k=1}^{\infty}I_{\mathrm{k}}^2$$

上式中 $I_{\mathrm{k}}=\dfrac{I_{\mathrm{km}}}{\sqrt{2}}$是 k 次谐波的有效值；另一种是两个不同次谐波的乘积的 2 倍，根据三角函数的正交性，它们的平均值为

$$\frac{1}{T}\int_0^T 2I_0\sum_{k=1}^{\infty}I_{\mathrm{km}}\sin(k\omega t+\psi_{\mathrm{k}})\mathrm{d}t=0$$

$$\frac{1}{T}\int_0^T 2\sum_{k=1}^{\infty}\sum_{q=1}^{\infty}I_{\mathrm{km}}I_{\mathrm{qm}}\sin(k\omega t+\psi_{\mathrm{k}})\sin(q\omega t+\psi_{\mathrm{q}})\mathrm{d}t=0\quad k\neq q$$

所以 $i(t)$ 的有效值为

$$I=\sqrt{I_0^2+\frac{1}{2}I_{1\mathrm{m}}^2+\frac{1}{2}I_{2\mathrm{m}}^2+\cdots}=\sqrt{I_0^2+I_1^2+I_2^2+\cdots} \tag{5-7}$$

同理，非正弦周期电压的有效值为

$$U=\sqrt{U_0^2+\frac{1}{2}U_{1\mathrm{m}}^2+\frac{1}{2}U_{2\mathrm{m}}^2+\cdots}=\sqrt{U_0^2+U_1^2+U_2^2+\cdots} \tag{5-8}$$

结论：非正弦周期量的有效值等于直流分量和各次谐波有效值的平方之和的平方根。

5.3.2　平均值和整流平均值

1. 平均值

非正弦周期量的平均值等于它的直流分量，以电流为例，其平均值为

$$I_{\mathrm{av}}=\frac{1}{T}\int_0^T i\mathrm{d}t=I_0 \tag{5-9}$$

由于周期性非正弦量展开为傅里叶级数后，除直流分量外，其余各次谐波均为正弦量，它们的平均值均为零，所以非正弦周期量 $I_{\mathrm{av}}=I_0$。

2. 整流平均值

对于一个在一个周期内有正有负的周期量，其平均值可能很小，甚至等于零。工程上为了对周期量进行测量和分析，常取非正弦周期量的绝对值在一个周期内的平均值，定义

为整流平均值，即

$$I_{\text{rect}} = \frac{1}{T}\int_0^T |i| \, \mathrm{d}t \tag{5-10}$$

对于上、下半周期的波形面积相等的周期量，可用正半波来计算其整流平均值，则有

$$I_{\text{rect}} = \frac{2}{T}\int_0^{\frac{T}{2}} |i| \, \mathrm{d}t \tag{5-11}$$

对于一个周期内有正也有负的周期量，它的平均值和整流平均值不相等，只有当周期量在一个周期内的值都为正时二者才相等。

工程中，同一非正弦周期电流（或电压），当用不同类型的仪表进行测量时，会得到不同的结果。用磁电系仪表（直流仪表）测量，所得结果将是电流（或电压）的直流分量。用电磁系或电动系仪表测量的结果是电流（或电压）的有效值；用全波整流仪表测量所得的结果是电流（或电压）的整流平均值。因此，在测量非正弦量时，一定要根据要求选择合适的仪表。

5.3.3 平均功率

设非正弦周期电流电路二端网络的电流 $i(t)$、电压 $u(t)$ 为

$$i(t) = I_0 + \sum_{k=1}^{\infty} I_{\text{km}} \sin(k\omega t + \psi_{\text{ik}})$$

$$u(t) = U_0 + \sum_{k=1}^{\infty} U_{\text{km}} \sin(k\omega t + \psi_{\text{uk}})$$

当电压 $u(t)$、电流 $i(t)$ 取关联参考方向时，则此二端网络吸收的瞬时功率为

$$p(t) = u(t)i(t) = \left[U_0 + \sum_{k=1}^{\infty} U_{\text{km}} \sin(k\omega t + \psi_{\text{ku}})\right] \times \left[I_0 + \sum_{k=1}^{\infty} I_{\text{km}} \sin(k\omega t + \psi_{\text{ki}})\right]$$

电路吸收的平均功率为

$$P = \frac{1}{T}\int_0^T p(t)\,\mathrm{d}t = \frac{1}{T}\int_0^T u(t)i(t)\,\mathrm{d}t$$

$$= \frac{1}{T}\int_0^T \left[U_0 + \sum_{k=1}^{\infty} U_{\text{km}} \sin(k\omega t + \psi_{\text{ku}})\right] \times \left[I_0 + \sum_{k=1}^{\infty} I_{\text{km}} \sin(k\omega t + \psi_{\text{ki}})\right]\mathrm{d}t \tag{5-12}$$

根据三角函数的正交性，不同次谐波电压与电流乘积的平均值为零。直流分量及同次谐波电压与电流乘积的平均值为

$$P_0 = \frac{1}{T}\int_0^T U_0 I_0 \,\mathrm{d}t = U_0 I_0$$

$$P_{\text{k}} = \frac{1}{T}\int_0^T \sum_{k=1}^{\infty} U_{\text{km}} I_{\text{km}} \sin(k\omega t + \psi_{\text{uk}}) \sin(k\omega t + \psi_{\text{ik}})\,\mathrm{d}t = \frac{1}{2}\sum_{k=1}^{\infty} U_{\text{km}} I_{\text{km}} \cos\varphi_{\text{k}}$$

$$= \sum_{k=1}^{\infty} U_{\text{k}} I_{\text{k}} \cos\varphi_{\text{k}}$$

式中：U_{k}、I_{k} 为 k 次谐波电压、电流的有效值；φ_{k} 为 k 次谐波电压和 k 次谐波电流之间的相位差。

于是有功功率为

$$P = U_0 I_0 + \sum_{k=1}^{\infty} U_k I_k \cos\varphi_k$$
$$= U_0 I_0 + U_1 I_1 \cos\varphi_1 + U_2 I_2 \cos\varphi_2 + \cdots = P_0 + P_1 + P_2 + \cdots \qquad (5-13)$$

式（5-13）表明，非正弦周期电流电路的平均功率等于直流分量和各次谐波分别产生的平均功率的代数和。

需要注意的是，只有相同频率的谐波电压与电流才能构成平均功率，不同频率的谐波电压、电流是不能构成平均功率的。非正弦周期电路无功功率的情况较为复杂，本书不予讨论，而视在功率可定义为 $S=UI$，并将功率因数定义为 $\lambda=\dfrac{P}{S}$。

【例 5-2】 已知某二端网络的端口电压 $u=50+20\sqrt{2}\sin(\omega t+20°)+6\sqrt{2}\sin(2\omega t+80°)$V，端口电流 $i=20+10\sqrt{2}\sin(\omega t-10°)+5\sqrt{2}\sin(2\omega t+20°)$A，$u$ 和 i 取关联参考方向。

求：(1) 端口电压、端口电流的有效值。

(2) 二端网络吸收的平均功率。

解 (1) 根据式（5-7）、式（5-8），可得

电流有效值　　$I=\sqrt{I_0^2+I_1^2+I_2^2}=\sqrt{20^2+10^2+5^2}=22.91(\text{A})$

电压有效值　　$U=\sqrt{U_0^2+U_1^2+U_2^2}=\sqrt{50^2+20^2+6^2}=54.18(\text{V})$

(2) 直流分量的功率　　$P_0=U_0 I_0=50\times 20=1000(\text{W})$

基波功率　　$P_1=U_1 I_1\cos\varphi_1=20\times 10\cos(20°+10°)=173.21(\text{W})$

二次谐波功率　　$P_2=U_2 I_2\cos\varphi_2=6\times 5\cos(80°-20°)=15(\text{W})$

二端网络吸收的功率为

$$P=P_0+P_1+P_2=1000+173.21+15=1188.21(\text{W})$$

5.3.4　波形因数

工程上为了反映非正弦周期量波形的大致性质，引用波形因数 K_f，其定义式为

$$K_f=\frac{\text{有效值}}{\text{整流平均值}} \qquad (5-14)$$

按式（5-14）可求得正弦波的波形因数为

$$K_f=\frac{\dfrac{I_m}{\sqrt{2}}}{\dfrac{2}{\pi}I_m}=1.11$$

如果以正弦波的波形因数作为标准，对非正弦波来说，若波形因数 $K_f>1.11$，则可估计它的波形比正弦波尖；若 $K_f<1.11$，则其波形比正弦波平坦。

以表 5-1 中的三角波为例，其有效值、整流平均值可由表查得，其波形因数为 $K_f=\dfrac{A_m/\sqrt{3}}{A_m/2}=\dfrac{2}{\sqrt{3}}=1.15>1.11$，显然，三角波比正弦波尖。

5.3.5　等效正弦波

为了简化计算，有时把非正弦周期量近似地用正弦量代替，从而把非正弦周期电流电

路简化为正弦电流电路处理。用一个“等效”正弦波代替非正弦周期波，其条件如下：

(1) 等效正弦波和非正弦周期波必须有相同的频率。

(2) 等效正弦波和非正弦周期波应有相等的有效值。

(3) 用等效正弦波代替非正弦周期波后，全电路的有功功率应不变。

根据以上条件中的 (1) 和 (2)，可先确定等效正弦波的频率与有效值，然后根据条件 (3) 确定等效正弦电压与等效正弦电流的相位差，即

$$\varphi=\pm\arccos\lambda=\pm\arccos\left(\frac{P}{UI}\right) \tag{5-15}$$

式中：λ 为非正弦周期电流电路的功率因数；φ 角的正负应参照实际电压与电流波形作出选择。

应当指出，等效正弦波不可能与被代替的非正弦周期波在各方面完全等效，它是在一定误差允许条件下的一种近似。

自 测 题

一、判断题

5.3.1 非正弦周期性电流电路中，不同次谐波电压、电流虽然构成瞬时功率，但不构成平均功率。 ( )

5.3.2 正弦量的有效值为 $I_m/\sqrt{2}$，平均值为 $2I_m/\pi$，波形因数为 1.11。 ( )

5.3.3 非正弦周期量的有效值等于它各项谐波有效值和的平方根。 ( )

二、问答题

5.3.4 什么是非正弦周期量的最大值、有效值、整流平均值？

5.3.5 半波整流电压的最大值为 50V，分别用磁电系电压表、电磁系电压表、带全波整流电路的磁电系电压表进行测量，读数各为多少？

三、计算题

5.3.6 试求全波整流波的波形因数，并说明该波形的特征。

5.3.7 某二端网络的端口电压、电流为

$$u=100+100\sqrt{2}\sin(\omega t-25^\circ)+35\sqrt{2}\sin(3\omega t+60^\circ)\,(\mathrm{V})$$

$$i=1+0.7\sqrt{2}\sin(\omega t-70^\circ)+0.2\sqrt{2}\sin(3\omega t+30^\circ)\,(\mathrm{A})$$

求电压、电流的有效值和该二端网络吸收的平均功率。

5.4 非正弦周期电流电路的计算

非正弦周期电流电路是指在非正弦周期量激励下线性电路的稳态响应，该电路的计算可采用谐波分析法。方法概述为：应用傅里叶级数展开法将非正弦周期激励（电压或电流）分解为直流分量和一系列不同频率的正弦分量（各次谐波），再分别求出直流分量和不同频率的正弦分量单独作用下电路的响应，最后根据线性电路的叠加定理将所有响应的解析式叠加起来，就得到电路的实际响应。

具体计算步骤如下：

(1) 把给定的非正弦输入信号（激励）分解为傅里叶级数，并视计算精度的要求取前几项。

(2) 计算直流分量单独作用下的电路响应。此时，电感元件相当于短路、电容元件相当于开路，电路为直流电阻性电路。

(3) 分别求各次谐波分量单独作用下的响应分量。此时，电路为正弦交流电路，使用相量法计算。应注意：

1) 电阻 R 与频率无关，始终为一常数（不考虑趋肤效应的影响）。

2) 对不同频率的谐波，感抗和容抗是不同的。设基波角频率为 ω，电感 L 对基波的感抗 $X_{L1}=\omega L$，k 次谐波感抗为 $X_{Lk}=k\omega L=kX_{L1}$；电容 C 对基波的容抗 $X_{C1}=\dfrac{1}{\omega C}$，$k$ 次谐波容抗为 $X_{Ck}=\dfrac{1}{k\omega C}=\dfrac{1}{k}X_{C1}$。

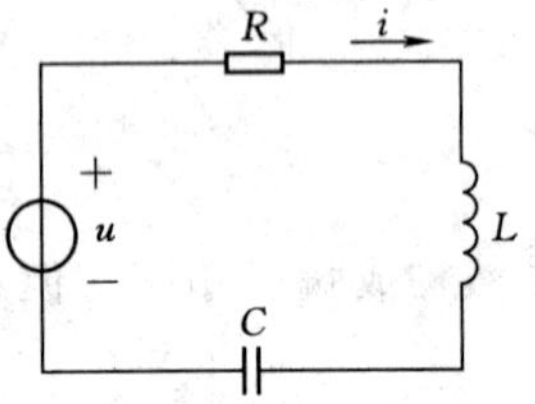

图 5-8　[例 5-3] 图

(4) 把由第（3）步算出的响应分量的相量式还原为解析式（瞬时值表达式），再把这些解析式进行叠加，其结果就是非正弦激励下电路的稳态响应。

注意：不能将代表不同频率的电流（电压）相量直接叠加，必须先将它们转换为瞬时值表达式后方可求其代数和。

【例 5-3】 在图 5-8 所示的 RLC 串联电路中，已知 $R=10\Omega$，$L=0.05\text{H}$，$C=50\mu\text{F}$。电源电压为 $u=[40+180\sin\omega t+60\sin(3\omega t+45^\circ)]\text{V}$，式中 $\omega=314\text{rad/s}$，试求电路中的电流 i。

解 非正弦周期电压 u 的傅里叶级数已给出，故直接按上述步骤（2）求电流 i 的各个分量。先画出对应于直流分量、基波及 3 次谐波分量的电路模型，如图 5-9 所示。

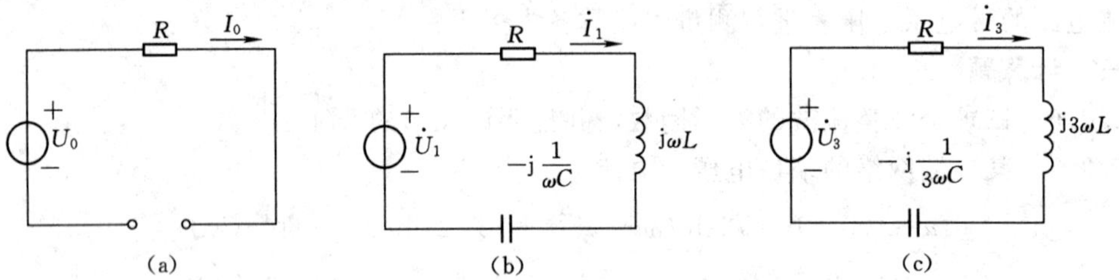

图 5-9　例 5-3 对应于各次谐波的电路模型

(1) 直流分量 $U_0=40\text{V}$ 单独作用时，电感 L 相当于短路，电容 C 相当于开路，如图 5-9（a）所示，故 $I_0=0$。

(2) 基波分量 $u_1=180\sin\omega t\text{V}$ 单独作用时，电路模型如图 5-9（b）所示。

$$\dot{U}_1=\frac{180}{\sqrt{2}}\angle 0^\circ=127.3\angle 0^\circ\ (\text{V})$$

$$Z_1=\left(10+\text{j}314\times 0.05-\text{j}\,\frac{1}{314\times 50\times 10^{-6}}\right)=49\angle -78.2^\circ\ (\Omega)$$

$$\dot{I}_1=\frac{\dot{U}_1}{Z_1}=\frac{127.3\angle 0^\circ}{49\angle -78.2^\circ}=2.6\angle 78.2^\circ\ (\text{A})$$

3 次谐波分量 $u_3=60\sin(3\omega t+45°)$V 单独作用时，电路模型如图 5-9（c）所示。

$$\dot{U}_3=\frac{60}{\sqrt{2}}\angle 45°=42.4\angle 45°(\text{V})$$

$$Z_3=\left(10+\text{j}3\times 314\times 0.05-\text{j}\frac{1}{3\times 314\times 50\times 10^{-6}}\right)\Omega=27.7\angle 68.9°(\Omega)$$

$$\dot{I}_3=\frac{\dot{U}_3}{Z_3}=\frac{42.4\angle 45°}{27.7\angle 68.9°}=1.53\angle -23.9°(\text{A})$$

（3）电流 i 等于基波和 3 次谐波电流瞬时值的代数和，即

$$\begin{aligned}i&=i_1+i_3=2.6\sqrt{2}\sin(\omega t+78.2°)+1.53\sqrt{2}\sin(3\omega t-23.9°)\\&=3.67\sin(\omega t+78.2°)+2.17\sin(3\omega t-23.9°)(\text{A})\end{aligned}$$

电容 C 在直流分量作用下相当于开路，故电流 i 中无直流分量。所以电容具有“隔直通交”的作用。

【例 5-4】 图 5-10 所示电路中 $L=5$H，$C=10\mu$F，负载电阻 $R=2000\Omega$，u_S 为正弦全波整流波形，设 $\omega_1=314$rad/s，$U_m=157$V，求负载电阻两端电压的各谐波分量。

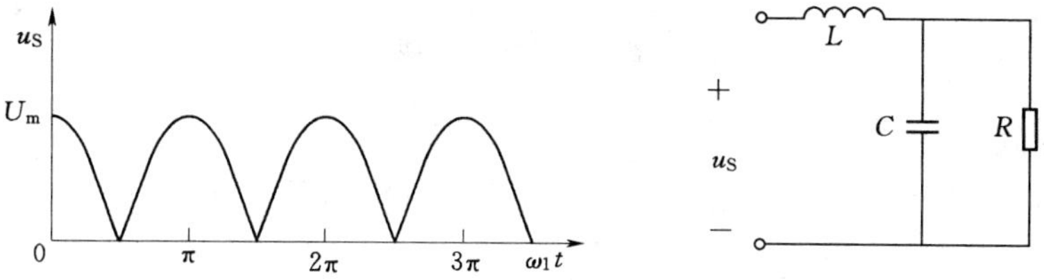

图 5-10 ［例 5-4］图

解 （1）查表 5-1，可得全波整流电压 u_S 的傅里叶级数为

$$u_S=\frac{4U_m}{\pi}\left[\frac{1}{2}+\frac{1}{3}\cos(2\omega t)-\frac{1}{15}\cos(4\omega t)+\cdots\right]$$

由于此级数收敛很快，因此只取到 4 次谐波，即

$$u_S=100+66.7\cos(2\omega t)-13.33\cos(4\omega t)(\text{V})$$

（2）直流分量 $U_0=100$V 单独作用时，电感 L 相当于短路，电容 C 相当于开路，如图 5-11（a）所示，故负载电阻两端电压的直流分量 $U_{C(0)}=100$V。

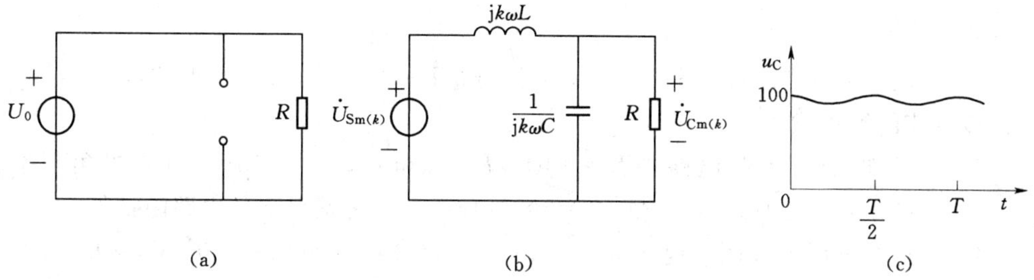

图 5-11 ［例 5-4］对应于各分量作用时的电路模型和负载电压波形

（3）2 次谐波分量 $u_2=66.7\cos 2\omega t$V 和 4 次谐波分量 $u_4=13.33\cos 4\omega t$V 分别单独作用时，电路模型如图 5-11（b）所示。

$$\dot{U}_{Cm(k)}=\frac{\frac{1}{jk\omega L}}{\frac{1}{R}+jk\omega C+\frac{1}{jk\omega L}}\dot{U}_{Sm(k)}=\frac{R}{R+jk\omega L(1+jk\omega RC)}\dot{U}_{Sm(k)}$$

当 2 次谐波作用时，即 $k=2$，此时 $U_{Sm(2)}=66.7V$，代入已知数据可得 $U_{Cm(2)}=3.53V$。

当 4 次谐波作用时，即 $k=4$，此时 $U_{Sm(4)}=13.33V$，代入已知数据可得 $U_{Cm(4)}=0.17V$。

从计算结果可知，负载两端电压中的 2 次和 4 次谐波分量比输入电压中的 2 次和 4 次谐波分量减小很多，负载两端电压接近直流电压，波形如图 5-11（c）所示。

电感和电容对各次谐波的感抗和容抗是不同的，这种特性在工程上得到了广泛的应用。例如，可以组成含有电感和电容的各种不同电路，将这种电路接在输入和输出之间时，可以让某些所需要的频率分量顺利地通过而抑制某些不需要的分量，这种电路称为滤波器。本例中所示电路使低频分量通过而抑制高频分量，故称为低通滤波器；相反，则称为高通滤波器。

自　测　题

一、填空题

5.4.1　计算非正弦周期电流电路时，直流分量作用下，电容相当于________，电感相当于________。

5.4.2　已知一个电阻、电感串联电路的基波复阻抗 $Z_1=10+j10\Omega$，那么它的 2 次谐波阻抗为______________，3 次谐波阻抗为______________。如果基波频率为 50Hz，那么此电路的电阻为________ Ω，电感为________ H。

5.4.3　已知一个电阻、电容串联电路的基波复阻抗 $Z_1=10-j10\Omega$，那么它的 2 次谐波阻抗为______________，3 次谐波阻抗为______________。如果基波频率为 100Hz，那么此电路的电阻为________ Ω，电容为________ F。

二、问答题

5.4.4　非正弦周期电流电路的计算方法是怎样的？

5.4.5　什么叫滤波器？它分为哪几类？

三、计算题

5.4.6　已知某电流直流分量 $I_0=2A$，基波分量 $\dot{I}_1=6\angle 0°$ A，3 次谐波 $\dot{I}_3=1\angle 45°$ A。试写出该电流的解析式。

5.4.7　已知 RLC 串联电路中 $R=10\Omega$，$L=0.05H$，$C=50\mu F$，分别求角频率为：（1）$\omega_0=0$；（2）$\omega_1=314rad/s$；（3）$\omega_3=3\times314rad/s$ 三种情况下的电路阻抗值。

5.4.8　已知电感元件的端电压 $u=10\sin(\omega t+30°)+6\sin(3\omega t+60°)V$，$\omega L=2\Omega$。求通过该电感元件的电流 i。

5.4.9　RC 串联电路中，已知 $R=10\Omega$，$\frac{1}{\omega C}=20\Omega$，接到 $u=100\sin\omega t+40\sin2\omega tV$ 的非正弦电源上，求电流 i。

小　结

1. 非正弦周期量

(1) 不按正弦规律变化的周期性电流、电压、电动势统称为非正弦周期量。

(2) 非正弦周期量的产生。

1) 电路激励是非正弦量。

2) 不同频率的正弦激励共同作用于线性电路。

3) 电路中存在非线性元件。

2. 非正弦周期量的谐波分析

将一个非正弦周期函数分解为直流分量和无穷多个频率不同的谐波分量之和，称为谐波分析。分解的方法采用傅里叶级数展开法。

已知一非正弦周期量 $f(t)$ 的周期为 T，角频率 $\omega=\frac{2\pi}{T}$。在满足狄里赫利条件下可以将 $f(t)$ 分解为傅里叶级数。傅里叶级数包含有直流分量、基波分量和高次谐波分量。它有以下两种形式：

(1) $f(t)=A_0+\sum_{k=1}^{\infty}A_{\mathrm{km}}\sin(k\omega t+\psi_{\mathrm{k}})$

(2) $f(t)=a_0+\sum_{k=1}^{\infty}a_{\mathrm{k}}\cos(k\omega t)+\sum_{k=1}^{\infty}b_{\mathrm{k}}\sin(k\omega t)$

两种形式的系数之间的关系为

$$\begin{cases}A_0=a_0\\A_{\mathrm{km}}=\sqrt{a_{\mathrm{k}}^2+b_{\mathrm{k}}^2}\\\tan\psi_{\mathrm{k}}=\dfrac{a_{\mathrm{k}}}{b_{\mathrm{k}}}\end{cases}$$

3. 非正弦波的对称性

根据非正弦周期函数波形的对称性，可直观判定其傅里叶级数不包含哪些项，使展开式的求解得以简化。

(1) 在一个周期内，波形在横轴上、下部分包围的面积相等的，无直流分量。

(2) 波形关于纵轴对称的则为偶函数，无正弦项。

(3) 波形关于原点对称的则为奇函数，无直流分量和余弦项。

(4) 波形平移半个周期后与原波形对称于横轴的则为奇谐波函数，无直流分量、偶次谐波分量。

(5) 波形平移半个周期后与原波形重合的则为偶谐波函数，无奇次谐波分量。

4. 非正弦周期量的有效值、整流平均值、波形因数

(1) 有效值

$$I=\sqrt{I_0^2+I_1^2+I_2^2+\cdots}$$

$$U=\sqrt{U_0^2+U_1^2+U_2^2+\cdots}$$

非正弦周期量的有效值等于恒定分量的平方与各次谐波有效值的平方之和的平方根。

（2）整流平均值
$$I_{rect}=\frac{1}{T}\int_0^T|i|\,dt$$
$$U_{rect}=\frac{1}{T}\int_0^T|u|\,dt$$

（3）波形因数
$$K_f=\frac{\text{有效值}}{\text{整流平均值}}$$

正弦波的 $K_f=1.11$，尖顶波的 $K_f>1.11$，平顶波的 $K_f<1.11$。

5. 非正弦周期性电流电路的功率

$$P=U_0I_0+\sum_{k=1}^{\infty}U_kI_k\cos\varphi_k$$
$$=U_0I_0+U_1I_1\cos\varphi_1+U_2I_2\cos\varphi_2+\cdots=P_0+P_1+P_2+\cdots$$

非正弦周期电流电路的平均功率等于恒定分量构成的功率和各次谐波平均功率的代数和。

6. 非正弦周期电流电路的计算

将激励分解为傅里叶级数，分别计算激励的直流分量和各次谐波分量单独作用下的响应，最后将所得的响应的解析式相加。注意：①直流分量单独作用时，电路为直流电阻性电路，电容相当于开路，电感相当于短路；②各次谐波单独作用时，电路为正弦交流电路，采用相量法计算。其中，对于不同频率的谐波，感抗和容抗是不同的。若基波角频率为 ω，则 k 次谐波的感抗和容抗分别为 $X_{Lk}=k\omega L$、$X_{Ck}=\frac{1}{k\omega C}$；③把代表不同频率的电流（电压）相量相叠加是错误的，应先将它们变为瞬时值后才能求代数和。

习　题

5-1　设某二端网络的端口电压 $u=10+141.4\sin\omega t+50\sin(3\omega t+60°)$V、端口电流 $i=\sin(\omega t-70°)+0.3\sin(3\omega t+60°)$A，$u$ 和 i 取关联参考方向。求：（1）端口电压、端口电流的有效值；（2）二端网络吸收的平均功率。

5-2　已知一个二端网络的端口电压 $u=100\sin(\omega t+90°)+20\sin(2\omega t-45°)+\sin(3\omega t-60°)$V，端口电流 $i=5\sin\omega t+2\sin(2\omega t+45°)$，$u$ 和 i 取关联参考方向。求二端网络吸收的功率是多少？

5-3　如图5-12所示电路中，$u_S(t)=8+100\sqrt{2}\sin(\omega t)$V，$R=40\Omega$，$\omega L=30\Omega$，那么 $u_S(t)$ 是正弦量吗？试求 $i(t)$ 和电源发出的有功功率 P。

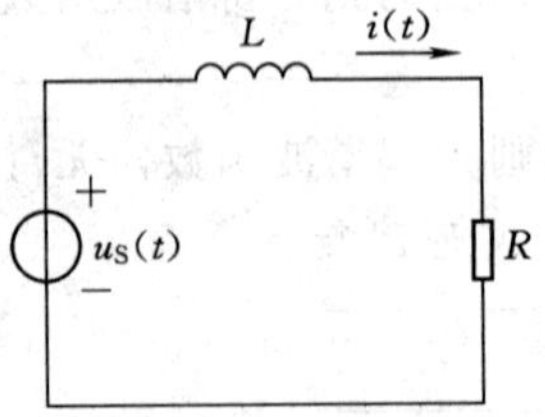

图5-12　习题5-3图

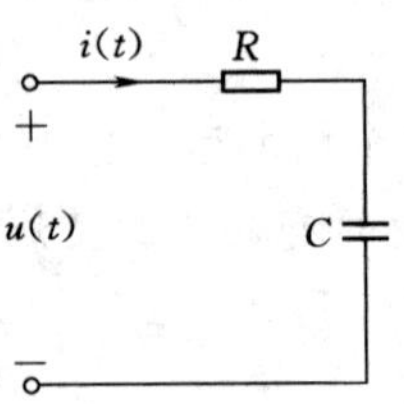

图5-13　习题5-4图

5-4　如图 5-13 所示电路，端电压为 $u(t)=220\sqrt{2}\sin(\omega t+20°)-110\sqrt{2}\sin(3\omega t-30°)$V，电阻 $R=5\Omega$，电容 $\frac{1}{\omega C}=5\Omega$。求：(1) 电流 $i(t)$ 及其有效值；(2) 电路的平均功率。

5-5　在 RL 串联电路中，若电阻 $R=20\Omega$，电感 $L=63.7$mH，角频率 $\omega=314$rad/s，电源电压 $u(t)=(10+100\sqrt{2}\sin\omega t+20\sqrt{2}\sin2\omega t)$V，求：(1) 电源电压的有效值；(2) 电路中的瞬时电流及其有效值；(3) 电路的有功功率。

5-6　电感线圈与电容元件串联，已知外加电压 $u=(300\sin\omega t+150\sin3\omega t)$V，电感线圈的基波阻抗 $Z_L=(10+j20)\Omega$，电容的基波容抗 $X_C=30\Omega$，求电路电流瞬时值及有效值。

5-7　RLC 串联电路，已知：电阻 $R=10\Omega$，电感感抗 $X_L=2\Omega$，电容容抗 $X_C=18\Omega$，电源电压 $u(t)=10+51\sqrt{2}\sin(\omega t+30°)+17\sqrt{2}\sin(3\omega t)$V。求：(1) 电源电压的有效值；(2) 电路中的电流 $i(t)$；(3) 电路的有功功率。

5-8　在图 5-14 所示电路中，已知 $u=10+80\sin(\omega t+30°)+18\sin3\omega t$V，$R=6\Omega$，$\omega L=2\Omega$，$\frac{1}{\omega C}=18\Omega$。试求：电流 i 的解析式和电磁式各仪表的读数。

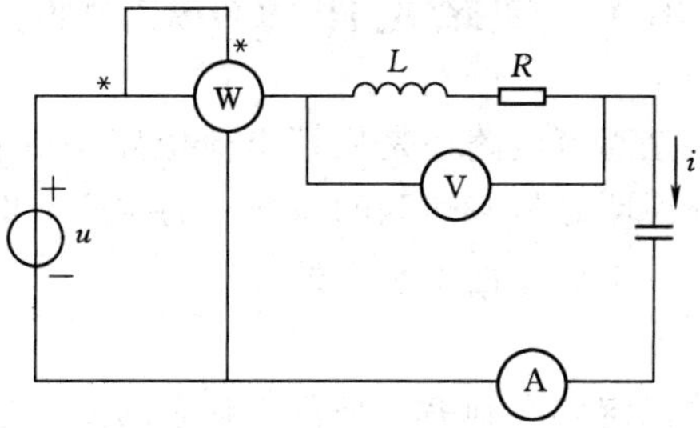

图 5-14　习题 5-8 图

第 6 章　动态电路的过渡过程

学习目标：

(1) 理解稳态和暂态的概念。

(2) 深刻理解换路定律，熟练掌握电路初始值的计算。

(3) 掌握一阶电路微分方程的建立及分析方法，理解时间常数的概念。

(4) 掌握一阶电路的零输入响应、零状态响应、全响应的分析方法，牢固掌握一阶电路时间常数的计算，理解强制分量的自由分量的概念。

(5) 熟练掌握用三要素法求解直流激励的一阶电路全响应。

(6) 了解用经典法求解二阶 RLC 串联电路的零输入响应；了解产生过阻尼非振荡放电、欠阻尼振荡放电、过阻尼非振荡放电等 3 种过渡过程的条件和特点。

6.1　换路定律与初始条件

前面各章所分析的无论是直流电路还是周期电流电路，所有的响应或是稳恒不变的，或是按周期规律变化的，都说明是最终达到的情况时的响应，即稳定状态时的响应。而这种响应只是电路全部响应的一部分，而不是全部。

6.1.1　电路的过渡过程

过渡过程是事物从一种稳定状态到另一种稳定状态的变化过程。例如，电扇在接通电源前是静止的，处于一种稳定状态。接通电源后，电扇开始旋转，转速从零开始逐渐加快，达到所需转速后便保持恒定，这时电扇处于一种新的稳定状态。电扇的转速从零开始逐渐上升到所需转速，要经过一段时间，经历一个变化的过程，这就是一个过渡过程。

电路从一种稳定状态变到另一种稳定状态，也可能经历过渡过程。首先来做一个试验，试验电路如图 6-1 所示。开关闭合前，电路中没有电流，灯泡不亮，电容也未充电，电路处于稳定状态。将电路图 6-1 (a) 所示的开关闭合，灯泡在开关闭合瞬间不亮，然后逐渐变亮，最后亮度不再变化，电路达到新的稳态，灯泡亮度的变化，说明电路图 6-1 (a) 出现了过渡过程。将电路图 6-1 (b) 所示的开关闭合，灯泡在开关闭合瞬间很亮，然后逐渐变暗，最后熄灭，说明电路图 6-1 (b) 也出现了过渡过程。将电路图 6-1 (c) 所示的开关闭合，灯泡在开关闭合瞬间立即发亮，且亮度不再变化，说明电路图 6-1 (c) 没有出现过渡过程，立即达到新的稳态。

通过试验发现，电路的过渡过程是在电路结构发生改变（开关 S 闭合）后才出现的，而且电路中必须有储能元件（电容或电感）才会出现过渡过程。这是因为电路发生改变时，可能引起储能元件的储能发生改变。一般而言，这种只能是渐变的而不能突变，否则将导致功率为无穷大，这在实际中是不可能的，所以储能元件能量的改变是需要一定时间

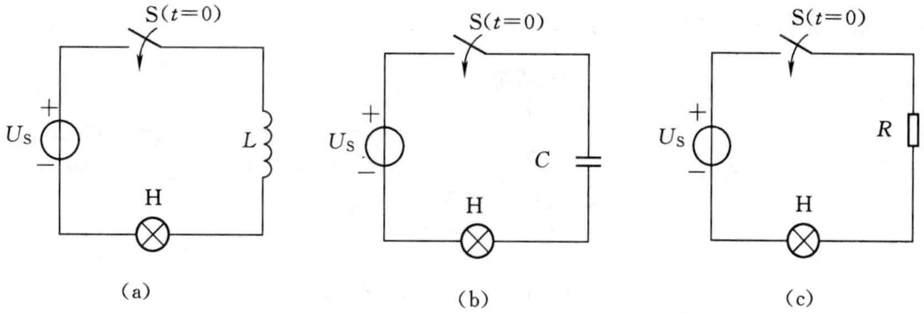

图 6-1 过渡过程的试验电路

(a) 电感与灯泡串联电路；(b) 电容与灯泡串联电路；(c) 电阻与灯泡串联电路

的，从而在电路中出现了过渡过程。由于电路的过渡过程是达到新稳态前的一种暂态过程，所以电路的全部响应（简称全响应）包括暂态和稳态两个部分。

在过渡过程中，由于储能元件（电容或电感）的电流与电压关系需要用微分或积分的形式表示，所以电容、电感元件又称为动态元件，含有动态元件的电路称为动态电路。

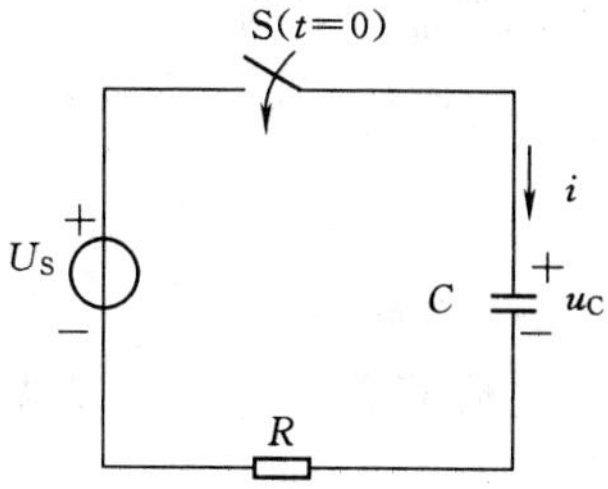

图 6-2 RC 动态电路

6.1.2 过渡过程的一般分析方法

在图 6-2 所示电路中，设开关 S 闭合后的电流 i 与电容电压 u_C 的参考方向如图 6-2 所示，由 KVL 得

$$u_C + iR = U_S$$

因为

$$i = C\frac{\mathrm{d}u_C}{\mathrm{d}t}$$

将它代入上式得

$$RC\frac{\mathrm{d}u_C}{\mathrm{d}t} + u_C = U_S$$

这是一个微分方程式。若电路的激励源 U_S 及元件参数 R、C 皆为已知，则可解此方程求出电容电压 u_C。由此可见，求动态电路过渡过程的问题归结为求解电路的微分方程，它的主要求解方法有经典法和运算法，本书主要介绍用经典法求解线性电路的过渡过程。用经典法分析电路的过渡过程，由于微分方程的解是多值的，所以求解微分方程时，需要根据电路的初始条件，才能确定积分常数，而初始条件可根据换路定律确定。

6.1.3 换路定律

1. 换路的基本概念

电路理论中，把电路中支路的接通和切断、元件参数的变化等统称为换路。并认为换路是立即完成的。计算全响应一般都把换路的瞬间取为计时起点，即取为 $t=0$，并把换路前的最后一瞬间记做 $t=0_-$，换路后的最初一瞬间记做 $t=0_+$，0_- 与 0、0 与 0_+ 之间的间隔则都趋近于零。

换路前电路的稳定状态称为原稳态。换路后电路不是立即转变到新的稳态，而是有一个渐变的过程，这个过程称为过渡过程。理论上这个过渡过程要经过无限长时间结束，从而使电路达到新的稳态。这个过程如图 6-3 所示。

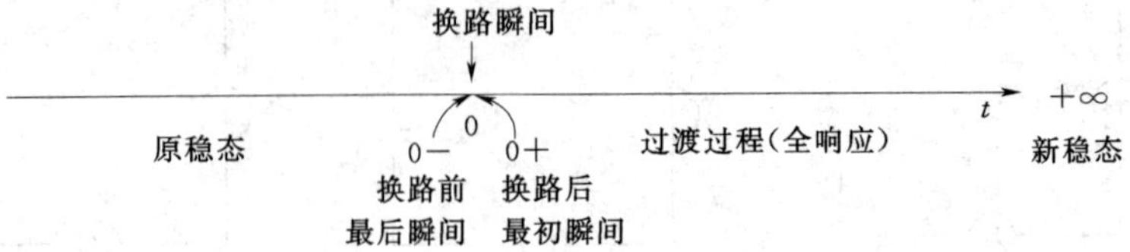

图 6-3　换路过程

2. 换路定律

由于动态元件的储能不能跃变，所以电容元件换路前后的储能应相等，换路前后电容元件的储能分别为

$$W_C(0_-)=\frac{1}{2}Cu_C^2(0_-)$$

$$W_C(0_+)=\frac{1}{2}Cu_C^2(0_+)$$

电容 C 是常数，所以就有

$$u_C(0_-)=u_C(0_+)$$

同样，电感元件在换路前、后的储能分别为

$$W_L(0_-)=\frac{1}{2}Li_L^2(0_-)$$

$$W_L(0_+)=\frac{1}{2}Li_L^2(0_+)$$

它们也应相等，而电感 L 是常数，所以就有

$$i_L(0_+)=i_L(0_-)$$

同样，也可以根据电容、电感元件的 VCR 关系：$i_C=C\dfrac{du_C}{dt}$、$u_L=L\dfrac{di_L}{dt}$，当电容元件的电流、电感元件的电压为有限值时，电感电流和电容电压的变化是连续的，即不能跃变。

综上所述，在换路瞬间，电容元件的电流值有限时，其电压不能跃变；电感元件的电压值有限时，其电流不能跃变。这一结论称为换路定律，其表达式为

$$\begin{cases}u_C(0_+)=u_C(0_-)\\ i_L(0_+)=i_L(0_-)\end{cases}\tag{6-1}$$

通常情况下，把某时刻电路中电感电流值和电容电压值的总体，称为该时刻电路的状态。

对电路理论中的电容元件，当其电流值不是有限时，其电压将发生跃变；电感元件的电压值不是有限时，其电流将发生跃变。

实际电路中，如果电容电压跃变，则跃变时其电流将为无限大，功率也无限大，这通常是不可能的，所以电容电压是不可能跃变的；如果电感电流跃变，则跃变时其电压将为无限大，功率也为无限大，这通常也是不可能的，所以电感电流是不可能跃变的。

除了电容电压及其电荷量以及电感电流及其磁链，其余的电容电流、电感电压、电阻

的电流和电压、电压源的电流、电流源的电压等都是可以跃变的。

6.1.4 初始条件的计算

电路中各元件的电压与电流在换路后的最初一瞬间，即 $t=0_+$ 时的值，称为电压（电流）的初始值。

电容电压和电感电流的初始值，即 $u_C(0_+)$ 和 $i_L(0_+)$ 可由换路定律确定，称为独立初始值，其他电流电压的初始值在换路时可能突变，称为相关初始值，可根据 $u_C(0_+)$、$i_L(0_+)$ 和应用 KCL、KVL 及欧姆定律来确定。

求解电路中的初始值，通常可以采用 0_+ 等效电路法。0_+ 等效电路法的步骤如下：

(1) 由换路前的稳态电路求电容的电压值 $u_C(0_-)$ 和电感的电流值 $i_L(0_-)$。

需要说明的是：如果是直流激励，则电感如同短路，电容如同开路。

(2) 画出 $t=0_+$ 时刻的等效电路，电路结构以换路后状态决定。并根据换路定律式 (6-1) 确定 $u_C(0_+)$ 和 $i_L(0_+)$。

需要说明的是，对于较复杂的电路，可用电压等于 $u_C(0_+)$ 的理想电压源替代原电路的电容元件，用电流等于 $i_L(0_+)$ 的理想电流源替代原电路的电感元件。这样替代后的电路叫做原电路在 $t=0_+$ 时的等效电路，它是一个电阻性电路。

(3) 由第 (2) 步得到的 0_+ 时的等效电路，由独立初始值 $u_C(0_+)$ 和 $i_L(0_+)$，同时根据基尔霍夫定律、欧姆定律及第 2 章介绍的各种分析电阻电路的方法求相关初始值。

【例 6-1】 图 6-4 (a) 所示电路，直流电压源的电压 $U_S=50V$，$R_1=R_2=5\Omega$，$R_3=20\Omega$。电路原已稳定。在 $t=0$ 时断开开关 S。试求 $t=0_+$ 时电路的 $i_L(0_+)$、$u_C(0_+)$、$u_{R2}(0_+)$、$u_{R3}(0_+)$、$i_C(0_+)$、$u_L(0_+)$ 等初始值。

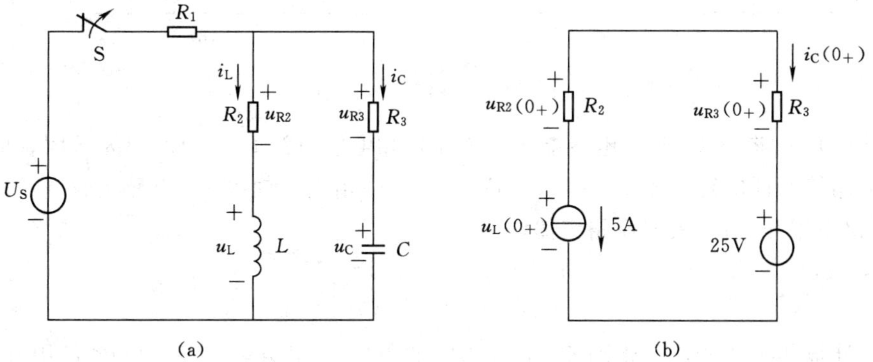

图 6-4 [例 6-1] 图

解 (1) 先确定独立初始值 $i_L(0_+)$、$u_C(0_+)$。因为电路换路前已达稳态，所以电感元件相当于短路，电容元件相当于开路，故有

$$i_L(0_-)=\frac{U_S}{R_1+R_2}=\frac{50}{5+5}A=5A$$

$$u_C(0_-)=R_2 i_L(0_-)=5\times5V=25V$$

根据换路定律，有

$$i_L(0_+)=i_L(0_-)=5A$$

$$u_C(0_+)=u_C(0_-)=25V$$

（2）计算相关初始值。将图 6-4（a）中的电容 C 及电感 L 分别用等效电压源 $u_C(0_+)=25V$ 及等效电流源 $i_L(0_+)=5A$ 代替，则得 $t=0_+$ 时的等效电路如图 6-4（b）所示，从而可算出相关初始值，即

$$u_{R2}(0_+)=R_2 i_L(0_+)=5\times5V=25V$$

$$i_C(0_+)=-i_L(0_+)=-5A$$

$$u_{R3}(0_+)=R_3 i_C(0_+)=20\times(-5)V=-100V$$

$$u_L(0_+)=i_C(0_+)(R_2+R_3)+u_C(0_+)=-5\times(5+20)+25=-100V$$

由计算结果可以看出：相关初始值可能跃变也可能不跃变。

如电容电流由零跃变到 $-5A$，电感电压由零跃变到 $-100V$，电阻 R_3 的电压由零跃变到 $-100V$，但电阻 R_2 的电压却并不跃变。

【例 6-2】 如图 6-5（a）所示，直流电压源的电压 $U_S=20V$，$R_1=16\Omega$，$R_2=8\Omega$。开关 S 闭合前电感与电容均没有储能，在 $t=0$ 时 S 闭合，求 S 闭合时的 $u_C(0_+)$、$i_L(0_+)$、$i_C(0_+)$、$u_1(0_+)$、$u_2(0_+)$、$u_L(0_+)$ 等初始值。

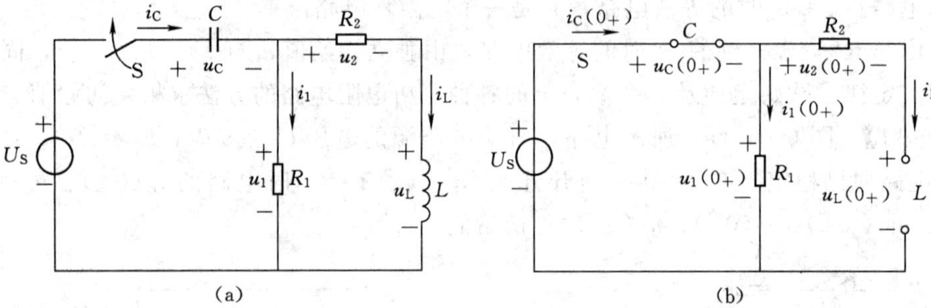

图 6-5 ［例 6-2］图

解 （1）先求 $t=0_+$ 时的电容电压 $u_C(0_+)$ 和电感电流 $i_L(0_+)$。因为 S 闭合前电容与电感均无储能，即电容电压 $u_C(0_-)=0V$（该元件相当于短路），电感电流 $i_L(0_-)=0A$（该元件相当于开路）。根据换路定律，有

$$u_C(0_+)=u_C(0_-)=0V$$

$$i_L(0_+)=i_L(0_-)=0A$$

（2）计算相关初始值。将图 6-5（a）中的电容 C 用短路代替；电感 L 用开路代替，则得 $t=0_+$ 时的等效电路如图 6-5（b）所示，从而可算出相关初始值，即

$$i_C(0_+)=\frac{U_S}{R_1}=\frac{20}{16}A=1.25A$$

$$u_1(0_+)=u_L(0_+)=U_S=20V$$

$$u_2(0_+)=R_2 i_L(0_+)=8\times0=0V$$

自 测 题

一、填空题

6.1.1 换路定律指出，在换路瞬间________和________不能突变，其数学表达式

为________________________。

6.1.2 在直流稳态电路中，电容元件相当于________，电感元件相当于________。

6.1.3 初始值是指响应在换路后的________________的值。

6.1.4 在分析动态电路时，求初始值的等效电路中，若电容、电感无初始储能，电容元件相当于________，电感元件相当于________；若电容、电感有初始储能，如 $u_C(0_+)=10V$，$i_L(0_+)=5A$，电容元件可用________代替，电感元件可用________代替。

二、判断题

6.1.5 电容的电荷量不能跃变。（　）

6.1.6 电容的电流可能引起跃变。（　）

6.1.7 电感元件的电压、电流的初始值可由换路定律确定。（　）

三、分析题

6.1.8 在图 6-6 所示直流电路中，有两个同样的电灯，其中一个和较大的电感 L 串联。如果开关原来是合上的，试问开关 S 断开时，两个电灯是否立刻熄灭？如果开关原来是断开的，问 S 合上时，两个电灯是否同时亮？

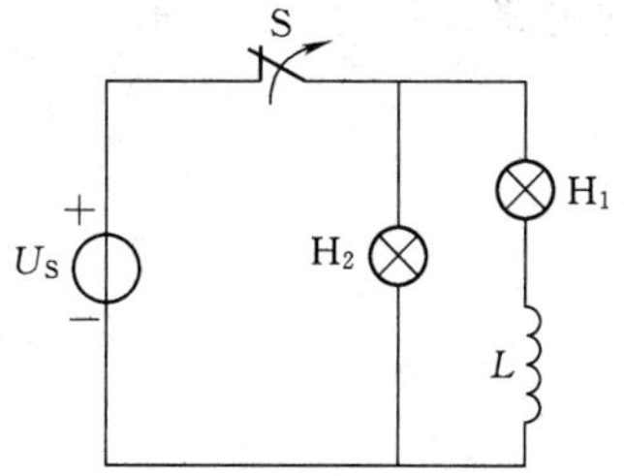

图 6-6 自测题 6.1.8 图

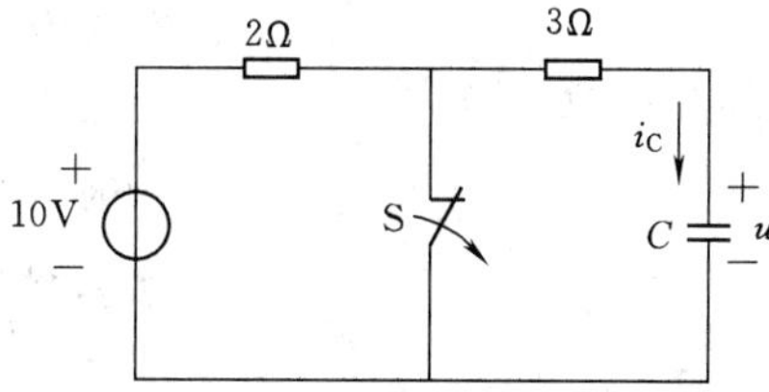

图 6-7 自测题 6.1.9 图

四、计算题

6.1.9 电路如图 6-7 所示，当开关 S 断开前电路处于稳态，试求 S 断开时电容电压和电流的初始值 $u_C(0_+)$、$i_C(0_+)$。

6.1.10 电路如图 6-8 所示，当开关 S 断开前电路处于稳态，试求 S 断开时的电感电流和电压的初始值 $i_L(0_+)$、$u_L(0_+)$。

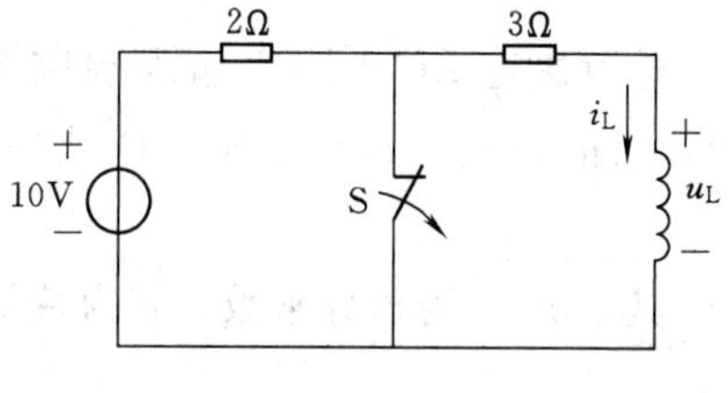

图 6-8 自测题 6.1.10 图

6.1.11 在题 6.1.9 和 6.1.10 电路中，若开关 S 原来为断开状态，且合上前电路处于稳态，在 S 闭合时，重新求出各量的初始值。

6.2 一阶电路的零输入响应

可用一阶微分方程描述的电路称为一阶电路。除电压源（或电流源）及电阻元件外，只含一个储能元件的电路都是一阶电路。一阶电路可分为 RC 电路和 RL 电路两种类型。

从产生电路响应的原因来讲，响应可以是由独立电源的激励，即输入所引起的；或者是由储能元件的初始状态引起的；也可以是由独立电源和储能元件的初始状态共同作用下产生的，因此，按激励和响应的因果关系可划分为以下3种类型的响应。

（1）零输入响应。动态电路在没有独立源作用的情况下，由动态元件的初始储能（换路前已有的电场能或磁场能）激励而产生的响应。

（2）零状态响应。储能元件的初始状态为零，仅由独立源激励所产生的响应。

（3）全响应。由独立源与动态元件的初始储能共同作用下所产生的响应。

本节分别讨论 RC 电路的零输入响应和RL电路的零输入响应。

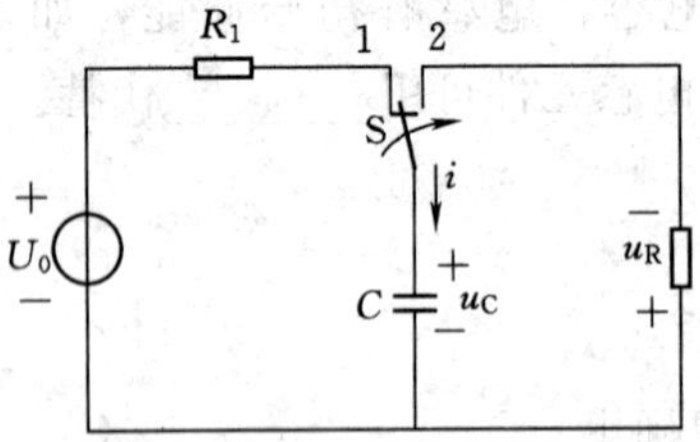

图6-9 RC 电路的零输入响应

6.2.1 *RC* 电路的零输入响应

设图6-9中的开关S置于1的位置，电路处于稳定状态，电容 C 已充电到 U_0。$t=0$ 时将开关S倒向2的位置，则已充电的电容 C 与电源脱离并开始向电阻 R 放电，由于此时已没有独立源能量输入，只靠电容中的电场储能在电路中产生响应，所以在换路后（$t>0$）电路的响应为零输入响应。

在所选各量的参考方向下，由KVL得换路后的电路方程为

$$u_C+u_R=0$$

元件的电压与电流关系为

$$u_R=iR$$

$$i=C\frac{du_C}{dt} \tag{6-2}$$

代入KVL方程得

$$RC\frac{du_C}{dt}+u_C=0 \tag{6-3}$$

这就决定 RC 电路零输入响应方程，u_C 以及 i 都是时间 t 的函数，应记作 $u_C(t)$、$i(t)$，简记为 u_C、i。式（6-3）是一阶常系数线性齐次常微分方程，它的通解为

$$u_C=Ae^{pt}$$

其中的 A 为积分常数，p 为特征根。将其代入式（6-3），得特征方程

$$RCp+1=0$$

解得

$$p=-\frac{1}{RC}$$

所以

$$u_C=Ae^{-\frac{t}{RC}} \tag{6-4}$$

A 由电路的初始条件确定。由换路定则得

$$u_C(0_+)=u_C(0_-)=U_0$$

将其代入式（6-4），得

$$A=U_0$$

最后得到电容的零输入响应电压，即

$$u_C=U_0e^{-\frac{t}{RC}} \tag{6-5}$$

可见换路后，图 6-9 所示的电容电压以 U_0 为初始值按指数规律衰减。

将式（6-5）代入式（6-2），则有

$$i=C\frac{du_C}{dt}=-\frac{U_0}{R}e^{-\frac{t}{RC}} \tag{6-6}$$

式（6-6）说明，电流 i 在 $t=0$ 瞬间，由零跃变到 $-\frac{U_0}{R}$，随着放电过程的进行，电流也按指数规律衰减，最后趋于零。

u_C 及 i 随时间变换的曲线如图 6-10 所示。

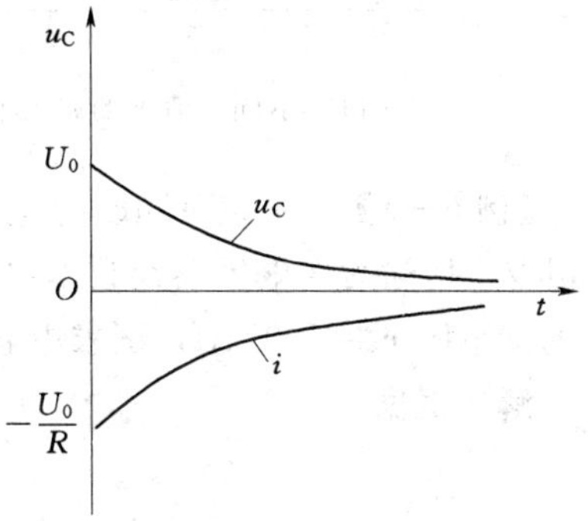

图 6-10　RC 电路 u_C 和 i 的零输入响应

在式（6-5）、式（6-6）中，令

$$\tau=RC \tag{6-7}$$

则有

$$u_C=U_0e^{-\frac{t}{\tau}} \tag{6-8}$$

$$i=-\frac{U_0}{R}e^{-\frac{t}{\tau}} \tag{6-9}$$

采用 SI 单位时，有

$$[\tau]=[RC]=\Omega\cdot\frac{\mathrm{C}}{\mathrm{V}}=\Omega\frac{\mathrm{A}\cdot\mathrm{s}}{\mathrm{V}}=\mathrm{s}$$

与时间单位相同，与电路的初始情况无关，将 $\tau=RC$ 称为 RC 电路的时间常数。

下面以式（6-8）为例说明时间常数 τ 的意义。开始放电时，$u_C=U_0$，经过一个 τ 的时间，u_C 衰减为

$$U_0e^{-1}=0.368U_0$$

所以，时间常数就是按指数规律衰减的量衰减到它的初始值的 36.8%时所需要的时间。

由式（6-8）还可以看出，从理论上讲，电路只有经过 $t=\infty$ 的时间才能达到稳定。但是，由于指数曲线开始变化较快，而后逐渐缓慢，如表 6-1 所列。

表 6-1　　$e^{-\frac{1}{\tau}t}$ **随时间而衰减**

衰减时间 t	τ	2τ	3τ	4τ	5τ	6τ
$e^{-\frac{1}{\tau}t}$	0.368	0.135	0.050	0.018	0.007	0.002

所以，实际上经过 $t=(3\sim5)\tau$ 的时间，基本上可以认为达到稳态了。所以电路的时间常数 τ 决定了零输入响应衰减的快慢，时间常数越大，衰减越慢，放电持续的时间越长。

RC 电路的时间常数与电路的 R 和 C 成正比。在相同的初始电压 U_0 下，C 越大，它储存的电场能量越多，放电所需时间也就越长，所以 τ 与 C 成正比。同样 U_0 与 C 的情况下，R 越大，电阻的功率越小，越限制电荷的流动和能量的释放，放电所需时间越长，所以 τ 与 R 成正比。

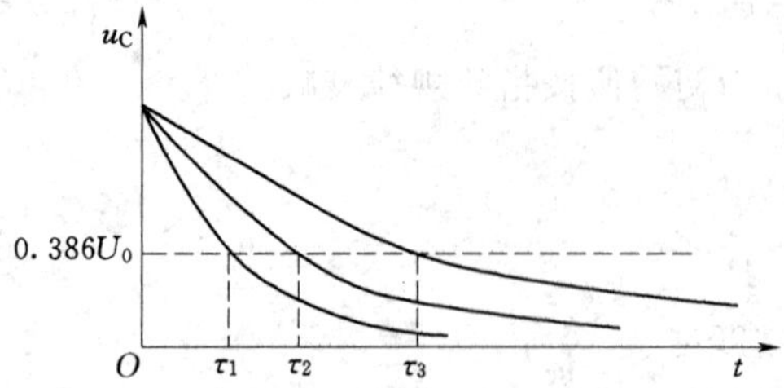

图 6-11　不同 τ 值下的 u_C 曲线

实际电路中，适当选择 R 或 C 就可以改变电路的时间常数，以控制放电的快慢。图 6-11 给出了 RC 电路在 3 种不同 τ 值下电压 u_c 随时间变化的曲线，图 6-11 中 3 条曲线对应的时间常数大小关系为 $\tau_1<\tau_2<\tau_3$。

在放电过程中电容不断放出能量，电阻则不断消耗能量，最后，原来储存在电容中的电场能量全部为电阻吸收而转换成热能。

【例 6-3】　一组 40μF 的电容器从高压电网上切除，切除瞬间电容器的电压为 3.5kV，切除后，电容器经它本身的漏电阻放电，其等效电路如图 6-12 所示。已知电容器的漏电阻 $r_S=100\text{M}\Omega$，试求电容电压下降到 1kV 所需的时间。

解　根据

$$u_C=U_0\mathrm{e}^{-\frac{t}{RC}}$$

将 $U_0=3.5\times10^3\text{V}$、$R=r_S=100\times10^6\Omega$、$C=40\times10^{-6}\text{F}$、$u_C=10^3\text{V}$，代入上式，求解 t：

$$10^3=3.5\times10^3\mathrm{e}^{-\frac{t}{100\times10^6\times40\times10^{-6}}}$$

解得：$t=4000\ln3.5=5000\text{s}=1\text{h}23\text{min}20\text{s}$

由于 C 及 r_S 都较大，放电时间常数（$\tau=4000\text{s}=1\text{h}6\text{min}40\text{s}$），放电慢。所以电容器从 3.5kV 电网切除后，过了约一个半小时，其两端仍有 1kV 的高压。假如误认为电容器已脱离电源而人体可以与之接触，将是非常危险的。因此，在检修具有大电容的设备时，必先将其充分放电，才能进行工作。

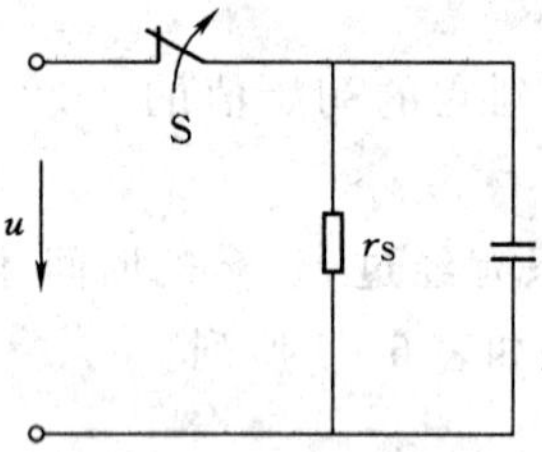

图 6-12　［例 6-3］图

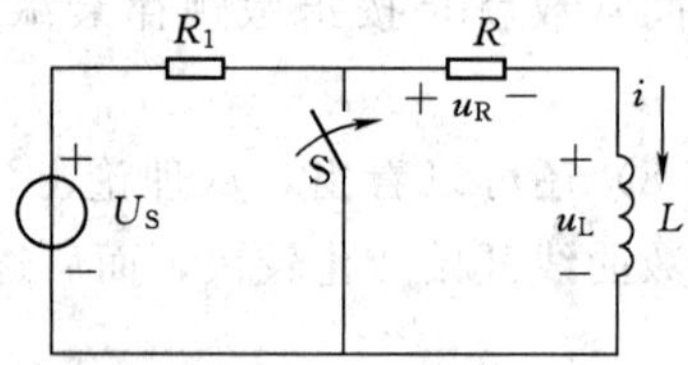

图 6-13　RL 电路

6.2.2　*RL* 电路的零输入响应

电路如图 6-13 所示，在 $t=0$ 时合上开关 S，设 $t=0_-$ 时，电感 L 的电流 $i(0_-)=I_0$。列换路后 L 所在网孔的方程，在所选各量参考方向下，由 KVL 得

$$u_R+u_L=0$$

把元件的电压与电流关系

$$u_L=L\frac{\mathrm{d}i}{\mathrm{d}t}$$

$$u_R=Ri$$

代入上式得

$$L\frac{\mathrm{d}i}{\mathrm{d}t}+Ri=0$$

上式是函数 $i(t)$ 的一阶常系数线性齐次微分方程，它的通解为

$$i(t)=A\mathrm{e}^{pt}$$

由特征方程 $Lp+R=0$，得 $p=-R/L$，所以

$$i(t)=A\mathrm{e}^{-\frac{R}{L}t}$$

代入初始条件 $i(0_+)=i(0_-)=I_0=\dfrac{U_S}{R_1+R}$，解得电感的零输入响应电流为

$$i(t)=I_0\mathrm{e}^{-\frac{R}{L}t} \tag{6-10}$$

并得

$$u_R(t)=Ri(t)=RI_0\mathrm{e}^{-\frac{R}{L}t}$$

$$u_L(t)=-u_R(t)=-RI_0\mathrm{e}^{-\frac{R}{L}t} \tag{6-11}$$

RL 电路的零输入响应，就是具有磁场储能的电感对电阻释放储能的响应，其放电曲线如图 6-14 所示，i、u_R、u_L 都随时间按指数规律衰减而渐趋于零。因为电流在减少，所以电感电压的方向与电流方向相反。电感电流衰减过程中，其磁场储能转换给电阻变为热能而消耗。

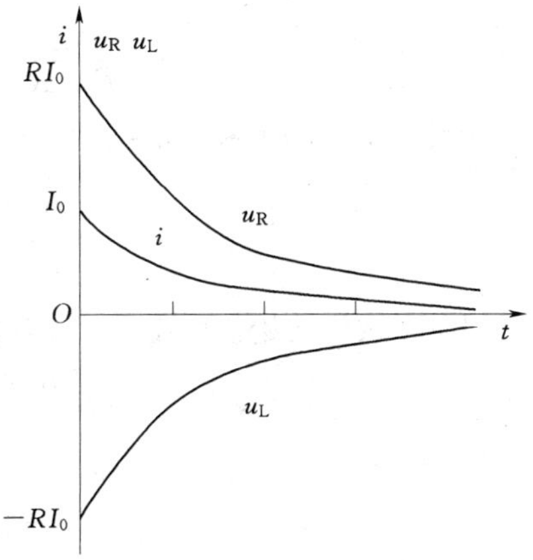

图 6-14 RL 电路的零输入响应 i、u_R、u_L

式（6-10）、式（6-11）中的 L/R 的单位为

$$\left[\frac{L}{R}\right]=\frac{\mathrm{H}}{\Omega}=\frac{\Omega\mathrm{s}}{\Omega}=\mathrm{s}$$

与时间的单位相同，与电路的初始情况无关，所以把

$$\tau=\frac{L}{R}$$

称为 RL 电路的时间常数，其意义与 RC 电路中所述相同。

电感的初始能量为 $\frac{1}{2}LI_0^2$。同样 I_0 的情况下，L 越大，初始能量越多，释放储能所需时间越长，所以 τ 与 L 成正比。同样 I_0 及 L 的情况下，R 越大，电阻的功率越大，能量消耗得越快。所以 τ 与 R 成反比。

【例 6-4】 图 6-15 所示为发电机励磁回路。已知直流电压源电压 $U_S=35\mathrm{V}$，励磁绕组的电阻 $R=0.2\Omega$、电感 $L=0.4\mathrm{H}$，电压表的内阻为 $5\mathrm{k}\Omega$。电路原已稳定。在 $t=0$ 时打开开关 S。试求：(1) 开关打开瞬间电压表的电压，即线圈的电压；(2) $i(t)$ 和 $u(t)$ 以及 i 的衰减为初始值的 10% 所需的时间；(3) 将电压表改为零电阻时，i 衰减为初始值的 10% 所需的时间。

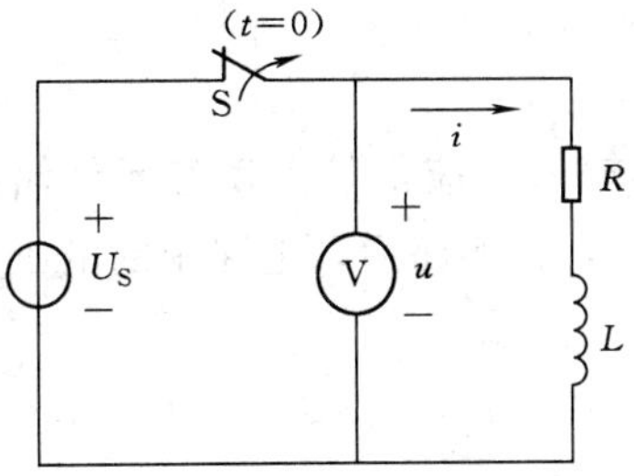

图 6-15 ［例 6-4］图

解 (1) 电路原已稳定，电感如同短路，所以

$$i(0_-)=\frac{U_S}{R}=\frac{35}{0.2}A=175A$$

$$i(0_+)=i(0_-)=175A$$

$$u(0_+)=-Ri(0_+)=-5\times10^3\times175V=-875\times10^3V=-875kV$$

由于电感电流不能跃变，电压表内阻又远大于励磁绕组的电阻，所以打开开关的瞬间，电压表的电压，即线圈的电压的大小跃变为原先稳定状态的倍数是

$$\frac{u(0_+)}{U_S}=\frac{R_V i(0_+)}{U_S}=\frac{875\times10^3}{35}=25000$$

电压表很可能被这一电压击坏。所以应在打开开关前先把电压表拆除。

绕组从直流电源断开的瞬间，与绕组并联的电阻越大，绕组的电压越高，因此绕组的绝缘也可能被击穿。大电感支路一般都把它和一个低电阻并联，这个低电阻称为续流电阻。续流电阻也不宜过小；否则暂态过程持续的时间长。

(2) 电流 i 所经路径的电阻为 $R+R_V$，所以电路的时间常数为

$$\tau=\frac{L}{R+R_V}=\frac{0.4}{0.2+5\times10^3}=8\times10^{-5}(s)$$

由式 (6-10)、式 (6-11) 有

$$i(t)=I_0e^{-\frac{t}{\tau}}=175e^{-12500t}A$$

$$u(t)=-R_VI_0e^{-\frac{t}{\tau}}=-875\times10^3e^{-12500t}V$$

设 i 衰减为初始值的 10%所需的时间为 t，由

$$0.1\times175A=175e^{-12500t}A$$

得

$$t=\frac{\ln10}{12500}s\approx1.843\times10^{-4}s$$

(3) 电压表改为零电阻时，时间常数、电流改为

$$\tau=\frac{L}{R}=\frac{0.4}{0.2}=2s$$

$$i(t)=175e^{-0.5t}A$$

i 衰减为初始值的 10%所需的时间为

$$t=\frac{\ln10}{2}\approx1.151s$$

从上例可以看出，开关断开后，与 L 串联的等效电阻越小，过渡过程所需的时间越长。

6.2.3 一阶电路零输入响应的一般形式

由一阶 RC、RL 电路零输入响应的分析可以看出，零输入响应都是由动态元件储存的初始能量对电阻的释放一起发生的。由于电阻是耗能元件，在换路后，电路中的电压与电流都是按指数规律 $e^{-\frac{t}{RC}}$ 或 $e^{-\frac{t}{\frac{L}{R}}}$ 衰减，即

RC 电路：

$$u_C=U_0e^{-\frac{t}{\tau}}\quad t\geqslant0_+$$

$$\tau=RC$$

RL 电路：
$$i(t)=I_0\mathrm{e}^{-\frac{t}{\tau}} \quad t\geqslant 0_+$$
$$\tau=\frac{L}{R}$$

上式表明，零输入响应是由初始值和时间常数两个要素决定的，而时间常数 τ 决定于元件参数和电路结构。τ 表示式中的 R 是从 L 或 C 元件两端看进去的入端电阻，它与电路结构及电阻的阻值有关。

如果用 $f(t)$ 表示电路的响应，可归纳出一阶电路零输入响应的一般表达式为
$$f(t)=f(0_+)\mathrm{e}^{-\frac{t}{\tau}} \quad t\geqslant 0_+ \tag{6-12}$$
式中：$f(0_+)$ 为响应的初始值；τ 为换路后电路的时间常数，或为 RC，或为$\frac{L}{R}$。

根据式（6－12）的结论，对于一阶电路的零输入响应可直接应用式（6－12）求得，而不必去列写求解电路的微分方程。

自　测　题

一、填空题

6.2.1　一阶电路的方程形式为________________。除电压源（或电流源）及电阻元件外，只含一个储能元件的电路都是________。

6.2.2　按激励和响应的因果关系，响应可分为____________、____________、和____________。

6.2.3　零输入响应是指换路后电路中电源的激励即输入________，响应是由________所产生的。

6.2.4　RC 电路的时间常数 τ 等于________，RC 电路的零输入响应中，换路后经过时间 τ，电容电压 u_C 衰减到其初始值 U_0 的________倍。

6.2.5　RL 电路的时间常数 τ 等于________，RL 电路的零输入响应中，换路后经过时间 1s，电感电流 i_L 衰减到其初始值 I_0 的 0.368 倍，τ 等于________ s。

6.2.6　$C=0.1\mu F$，$u_C(0_-)=120V$ 的电容经 100kΩ 的电阻放电，经过 10ms 时的电容电压 $u_C=$________________；大概经过________________时间电容基本放完电，若电阻值为 1000kΩ，大概经过________________时间电容基本放完电。

6.2.7　一阶电路零输入响应的一般表达式为________________________。

二、选择题

6.2.8　RC 串联电路的零输入响应 u_C 是按________逐渐衰减到零。

A. 正弦量　　B. 指数规律　　C. 线性规律　　D. 正比

6.2.9　RL 串联电路的时间常数 $\tau=$________。

A. RL　　B. R/L　　C. L/R　　D. $1/(RL)$

6.2.10　实际应用中，电路的过渡过程经________时间，可认为过渡过程基本结束。

A. τ　　B. 2τ　　C. ∞　　D. 5τ

三、判断题

6.2.11　电路在换路后，若无独立源作用时，则电路中所有的响应均为零。（　　）

6.2.12　电路的时间常数大小，反映了动态电路过渡过程进行的快慢。　（　　）

6.2.13　电阻越大，时间常数越大，过渡过程越长。　（　　）

6.2.14　RL 串联电路的零输入响应是按指数规律衰减的。　（　　）

6.2.15　线性电路过渡过程的零输入响应时，三要素法的表达式可表示为 $f(t)=f(0_+)e^{-\frac{t}{\tau}}$。　（　　）

四、计算题

6.2.16　电路如图6-16所示，开关长期接在位置1上，如在 $t=0$ 时把它接到位置2上，试求换路后电容电压 $u_C=$________及放电电流 $i=$________。

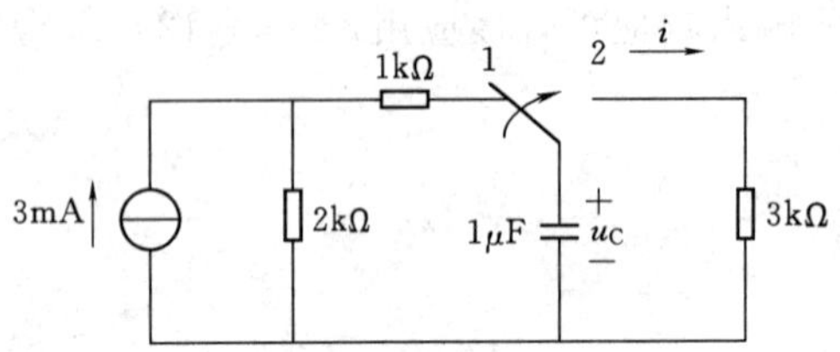

图6-16　自测题6.2.16图

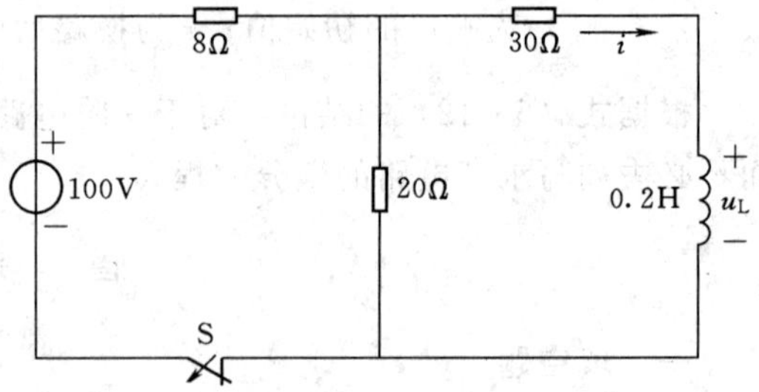

图6-17　自测题6.2.17图

6.2.17　在图6-17所示电路中，S闭合时，电路处于稳态。$t=0$ 时，S打开，电路的时间常数 $\tau=$________s，电感电流 $i=$________。

6.3　一阶电路的零状态响应

前面已经说过，电路的零状态是指动态元件没有初始储能，即 $u_C(0_+)=0$ 或 $i_L(0_+)=0$。在此条件下，由独立源激励所产生的电路的响应，称为零状态响应。下面分别介绍一阶 RC 电路的零状态响应和一阶 RL 电路的零状态响应。

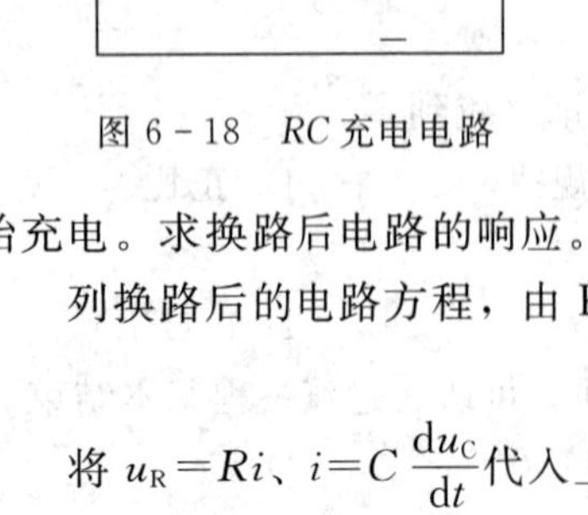

图6-18　RC 充电电路

6.3.1　RC电路的零状态响应

1. RC 电路在直流激励下的零状态响应

分析 RC 电路的零状态响应，实际上就是分析它的充电过程。图6-18是一个 RC 串联电路。设开关S闭合前电容 C 未充电，故为零状态，在 $t=0$ 时将开关S合上，电路即与一恒定电压为 U_S 的电压源接通，对电容元件开始充电。求换路后电路的响应。

列换路后的电路方程，由KVL得

$$u_R+u_C=U_S$$

将 $u_R=Ri$、$i=C\frac{du_C}{dt}$ 代入上式，得

$$RC\frac{du_C}{dt}+u_C=U_S \tag{6-13}$$

它是一阶常系数线性非齐次常微分方程。

式（6-13）的解由两部分组成

$$u_C=u'_C+u''_C \tag{6-14}$$

其中，u'_C 为方程的一个特解，与外施激励有关，所以称为强制分量。当激励为直流量或正弦量时，此情况下的强制分量成为稳态分量，即换路后时间趋向∞时电路的稳态解 $u_C(\infty)$。在本例中，电容两端电压的稳态分量就是此处的开路电压，在此不难得出 $u'_C=u_C(\infty)=U_S$。

而 u''_C 为与式（6-13）对应的齐次方程

$$RC\frac{du''_C}{dt}+u''_C=0$$

的通解，形式与零输入响应相同，u''_C 的变化规律与外施激励无关，所以称为自由分量，自由分量最终趋于零，因此又称为暂态分量，其解为

$$u''_C=Ae^{-\frac{t}{\tau}}$$

式中：$\tau=RC$，为时间常数；A 为积分常数。这样，电容电压 u_C 解为

$$u_C=U_S+Ae^{-\frac{t}{\tau}}$$

代入初始条件 $u_C(0_+)=u_C(0_-)=0$，得

$$0=U_S+A$$

所以

$$A=-U_S$$

最后解得

$$u_C=U_S-U_Se^{-\frac{t}{\tau}}=U_S(1-e^{-\frac{t}{\tau}}) \tag{6-15}$$

并得

$$u_R=U_S-u_C=U_Se^{-\frac{t}{\tau}} \tag{6-16}$$

$$i=\frac{u_R}{R}=\frac{U_S}{R}e^{-\frac{t}{\tau}} \tag{6-17}$$

u_C 和 i 的波形如图 6-19 所示。u_R 的波形与 i 相似，图中省略未画出。电压 u_C 的两个分量 u'_C 和 u''_C 也示于图 6-19 中。

电流 i 也可看作由两个分量组成，其中稳态分量为 $i'=0$，而暂态分量为

$$i''=i=\frac{u_R}{R}e^{-\frac{t}{\tau}}$$

充电过程中，电容电压由初始值随时间逐渐增长，其增长率按指数规律衰减，最后电容电压趋于直流电压源的电压 U_S。充电电流方向与电容电压方向一致，充电开始时其值最大，为 U_S/R，以后逐渐按指数规律衰减到零。

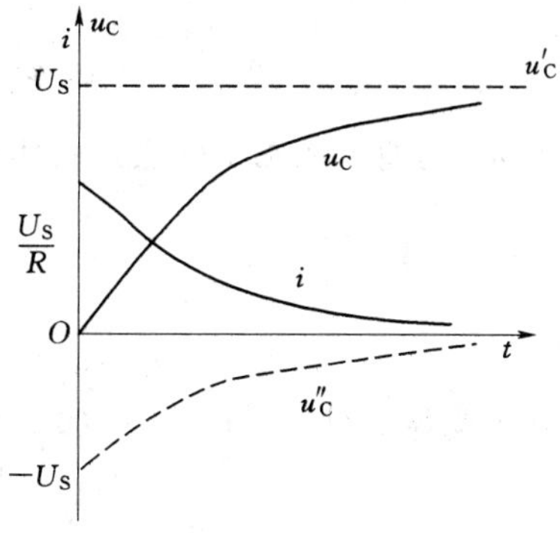

图 6-19　RC 电路零状态响应的 u_C 和 i

$t=\tau$ 时，电容电压增长为 $u_C=(1-e^{-1})U_S=0.632U_S$，$t=5\tau$ 时，$u_C=0.993U_S$，可以认为充电已经结束。时间常数越大，自由分量衰减越慢，充电持续的时间越长。

由于电路中有电阻，充电时，电源供给的能量，一部分转换成电场能量储存在电容中，另一部分则被电阻消耗掉。在充电过程中，电阻吸收（消耗）的电能为

$$W_R = \int_0^\infty Ri^2 \mathrm{d}t = \int_0^\infty R\left(\frac{U_S}{R}\mathrm{e}^{-\frac{t}{RC}i\theta}\right)^2 \mathrm{d}t = \frac{1}{2}CU_S^2 = W_C$$

可见，不论电阻、电容量值如何，电源供给的能量只有一半转换成电场能量储存在电容中，充电效率为 50%。

【例 6-5】 电路如图 6-20 所示，$U_S=15\text{V}$，$R=5\Omega$，$C=1\mu\text{F}$。开关 S 接于 2 很久，电容器已无储能。在 $t=0$ 时，开关 S 由 2 合向 1，求换路后的 u_C。

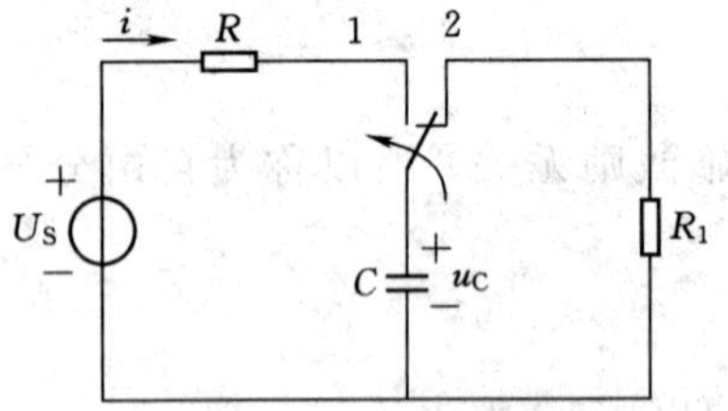

图 6-20 ［例 6-5］图

解 开关动作前，电容无储能，即 $u_C(0_+)=0$。在 $t=0$ 时，开关 S 由 2 合向 1，电源开始向电容器充电。所以该电路为 RC 电路的零状态响应公式（6-15），即

$$u_C=U_S(1-\mathrm{e}^{-\frac{t}{\tau}})$$

而 $U_S=15\text{V}, \tau=RC=5\times1\times10^{-6}\text{s}$

所以 $u_C=15(1-\mathrm{e}^{-\frac{t}{5\times10^{-6}}})\text{V}$

2. *RC* 电路在正弦激励下的零状态响应

若将图 6-18 中 RC 充电电路中的直流电压源 U_S 改为正弦交流电压源，设 $u_S=U_m\sin\omega t$，则电路的微分方程形式为

$$RC\frac{\mathrm{d}u_C}{\mathrm{d}t}+u_C=U_m\sin\omega t \tag{6-18}$$

式（6-18）的解仍然由两部分组成，即

$$u_C=u'_C+u''_C$$

其中特解 u'_C 为换路后正弦交流电路的稳态解，利用相量法，可以解出

$$u'_C=U_{Cm}\sin(\omega t+\varphi)$$

其中

$$U_{Cm}=\frac{U_m}{\sqrt{(\omega CR)^2+1}}$$

$$\varphi=-90^\circ+\arctan\frac{1}{\omega CR}$$

而 u''_C 与直流激励下的表达式相同，即

$$u''_C=A\mathrm{e}^{-\frac{t}{\tau}}$$

所以

$$u_C=u'_C+u''_C=U_{Cm}\sin(\omega t+\varphi)+A\mathrm{e}^{-\frac{t}{\tau}}$$

代入初始条件 $u_C(0_+)=u_C(0_-)=0$，而 $u'_C(0_+)=U_{Cm}\sin\varphi$，所以

$$0=U_{Cm}\sin\varphi+A$$

$$A=-U_{Cm}\sin\varphi$$

最后解得

$$u_C=U_{Cm}\sin(\omega t+\varphi)-U_{Cm}\sin(\varphi)\mathrm{e}^{-\frac{t}{\tau}} \tag{6-19}$$

【例 6-6】 $R=10\Omega$，$C=200\mu F$，$u_C(0_-)=0V$ 的 RC 串联电路接到 $u_S(t)=10\sin(100\pi t-45°)V$ 的电压源，试求电路中的 $u_C(t)$ 和 $i(t)$。

解 （1）强制分量。

由于激励为正弦量，强制分量也是稳态分量，所以采用相量法

$$Z=R+\frac{1}{j\omega C}=\left(10-j\frac{1}{100\pi\times200\times10^{-6}}\right)=(10-j15.92)\Omega=18.8\angle-57.87°\ \Omega$$

$$\dot{U}'_{Cm}=\frac{\frac{1}{j\omega C}}{Z}\dot{U}_{sm}=\frac{-j15.92}{18.8\angle-57.87°}\times10\angle-45°\ V=8.468\angle-77.13°\ V$$

$$u'_C(t)=8.468\sin(100\pi t-77.13°)V$$

（2）电路的时间常数为

$$\tau=RC=(10\times200\times10^{-6})s=2\times10^{-3}s$$

（3）积分常数

将 $u_C(0_+)=u_C(0_-)=0V$ 代入式（6-14）中，有

$$u_C(t)=u'_C(t)+u''_C(t)=8.468\sin(100\pi t-77.13°)+Ae^{-\frac{t}{\tau}}$$

得

$$A=0-8.468\sin(-77.13°)V=0+8.255V=8.255V$$

故得

$$u_C(t)=8.468\sin(100\pi t-77.13°)+8.255e^{-500t}V$$

并得

$$i(t)=C\frac{d}{dt}u_C(t)=200\times10^{-6}\frac{d}{dt}[8.468\sin(100\pi t-77.13°)+8.255e^{-500t}]A$$
$$=0.532\sin(100\pi t+12.87°)-0.8255e^{-500t}A$$

6.3.2 *RL* 电路的零状态响应

1. *RL* 电路在直流激励下的零状态响应

在图 6-21 所示电路中，设电压源电压为 U_S 不变，开关 S 合上前电感 L 无电流，即 $i(0_-)=0$（$t=0$）时换路后，由 KVL 及 $u_R=Ri$、$u_L=L\frac{di}{dt}$，得

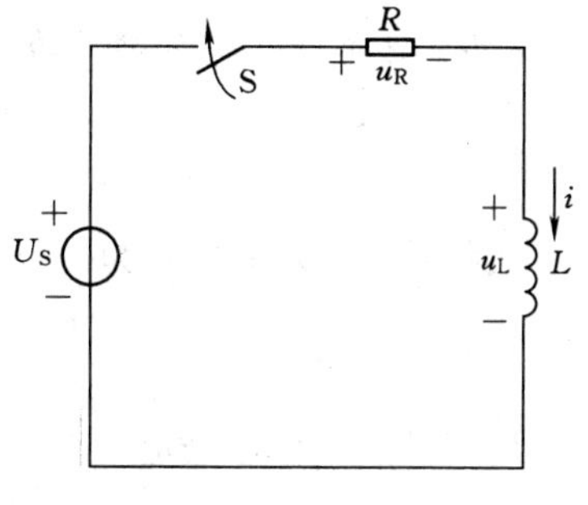

图 6-21 *RL* 串联电路

$$L\frac{di}{dt}+Ri=U_S$$

与 RC 串联零状态响应的方程形式相似，是一阶常数线性非齐次常微分方程。故取稳态分量为

$$i'(t)=\frac{U_S}{R}$$

特征方程 $Lp+R=0$ 的根为

$$p=-\frac{R}{L}=-\frac{1}{\tau}$$

所以

$$i(t)=i'(t)+i''(t)=\frac{U_S}{R}+Ae^{-\frac{t}{\tau}}$$

代入初始条件 $i(0_+)=i(0_-)=0$，得 $A=-U_S/R$，故得

$$i(t)=\frac{U_S}{R}(1-e^{-\frac{t}{\tau}}) \tag{6-20}$$

并得

$$u_R(t)=Ri(t)=U_S(1-e^{-\frac{t}{\tau}}) \tag{6-21}$$

$$u_L(t)=U_S-u_R(t)=U_Se^{-\frac{t}{\tau}} \tag{6-22}$$

RL 的零状态响应就是没有储能的电感经电阻接至直流电源充电的响应，其充电响应的波形如图 6-22（a）、（b）。电感电流由初始值按指数规律随时间逐渐增长，最后接近于稳态 U_S/R。电感电压方向与电流方向一致，开始接通时其值最大，为 U_S，以后逐渐按指数规律减到零。达到新的稳态时，电感的磁场储能为 $\frac{1}{2}L\left(\frac{U_S}{R}\right)^2$。

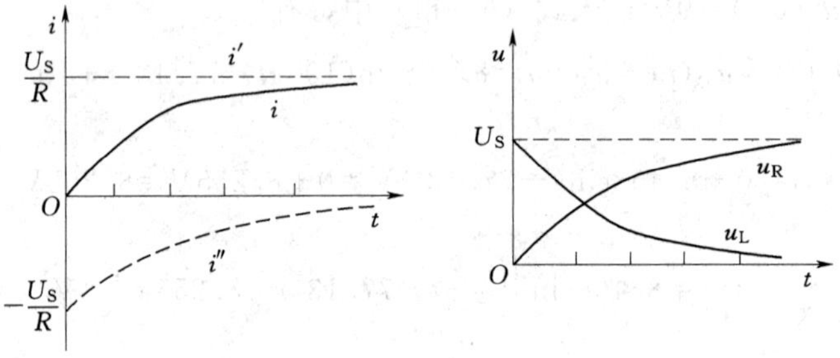

（a）　　　　　　　　　　（b）

图 6-22　RL 电路在直流激励下的零状态响应

（a）$i=i'+i''$的波形；（b）u_R、u_L 的波形

2. RL 电路在正弦激励下的零状态响应

在图 6-21 所示 RL 串联电路中，直流电源 U_S 改为正弦交流电压源 $u_S(t)$，设

$$u_S(t)=U_m\sin(\omega t+\psi)$$

换路后 $i(t)$ 的方程为

$$L\frac{di}{dt}+Ri=U_m\sin(\omega t+\psi)$$

用相量法求稳态分量 $i'(t)$。电路的复阻抗为

$$Z=R+j\omega L=\sqrt{R^2+(\omega L)^2}\angle\arctan\frac{\omega L}{R}=|Z|\angle\varphi$$

电压源的最大值相量 $\dot{U}_{Sm}=U_m\angle\psi$，$i'(t)$ 的最大值相量

$$\dot{I}'_m=\frac{\dot{U}_{Sm}}{Z}=\frac{U_m\angle\psi}{|Z|\angle\varphi}=\frac{U_m}{|Z|}\angle\psi-\varphi$$

所以

$$i(t)=\frac{U_m}{|Z|}\sin(\omega t+\psi-\varphi)+Ae^{-\frac{t}{\tau}}$$

τ 仍为 L/R。代入 $i(0_+)=i(0_-)=0$，得

$$A=-\frac{U_m}{|Z|}\sin(\psi-\varphi)$$

最后得到

$$i(t)=\frac{U_m}{|Z|}\sin(\omega t+\psi-\varphi)-\frac{U_m}{|Z|}\sin(\psi-\varphi)e^{-\frac{t}{\tau}} \tag{6-23}$$

由所得可见，暂态分量仍以 $\tau=L/R$ 为时间常数按指数规律衰减。暂态分量衰减为零时，电路进入正弦稳态。但暂态分量的大小与换路时电压源电压的初相有关，即与开关动作的时间有关。有两个特殊情况：

（1）$\psi-\varphi=0°$，即 $\psi=\varphi$ 时换路，则暂态分量为零，即

$$i(t)=i'(t)=\frac{U_m}{|Z|}\sin\omega t$$

开关闭合后，电流无暂态分量，电路换路后不经历暂态过程，立即进入稳态。

$\psi-\varphi=180°$ 时换路，也立即进入稳态。

（2）$\psi-\varphi=\pm 90°$。以 $\psi-\varphi=90°$ 的情况为例，有

$$i(t)=\frac{U_m}{|Z|}\sin(\omega t+90°)-\frac{U_m}{|Z|}e^{-\frac{t}{\tau}}$$

此时电流暂态分量的起始值最大，等于稳态最大值 $I_m=\frac{U_m}{|Z|}$。这一情况下的 $i(t)$、$i'(t)$、$i''(t)$ 的波形如图 6-23 所示。从图中可见，在换路后约经半个周期时，电流瞬间值最大，图中用 i_m 表示这一最大值。如果电路的时间常数较大，暂态分量衰减较慢，i_m 接近为稳态最大值 I_m 的 2 倍，但不会超过 2 倍。这一结果具有十分重要的意义。如无限大容量电力系统发生三相短路时和变压器空载投入时，都属于 RL 串联电路正弦交流电源激励下的过渡过程，三相突然短路时短路电流和变压器空载投入时变压器的总磁通在最严重的情况下，其最大值都接近稳态时的 2 倍。

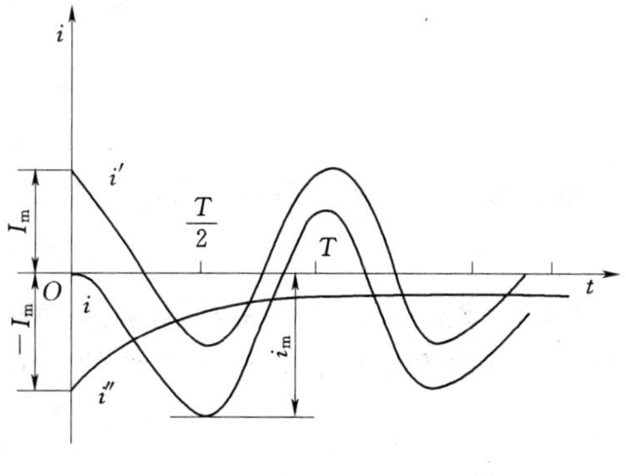

图 6-23　$\psi-\varphi=90°$ 时，$|i'(0)|=I_m$

【例 6-7】 图 6-21 所示电路中，$R=50\Omega$，$L=0.2H$，正弦电压源

$$u_S(t)=220\sqrt{2}\sin(314t+30°)V$$

开关 S 闭合前，电感元件中无电流，即 $i(0_-)=0$。求开关接通后电路中的电流 $i(t)$。

解　初始条件为

$$i(0_+)=i(0_-)=0$$

电流 $i(t)$ 可表示为强制分量（即稳态分量）与自由分量（暂态分量）之和

$$i(t)=i'(t)+i''(t)$$

稳态分量可用相量法求出，其相量为

$$\dot{I}'=\frac{\dot{U}_S}{R+j\omega L}=\frac{220\angle 30^\circ}{50+j314\times 0.2}$$

$$=\frac{220\angle 30^\circ}{80\angle 51.5^\circ}=2.74\angle -21.5^\circ\ \text{A}$$

稳态电流解析式为

$$i'(t)=2.74\sqrt{2}\sin(314t-21.5^\circ)\text{A}$$

暂态分量可表示为指数函数，即

$$i''(t)=Ae^{-\frac{t}{\tau}}$$

式中 τ 为时间常数，其值为

$$\tau=\frac{L}{R}=\frac{0.2}{50}=4\times 10^{-3}(\text{s})$$

因此暂态分量为

$$i''(t)=Ae^{-250t}$$

电流为

$$i(t)=i'(t)+i''(t)=2.74\sqrt{2}\sin(314t-21.5^\circ)+Ae^{-250t}$$

代入初始条件以确定积分常数 A，即

$$i(0_+)=2.74\sqrt{2}\sin(-21.5^\circ)+A=0$$

即

$$A=-2.74\sqrt{2}\sin(-21.5^\circ)=1.41$$

代入电流表达式中即可求得电流为

$$i(t)=2.74\sqrt{2}\sin(314t-21.5^\circ)+1.41e^{-250t}\text{A}$$

【例 6-8】 在图 6-24 所示输电线路的等效电路中，R 和 X_L 分别代表发电机和输电线路的总电阻和总电抗，试计算此线路在负载侧短路时，线路中可能出现的最大瞬时电流。

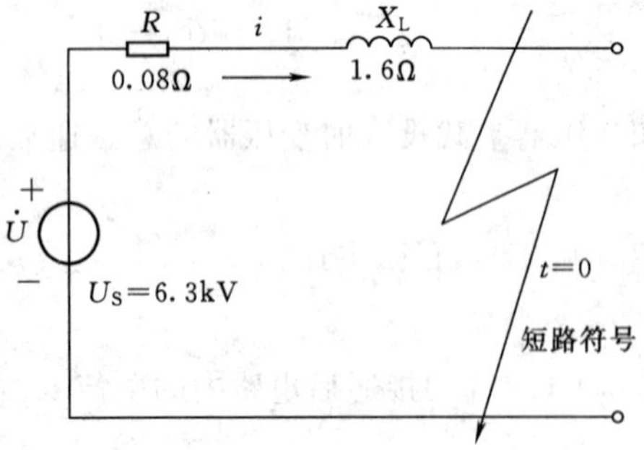

图 6-24　[例 6-8] 图

解　设输电线是在未带负载时发生短路的，线路中电流为 0，电路处于零状态。

短路故障是换路的一种情况，输电线路发生短路相当于 $t=0$ 时刻将零状态的 RL 电路接通于正弦交流电源。

短路电流 i 中稳态分量的幅值为

$$I_m=\frac{U_m}{|Z|}=\frac{\sqrt{2}U_S}{\sqrt{R^2+X_L^2}}=\frac{\sqrt{2}\times 6.3\times 10^3}{\sqrt{0.08^2+1.6^2}}$$

$$=5500(\text{A})$$

可见短路电流是数值很大的电流，由于 R 很小，且 $R\ll X_L$，故该电路的时间常数很大，暂态延续的时间很长，因此可能出现瞬时电流最大值

$$i_{max}=2I_m=2\times 5500=11000(\text{A})$$

自 测 题

一、填空题

6.3.1 零状态响应是指储能元件的________或__________，仅由______________所引起的响应。

6.3.2 直流激励下 RL 串联电路的零状态响应是指 RL 串联电路在__________的情况下由外加直流电源引起的响应。

6.3.3 直流激励下 RC 串联电路的零状态响应是按______________规律变化。

6.3.4 RL 串联电路中，$L=0.1\text{H}$，电感元件原无储能，接通电源后，并达到稳态时，电感电流为 10A，若经 0.2s 电感电流由零上升到 6.32A，电路时间常数为________s，电阻 R 等于________Ω。

6.3.5 RL 串联电路在正弦激励下的零状态响应中，已知电路阻抗角 $\varphi=30°$。(1) 当开关合闸时电源初相角 $\psi=30°$，则电路暂态分量为________；(2) 当开关合闸时电源初相角 $\psi=-60°$，电路暂态分量________，在合闸后约________时间电流出现最大值，如果电路时间常数很大，电流的最大值有可能达到稳态电流最大值的________倍。

二、选择题

6.3.6 RC 串联电路在直流激励下的零状态响应是指按数规律变化，其中________按指数规律随时间逐渐增长。

A. 电容电压　　B. 电容电流　　C. 电阻电流　　D. 电阻电压

6.3.7 在直流激励下 RL 串联电路的零状态响应，其中________是按指数规律增长的。

A. 电感电流　　B. 电感电压　　C. 电阻电压　　D. 电阻电流

6.3.8 某一阶电路的响应为 $i(t)=U_m/|Z|[\sin(\omega t+\psi-\varphi)-\sin|(\psi-\varphi)e^{-t/\tau}]$，则在________，电路立即进入稳态。

A. $\psi-\varphi=0$　　B. $\psi-\varphi=90°$　　C. $\psi-\varphi=90°$　　D. $\psi-\varphi=45°$

三、判断题

6.3.9 RC 串联电路接到直流电源上电容充电，此响应为零状态响应。 (　　)

6.3.10 未充电的电容经电阻接到直流电源时进行充电时，电路的时间常数是指电容电压达到稳态值的 36.8%时的时间。 (　　)

6.3.11 直流激励下 RL 串联电路换路后达到新的稳态时，电感储存的磁场能量为零。 (　　)

6.3.12 正弦激励下的 RL 串联电路的零状态响应的稳态分量可采用相量法求解。 (　　)

四、计算题

6.3.13 在图 6-25 所示的电路中，已知，$U_S=10\text{V}$，$R_1=2\Omega$，$R_2=3\Omega$，$C=0.2\mu\text{F}$，$t<0$ 时电路处于稳定状态，$t=0$ 时开关 S 由 1 扳向 2，求 $t>0$ 时电压 u_C 和电流 i_C。

6.3.14 图 6-26 所示电路中，已知：$U_S=15\text{V}$，$R=5\Omega$，$L=10\text{H}$。在 $t=0$ 时合上

开关 S。试求 S 合上后的 $i_L(t)$、$u_L(t)$、$u_R(t)$ [设 $i_L(0_-)=0$]。

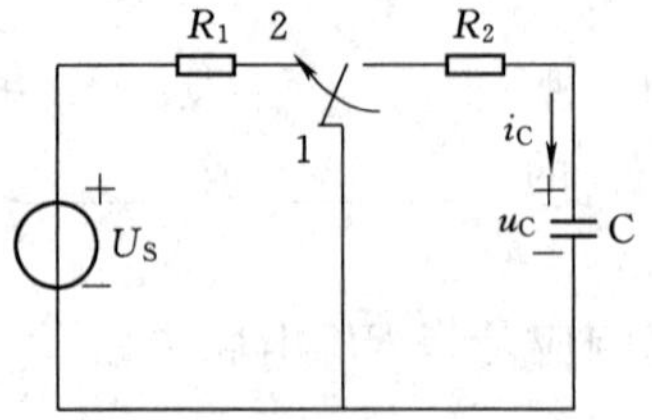

图 6-25　自测题 6.3.13 图

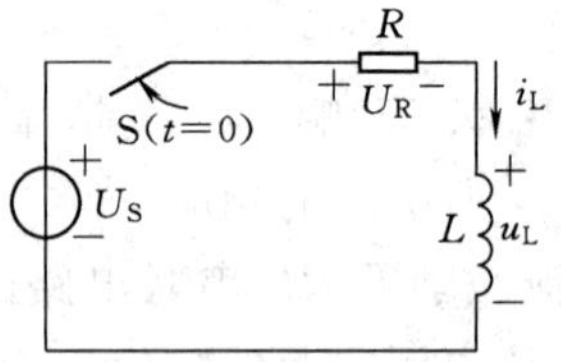

图 6-26　自测题 6.3.14 图

6.4　一阶电路的全响应

前面分别讨论了一阶电路的零输入响应和零状态响应。本节将讨论电路在既考虑初始状态又考虑输入时的响应，由非零初始状态的电路受到激励作用下产生的响应就是全响应。在前面介绍的零输入响应和零状态响应，是由微分方程直接求得，称为经典法。本节仍从经典法入手，分析全响应的过渡过程，并引出全响应的两种分解。

6.4.1　求解全响应的经典法

图 6-27 所示电路开关长时间处在位置 1，设 $t=0$ 时，将开关合到位置 2，RC 电路从电源 U_0 改接到 U_S。显然，换路前电容在电源 U_0 作用下充电至 U_0，即 $u_C(0_-)=U_0$，在换路后最初瞬间，电容电压 $u_C(0_+)=u_C(0_-)=U_0$，它将与电路中的输入 U_S 共同激励产生全响应。由于换路后电路与图 6-18 中 RC 充电电路相同，所以得到的电路方程与式 6-13 也相同，即

$$RC\frac{\mathrm{d}u_C}{\mathrm{d}t}+u_C=U_S$$

方程全解为

$$u_C=u_C'(t)+u''_C(t)=U_S+A\mathrm{e}^{-\frac{t}{\tau}}$$

代入初始条件 $u_C(0_+)=u_C(0_-)=U_0$，得

$$A=U_0-U_S$$

所以

$$u_C(t)=U_S+(U_0-U_S)\mathrm{e}^{-\frac{t}{\tau}} \tag{6-24}$$

现根据 U_S 和 U_0 的关系，把电路分成 3 种情况来讨论。

(1) 若 $U_S>U_0$，即电源电压大于电容的初始电压，则在过渡过程中电容继续充电，u_C 从 U_0 起按指数规律增大到 U_S。

(2) 若 $U_S<U_0$，即电源电压小于电容的初始电压，则在过渡过程中电容放电，u_C 从 U_0 起按指数规律下降到 U_S。

(3) 若 $U_S=U_0$，即电源电压等于电容的初始电压，则在开关合上后电路立即进入稳定状态，不发生过渡过程。

图 6-28 给出了上述 3 种情况下 u_C 的变化曲线（以曲线 1、曲线 2、曲线 3 相区别）。

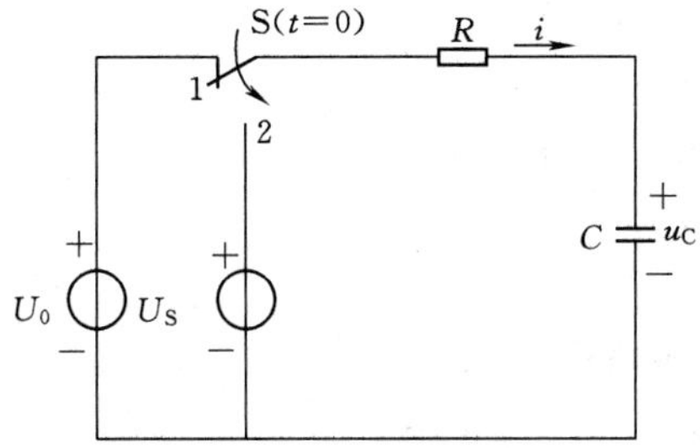

图 6-27 RC 电路的全响应

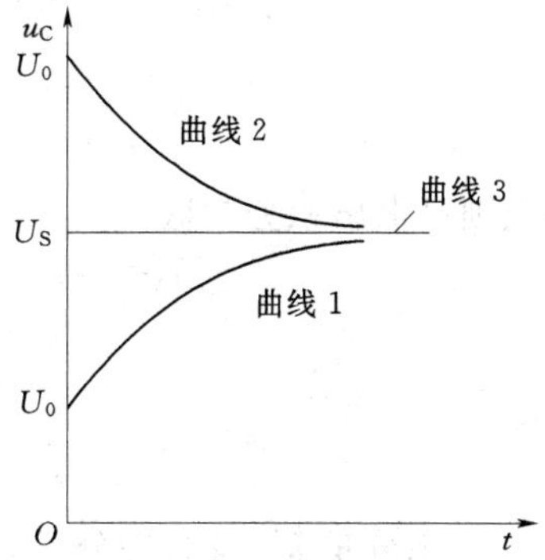

图 6-28 3 种情况下 u_C 随时间变化的曲线

6.4.2 全响应的两种分解方式

式（6-24）中的 u_C 由两部分组成，其中第一项为稳态分量，第二项为暂态分量，即

全响应=稳态响应+暂态响应

另外，如果将式（6-24）改写为

$$u_C(t)=U_0\mathrm{e}^{-\frac{t}{\tau}}+U_S(1-\mathrm{e}^{-\frac{t}{\tau}}) \tag{6-25}$$

显然，式（6-25）右边的第一项便是 $U_S=0$ 时的零输入响应，第二项便是 $U_0=0$ 的零状态响应，即

全响应=零输入响应+零状态响应

这是一个很重要的概念，即初始状态不为零而又有外电源作用时，这种过渡过程可以看作零输入响应与零状态响应的叠加，这种分解方式的优点是充分反映了激励和响应之间（即原因与结果之间）的线性关系，并为计算全响应提供了一种基本方法——分别计算零输入响应与零状态响应，使复杂问题简单化，然后将它们叠加起来即可求得全响应。对本节具体的 RC 电路而言，就是看作一方面已充电的电容经电阻放电（电源短路），另一方面电源对并没有充过电的电容器充电，两者叠加便得全响应。

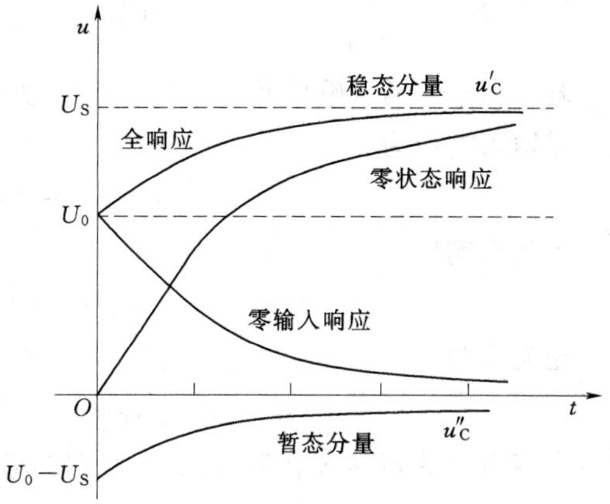

图 6-29 全响应的两种分解

图 6-29 画出了这两种分解后的波形，它们的叠加都得到全响应。

【例 6-9】 在图 6-27 中，$U_S=10\text{V}$，$t=0$ 时开关闭合，$U_0=-4\text{V}$，$R=10\text{k}\Omega$，$C=0.1\mu\text{F}$。求换后的 u_C 并画出其波形。

解 电路的微分方程及时间常数分别为

$$RC\frac{\mathrm{d}u_C}{\mathrm{d}t}+u_C=U_S$$

$$\tau = RC = 10\times10^{3}\Omega\times0.1\times10^{-6}\mathrm{F} = 1\mathrm{ms}$$

得

$$u_C = u'_C + u''_C = 10 + Ae^{-\frac{t}{\tau}}$$

由换路规则可求出积分常数 A，即

$$u_C(0_-) = -4\mathrm{V} = u_C(0_+) = 10 + A$$

所以

$$A = -14\mathrm{V}$$

最后得出

$$u_C = (10 - 14e^{-1000t})\mathrm{V}$$

电压 u_C、稳态分量 u'_C 及暂态分量 u''_C 绘于图 6－30（a）中。

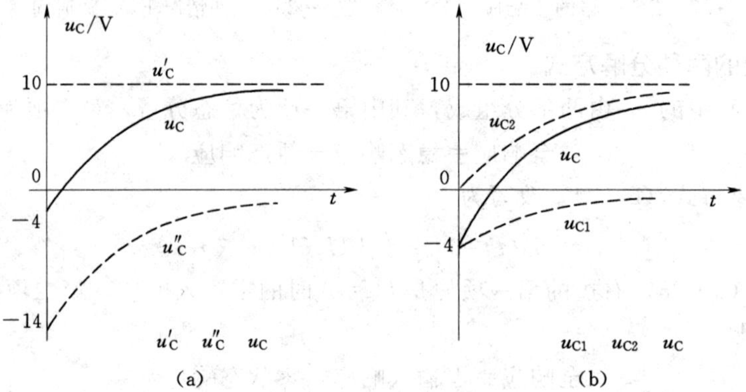

图 6－30　［例 6－9］波形

若分别求零输入响应及零状态响应，也可得出全响应。由式（6－25）可分别得电容电压零输入响应为

$$u_{C1} = -4e^{-1000t}\mathrm{V}$$

零状态响应为

$$u_{C2} = 10(1 - e^{-1000t})\mathrm{V}$$

全响应为

$$u_C = u_{C1} + u_{C2} = -4e^{-1000t} + 10(1 - e^{-1000t})\mathrm{V}$$

电容电压的零输入响应 u_{C1} 及零状态响应 u_{C2} 绘于图 6－30（b）中。

自　测　题

一、填空题

6.4.1　非零状态的电路在独立源作用下的响应叫__________。

6.4.2　一阶电路全响应可以分解为__________分量和__________分量；也可以分解为__________响应和__________响应。

6.4.3　电容原已充电 5V 的 RC 串联电路接到直流电源 10V 上，其电容电压的过渡过程________（继续充电、放电、直接进入稳态）按指数规律________（增大、减少）至电容电压为________（10V、0V、5V）；若电容原已充电 15V 接到直流电源 10V 上，其过渡过程________（继续充电、放电、直接进入稳态）按指数规律________（增大、减少）至电容电压为________（10V、0V、15V）；若电容原已充电 10V，其过渡过程________（继续充电、放电、直接进入稳态）电容电压为________（10V、0V）。

二、分析题

6.4.4 在图 6-27 中，$U_S=12V$，$R=25k\Omega$，$C=10\mu F$，$U_0=5V$，试求：(1) u_C 的稳态分量、暂态分量及全响应；(2) u_C 的零输入响应、零状态响应及全响应，并定性地画出它们的波形；(3) 若 $U_0=20V$，其他条件不变，重新求 (1) 和 (2)。

6.5 一阶电路的三要素法

通过以上几节的分析，可以归纳出以下几点：

(1) 只有一个动态元件（L 或 C）的电路，都属于一阶电路。一阶电路的全响应 $f(t)$ 等于稳态分量 $f'(t)$ 和暂态分量 $f''(t)$ 之和，而且 $f''(t)$ 总为 $Ae^{-\frac{t}{\tau}}$，所以一阶电路的全响应为

$$f(t)=f'(t)+Ae^{-\frac{t}{\tau}}$$

(2) 同一个一阶电路中的各响应（不限于电容电压或电感电流）的时间常数 τ 都是相同的。对只有一个电容元件的电路，其 $\tau=R_{eq}C$；对只有一个电感元件的电路，其 $\tau=L/R_{eq}$，R_{eq} 为该电容元件或电感元件所接二端电阻网络的戴维宁等效电阻。

(3) 积分常数 A 总可以由该响应的初始值决定，即

$$A=f(0_+)-f'(0_+)$$

其中 $f(0_+)$ 为全响应的初始值，$f'(0_+)$ 为稳态分量的初始值。

综上所述，一阶电路全响应的一般表达式为

$$f(t)=f'(t)+[f(0_+)-f'(0_+)]e^{-\frac{t}{\tau}} \tag{6-26}$$

其中，稳态分量 $f'(t)$、初始值 $f(0_+)$ 及时间常数 τ 三者统称为一阶电路全响应的三要素，这三者确定了，全响应就确定了。

分别计算出一阶电路全响应的三要素，代入式 (6-26) 中，直接求得响应的方法，称为三要素法。

对于稳态分量，换路后如果作用于电路的外加激励是直流量，则稳态分量是直流量，可将电容以开路代替，将电感以短路代替，按电阻电路计算；如果激励是正弦量，则稳态分量是同频率的正弦量，可按相量法计算。

6.5.1 直流电源作用下的三要素法

对直流激励的一阶电路，稳态分量为直流量，稳态分量与其初始值相等，可用 $f(\infty)$ 表示，则式 (6-26) 可写成

$$f(t)=f(\infty)+[f(0_+)-f(\infty)]e^{-\frac{t}{\tau}} \tag{6-27}$$

可见直流激励下的一阶电路的全响应总是由其初始值 $f(0_+)$ 开始，按指数规律变化而趋近于稳态值 $f(\infty)$ 的。直流激励下求一阶电路全响应的三要素为新稳态的响应 $f(\infty)$、初始值 $f(0_+)$ 和时间常数 τ。

用三要素法计算一阶电路的响应比较方便，特别是对于只含一个储能元件有分支的复杂电路，可以完全避开建立和求解微分方程，直接利用三要素公式进行求解。

【例6-10】 图6-31（a）所示电路中直流电压源电压 $U_S=6V$，$R_1=6\Omega$，$L=0.5H$，直流电流源电流 $I_S=2A$，$R_2=3\Omega$。开关S闭合前电路已经稳定，试用三要素法求换路后的 $i_L(t)$ 和 $u(t)$。

解 S闭合前，电路已经稳定，L 相当于短路。所以

$$i_L(0_+)=i_L(0_-)=\frac{U_S}{R_1}=\frac{6}{6}A=1A$$

作 0_+ 时刻的等效电路如图6-31（b）所示，由节点法可得

$$u_{ab}(0_+)=\frac{\dfrac{U_S}{R_1}-i_L(0_+)+I_S}{\dfrac{1}{R_1}+\dfrac{1}{R_2}}=\frac{\dfrac{6}{6}-1+2}{\dfrac{1}{6}+\dfrac{1}{3}}V=4V$$

并得

$$u(0_+)=U_S-u_{ab}(0_+)=(6-4)V=2V$$

换路后达到新的稳态，此时 L 仍相当于短路，作图如图6-31（c）所示，可得 $i_L(t)$ 和 $u(t)$ 的稳态分量，即

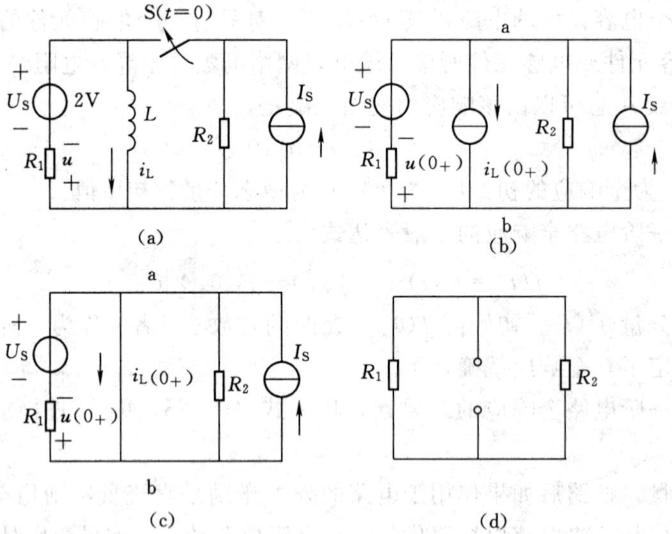

图6-31 ［例6-10］图

（a）电路；（b）0_+ 时刻的等效电路；（c）新稳态电路；（d）等效电阻

$$i_L(\infty)=\frac{U_S}{R_1}+I_S=(\frac{6}{6}+2)A=3A$$

$$u(\infty)=U_S-u'_{ab}=(6-0)V=6V$$

从L两端看进去除掉电源后的等效电路如图6-31（d）所示，得

$$R_0=\frac{R_1R_2}{R_1+R_2}=\frac{6\times3}{6+3}\Omega=2\Omega$$

$$则\ \tau=\frac{L}{R_0}=\frac{0.5}{2}s=0.25s$$

由上述三要素，再根据式（6-27）可知

$$i_L(t)=3-2e^{-4t}A$$
$$u(t)=6-4e^{-4t}V$$

i_L 是由初始值 1A 逐渐增长为稳态值 3A 的，u 是由初始值 2V 逐渐增长为稳态值 6V 的。若重新组合结果可得

$$i_L(t)=[3-3e^{-4t}]+e^{-4t}A$$
$$u(t)=[6-6e^{-4t}]+2e^{-4t}V$$

括号内为零状态响应，而零输入响应正好是从初始值开始按一定的指数规律衰减为零。

【例 6-11】 电路如图 6-32 所示，$t<0$ 时开关断开已久，在 $t=0$ 时开关闭合，求 $t\geqslant0$ 时 $u(t)$。

解 由换路定则求电压 $u(t)$ 的初始值 $u(0_+)$

$$u(0_+)=u(0_-)=1\times2V=2V$$

换路后电压 $u(t)$ 的稳态分量为

$$u(\infty)=1\times\frac{2\times1}{2+1}V=\frac{2}{3}V$$

换路后电路的时间常数 $\tau=R_0C$，R_0 为电容元件所接的一端口网络（电流源断开）的等效电阻，它等于 2Ω 和 1Ω 电阻并联，所以有

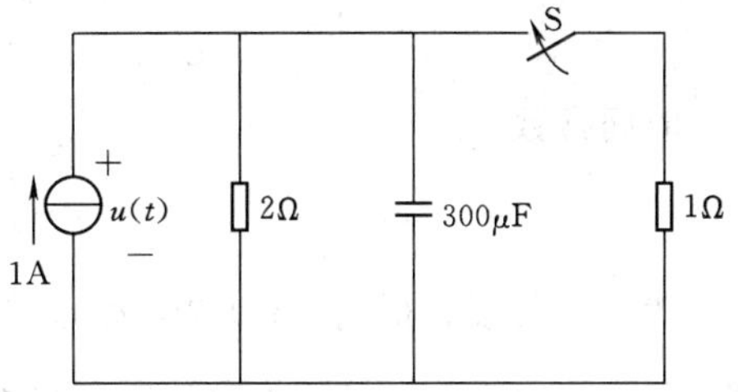

图 6-32 [例 6-11] 图

$$\tau=\frac{2\times1}{2+1}\times300\times10^{-6}s=2\times10e^{-4}s$$

代入式（6-27），得换路后的全响应为

$$u(t)=u(\infty)+[u(0_+)-u(\infty)]e^{-\frac{t}{\tau}}=\frac{2}{3}V+\left(2-\frac{2}{3}\right)e^{-\frac{t}{2\times10^{-4}}}V$$
$$=\left(\frac{2}{3}+\frac{4}{3}e^{-0.5\times10^{4}t}\right)V$$

6.5.2 正弦激励下的三要素法

正弦激励下一阶电路的分析方法与直流激励下基本相同，但由于激励信号是正弦函数，所以稳态分量 $f'(t)$ 也是随时间按正弦规律变化，而稳态分量初始值 $f'(0_+)$ 为稳态分量 $f'(t)$ 在 0_+ 时的瞬时值，即

$$f'(0_+)=f'(t)|_{t=0_+}$$

$f'(0_+)\neq f'(t)$，因此，对于正弦激励下一阶电路的全响应，其三要素为：①稳态分量 $f'(t)$；②初始值 $f(0_+)$ 和 $f'(0_+)$；③时间常数 τ。

【例 6-12】 电路如图 6-33 所示，已知 $R=30\Omega$，$L=0.4H$。开关 S 闭合前电感无储能，即 $i_L(0_+)=0$，在 $t=0$ 时 S 闭合，接通正弦电压 $u_S=200\sqrt{2}\sin(100t+30°)$。求 $t\geqslant0$ 时电路的全响应 $i_L(t)$。

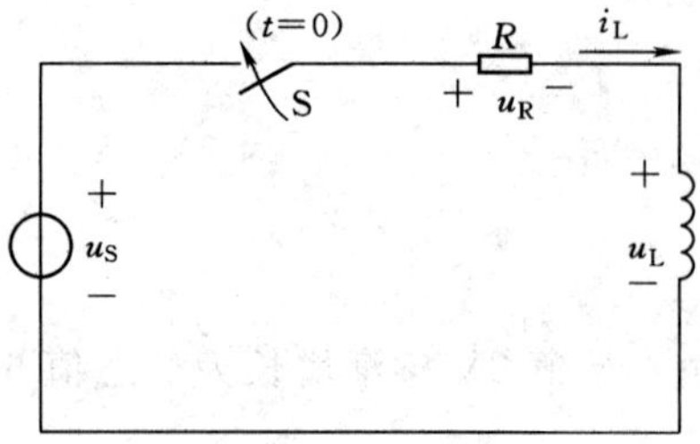

图 6-33　[例 6-12] 图

解　外激励为正弦量，由三要素公式（6-26），可得

$$i_L(t)=i'_L(t)+[i_L(0_+)-i'_L(0_+)]e^{-\frac{t}{\tau}}$$

（1）已知初始值 $i_L(0_+)=0$。

（2）稳态分量 $i'_L(t)$ 按正弦电路相量法计算。电路的阻抗为

$$Z=R+j\omega L=30+j100\times0.4=50\angle53.1^\circ(\Omega)$$

于是稳态分量相量为

$$\dot{I}'_L=\frac{\dot{U}_S}{Z}=\frac{200\angle30^\circ}{50\angle53.1^\circ}=4\angle-23.1^\circ\ \text{A}$$

即

$$i'_L(t)=4\sqrt{2}\sin(100t-23.1^\circ)\text{A}$$

再求稳态分量的初始值，得

$$i'_L(0_+)=4\sqrt{2}\sin(-23.1^\circ)=-2.22\text{A}$$

时间常数

$$\tau=\frac{L}{R}=\frac{0.4}{30}=\frac{1}{75}(\text{s})$$

代入各要素，得出 $i_L(t)$ 响应的表达式为

$$\begin{aligned}i_L(t)&=i'_L(t)+[i_L(0_+)-i'_L(0_+)]e^{-\frac{t}{\tau}}\\&=4\sqrt{2}\sin(100t-23.1^\circ)+2.22e^{-75t}\text{A}\end{aligned}$$

上例中，RL 串联电路的响应是零状态响应，零输入响应和零状态响应可以看成是全响应的特例，所以三要素法对一阶电路的各种响应均适用。对于零输入响应，稳态分量 $f'(t)$ 及其初始值 $f'(0_+)$ 为零，对于零状态响应，$u_C(0_+)$ 和 $i_L(0_+)$ 为零。

自　测　题

一、填空题

6.5.1　只有一个动态元件的电路都属于________阶电路。

6.5.2　$i(t)=(1+e^{-\frac{t}{4}})$A 为某电路支路电流的解析式，则电流的初始值为________A，稳态值为________A，时间常数为________s。

二、判断题

6.5.3　零输入响应时，三要素的表达式可表示为 $f(t)=f(0_+)e^{-\frac{t}{\tau}}$。　（　）

6.5.4　零状态响应时，三要素的表达式可表示为 $f(t)=f'(t)-f'(0_+)e^{-\frac{t}{\tau}}$。　（　）

6.5.5　稳态分量与稳态分量初始值相等。　（　）

三、分析与计算题

6.5.6　三要素法的通式是怎样的？每个要素的含义是什么？三要素法的使用条件是什么？直流激励下的三要素法表达式可以怎样表示？直流激励下的三要素中与正弦激励下的三要素有何区别？

6.5.7　试求图 6－34 所示各电路的时间常数。

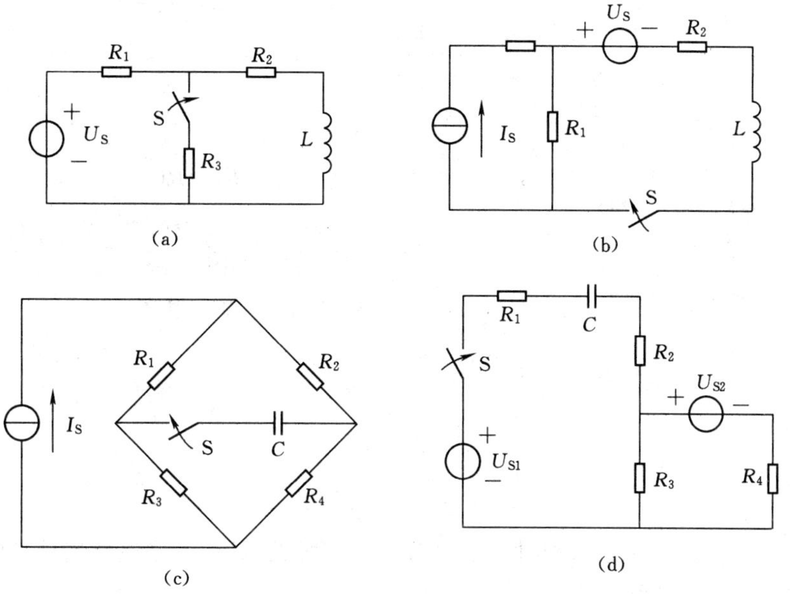

图 6－34　自测题 6.5.7 图

6.5.8　图 6－35 所示电路中，直流电压源的 $U_S=120\text{V}$，$R_1=3\text{k}\Omega$，$R_2=6\text{k}\Omega$，$R_3=3\text{k}\Omega$，$C=10\mu\text{F}$，$u_C(0_-)=0$。试用三要素法求换路后的 $u(t)$、$i(t)$。

6.5.9　图 6－36 所示电路中，直流电流源的电流 $I_S=2\text{A}$，$R_1=50\Omega$，$R_2=75\Omega$，$L=0.3\text{H}$，$i(0_-)=0$。试用三要素法求换路后的 $i(t)$ 和 $u(t)$。

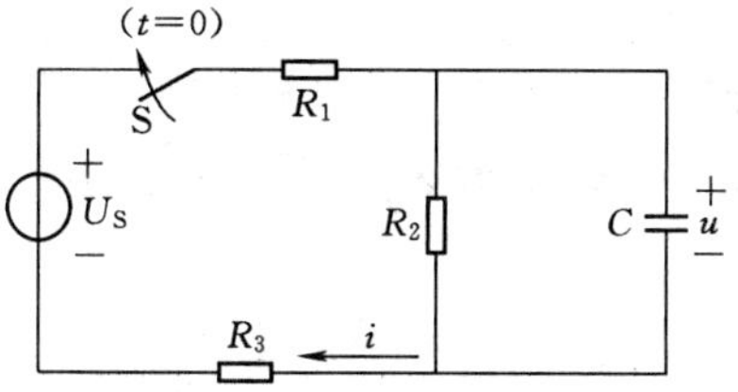

图 6－35　自测题 6.5.8 图

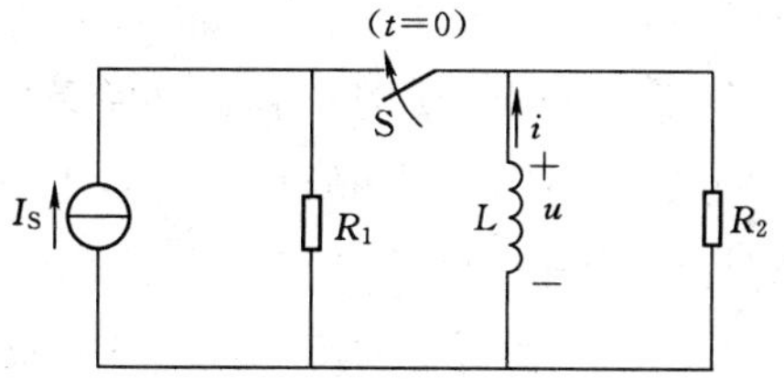

图 6－36　自测题 6.5.9 图

6.6　二阶 RLC 串联电路的零输入响应

可用二阶微分方程描述的电路称为二阶电路。零输入时，一阶电路中的电容电压或电感电流以其初始值为起点单调地按指数规律下降到零，因此它们中的电场能量或磁场能量也只能单调地衰减。但含有电容及电感的二阶电路在动态过程中电容与电感之间可能会出现电场能量与磁场能量的反复交换，这就使分析二阶电路要比一阶电路复杂得多。

6.6.1　方程和特征根

分析 RLC 串联电路的零输入响应电路如图 6－37 所示，选择各元件的电压与电流为

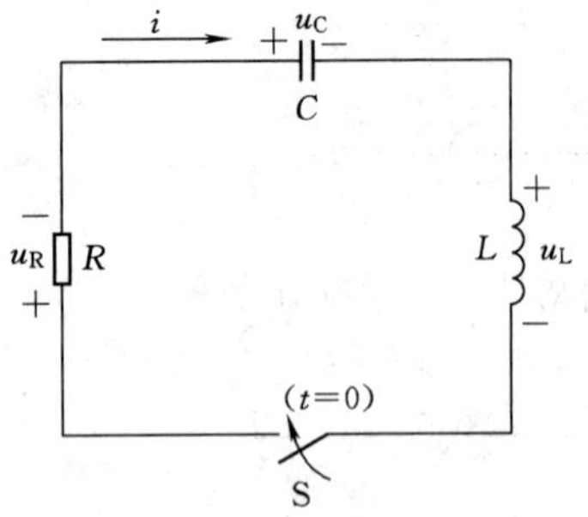

图 6-37　RLC 串联电路

关联参考方向的情况下，由 KVL 得

$$u_L+u_R+u_C=0$$

其中的

$$i=C\frac{du_C}{dt}$$

$$u_R=Ri=RC\frac{du_C}{dt}$$

$$u_L=L\frac{di}{dt}=L\frac{d}{dt}C\left(\frac{du_C}{dt}\right)=LC\frac{d^2u_C}{dt^2}$$

将这些代入 KVL 方程，得到

$$LC\frac{d^2u_C}{dt^2}+RC\frac{du_C}{dt}+u_C=0$$

化简得

$$\frac{d^2u_C}{dt^2}+\frac{Rdu_C}{Ldt}+\frac{1}{LC}u_C=0$$

这是 $u_C(t)$ 的二阶常系数线性齐次微分方程，可见 RLC 串联电路属于二阶电路。

上面齐次方程的特征方程为

$$p^2+\frac{R}{L}p+\frac{1}{LC}=0 \qquad (6-28)$$

这是一个二次方程，两个特征根为

$$p_{1、2}=-\frac{R}{2L}\pm\sqrt{\left(\frac{R}{2L}\right)^2-\frac{1}{LC}} \qquad (6-29)$$

零输入响应

$$u_C(t)=A_1e^{p_1t}+A_2e^{p_2t}$$

A_1、A_2 为两个积分常数，需由初始条件确定。

电路的初始条件有 3 种情况：$u_C(0_-)$ 和 $i_L(0_-)$ 都不为零；$u_C(0_-)$ 不为零，$i_L(0_-)$ 为零；$u_C(0_-)$ 为零，$i_L(0_-)$ 不为零。在此只分析

$$u_C(0_+)=u_C(0_-)=U_0,i(0_+)=i_L(0_+)=i_L(0_-)=0$$

的情况，相当于充了电的电容器对没有电流的线圈放电的情况（其他两种初始条件下，分析过程是相似的）。

特征根 p_1、p_2 的值有 3 种不同情况：

（1）$\left(\frac{R}{2L}\right)^2-\frac{1}{LC}>0$，即 $R>2\sqrt{\frac{L}{C}}$ 时，p_1 和 p_2 为两个不等的负实根。

（2）$\left(\frac{R}{2L}\right)^2-\frac{1}{LC}<0$，即 $R<2\sqrt{\frac{L}{C}}$ 时，p_1 和 p_2 为一对共轭复根。

（3）$\left(\frac{R}{2L}\right)^2-\frac{1}{LC}=0$，即 $R=2\sqrt{\frac{L}{C}}$ 时，p_1 和 p_2 为二重负实根。

6.6.2　*RLC* 串联电路的零输入响应

从物理意义上讲，电阻 R 具有阻止电路发生振荡的作用，俗称 R 为阻尼电阻，为便

于判定暂态类型，定义 $2\sqrt{\frac{L}{C}}$ 为临界电阻，将阻尼电阻 R 与临界电阻 $2\sqrt{\frac{L}{C}}$ 相比较，可得 3 种不同的暂态类型，下面进行分别讨论。

以下分别分析这 3 种情况。

（1）$R>2\sqrt{\frac{L}{C}}$，过阻尼非振荡放电过程。

在 $R>2\sqrt{\frac{L}{C}}$ 的情况下，p_1、p_2 为两个不等的负实根，并设 $|p_1|<|p_2|$。电容电压为

$$u_C(t)=A_1e^{p_1t}+A_2e^{p_2t}$$

并有

$$i(t)=C\frac{d}{dt}u_C(t)=Cp_1A_1e^{p_1t}+Cp_2A_2e^{p_2t}$$

代入初始条件 $u_C(0_+)=U_0$、$i(0_+)=0$，得

$$\left.\begin{aligned}A_1+A_2&=U_0\\p_1A_1+p_2A_2&=0\end{aligned}\right\}$$

由此解得积分常数

$$\left.\begin{aligned}A_1&=\frac{p_2}{p_2-p_1}U_0\\A_2&=\frac{-p_1}{p_2-p_1}U_0\end{aligned}\right\}$$

最后得到

$$u_C(t)=\frac{U_0}{p_2-p_1}(p_2e^{p_1t}-p_1e^{p_2t}) \tag{6-30}$$

$$i(t)=C\frac{p_1p_2}{p_2-p_1}U_0(e^{p_1t}-e^{p_2t})=\frac{U_0}{L(p_2-p_1)}(e^{p_1t}-e^{p_2t}) \tag{6-31}$$

上面的推导中，用到了 $p_1p_2=1/LC$ 的关系。

电容电压 u_C 的变化曲线如图 6-38（a）所示。因为 p_1、p_2 皆为负值，且 $|p_2|>|p_1|$，所以 $\frac{p_2}{p_2-p_1}U_0$ 和 $\frac{p_1}{p_2-p_1}U_0$ 皆为正值，且前者大于后者；$t>0$ 时，$e^{p_1t}>e^{p_2t}$，前者衰减得比后者慢。所以 u_C 总为正值，从 $u_C(0_+)=U_0$ 开始，单调地衰减为零。

放电电流 i 的变化曲线如图 6-38（b）所示。由于 $\frac{1}{p_2-p_1}$ 总为负值，及 e^{p_1t} 比 e^{p_2t} 衰减慢，所以 i 总是为负值，从 $i(0_+)=0$ 开始变化，直至最后为零。因此电流必有一个上升与下降的过程，而在某一时刻 t_m 达到最大值。上述放电过程中，电容一直处在放电状态，所以称为非振荡性放电。

$$\frac{d}{dt}(e^{p_1t}-e^{p_2t})|_{t=t_m}=p_1e^{p_1t_m}-p_2e^{p_2t_m}=0$$

可得

$$t_m=\frac{1}{p_1-p_2}\ln\frac{p_2}{p_1}$$

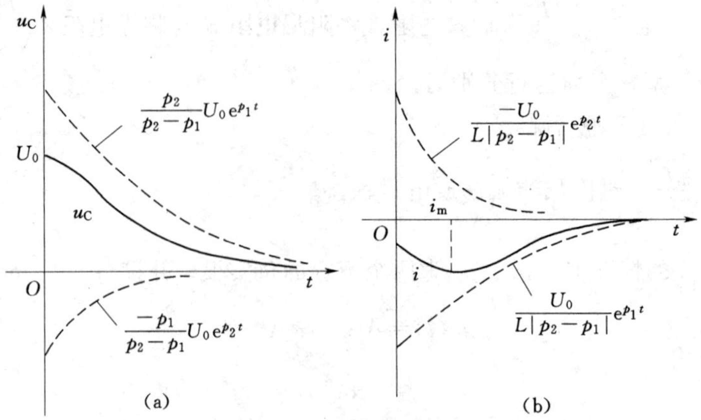

图 6-38　*RLC* 串联电路的零输入响应

(a) 非振荡放电的 u_C；(b) 非振荡放电的 i

从物理意义上来说，这是电容通过电阻和电感的放电过程。起初，电容放出的电场能量一部分转化为磁场能量，另一部分被电阻消耗。在 $t=t_m$ 时电流达到最大值后，磁场能量不再增加，并开始释放能量。故在 $t>t_m$ 后，电容和电感同时放出能量供电阻消耗，直到电场储能与磁场储能被电阻耗尽，放电结束。整个放电过程是一个非振荡的放电过程。这是因为电阻较大，电阻耗能迅速造成的，故称为过阻尼情况。

【例 6-13】 在图 6-37 所示电路中，已知 $R=12\Omega$，$L=2\text{H}$，$C=0.1\text{F}$，$u_C(0_-)=2\text{V}$，$i_L(0_-)=0\text{A}$。试求换路后的 $u_C(t)$ 和 $i(t)$。

解 将已知的 R、L、C 代入 *RLC* 串联电路的特征方程

$$p^2+\frac{R}{L}p+\frac{1}{LC}=0$$

中，得

$$p^2+6p+5=0$$

解得

$$p_1=-1\text{s}^{-1}$$
$$p_2=-5\text{s}^{-1}$$

本题中的初始条件与上面分析的相同，故可直接引用上面所得的结果，由式（6-30）、式（6-31）可以得到

$$u_C(t)=\frac{U_0}{p_2-p_1}(p_2e^{p_1t}-p_1e^{p_2t})=\frac{2}{-5+1}(-5e^{-t}+e^{-5t})=(2.5e^{-t}-0.5e^{-5t})\text{V}$$

$$i(t)=\frac{U_0}{L(p_2-p_1)}(e^{p_1t}-e^{p_2t})=\frac{2}{2(-5+1)}(e^{-t}-e^{-5t})=(0.25e^{-5t}-0.25e^{-t})\text{A}$$

若初始条件与上面分析的不同，则不能利用式（6-30）、式（6-31）计算 $u_C(t)$ 和 $i(t)$，在求出特征根后，积分常数 A_1、A_2 应代入具体初始条件求解。然后再确定 $u_C(t)$ 和 $i(t)$。

（2）$R<2\sqrt{\frac{L}{C}}$，欠阻尼振荡放电过程。

在 $R<2\sqrt{\frac{L}{C}}$ 的情况下，p_1、p_2 为一对共轭复根

$$p_1、p_2=-\frac{R}{2L}\pm\sqrt{\left(\frac{R}{2L}\right)^2-\frac{L}{LC}}=-\frac{R}{2L}\pm\sqrt{\frac{1}{LC}-\left(\frac{R}{2L}\right)^2}\text{j}$$

令

$$\frac{R}{2L}=\delta \qquad \sqrt{\frac{1}{LC}-\left(\frac{R}{2L}\right)^2}=\omega$$

则

$$p_{1,2}=-\delta\pm\text{j}\omega$$

并有

$$|p_1|=|p_2|=\sqrt{\delta^2+\omega^2}=\frac{1}{\sqrt{LC}}=\omega_0$$

ω_0 为 RLC 串联电路在正弦激励稳态下的谐振角频率。

此情况下 $u_C(t)$

$$u_C(t)=A\text{e}^{-\delta t}\sin(\omega t+\beta)$$

A 和 β 为待定的积分常数。为确定 A 和 β，先求

$$i(t)=C\frac{\text{d}}{\text{d}t}u_C(t)=CA\text{e}^{-\delta t}[\omega\cos(\omega t+\beta)-\delta\sin(\omega t+\beta)]$$

将初始条件 $u_C(0_+)=U_0$、$i(0_+)=0$ 分别代入上两式，得

$$\left.\begin{aligned}&A\sin\beta=U_0\\&\omega A\cos\beta-\delta A\sin\beta=0\end{aligned}\right\}$$

$$\left.\begin{aligned}&A\sin\beta=U_0\\&A\cos\beta=\frac{\delta}{\omega}U_0\end{aligned}\right\}$$

解得

$$A=\sqrt{1+\left(\frac{\delta}{\omega}\right)^2}U_0=\sqrt{\frac{\omega^2+\delta_2}{\omega^2}}U_0=\frac{\omega_0}{\omega}U_0$$

$$\beta=\arctan\frac{\omega}{\delta}$$

即得

$$u_C(t)=\frac{\omega_0}{\omega}U_0\text{e}^{-\delta t}\sin\left(\omega t+\arctan\frac{\omega}{\delta}\right) \tag{6-32}$$

$$i(t)=C\frac{\omega_0}{\omega}U_0\text{e}^{-\delta t}\left[\omega\cos\left(\omega t+\arctan\frac{\omega}{\delta}\right)-\delta\sin\left(\omega t+\arctan\frac{\omega}{\delta}\right)\right]$$

由 $\omega_0=\sqrt{\delta^2+\omega^2}$ 及 $\beta=\arctan\frac{\omega}{\delta}$，可知 δ、ω、ω_0 三者构成一个 ω_0 为斜边的直角三角形，如图 6-39 所示。

并有

$$\frac{\omega}{\omega_0}=\sin\beta,\frac{\delta}{\omega_0}=\cos\beta$$

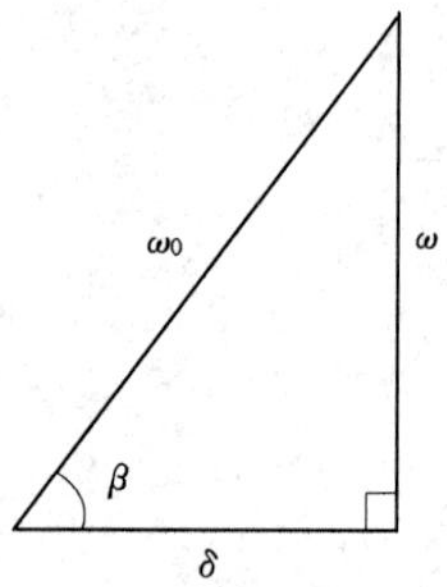

图 6-39　δ、ω 和 ω_0 相互关系三角形

所以

$$i(t) = C\frac{\omega_0^{\ 2}}{\omega}e^{-\delta t}[\sin\beta\cos(\omega t+\beta)-\cos\beta\sin(\omega t+\beta)]$$

$$=C\frac{\frac{1}{LC}}{\omega}U_0e^{-\delta t}\sin[\beta-(\omega t+\beta)]$$

$$=-\frac{U_0}{\omega L}e^{-\delta t}\sin\omega t \tag{6-33}$$

u、i 的变化曲线如图 6-40 所示。$\pm\frac{\omega_0}{\omega}U_0e^{-\delta t}$ 为 $u_C(t)$ 的包络线；$\omega t=\pi-\beta$、$2\pi-\beta$、…时 u_C 为零；$\omega t=0$、π、…时，$i=C\frac{du_C}{dt}=0$ 时，u_C 有极值。$\pm\frac{U_0}{\omega L}e^{-\delta t}$ 为 $i(t)$ 的包络线；求 $\frac{di}{dt}=0$，可得 $\omega t=\beta$、$\pi+\beta$、…时 i 有极值。由于 $u_C(t)$、$i(t)$ 都是振幅按指数规律衰减的正弦函数，所以这种放电的过程称为振荡放电，δ、ω 则分别称为衰减常数和自由振荡角频率。这种振荡是由于电阻较小，耗能较慢，以至电感和电容之间进行往复的能量交换，从而形成了振荡。由于电阻的存在，所以是衰减振荡，也称为欠阻尼振荡。

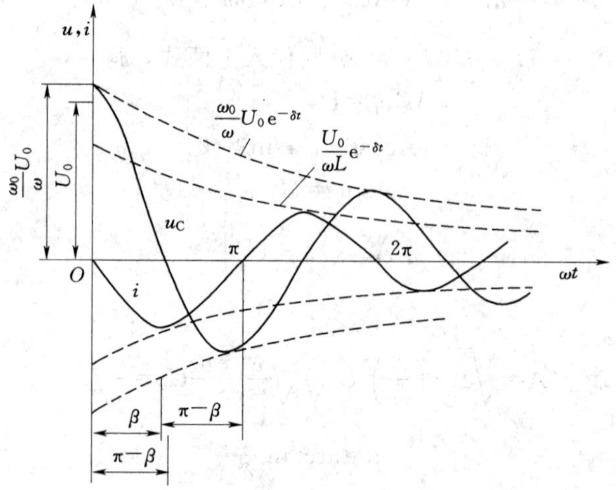

图 6-40　*RLC* 串联电路的振荡放电情况

在放电的第一周期的上半周中，$0<t<\frac{\beta}{\omega}$，u_C 减少，i 的大小增加，电容释放的储能除为电阻所消耗外，一部分转换为电感磁场储能；在 $\frac{\beta}{\omega}<t<\frac{\pi-\beta}{\omega}$ 间，u_C 及 i 的大小都在减少，电容和电感都释放其储能。这段时间内的情况与非振荡放电过程中的 t_m 以前的情况相似。但是，在 $t=\frac{\pi-\beta}{\omega}$ 时情况则不同了，这时的 u_C 为零，而 i 的大小不为零且继续减小，此时电容的初始储能已完全释放，电感则还有储能并继续释放。于是，在 $\frac{\pi-\beta}{\omega}<t<\frac{\pi}{\omega}$ 间，u_C 的大小增加，i 的大小减小，电感释放的储能中，除为电阻所消耗外，一部分使

电容反向充电而转变为电容的电场储能。到 $t=\frac{\pi}{\omega}$ 时，$i=0$，u_C 达到了极值，这时的情况与 $t=0$ 时相似，只是电容电压的方向与原先的相反，且小于 U_0。

下半周的情况与上半周相似，只是放电电流方向改变，且因电阻消耗能量，振荡减弱了。

如果电路的 $R=0$，则衰减常数及振荡角频率分别为

$$\delta=\frac{R}{2L}=0$$

$$\omega=\sqrt{\omega_0{}^2-\delta^2}=\omega_0=\frac{1}{\sqrt{LC}}$$

$u_C(t)$、$i(t)$ 都成为不衰减的正弦量，是一种等幅振荡的放电过程。电路中这种放电的产生，实质上是由于电容的电场能量在放电时转变成电感中的磁场能量，而当电流减少时，电感中的磁场能量又向电容充电而又转变为电容中的电场能量，如此反复而无能量损耗，故振荡将一直存在下去。

【例 6-14】 保持例 6-13 中 L、C 不变，改变 R 或初始条件，试分别求下列情况下的 $u_C(t)$ 和 $i(t)$：（1）$R=8\Omega$，$u_C(0_-)=2V$、$i_L(0_-)=0$；（2）$R=0$，$u_C(0_-)=2V$、$i_L(0_-)=0$。

解 （1）$R=8\Omega$，$L=2H$，$C=0.1F$ 的 *RLC* 串联电路的特征方程为

$$p^2+\frac{R}{L}p+\frac{1}{LC}=p^2+4P+5=0$$

解得根为

$$p_{1,2}=-2\pm j1s^{-1}$$

$\delta=2s^{-1}$、$\omega=1s^{-1}$，有

$$\omega_0=\frac{1}{\sqrt{LC}}=\sqrt{5}s^{-1}$$

$$\beta=\arctan\frac{\omega}{\delta}=\arctan\frac{1}{2}\approx 26.56°$$

故得

$$u_C(t)=\frac{\omega_0}{\omega}U_0e^{-\delta t}\sin(\omega t+\beta)=\frac{\sqrt{5}}{1}\times 2e^{-2t}\sin(t+26.56°)V$$

$$=2\sqrt{5}e^{-2t}\sin(t+26.56°)V$$

$$i(t)=-\frac{U_0}{\omega L}e^{-\delta t}\sin\omega t=-\frac{2}{1\times 2}e^{-2t}\sin tA$$

$$=-e^{-2t}\sin tA$$

（2）这是（1）的特例，$R=0$ 时

$$\delta=0$$

$$\omega=\omega_0=\sqrt{5}s^{-1}$$

$$\beta=\arctan\frac{\sqrt{5}}{0}=90°$$

$$u_C(t)=U_0\sin(\omega_0 t+90°)=2\sin(\sqrt{5}t+90°)\text{V}$$

$$i(t)=-\frac{U_0}{\omega_0 L}\sin\omega_0 t=-\frac{2}{\sqrt{5}\times 2}\sin\sqrt{5}t\text{A}$$

$$=-\frac{1}{\sqrt{5}}\sin\sqrt{5}t\text{A}$$

(3) $R=2\sqrt{\frac{L}{C}}$，临界阻尼放电过程。

在 $R=2\sqrt{\frac{L}{C}}$ 的情况下，$p_{1,2}$ 为两个相等的负实数

$$p_1,p_2=-\frac{R}{2L}=-\delta$$

并有 $\delta^2=1/LC$。此情况下

$$u_C(t)=(A_1+A_2 t)e^{-\delta t}$$

$$i(t)=C\frac{d}{dt}u_C(t)=C(-\delta A_1+A_2-\delta A_2 t)e^{-\delta t}$$

代入初始条件 $u_C(0_+)=U_0$、$i(0_+)=0$，得

$$A_1=U_0$$

$$A_2=\delta A_1=\delta U_0$$

于是得到

$$u_C(t)=U_0(1+\delta t)e^{-\delta t} \tag{6-34}$$

$$i(t)=-C\delta^2 U_0 te^{-\delta t}=-C\frac{1}{LC}U_0 te^{-\delta t}=-\frac{U_0}{L}te^{-\delta t} \tag{6-35}$$

可以看出，u_C 的变化情况是从 U_0 开始，保持正值，逐渐衰减到零；i 是从零开始，保持负值，最后为零。由 $\frac{di}{dt}=0$ 可以求得 i 达到极值的时间

$$t_m=\frac{1}{\delta}=\frac{2L}{R}$$

这一放电情况是非振荡的，u_C 及 i 的变化曲线与图 6-38 中相似，所以不再画出。这一情况下的放电过程是振荡与非振荡过程的分界线，所以也称为临界阻尼情况。

自　测　题

一、填空题

6.6.1　RLC 串联电路的零输入响应中，当电路参数满足 $R>2\sqrt{\frac{L}{C}}$ 时，电容放电过程为____________；当电路参数满足 $R<2\sqrt{\frac{L}{C}}$ 时，电容放电过程为____________；当电路参数满足 $R=2\sqrt{\frac{L}{C}}$ 时，电容放电过程为____________。

二、分析与计算题

6.6.2　式（6-30）、式（6-31）；式（6-32）、式（6-33）及式（6-34）、式（6-

35）分别适用于什么样参数关系和初始条件？

6.6.3　某电容器充电电压为120V，对RL串联电路放电，若已知$C=1\text{F}$，$L=1\text{H}$，$R=1\Omega$，试判断其放电过程是振荡的还是非振荡的？若其他参数不变，$R=4\Omega$，情况如何？$R=2\Omega$呢？

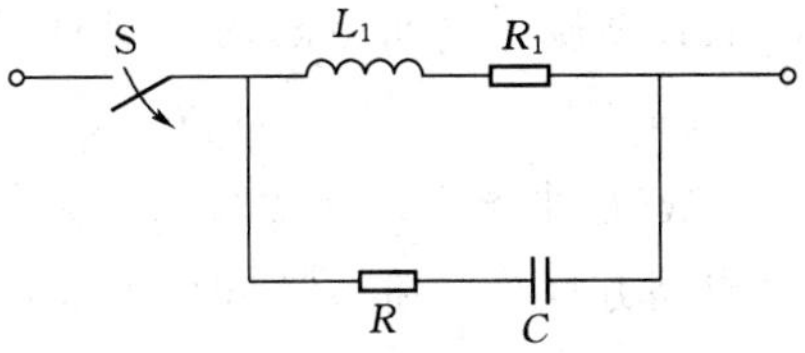

图6-41　自测题6.6.4图

6.6.4　在图6-41所示电路中，继电器线圈电阻$R_1=1\text{k}\Omega$，$L_1=2\text{H}$，为了消灭其串接触点S断开时产生的火花，将线圈并联一个RC电路，已知$C=1\mu\text{F}$。(1) 如取$R=1\text{k}\Omega$，S断开时，会不会产生振荡现象？求电路的衰减系数和衰减振荡角频率；(2) R需为多大才不会产生振荡现象？

小　　结

1. 过渡过程产生的原因

内因是电路含有储能元件，外因是换路。其实质是能量不能跃变。

2. 换路定律

在换路瞬间，电容元件的电流值有限时，其电压不能跃变；电感元件的电压值有限时，其电流不能跃变，即

$$u_C(0_+)=u_C(0_-)$$

$$i_L(0_+)=i_L(0_-)$$

初始值计算：独立初始值$u_C(0_+)$和$i_L(0_+)$按换路定律确定；其他相关初始值可以画出换路后的0_+等效电路［将电容元件代之以电压为$u_C(0_+)$的电压源，将电感元件代之以电流为$i_L(0_+)$的电流源，独立源取其在0_+时的值］进行计算。

3. 一阶电路

可用一阶微分方程描述的电路称为一阶电路，包括有RC和RL两类电路。其中C和L称为储能元件或动态元件。

4. 动态电路的全响应

它是由电路的初始储能（状态）和外加激励共同作用引起的。

仅由初始储能引起的响应为零输入响应，仅由外加激励引起的响应为零状态响应。

全响应＝零输入响应＋零状态响应

时间常数τ是决定响应衰减快慢的物理量。动态元件为电容元件时，$\tau=RC$，动态元件为电感元件时，$\tau=L/R$，R为C或L所接一端口网络在换路后并除去独立源时（电压源短路、电流源开路）的等效电阻。

5. 求全响应的一般方法

根据KCL、KVL及VCR列出电路方程，解微分方程，再由初始条件确定积分常数（该求解方法也称经典法或时域分析法）。也可以利用由经典法导出的三要素法求解全响应$f(t)$，即

$$f(t)=f'(t)+[f(0_+)-f'(0_+)]\mathrm{e}^{-\frac{t}{\tau}}$$

直流激励下一阶电路的全响应 $f(t)$ 为

$$f(t)=f(\infty)+[f(0_+)-f(\infty)]\mathrm{e}^{-\frac{t}{\tau}}$$

6. *RLC* 串联电路的零输入响应

电路方程为二阶线性齐次方程，其解的形式取决于特征根。

$R>2\sqrt{\frac{L}{C}}$时，电路产生非振荡放电。

$R<2\sqrt{\frac{L}{C}}$时，电路产生振荡放电。

$R=2\sqrt{\frac{L}{C}}$时，为临界阻尼情况。

习　　题

6-1　在图 6-42 所示电路中，$U_S=100\text{V}$，$R=200\Omega$，$u_C(0_-)=0$，电路原已稳定，$t=0$ 时合上开关 S。求初始值 $i_C(0_+)$ 和 $u_L(0_+)$。

6-2　在图 6-43 所示电路中，$U_S=3\text{V}$，$R_1=10\Omega$，$R_2=5\Omega$，$R_3=20\Omega$，电路原已稳定，$t=0$ 时合上开关 S。试求：初始值 $i_1(0_+)$、$i_2(0_+)$、$i_3(0_+)$、$u_{L1}(0_+)$ 及 $u_{L2}(0_+)$。

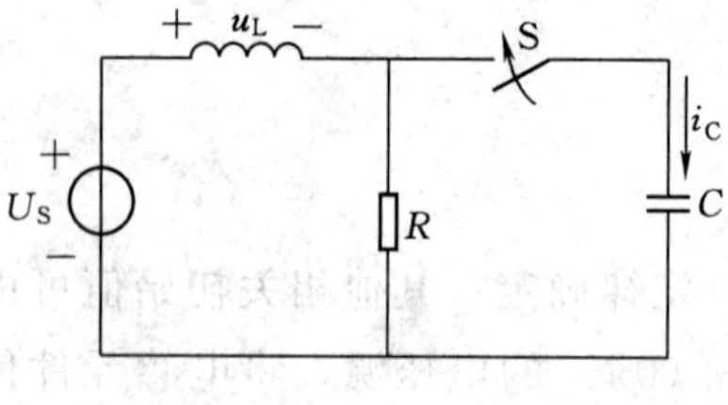

图 6-42　习题 6-1 图

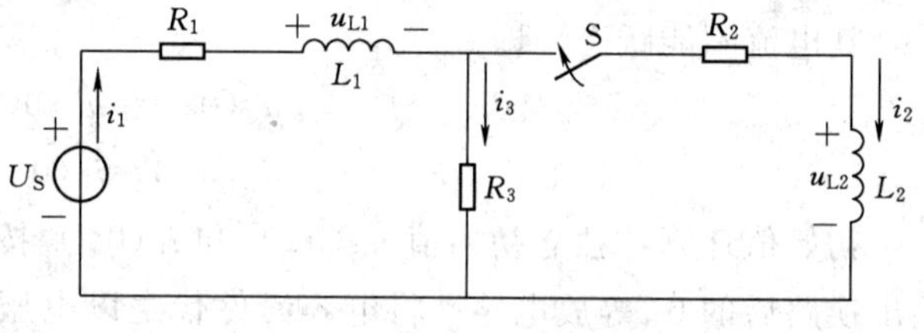

图 6-43　习题 6-2 图

6-3　电路如图 6-44 所示，电路原已稳定，$t=0$ 时，合上开关 S。试求：初始值 $i_L(0_+)$、$i_C(0_+)$、$u_L(0_+)$ 及 $u_C(0_+)$。

6-4　在图 6-45 所示电路中，$U_S=20\text{V}$，$R_1=10\Omega$，$R_2=5\Omega$，电路原先已经稳定。试求各元件的电压、电流的初始值。

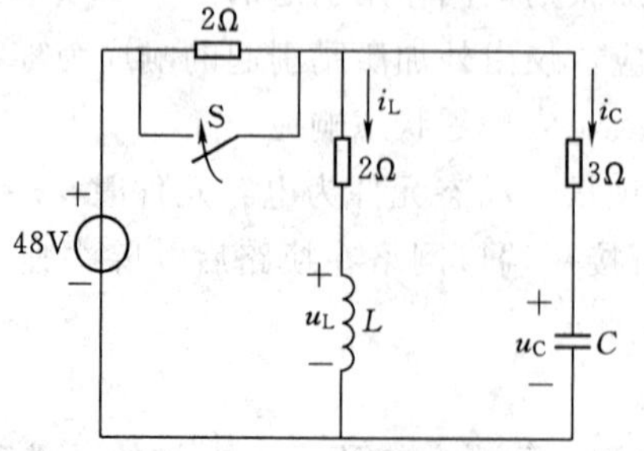

图 6-44　习题 6-3 图

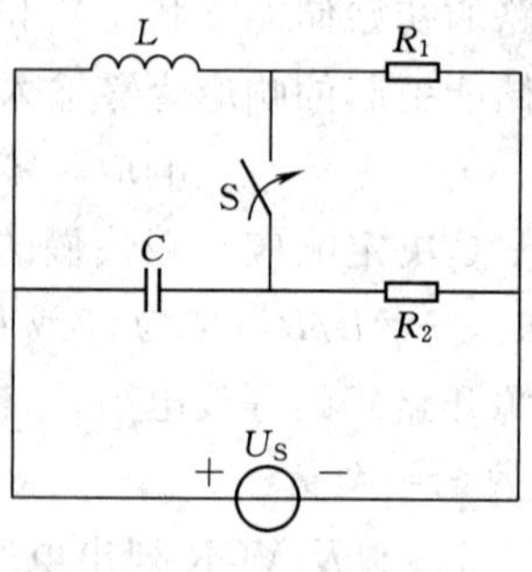

图 6-45　习题 6-4 图

6-5　电路如图 6-46 所示，一个继电器线圈的电阻 $R=250\Omega$，电感 $L=0.1\text{H}$，电

源电压 $U=24\text{V}$，$R_1=230\Omega$。试求开关 S 闭合后的继电器线圈电流 i。

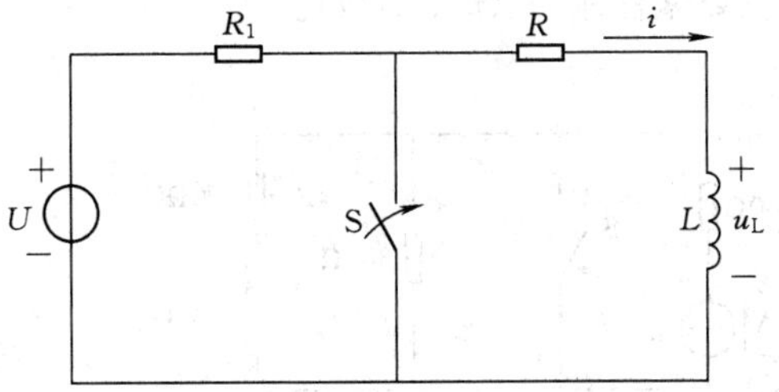

图 6-46　习题 6-5 图

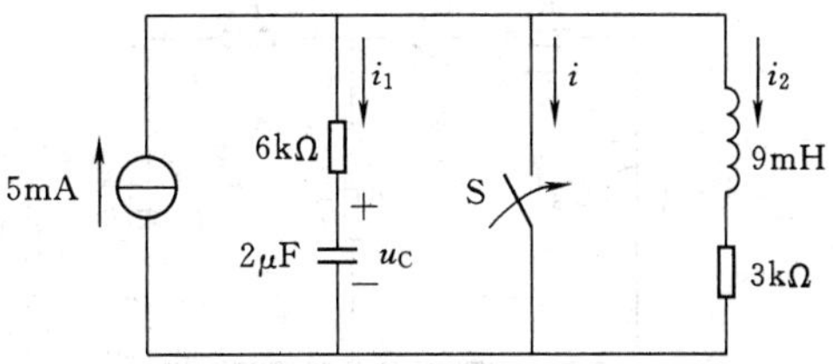

图 6-47　习题 6-6 图

6-6　图 6-47 所示电路原已处于稳态，$t=0$ 时开关 S 闭合，求 i_1、i_2 及流过的 i。

6-7　在图 6-48 所示电路中，已知 $U_S=12\text{V}$，$R=25\text{k}\Omega$，$C=10\mu\text{F}$。开关 S 在 $t=0$ 时闭合，在 S 闭合前电容并未充过电。(1) 求闭合后的电容电压 u_C 及电流 i，并定性地画出 u_C 及 i 的波形；(2) 充电完成后电容储存的能量 W_C 及电阻消耗的能量 W_R。

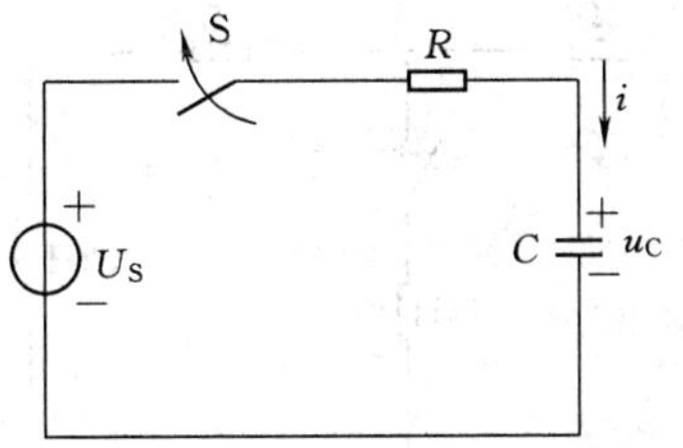

图 6-48　习题 6-7 图

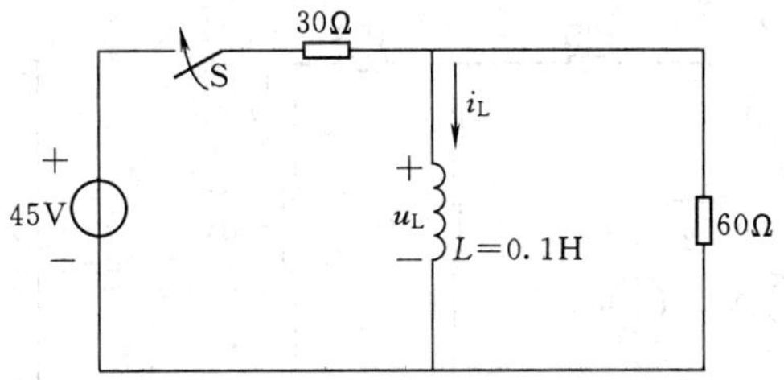

图 6-49　习题 6-8 图

6-8　图 6-49 所示电路原来处于零状态，$t=0$ 时开关 S 闭合。求 $i_L(t)$ 和 $u_L(t)$ 并画出波形。

6-9　一个储存磁场能量的电感经电阻释放能量，已知：经过 0.6s 后储能减少为原值的一半；又经过 1.2s 后，电流为 25mA。试求电感电流 i 的变化规律。

6-10　某时间继电器的延时是利用图 6-50 所示的 RC 充电电路来实现的。已知直流电压源电压 $U_S=20\text{V}$，电容 $C=40\mu\text{F}$，电容电压 u_C 等于 16V 时继电器动作。开关 S 闭合前，电容没有充电，现要求开关闭合后 20s 动作，则电路中的电阻应为多少欧姆？

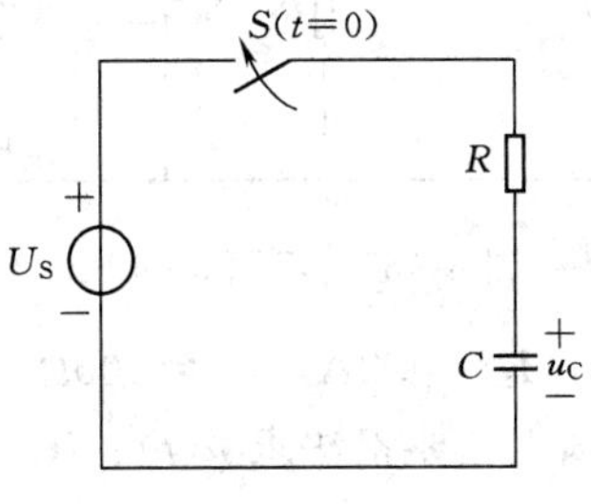

图 6-50　习题 6-10 图

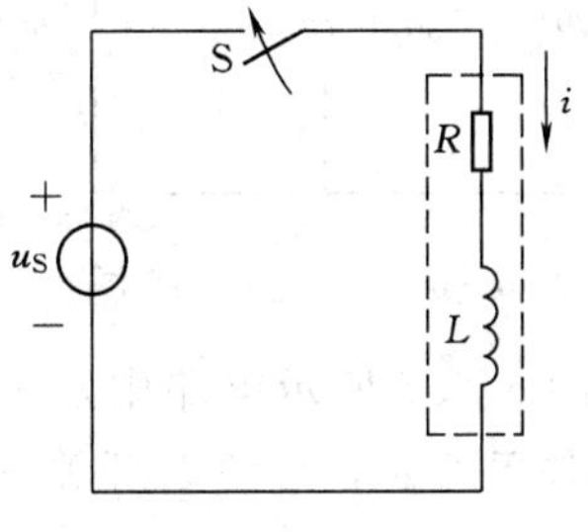

图 6-51　习题 6-11 图

6-11　有一电磁铁，其电路模型如图 6-51 所示，已知 $R=17.8\Omega$，$L=0.318\text{H}$，电源电压 $u_S=220\sqrt{2}\sin(314t+10^\circ)\text{V}$。试求接通电源后的电路电流 $i(t)$。

6－12　在图 6－52 所示电路中，若 $u_C(0)=5V$，$U_S=20V$，$R_1=100\Omega$，$R_2=300\Omega$，$R_3=25\Omega$，$C=0.05F$，$t=0$ 时开关 S 闭合，用三要素法求 $u_C(t)$、$i_1(t)$。

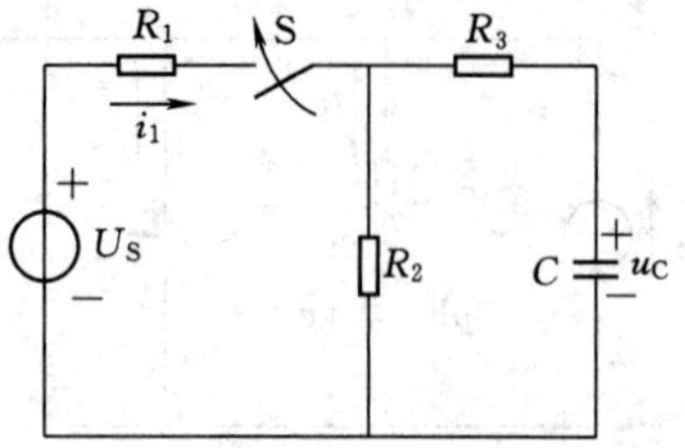

图 6－52　习题 6－12 图

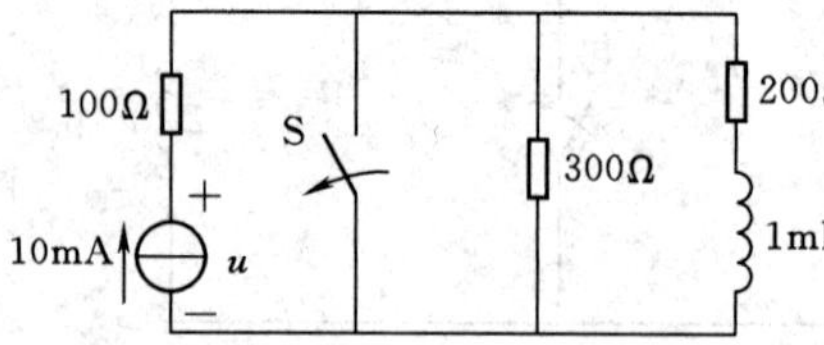

图 6－53　习题 6－13 图

6－13　图 6－53 所示电路已达稳定，$t=0$ 时断开开关 S，试用三要素法求电流源的电压 $u(t)$。

6－14　图 6－54 所示电路已达稳定，$t=0$ 时开关 S 由位置 1 移向位置 2，试用三要素法求 $i_L(t)$。

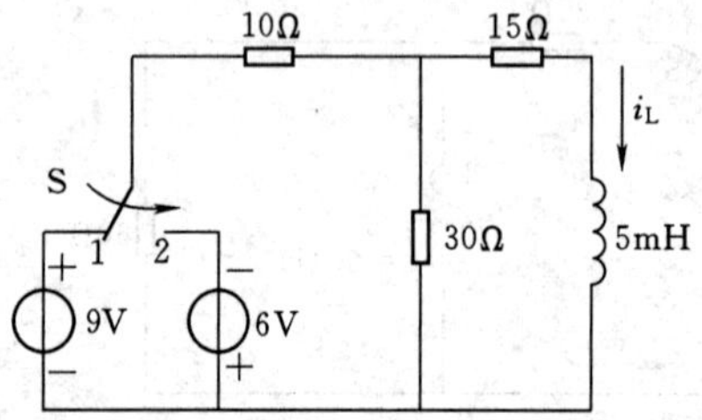

图 6－54　习题 6－14 图

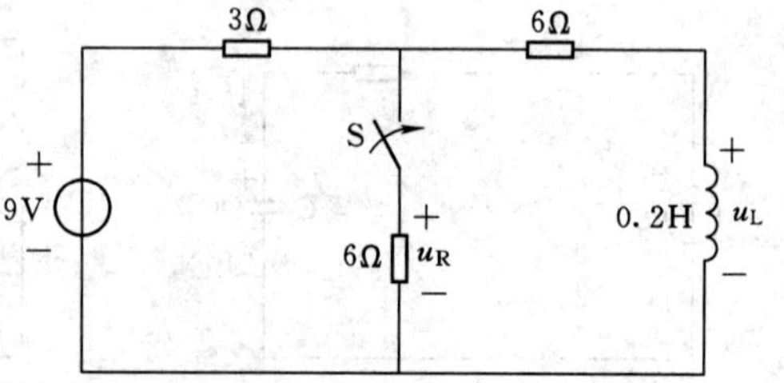

图 6－55　习题 6－15 图

6－15　在图 6－55 所示电路中，换路前已处于稳定状态。$t=0$ 时闭合开关 S，试用三要素法求换路后的 u_R 和 u_L。

6－16　在图 6－56 所示电路中，换路前电路已稳定。$t=0$ 时开关 S 断开。求换路后的 $u_C(t)$。

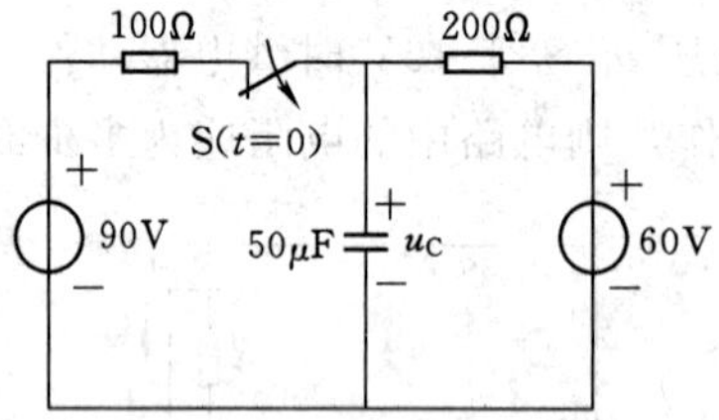

图 6－56　习题 6－16 图

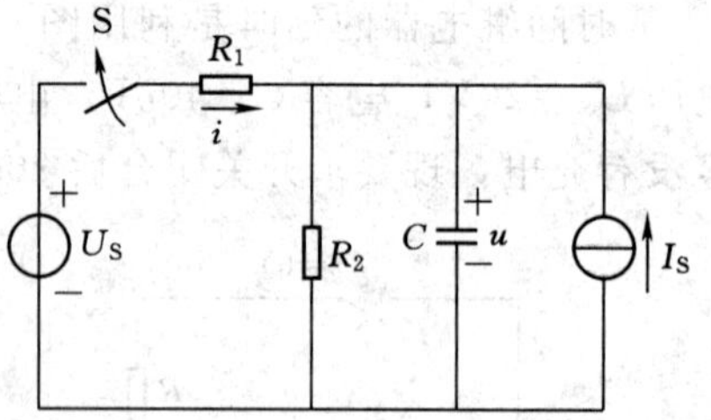

图 6－57　习题 6－17 图

6－17　在图 6－57 所示电路中，$U_S=100V$，$I_S=0.2A$，$R_1=400\Omega$，$R_2=100\Omega$，$C=125\mu F$，电路原已稳定，$t=0$ 时开关 S 闭合，试用三要素法求 $u(t)$、$i(t)$。

6－18　电路如图 6－58 所示，$R=20\Omega$，$C=20\mu F$，电源电压 $u=220\sqrt{2}\sin(314t+30^\circ)V$，(1) 应用三要素法求接通电源时电容电压 $u_C(t)$ 及电流 $i(t)$；(2) 何时接通开关 S，可使电路不产生过渡过程；(3) 当 $\phi=\frac{\pi}{2}$ 时接通开关 S，电流的初始值为多少？

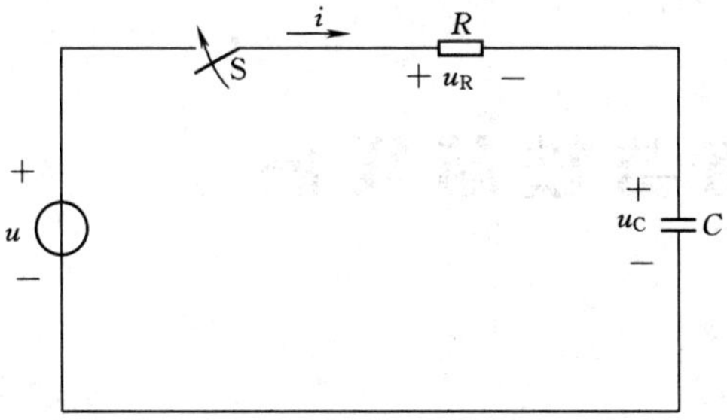

图 6-58　习题 6-18 图

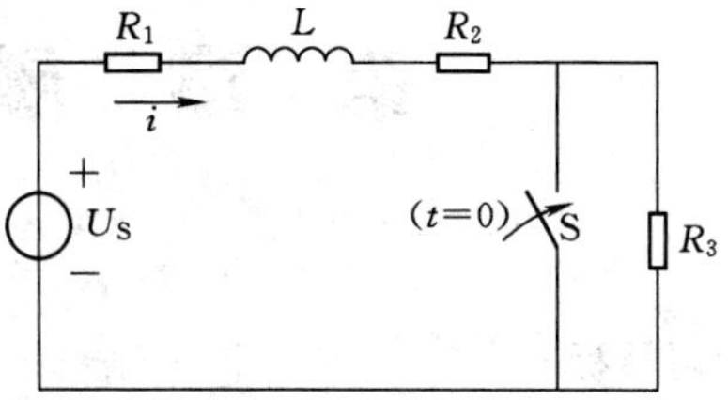

图 6-59　习题 6-19 图

6-19　在图 6-59 所示的直流电路中，电压源电压 $U_S=220V$，继电器线圈的电阻 $R_1=3\Omega$ 及电感 $L=0.2H$，输电线的电阻 $R_2=2\Omega$，负载的电阻 $R_3=20\Omega$。继电器在通过的电流达到 30A 时动作。试问负载短路（图中开关 S 合上）后，经过多长时间继电器动作？

6-20　图 6-60 所示电路中的 $R_1=R_2=6\Omega$，$L=4.5H$，$C=20\mu F$。试问：(1) S 打开后，出现什么情况的过渡过程？(2) 衰减系数和自由振荡角频率各为多少？(3) R_1、R_2、L 不变，欲使 $\omega=78rad/s$，C 应改为多少？

6-21　在图 6-61 所示的电路中，电容原先已充电，$u_C(0_-)=10V$。试求：(1) u_C 和 i；(2) 若需要电路在临界阻尼情况下放电，R 应调至多少？

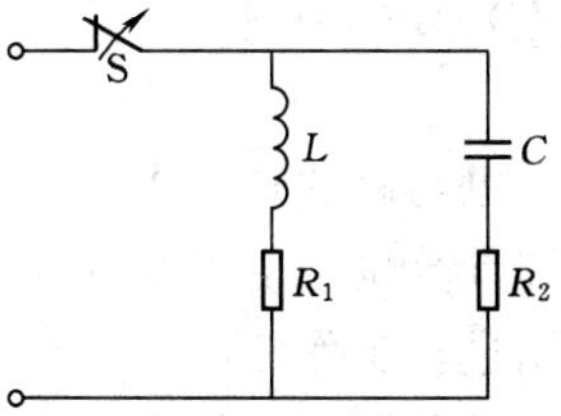

图 6-60　习题 6-20 图

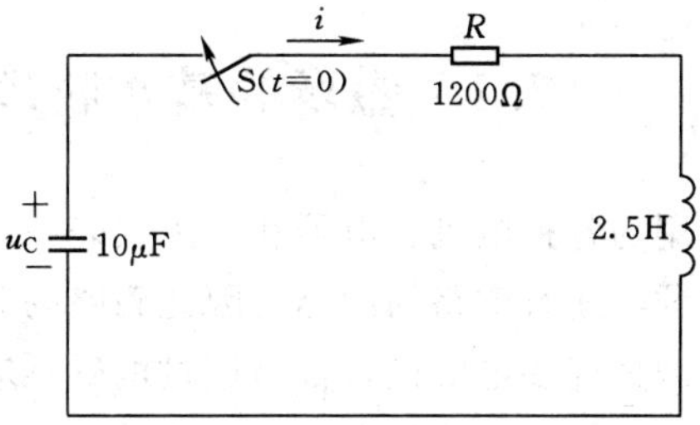

图 6-61　习题 6-21 图

第7章　磁路与铁芯线圈

学习目标：

（1）理解磁感应强度、磁通、磁导率和磁场强度等磁场物理量的意义和磁场的基本定律。

（2）了解铁磁物质的磁化过程；理解铁磁物质的起始磁化曲线、磁滞回线、基本磁化曲线的性质并掌握其应用。

（3）理解并掌握磁路概念，理解磁路欧姆定律、磁路基尔霍夫第一、第二定律。

（4）了解恒定磁通无分支磁路计算的正面问题的分析方法，理解铁芯材料、空气隙等因素对恒定磁通磁路的影响。

（5）掌握正弦电压作用下铁芯线圈磁通最大值与电压有效值的关系式；了解交流铁芯线圈中的波形畸变，理解磁滞损耗、涡流损耗的性质；了解铁芯线圈的相量图和等值电路及计算。

（6）理解电磁铁的基本工作原理，了解其应用。

7.1　磁场的基本物理量和基本定律

工程中应用的各种电机、电器和电工仪表中，存在电与磁的相互作用和相互转化，不仅有电路的问题，还有磁路的问题，因此磁路的分析和计算也是电工基本理论中不可缺少的重要内容。因为许多电气设备都是通过电磁感应作用进行工作的，只有掌握了电路和磁路的基本理论，才能全面分析电工设备内部的电磁过程及其所表现的特性，实现电工设备机电能量的转换。

磁路实质上是约束在一定范围（铁芯）内的磁场，磁路中的基本定律来源于磁场的基本定律，磁场中的基本物理量，如Φ、B、H，也是磁路分析中所应用的基本概念。为此，首先介绍磁场的有关知识和物质的磁特性。

在磁铁或载流导体的周围空间以及被磁化物体内外，对磁针及载流导体都具有磁力作用，这种存在磁力作用的空间称为磁场。根据电磁场理论，磁场是由电流产生的，磁场的强弱和方向可用磁力线形象地表示，磁力线上每一点的切线方向，表示该点的磁场方向。磁力线的疏密程度，表示磁场的强弱。磁力线总是闭合的，而且其方向与产生它的电流方向必须遵守右手螺旋定则。对载流长直导线，用右手伸直的拇指顺着导线中电流的方向，则弯曲的四指就表示磁力线的方向，如图7-1所示。对于通电的线圈，用弯曲的四指顺着电流方向，则伸直的拇指就表示线圈内部磁力线的方向，如图7-2所示。

为了定量地分析磁场，引入了以下3个基本物理量。

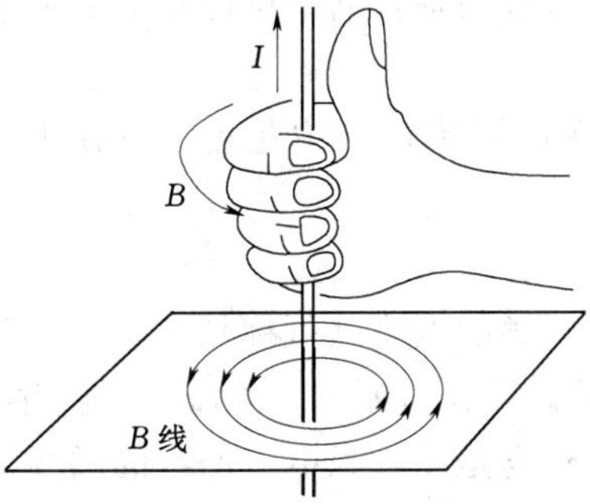

图 7-1 载流直导线的磁力线

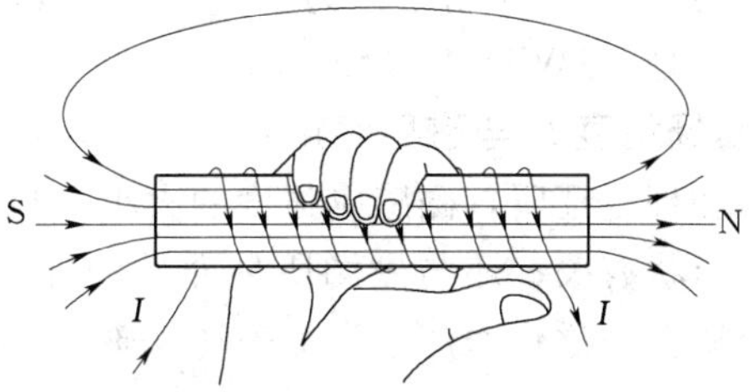

图 7-2 通电线圈的磁力线

7.1.1 磁感应强度 B

磁感应强度 **B** 是一个矢量，用于表示磁场内某点的磁场强弱和方向的物理量。磁场中某点的磁感应强度，其大小等于与磁场垂直的单位长度载流导体在通过单位电流时所受到的磁场作用力。若在磁场中某一点放一小段长度为 dl、电流为 I 并与磁场方向垂直的导体，如果导体所受磁力为 dF，则该点磁感应强度的大小为

$$B=\frac{dF}{I\,dl}$$

磁感应强度的方向就是该点的磁场方向。

如果磁场内各点的磁感应强度的大小相等，方向相同，这样的磁场则称为均匀磁场。如载流长螺管线圈内部的磁场，可近似认为是均匀磁场。

磁感应强度 B 的 SI 是特［斯拉］（T），在电磁制单位中（工程上有时用）是高斯（Gs），两者的关系是：$1T=10^4Gs$。

7.1.2 磁通 Φ

穿过磁场中并垂直于某一面积的磁力线条数，称为该面积的磁通量，简称磁通，用符号磁通 Φ 表示。其大小等于磁感应强度 **B** 与垂直于磁场方向的面积 S 的乘积。

当 B（如果不是均匀磁场，则取 B 的平均值）与截面 S 垂直时，有

$$\Phi=BS \text{ 或 } B=\frac{\Phi}{S} \tag{7-1}$$

若 S 不是平面，或 B 并非与 S 垂直时，则

$$\Phi=\int_S d\Phi=\int_S B\,dS\cos\theta \tag{7-2}$$

式中，dS 的方向为该面积元的法线方向，如图 7-3 所示，也就是说，磁感应强度 **B** 在某面积 S 上的面积分就是该面积的磁通。

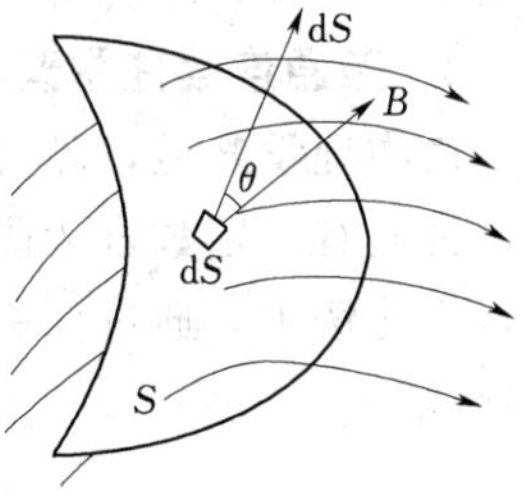

图 7-3 面积 S 的磁通

磁通量的意义可以用磁力线形象地加以说明。我们知道在同一磁场的图示中，磁力线越密的地方，也就是穿过单位面积的磁感应线条数越多的地方，磁感应强度 B 越大。因此，B 越大，S 越大，穿过这个面的磁感应线条数就越多，磁通量就越大。

由式（7-1）可知，磁感应强度在数值上等于与磁场垂直的单位面积上的磁通，故磁感应强度又称为磁通密度，简称磁密。

磁通的单位在SI制中是为韦［伯］（Wb），在电磁单位制中是麦［克斯韦］（Mx），两者的关系是：$1\text{Wb}=10^8\text{Mx}$。

7.1.3 磁场强度 $\boldsymbol{H}$ 与磁导率 $\boldsymbol{\mu}$

试验和理论证明，磁感应强度的大小，与产生磁场的电流（可称励磁电流）及载流导体的几何形状有关；还与磁场所处介质的性质有关。将磁介质放入励磁电流产生的磁场中，磁介质会被磁化而产生附加磁场，磁介质中的磁场是原励磁电流产生的磁场与附加磁场共同作用的结果。磁介质对磁场的影响常使对磁场的分析变得相当复杂，为了便于磁场计算，引入了磁场强度这一物理量，用 $\boldsymbol{H}$ 来表示。磁场强度也是一个矢量，其大小只与励磁电流大小和载流导体的形状有关，而与磁介质的性质无关。

磁场中某点的磁场强度 $\boldsymbol{H}$ 的大小等于该点的磁感应强度 $\boldsymbol{B}$ 的大小与磁介质的磁导率 μ 之比，即

$$H=\frac{B}{\mu} \tag{7-3}$$

磁场强度的方向与该点的磁感应强度方向一致。

$\boldsymbol{H}$ 的单位在SI制中为安/米或安/厘米（A/m 或 A/cm），在电磁单位制中为奥［斯特］（Os），二者关系为：$1\text{A/m}=4\pi\times10^{-3}\text{Os}$

在式（7-3）中的磁导率 μ 是一个表示磁介质导磁能力大小的物理量，在SI单位制中，μ 的单位为亨/米（H/m）。

在真空中，磁导率 μ_0 为常数，其值为

$$\mu_0=4\pi\times10^{-7}\text{H/m} \tag{7-4}$$

通常把实际介质磁导率 μ 与 μ_0 的比值称为该介质的相对磁导率 μ_r，即

$$\mu_r=\frac{\mu}{\mu_0} \text{或} \mu=\mu_r\mu_0$$

μ_r 是一个无量纲的量。

根据物质导磁性能的不同，可把物质分为非铁磁物质和铁磁物质两大类。空气、铜、木材、塑料、橡胶等不能磁化的物质，都属于非铁磁物质，它们的磁导率 μ 与 μ_0 相差很小，可近似认为相等，即 $\mu=\mu_0$ 或 $\mu_r=1$。

铁、钴、镍及其合金（铸钢、铸铁、硅钢、坡莫合金等）均是能磁化的物质，属于铁磁物质，它们有很高的导磁能力，其磁导率 μ 比真空的磁导率 μ_0 大得多，如硅钢片的 $\mu_r=6000\sim8000$，坡莫合金的 μ_r 可达 10^5 左右。

7.1.4 磁通连续性原理

由物理学知道，磁力线是一些没有始点也没有终点的闭合曲线。磁力线的这种闭合性质，说明有一定数量的磁力线穿入一闭合面，必有同样数量的磁力线从该闭合面穿出。因此，在磁场中，通过任一闭合面S的磁通应该等于零。这就是磁通连续性原理，其数学表达式为

$$\Phi=\oint_S B\cdot \mathrm{d}S=0 \tag{7-5}$$

7.1.5 安培环路定律

试验证明，电流与它所产生的磁场强度之间存在以下关系，即

$$\oint_l H \cdot \mathrm{d}l = \sum i \tag{7-6}$$

此式表明，磁场强度矢量沿任意闭合路径 l 的线积分等于该路径包围的全部电流代数和，这就是安培环路定律。

在式（7－6）中，当电流的参考方向与闭合路径方向符合右螺旋法则时电流取正号；反之取负号。例如，图 7－4 中，其中 i_2 方向与所选的闭合路径方向符合右手螺旋定则，所以 i_2 为正，i_1、i_3 方向与所选的闭合路径方向不符合右手螺旋定则，所以 i_1、i_3 为负。i_4 不在闭合路径所包围的内部，因此与表达式无关。运用安培环路定律可得

$$\oint_l H \cdot \mathrm{d}l = -i_1 + i_2 - i_3$$

当沿闭合路径上各点的 $\boldsymbol{H}$ 相等，且 $\boldsymbol{H}$ 的方向均沿路径切线方向时，式（7－6）可以简化为

$$HL = \sum i$$

应用安培环路定律，常取磁力线作为闭合路径，先求出 H，然后求得 B，这种计算在结构对称的磁介质中是十分方便的。

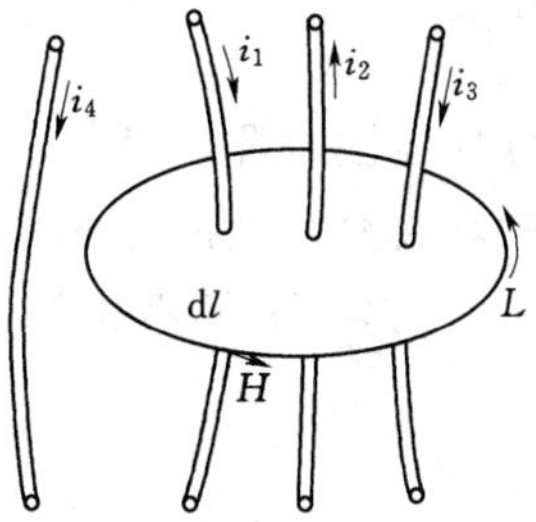

图 7－4　全电流定律

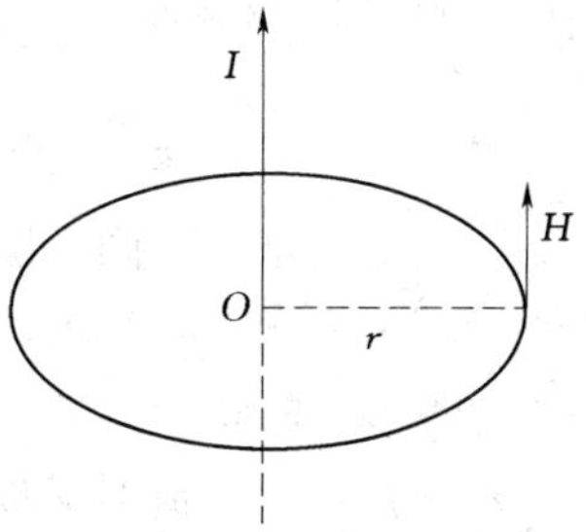

图 7－5　［例 7－1］图

【例 7－1】 已知长直导线中的电流为 1A，试计算磁介质为空气和硅钢两种情况下，距导线 5cm 处的磁场强度和磁感应强度的大小。如图 7－5 所示，并设硅钢的 $\mu_r = 10000$。

解　在半径为 r，以直导线为圆心的圆周上，各点磁场强度沿切线方向，且大小相等。依据安培环路定律可得

$$2\pi r H = I$$

故

$$H = \frac{I}{2\pi r}$$

距离直导线为 r 处的磁感应强度则为

$$B = \mu H = \frac{\mu I}{2\pi r}$$

由以上两式可知，磁场强度仅与励磁电流和该点的几何位置有关，而与磁场介质的导

磁性能μ无关，即在一定电流下，同一点的磁场强度不因磁场介质的不同而异。磁感应强度B是与磁场介质的导磁性能μ有关的，即当介质不同（即μ不同）时，在同样电流值激励下，同一点的磁感应强度B的大小就不同。

（1）磁介质为空气时

$$H_0=\frac{I}{2\pi r}=\frac{1}{2\pi\times 0.05}=3.18(\text{A/m})$$

$$B_0=\mu_0 H_0=4\pi\times 10^{-7}\times 3.18=4\times 10^{-6}(\text{Wb/m}^2)$$

（2）磁介质为硅钢时

$$H=\frac{I}{2\pi r}=\frac{1}{2\pi\times 0.05}=3.18(\text{A/m})$$

$$B=\mu H=\mu_r\mu_0 H$$

$$=10000\times 4\pi\times 10^{-7}\times 3.18=4\times 10^{-2}(\text{Wb/m}^2)$$

比较两种磁介质中的计算结果可知，$H=H_0$，而$B=10^4 B_0$。这说明了磁介质的重大影响，由于硅钢的导磁性能比空气高得多，故同样的励磁电流可产生强得多的磁场。

【例 7-2】 一均匀密绕的环形螺管线圈如图 7-6 所示，线圈匝数为N，截面积为S，环中心线的半径为r，磁感应强度为B，环材料的磁导率为μ。试求螺管线圈的电流I及截面上的磁通量Φ。

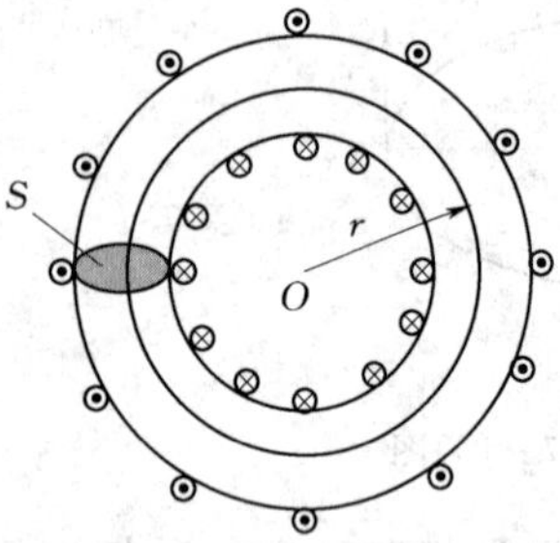

图 7-6 ［例 7-2］图

解 由于结构上的对称性，环形螺管线圈内的磁力线都是一些同心圆，且同一条磁力线上的磁场强度都应相等（注意：半径不同的磁力线上的各H都不相等），方向都是圆周的切线方向。

根据安培环路定律，有

$$\oint_l H\cdot dl=Hl$$

$$\sum i=NI$$

$$Hl=NI$$

所以线圈中的电流

$$I=\frac{Hl}{N}=\frac{B2\pi r}{\mu N}$$

假设中心线上的磁感应强度B为垂直于$\boldsymbol{B}$方向的截面S的平均值，则磁通为

$$\Phi=BS$$

从以上分析可知，线圈中的电流与磁导率成反比，可见如果所用的铁芯材料不同，磁导率也不同，要得到同样的磁感应强度，则所需要的励磁电流大小也不同。若线圈中通有同样大小的电流，采用磁导率高的铁芯材料，可减少线圈匝数，减少用铜量。另外，当线圈中通有同样大小的电流时，磁路长度相同，磁路中的磁场强度就相同，如果要得到相同的磁通Φ，由$B=\mu H$可知，采用磁导率高的铁芯材料，就能获得较高

的磁感应强度 B，而 $\Phi=BS$，可见此时只要较小的铁芯截面积 S 就能满足要求，用铁量大为降低。

自 测 题

一、填空题

7.1.1 磁场是由________产生的。

7.1.2 磁力线总是闭合的，而且其方向与产生它的电流方向必须遵守________螺旋定则，磁力线上每一点的________方向，表示该点的磁场方向。磁力线越密的地方，表示该处的磁场越________。

7.1.3 磁感应强度 $\boldsymbol{B}$ 是一个____量，用于表示磁场内某点的磁场____和____的物理量。磁感应强度在数值上等于与磁场方向________的单位面积上的磁通，故磁感应强度又称________，简称________。

7.1.4 如果磁场内各点的磁感应强度的大小____，方向____，这样的磁场则称为均匀磁场。

二、选择题

7.1.5 磁感应强度的单位是（ ）；磁通的单位是（ ）；磁场强度的单位是（ ）；磁导率的单位是（ ）；相对磁导率的单位是（ ）。

A. 无量纲　　B. A/m　　C. T　　D. Wb

E. H/m

7.1.6 铁磁物质的相对磁导率（ ），非铁磁性物质的相对磁导率（ ）。

A. $\mu_r>1$　　B. $\mu_r=1$　　C. $\mu_r<1$　　D. $\mu_r\gg1$

7.1.7 若线圈中通有同样大小的电流，采用磁导率高的铁芯材料，在同样的磁感应强度下，可（ ）线圈匝数；若线圈匝数和电流不变，采用磁导率高的铁芯材料，铁芯中的磁感应强度将（ ）；磁场强度（ ）。

A. 增加　　B. 减少　　C. 不变

三、判断题

7.1.8 磁感应强度的大小，它与产生磁场的电流（可称励磁电流）及载流导体的几何形状有关；但与磁场的物质（称磁介质）的性质无关。（ ）

7.1.9 磁场强度的大小只与励磁电流大小和载流导体的形状有关，而与磁介质的性质无关。（ ）

7.1.10 磁场强度矢量沿任意闭合路径 l 的线积分等于产生该磁场的全部电流代数和。（ ）

四、分析题

7.1.11 试说明磁感应强度 $\boldsymbol{B}$、磁通量 Φ、磁场强度 $\boldsymbol{H}$、磁导率 μ 的相互关系。

7.1.12 什么是磁通连续性原理？

7.1.13 某均匀磁场的 $B=0.8\text{T}$，其中磁场介质的 $\mu_r=500$。试求：(1) 穿过垂直于磁场方向、面积 $S=100\text{cm}^2$ 的平面的磁通 Φ；(2) 磁场中各点的磁场强度值 H。

7.2　铁磁物质的磁化

由于磁路主要是由铁磁物质构成的，所以在研究磁路之前，先对铁磁物质的磁化特性作一介绍。

7.2.1　铁磁物质的磁化概述

铁磁物质在磁场中呈现磁性的过程称为铁磁物质的磁化。

1. 磁畴

磁化过程可以用磁畴理论来解释。物理学认为在铁磁物质中存在许多像小磁铁一样的磁性小区域，这种有磁性的小区域称为磁畴。如图 7－7（a）所示，在没有外磁场作用时，磁畴的排列是杂乱的，它们的磁性互相抵消，整个铁磁材料对外不显示磁性。当有外磁场作用时，磁畴顺着外磁场的方向转向，趋向有规则的排列，形成附加磁场，其方向与外磁场方向一致，如图 7－7（b）所示，这就是为什么在铁磁物质放入磁场后，磁场会大大增强的原因。

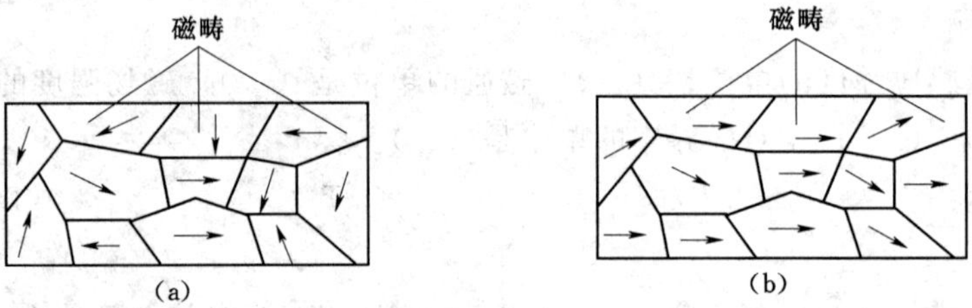

图 7－7　磁畴示意图

（a）无外磁场；（b）存在外磁场

2. 铁磁物质的起始磁化曲线

磁化曲线是表示磁感应强度 B 与磁场强度 H 之间的关系，即 B—H 曲线称为磁化曲线。

由于磁场强度 H 只由产生磁场的电流决定，磁感应强度 B 为电流在真空中所产生的磁场（外磁场）与物质磁化后所产生的附加磁场的叠加，所以 B—H 磁化曲线可以很好地表明物质的磁化效应。

真空或空气的磁感应强度 $B=\mu_0 H$，因为 μ_0 为常数，所以其 B—H 磁化曲线为一直线，如图 7－8 中的曲线①所示。

由实验可以测得铁磁物质的 B—H 曲线。将一块未曾磁化（或完全去磁）的铁磁物质置于外磁场中，外磁场从磁场强度 $H=0$ 开始逐渐增大，测出不同值下所对应的 B 值，再逐点绘制出 B—H 曲线，如图 7－8 中的曲线②所示，这样的 B—H 曲线称为起始磁化曲线。从曲线②可以看出：铁磁材料的 B 与 H 之间存在着非线性关系，当 H 逐渐增大时，B 也增加，但上升缓慢（oa 段）。当 H 继续增大时，B 急骤增加，几乎呈直线上升（ab 段）。当 H 进一步增大时，B 的增加又变得缓慢，达到 c 点以后，H 值即使再增加，B 却几乎不再增加，即达到了饱和。不同的铁磁材料有着不同的磁化曲线，其 B 的饱和值也不相同。但同一种材料，其 B 的饱和值是一定的。

由于 B 与 H 的关系是非线性的，说明铁磁物质的磁导率 μ 不是常数，随外磁场的变化而变化，图 7-8 中的曲线③为铁磁物质的 μ—H 曲线。

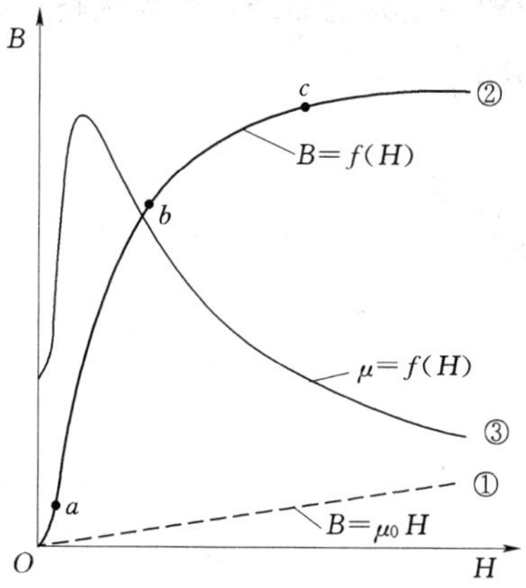

图 7-8 铁磁材料的起始磁化曲线和 $\mu=f(H)$ 曲线

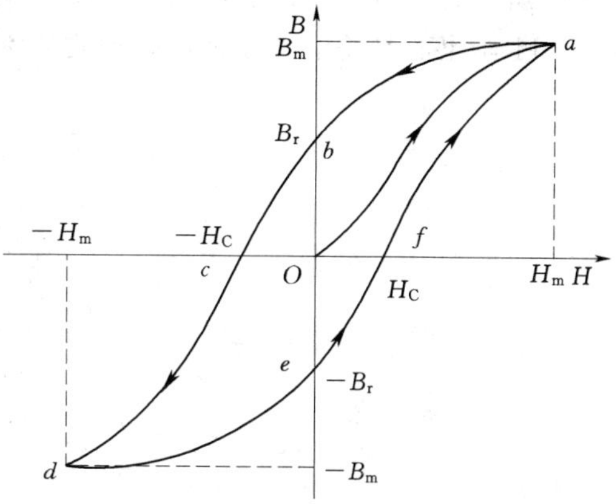

图 7-9 磁滞回线

7.2.2 铁磁物质的反复磁化——磁滞回线

先来分析铁磁材料在外磁场正负变化时的反复磁化过程。在图 7-9 中，曲线 oa 为起始磁化曲线，磁场强度已增加到磁化达饱和状态的 H_m，如果减小磁场强度 H，铁磁物质的磁感应强度 B 并不沿着起始磁化曲线减小，B 将沿着比起始磁化曲线稍高的曲线 ab 下降。当 H 减小到零时，B 不为零。这种 B 的变化滞后于 H 的变化的现象叫做磁滞现象。当 H 减小到零时残留的磁感应强度 B_r 称为剩磁。若要消去剩磁，需加反方向的外磁场，当 H 由零反方向增加到 H_C 时，B 将为零，这个磁场强度值 H_C 称为矫顽力。当 H 继续反方向增加时，铁磁物质开始反向磁化，到达饱和点 $d(H=-H_m, B=-B_m)$ 后，再减少 H 值到零，然后再改变方向由零增加到 H_m，回到 a 点，完成一个循环。这样所形成的闭合回线称为磁滞回线。

在交流电路中，电流的大小和方向在不断变化，从而导致变压器、交流电机等交流电器的铁芯被反复磁化，因此交流电器铁芯中的磁感应强度与磁场强度的关系曲线是一条磁滞回线。

不同铁磁物质具有不同的磁滞回线，其区别在于剩磁、矫顽力和磁滞损耗不同，因而它们的用途也不一样。根据磁滞回线的形状及其工程上的用途，铁磁物质可分为以下几种：

（1）软磁材料。如硅钢片、铁镍合金、软铁和铸钢等。这类材料的磁滞回线狭窄，剩磁和矫顽力小，磁滞损耗也小，适宜于制造变压器、电机、继电器等的铁芯材料。

（2）硬磁材料。如钨钢、钴钢等。这类材料的磁滞回线较宽，剩磁和矫顽力大，一经磁化后剩磁不容易失去，是适宜于做永久磁铁的材料。

（3）矩磁材料。如锰镁铁氧体、锂镁铁氧体等硬磁材料，其磁滞回线很接近矩形，故常称为矩磁材料，适宜制作计算机内部存储器的磁心外部设备中的磁鼓、磁带、磁盘等。

7.2.3　基本磁化曲线

软磁材料的磁滞回线是狭窄的，因此它的 $B—H$ 关系曲线可有许多磁滞回线正顶点连成的一条曲线近似表达，这条曲线称为基本磁化曲线或平均磁化曲线，简称磁化曲线，如图 7-10 所示。对每一种铁磁物质，可用实验手段测绘其磁化曲线，作为磁路计算的依据，图 7-11 给出的是铸钢等 3 种铁磁物质的磁化曲线。

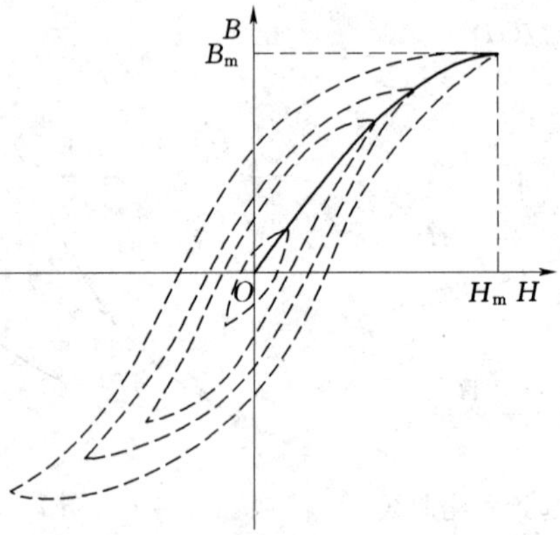

图 7-10　基本磁化曲线

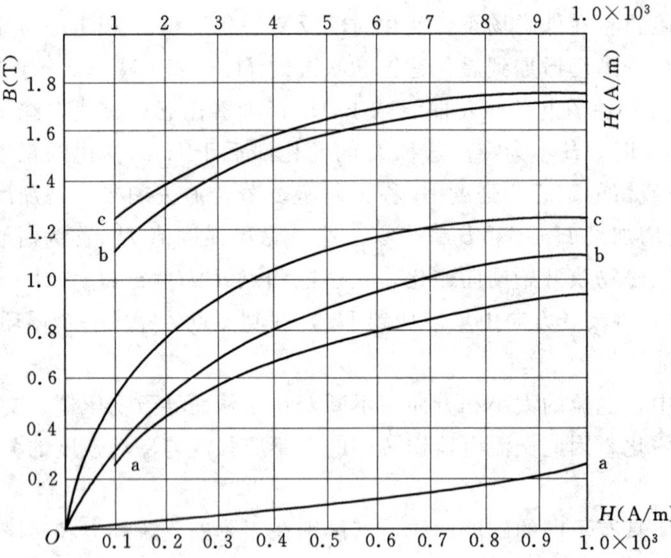

图 7-11　几种磁性材料磁化曲线

a—铸铁；b—铸钢；c—硅钢片

自　测　题

一、填空题

7.2.1　在外磁场作用下，使原来没有磁性的物质产生磁性的现象称为________。

7.2.2　磁滞是指磁材料在反复磁化过程中的________的变化总是滞后于________的

变化现象。

7.2.3 铁磁材料按磁滞回线的不同，可分为________、____________和____________ 3类。

二、选择题

7.2.4 铁磁材料在磁化过程中，当外加磁场 H 不断增加，而测得的磁感应强度几乎不变的性质称为（　　）。

A. 磁滞性　　B. 剩磁性　　C. 高导磁性　　D. 磁饱和性

7.2.5 制造变压器的材料应选用（　　），制造计算机的记忆元件的材料应选用（　　），制造永久磁铁应选用（　　）。

A. 软磁材料　　B. 硬磁材料　　C. 矩磁材料

7.2.6 铁磁性物质在反复磁化过程中的 B—H 关系是（　　）。

A. 起始磁化曲线　　B. 磁滞回线　　C. 基本磁化曲线

三、分析题

7.2.7 试说明铁磁物质的磁性能。

7.2.8 软磁材料和硬磁材料的磁滞回线有什么不同？各有什么用途？

7.2.9 铁磁物质的起始磁化曲线和基本磁化曲线相同吗？它们是怎么得来的？

7.3 磁路的基本定律

7.3.1 磁路

如图 7-12 所示，一个空心线圈流过电流时产生的磁场分布在邻近线圈的周围，磁力线是发散的，没有定向的路径。电工设备中，常用铜或铝导线制成线圈绕在铁磁材料做成一定形状的铁芯上，由于铁芯的磁导率比周围空气或其他物质的磁导率高得多，因此铁芯线圈中电流产生的磁通绝大部分经过铁芯而闭合。这种人为造成的磁通的闭合路径，称为磁路。工程上，根据实际需要，将铁磁材料制成适当的形状来控制磁通的路径。图 7-13 所示为几种常用电工设备的磁路。磁通经过铁芯（磁路的主要部分）和空气隙（有的磁路中没有空气隙）而闭合。

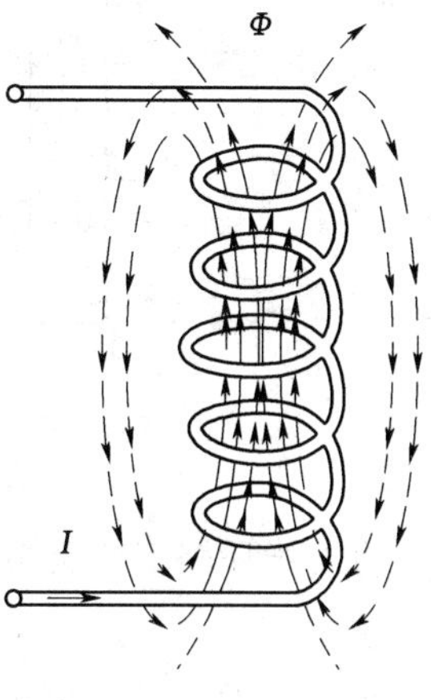

图 7-12 空心线圈的磁场

磁路的磁通可以分为两部分，绝大部分是通过磁路（包括空气隙）闭合的，叫做主磁通；穿出铁芯，经过磁路周围非铁磁物质而闭合的磁通叫做漏磁通，如图 7-13（b）中的 Φ_σ。工程实际中，为了减少漏磁通，采用了很多措施，使漏磁通只占总磁通的很小一部分，所以磁路计算中一般可将漏磁通略去不计。

磁路中没有分支的部分叫做磁路的支路。在图 7-13（b）所示的磁路仅有一个回路称为无分支磁路；另一类磁路称为分支磁路，如图 7-13（a）、（c）所示。

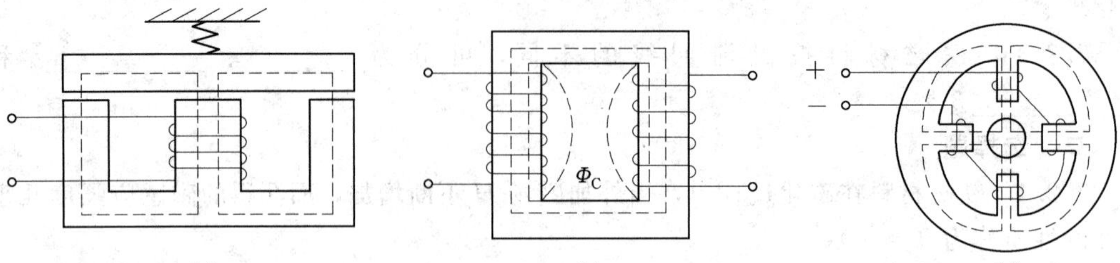

(a)　　(b)　　(c)

图 7-13　几种常用电器的磁路

(a) 电磁铁的磁路；(b) 变压器的磁路；(c) 直流电机的磁路

7.3.2　磁路定律

由于磁路本质上是集中在铁芯中的强磁场，因此磁路的基本定律是从磁场的基本定律导出的。磁路的基本定律有磁路的欧姆定律、磁路的基尔霍夫第一定律和第二定律。现分别介绍如下：

1. *磁路的欧姆定律*

图 7-14 (a) 中线圈绕在铁磁材料芯子上，构成了一个最简单的磁路，设线圈的匝数为 N，通过的电流为 i，设铁芯平均长度为 L（虚线），截面积为 S，磁导率为 μ。这是一个无分支磁路，根据磁通连续性原理，不计漏磁通时，回路的各个横截面的磁通 Φ 都相等，由于截面是均匀的，且铁芯由同一铁磁材料构成的，所以在中心线 L 上的磁场强度 H 在数值上也是一样，而且 H 的方向平行于 L。

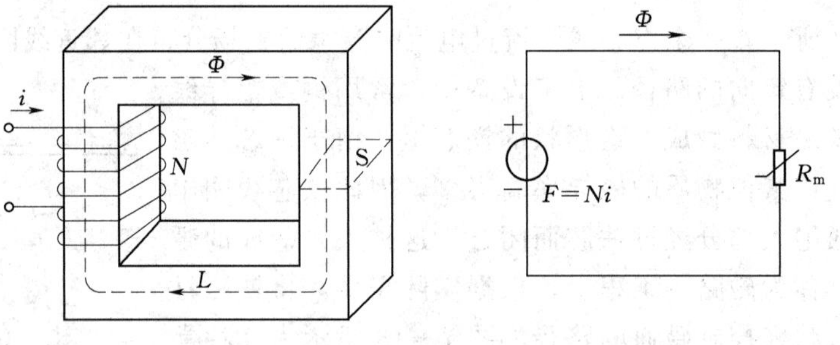

(a)　　(b)

图 7-14　磁路欧姆定律

将安培环路定律应用到沿中心线 L 的闭合回路，可得

$$HL=Ni$$

将 $H=\dfrac{B}{\mu}$ 及 $B=\dfrac{\Phi}{S}$ 相继代入上式，可得

$$Ni=\frac{B}{\mu}L=\frac{L}{\mu S}\Phi$$

令

$$F=Ni \tag{7-7}$$

$$R_m=\frac{L}{\mu S}$$

则可得

$$F=R_m\Phi \text{ 或 } \Phi=\frac{F}{R_m} \tag{7-8}$$

式中，F 与电路中的电动势相似，称磁动势，单位为 A，它将磁路产生磁通的两个原因——电流 i 与线圈匝数 N 结合起来，磁动势的方向由电流及线圈绕向按右手螺旋关系确定。式中 R_m 称为该段的磁阻，单位为 1/亨（1/H）。磁阻 R_m 与磁路的平均长度 L 成正比，与磁路的截面积 S 及构成磁路材料的磁导率 μ 成反比。式（7-8）在形式上与电路的欧姆定律相似，称为磁路的欧姆定律。根据式（7-8）可做出如图 7-14（b）所示的等效磁路图，由于磁导率不是常数，磁阻是非线性的。这给磁路欧姆定律的应用带来局限性。

与电路比较，对于一段由磁导率为 μ 的材料构成的均匀磁路，如图 7-15（a）所示，把式（7-8）中磁通 Φ 与这段的磁阻 R_m 的乘积称为磁压，用 U_m 表示，即

$$U_m=R_m\Phi \tag{7-9}$$

将 $R_m=\frac{L}{\mu S}$，$\Phi=\frac{B}{S}$，$B=\mu H$ 代入式（7-9）并整理，可得

$$U_m=HL \tag{7-10}$$

由式（7-10）可见，一段磁路的磁压等于磁场强度与该段磁路长度的乘积，其方向与磁场方向相同，磁压的单位为 A。

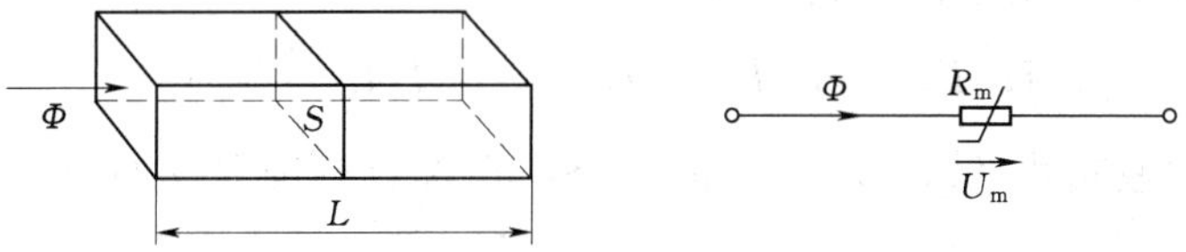

(a)　　　(b)

图 7-15　一段磁路

将式（7-9）称为该段磁路的欧姆定律，即一段磁路的磁压等于其磁阻与磁通的乘积。一段磁路的欧姆定律在形式上与电阻元件上的欧姆定律相似，根据式（7-9）可做出如图 7-15（b）所示的等效磁路图。

由于铁磁物质的磁导率不是常数，随励磁电流的变化（H 及 B 随之变化）而变化，使得铁磁物质的磁阻是非线性的，磁路也是非线性的，因此一般情况下不能应用欧姆定律进行计算。对磁路做定性分析时，常用到磁阻概念。例如，一个有气隙的铁芯线圈接到直流电源上时，由于线圈的电流只决定于电源的电压和线圈的电阻，与磁路磁阻无关，不随气隙的大小而改变。气隙增大，磁阻也增大，按磁路的欧姆定律可知，磁通将减小。

2. 磁路的基尔霍夫第一定律

磁路中分支的地方，称为磁路的节点。图 7-16 所示是一个有分支的磁路，在分支处 a 点和 b 点可认为是磁路的节点，该磁路有 3 条支路，3 条支路中的磁通分别为 Φ_1、Φ_2、Φ_3。在 a 点设想做一个封闭面 A，则由磁通连续性原理可知，离开节点 a 的磁通 Φ_2、Φ_3 应等于进入节点的磁通 Φ_1，即

$$\Phi_1=\Phi_2+\Phi_3 \text{ 或 } \Phi_1-\Phi_2-\Phi_3=0$$

推而广之，可得一般表达式为

$$\sum\Phi_{入}=\sum\Phi_{出} \text{ 或} \sum\Phi=0 \tag{7-11}$$

式（7－11）表明，磁路任一节点所连的各支路磁通中，穿入该节点的磁通量恒等于穿出该节点的磁通量；或者说，穿过任一节点的总磁通量恒等于零，比拟于电路中的基尔霍夫第一定律$\sum i=0$，该定律也称为磁路的基尔霍夫第一定律。

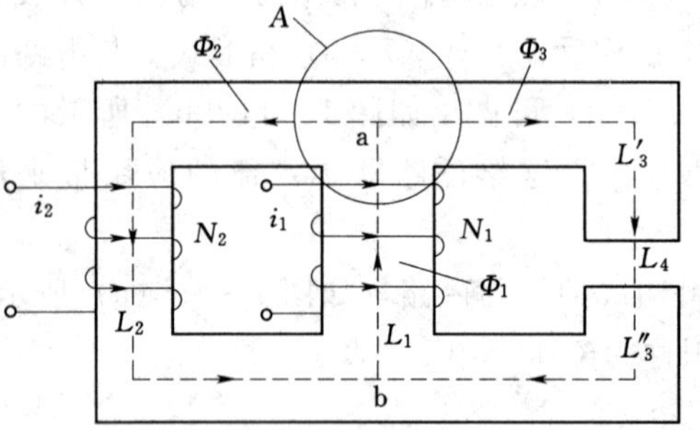

图 7－16 磁路的基尔霍夫定律

3. 磁路的基尔霍夫第二定律

电机和变压器的磁路总是由数段不同截面、不同铁磁材料的铁芯组成，而且还可能含有气隙。磁路计算时，总是把整个磁路分成若干段，每段为同一材料、相同截面积。例如，图 7－16 所示磁路可以分成平均长度各为L_1、L_2、L'_3、L''_3、L_4的 5 段。在每一段中，由于各截面的磁通相等和截面相等，且材料一样，所以中心线上各点的磁感应强度及磁均强度 H 也都相等。每段磁路中心线的磁压等于该段的磁场强度与长度的乘积，即$U_m=HL$。

图 7－16 中，磁路右边由L_1、L'_3、L_4、L''_3组成的回路中，选择顺时针方向为回路的绕行方向，应用安培环路定律，可得

$$H_1L_1+H'_3L'_3+H_4L_4+H''_3L''_3=N_1i_1$$

同理，对图中左边由L_1、L_2组成的回路，仍选择顺时针方向为回路的绕行方向，可得

$$-H_1L_1-H_2L_2=N_2i_2-N_1i_1$$

推而广之，可得

$$\sum HL=\sum Ni \tag{7-12}$$

将式（7－12）分别用式（7－7）和式（7－10）代入，式（7－12）又可以表示为

$$\sum U_m=\sum F \tag{7-13}$$

式（7－13）就是磁路的基尔霍夫第二定律的表达式，其内容是：沿任何闭合磁路的总磁动势恒等于各段磁路磁压的代数和。应用式（7－13），要选一绕行方向，磁通的参考方向与绕行方向一致时，该段的磁压取正号，反之取负号；励磁电流的参考方向与绕行方向符合右手螺旋关系时，该磁动势取正号，反之取负号。

7.3.3 磁路与电路的比较

由以上分析可知，电路与磁路具有形式上的相似性，可归纳为表 7－1 所示。

虽然磁路和电路有很多相似之处，但分析与处理磁路比电路难得多，例如：

（1）在分析电路时一般不涉及电场分布问题，而在分析磁路时要考虑磁场的分布，如在分析电机磁路时要考虑气隙中磁感应强度的分布情况。

（2）在分析电路时一般可以不考虑漏电流（因为导体的电导率比周围介质的电导率大

得多），但在分析磁路时一般都要考虑漏磁通（因为磁路材料的磁导率比周围介质的磁导率大得不太多）。

（3）磁路的欧姆定律与电路的欧姆定律只是在形式上相似。由于磁导率不是常数，它随励磁电流而变，所以不能直接应用磁路的欧姆定律来计算，它只能用于定性分析。

（4）在电路中，电动势为零时，电流也为零；但在磁路中，由于有剩磁，磁动势为零时，磁通却不为零。

表 7-1　　磁路与电路物理量和定律的比较表

物理量和定律	磁　　路	电　　路
相似的物理量	磁通　Φ 磁压　U_m 磁动势　$F=Ni$ 磁阻　$R_m=\frac{L}{\mu S}$ 磁通密度　B 磁导率　μ	电流　I 电压　U 电动势　E 电阻　$R=\frac{L}{\gamma S}$ 电流密度　δ 电导率　γ
基尔霍夫第一定律	$\sum\Phi=0$	$\sum i=0$
基尔霍夫第二定律	$\sum Ni=\sum HL$	$\sum E=\sum U$
欧姆定律	$U_m=R_m\Phi$	$U=RI$

【例 7-3】 图 7-17 所示为有空气隙的无分支磁路，由截面均匀的铁芯和气隙两段组成，设铁芯磁路长度为 L，截面积为 S，$\mu_r=10^4$，气隙间距为 L_0，且 $\frac{L_0}{L}=0.01$。励磁线圈匝数为 N，通以电流 I，比较两段磁路的磁阻和磁压。

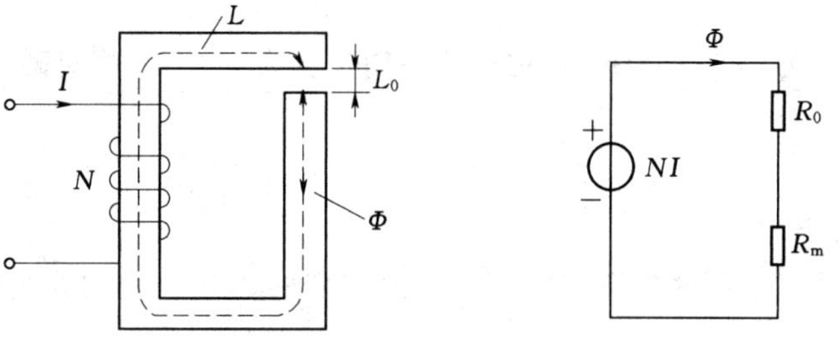

(a)　　(b)

图 7-17　［例 7-3］图

解　气隙磁阻

$$R_0=\frac{L_0}{\mu_0 S}$$

铁芯磁阻

$$R_m=\frac{L}{\mu S}=\frac{100L_0}{\mu_r\mu_0 S}=0.01R_0$$

即

$$R_0=100R_m$$

铁芯磁压

$$U_m = R_m \Phi$$

气隙磁压

$$U_0 = R_0 \Phi = 100 R_m \Phi = 100 U_m$$

故磁动势

$$F = NI = U_m + U_0 \approx U_0$$

可见，线圈的磁动势 NI 大部分消耗在气隙磁阻上，若无气隙，产生同样大小的磁通 Φ，NI 可以小得多。

自　测　题

一、填空题

7.3.1　磁路的磁通可以分为________和________两部分，通过磁路（包括空气隙）闭合的，称为________；穿出铁芯，经过磁路周围非铁磁物质而闭合的磁通叫做________。电气设备多采用铁磁材料做磁路，其目的是______________。

7.3.2　磁路的支路是指________________。

二、选择题

7.3.3　某线圈匝数为1000，通过1mA的恒定电流，当磁路的平均长度为10cm时，线圈中的磁场强度应为（　　）A/m。

A. 1　　B. 10　　C. 100　　D. 1000

7.3.4　当环形铁芯线圈匝数为（　　）匝时，可使磁动势达到700A匝，流过线圈的电流为2A。

A. 1400　　B. 350　　C. 700　　D. 1000

7.3.5　截面积为 $20\times10^{-4}\text{m}^2$，磁路的平均长度为0.8m，相对磁导率为800的铁芯，其磁阻为（　　）1/H。

A. 4×10^5　　B. 4×10^6　　C. 4×10^7　　D. 等于0.5

三、分析与计算

7.3.6　本节共讲了哪些磁路定律？请写出它们的数学表达式并与电路中的相关定律进行比较。

7.3.7　某磁路的气隙长 $L_0=1\text{mm}$，截面积 $S=30\text{cm}^2$，试求它的磁阻。如气隙中的磁感应强度 $B=0.9\text{T}$，试求磁压。

7.3.8　两个匝数相同的线圈分别绕在两个几何尺寸相同但材料不同的铁芯上，设铁芯1的磁导率为 μ_1，铁芯2的磁导率为 μ_2，且 $\mu_1>\mu_2$，若要在两个铁芯中产生相同的磁通 Φ，试比较两个线圈励磁电流的大小及铁芯的磁压大小。

7.3.9　在图7-18所示的磁路中，各处磁感应强度为0.8T。试求各段的磁场强度。

7.4　恒定磁通磁路的分析

恒定磁通磁路是指磁路中各励磁线圈的电流是直流，磁路中的磁通和磁动势都是恒

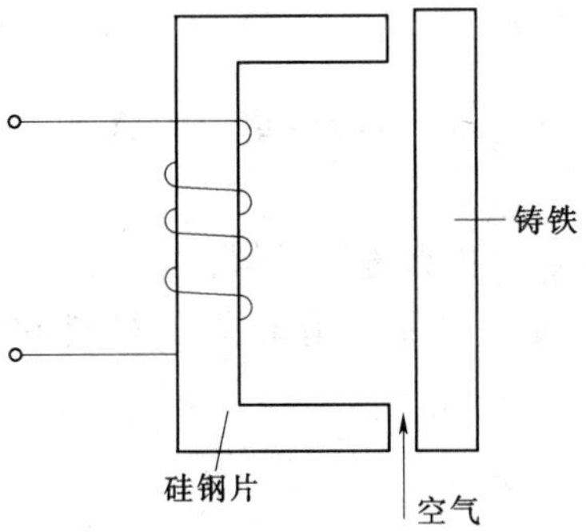

图 7-18 自测题 7.3.9 图

定的。

磁路计算可分为两类问题讨论。一类是已知磁通求磁动势。在电气设计中，要求磁路中有一定的工作磁通 Φ，然后按照磁路的尺寸和材料，计算出励磁线圈的磁动势。在磁路计算中较多遇到的是这类问题，也是本节所要讨论的。另一类是已知磁动势求磁通的问题。我们把前者称为磁路计算的正面问题，后者称为反面问题。

7.4.1 有关磁路计算的一些概念

1. *磁路长度*

取磁路几何中心线的长度 L 作为磁路的平均长度

2. *磁路截面积*

计算铁芯截面积时，应按有效面积计算。常遇到铁芯是由涂绝缘漆的硅钢片叠成，则应扣除漆层的厚度，可用以下关系式，即

$$有效面积=K\times 视在面积 \tag{7-14}$$

式（7-14）中视在面积是指铁芯按几何尺寸求得的面积。K 称为填充系数（或称叠片系数），显然 $K<1$，其数值由硅钢片及绝缘漆的厚度而定。通常对厚度为 0.5mm 的硅钢片取 $K=0.91\sim0.92$；厚度为 0.35mm 的硅钢片取 0.85 左右。

3. *空气隙截面积*

若磁路中有气隙，磁力线通过气隙时，在边缘处向外发散扩张形成边缘效应，如图 7-19 所示。因此气隙的有效面积 S_0 比铁芯截面积 S 略有增大，磁密 B_0 将减小。

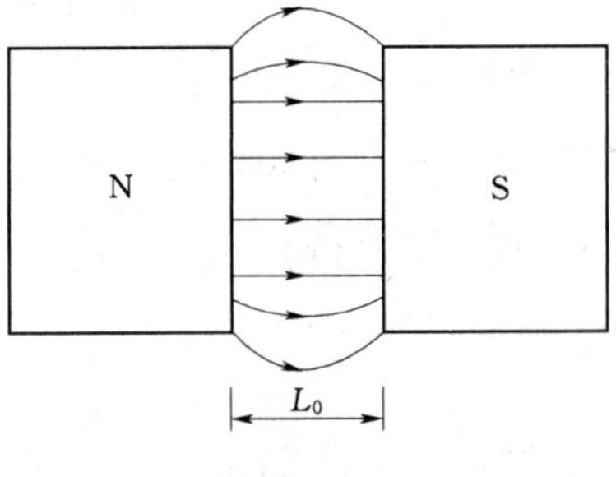

图 7-19 空气隙的边缘效应

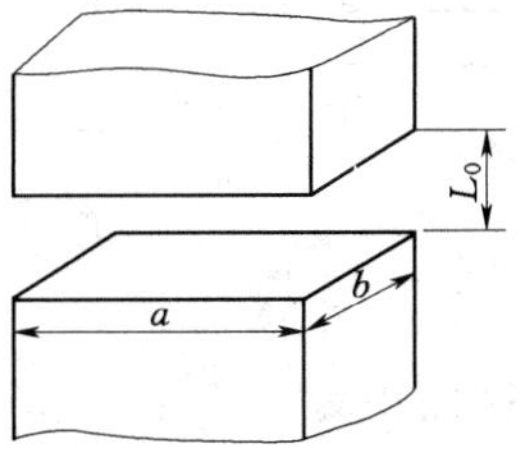

图 7-20 铁芯截面和气隙长度

对于截面为矩形的铁芯，如图 7-20 所示，气隙有效面积 S_0 可近似计算为

$$S_0=(a+L_0)(b+L_0)\approx ab+(a+b)L_0 \tag{7-15}$$

对于截面为圆形的铁芯，气隙有效面积为

$$S_0=\pi\left(r+\frac{L_0}{2}\right)^2\approx\pi r^2+\pi rL_0 \tag{7-16}$$

式中，r 为半径；L_0 为气隙长度。

4. *空气隙的磁场*

由于空气的磁导率 μ_0 为常数，因此，气隙中的磁场强度 H_0 可由 B_0 按以下关系求得，即

$$H_0=\frac{B_0}{\mu_0}=\frac{B_0}{4\pi\times 10^{-7}}=0.8\times 10^6 B_0 \tag{7-17}$$

式（7-17）采用的是 SI 制，式中 B_0 的单位是 T 或 Wb/m^2，H_0 的单位为 A/m。

7.4.2 无分支磁路的计算

对无分支磁路，给定磁通求磁动势的问题，一般可按下列步骤进行求解：

（1）根据磁路中各部分的材料和截面积进行分段，每段磁路具有相同的材料和截面积。

（2）算出各段磁路的平均长度和有效截面积。

（3）根据已知的磁通 Φ 计算各段的磁感应强度 B。

（4）根据每段磁路的 B，由磁化曲线查得对应的磁场强度 H；对于空气隙有 $H_0=0.8\times 10^6 B_0$。

（5）求出每段的 HL。

（6）根据磁路的基尔霍夫定律，求出所需磁动势，即

$$F=NI=H_1L_1+H_2L_2+\cdots=\sum HL$$

现结合以下例题作具体说明。

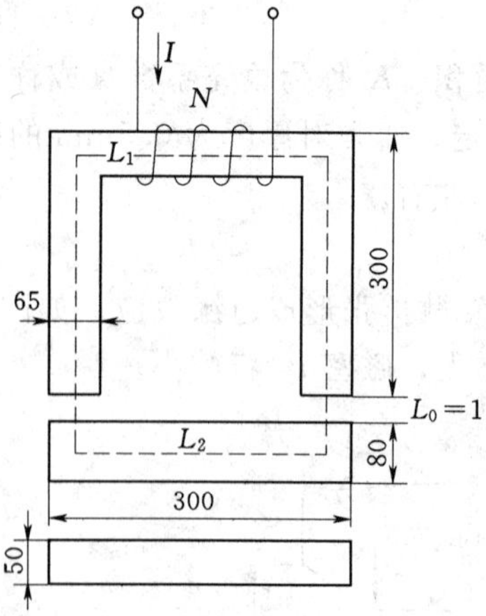

图 7-21 ［例 7-4］图

【例 7-4】 一个直流电磁铁的磁路如图 7-21 所示。按照工程图例，未注明单位的长度，其单位是 mm，π 形铁芯由硅钢片叠成，填充系数为 0.92，下部衔铁的材料是铸钢。要使气隙中的磁通为 3×10^{-3} Wb，试求所需的磁动势。如励磁绕组匝数 N 为 1000，试求所需的励磁电流。

解 （1）从磁路的尺寸可知磁路可分为铁芯、气隙、衔铁 3 段。各段长度为

$$L_1=(300-65)\times 10^{-3}+2\times\left(300-\frac{65}{2}\right)\times 10^{-3}=0.77(\mathrm{m})$$

$$L_2=(300-65)\times 10^{-3}+2\times 40\times 10^{-3}=0.315(\mathrm{m})$$

$$L_0=2\times 1\times 10^{-3}=2\times 10^{-3}(\mathrm{m})$$

铁芯的有效截面积为

$$S_1=KS'_1=0.92\times 65\times 50\times 10^{-6}\approx 30\times 10^{-4}(\mathrm{m}^2)$$

衔铁的截面积为

$$S_2=80\times 50\times 10^{-6}=40\times 10^{-4}(\mathrm{m}^2)$$

气隙很小，忽略边缘效应，其

$$S_0=65\times 50\times 10^{-6}\approx 32.5\times 10^{-4}(\mathrm{m}^2)$$

各段的磁感应强度为

$$B_1=\frac{\Phi}{S_1}=\frac{3\times 10^{-3}}{30\times 10^{-4}}=1(\mathrm{T})$$

$$B_2=\frac{\Phi}{S_2}=\frac{3\times 10^{-3}}{40\times 10^{-4}}=0.75(\mathrm{T})$$

$$B_0=\frac{\Phi}{S_0}=\frac{3\times10^{-3}}{32.5\times10^{-4}}=0.92(\mathrm{T})$$

(2) 根据各段磁路材料的磁化曲线，找出与上述 B_1、B_2 相对应的磁场强度为

$$H_1=340\ (\mathrm{A/m})$$

$$H_2=360\ (\mathrm{A/m})$$

计算空气隙的磁场强度 H_0 时，可直接应用下式计算，即

$$H_0=0.8\times10^6B_0=0.8\times10^6\times0.92=0.736\times10^6(\mathrm{A/m})$$

(3) 磁动势

$$\begin{aligned}F=NI&=H_1L_1+H_2L_2+H_0L_0\\&=340\times0.77+360\times0.315+2\times10^{-3}\times0.736\times10^6\\&261.8+113.4+1472=1847\ (\mathrm{A})\end{aligned}$$

所需的电流

$$I=\frac{F}{N}=\frac{1847}{1000}=1.847(\mathrm{A})$$

以上计算过程可归纳为

$$\Phi\left[\begin{array}{l}\xrightarrow{\div S_1}B_1\xrightarrow{\text{查 }B-H\text{ 磁化曲线}}H_1\xrightarrow{\times L_1}H_1L_1\\\xrightarrow{\div S_2}B_2\xrightarrow{\text{查 }B-H\text{ 磁化曲线}}H_2\xrightarrow{\times L_2}H_2L_2\\\xrightarrow{\div S_0}B_0\xrightarrow{\times0.8\times10^6}H_0\xrightarrow{\times L_0}H_0L_0\end{array}\right]H_1L_1+H_2L_2+H_0L_0=NI$$

从以上计算可以看出，空气隙虽然很短，但空气隙的磁压 H_0L_0 却占总磁动势的很大一部分，在本例中所占为

$$\frac{1472}{1847}=79.6\%$$

7.4.3 对称分支磁路的计算

在工程上，还有许多分支磁路，而且大多数是对称的，如图 7-13 (a) 所示磁路对其中心面对称，又如图 7-13 (c) 所示四极电机具有 1/4 对称的特点。

对称分支磁路可以剖分成几个完全相同的部分。例如，图 7-22 (a) 可以设想沿对称轴线将磁路剖分成两个完全相同的无分支磁路，如图 7-22 (b) 所示，然后取一半按无分支磁路计算。

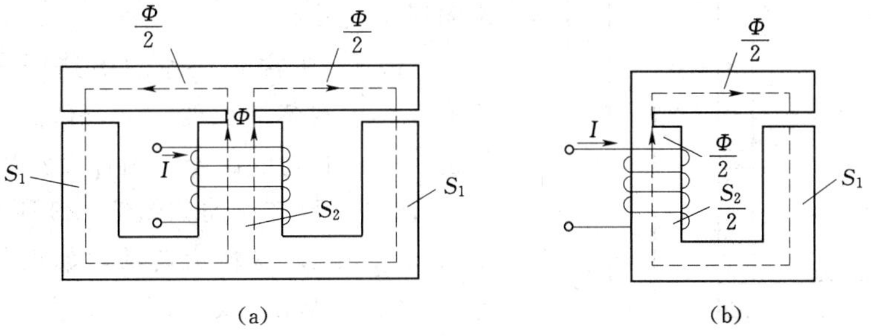

图 7-22 对称分支磁路

剖开后，中心铁柱的截面积应为$\frac{S_2}{2}$，磁通为$\frac{\Phi}{2}$。由于中心铁柱的截面积和磁通均减少一半，所以图 7-22（b）中心柱的 B_2 和 H_2 都保持不变，从而该回路中总磁压也保持不变，因此磁动势仍应保持不变。

关于不对称分支磁路的计算以及磁路计算的反面问题，本书不介绍，可参考有关书籍。

最后应说明一下，磁路的计算一般不如电路计算那样精确，有许多造成误差的因素，如漏磁通的影响，沿截面磁通分布不均匀，磁化曲线非线性关系等，所以应该将理论计算与实验来修正计算结果。

自　测　题

一、填空题

7.4.1　恒定磁通磁路是指磁通不随时间变化而为________的磁路。

7.4.2　磁路的计算问题可分为________和反面问题两大类。

7.4.3　磁路的平均长度是指________长度。

7.4.4　试从图 7-11 中确定 H 或 B 的值：

(1) 已知铸铁的 $B=0.4\text{T}$，对应的 $H=$________；

(2) 已知铸钢的 $H=600\text{m/A}$，对应的 $B=$________；

(3) 已知铸钢的 $B=0.8\text{T}$，对应的 $H=$________；

(4) 已知硅钢片的 $B=1.7\text{T}$，对应的 $H=$________；

(5) 已知硅钢片的 $H=500\text{m/A}$，对应的 $B=$________。

二、选择题

7.4.5　硅钢片铁芯的有效面积（　　）铁芯的视在面积。

A. 小于　　B. 大于　　C. 等于　　D. 不大于

7.4.6　气隙中的有效面积（　　）铁芯截面积。

A. 小于　　B. 大于　　C. 等于　　D. 不大于

三、分析与计算

7.4.7　简述已知磁通求磁动势的步骤，并说明每步的要点。

7.4.8　在含有气隙的磁路中，由于气隙的长度远小于铁芯的长度，是否认为在气隙上的磁压也小于铁芯上的磁压？为什么？

7.4.9　已知磁路如图 7-23 所示，图中尺寸单位均为 mm，材料为铸铁，如果气隙中的磁通为 16×10^{-4} Wb，求线圈匝数为 1500 匝时的电流 I。

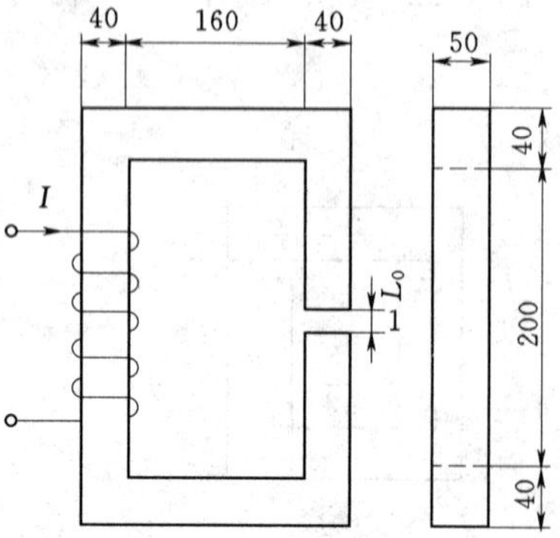

图 7-23　自测题 7.4.9 图

7.5　交流铁芯线圈及电路模型

铁芯线圈分为直流铁芯线圈和交流铁芯线圈两种。

前一节介绍的恒定磁通磁路，就是属于直流铁芯线圈。电工设备中，如直流电机的励磁线圈、电磁吸盘及各种直流电器的线圈，都是通入直流电流，由于产生的磁通是恒定的，所以在线圈和铁芯中不会感应出电动势，线圈中的电流 I 只和线圈本身的电阻 R 有关，磁路对电路没有影响，功率损耗也只有 RI^2，因此直流铁芯线圈电路的分析比较简单。

交流铁芯线圈是通入交流电流来励磁（如交流电机、变压器及各种交流电器的线圈），由于电流是交变的，产生的磁通也是交变的，因此交流铁芯线圈在电磁关系、电压电流关系及功率损耗等几个方面与直流铁芯线圈有所不同。

7.5.1　交流铁芯线圈的电磁关系

图 7-24 所示的是具有铁芯的交流线圈。当在交流铁芯线圈上施加交流电压 u 时，线圈中便会产生交变电流 i 和交变磁通。磁通绝大部分通过铁芯而闭合，这部分磁通为主磁通或工作磁通，用 Φ 表示。此外，还有很少一部分磁通主要经过空气或其他非导磁介质而闭合，这部分磁通为漏磁通 Φ_σ。这两部分磁通在线圈中产生两个感应电动势，即主磁电动势和漏磁电动势，分别用 e 和 e_σ 表示。此外，主磁通的交变会在铁芯中引起涡流和磁滞损耗，并使铁芯发热，电流流过线圈时，会在线圈的电阻上产生压降。

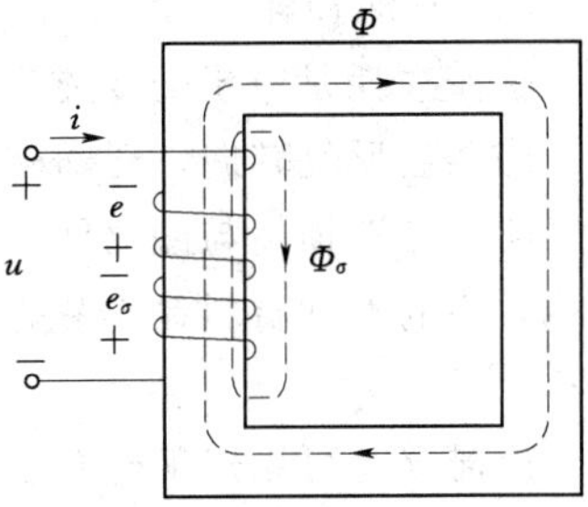

图 7-24　铁芯交流线圈的交流电路

图 7-24 所示的铁芯线圈交流电路的电压与电流关系可由 KVL 得出，即

$$u+e+e_\sigma=Ri \tag{7-18}$$

式中，R 为铁芯线圈的电阻。设主磁通按正弦规律变化，即

$$\Phi=\Phi_{\mathrm{m}}\sin\omega t$$

由电磁感应定律可得

$$e=-N\frac{\mathrm{d}\Phi}{\mathrm{d}t}=-\omega N\Phi_{\mathrm{m}}\cos\omega t=E_{\mathrm{m}}\sin(\omega t-90°)$$

式中，E_{m} 为主磁通电动势 e 的最大值，$E_{\mathrm{m}}=\omega N\Phi_{\mathrm{m}}$，其有效值为

$$E=\frac{E_{\mathrm{m}}}{\sqrt{2}}=\frac{\omega N\Phi_{\mathrm{m}}}{\sqrt{2}}=4.44fN\Phi_{\mathrm{m}} \tag{7-19}$$

式（7-19）是分析变压器、交流电动机等电气设备常用的重要公式。

通常由于线圈的电阻 R 和漏磁通较小，它们上边的电压降也较小，与主磁通电动势比较起来，可以忽略不计。于是

$$u\approx-e$$

所以有效值关系为

$$U \approx E = 4.44 f N \Phi_m \tag{7-20}$$

式（7-20）表明，当忽略线圈的电阻 R 和漏磁通 Φ_σ 时，如果线圈匝数 N 及电源频率 f 一定，主磁通的幅值 Φ_m 由外加在励磁线圈上的电压有效值 U 确定，与铁芯材料及尺寸无关。这一点和直流铁芯线圈不同，直流铁芯线圈的电压不变时，电流也不变，而 Φ 却随磁路情况而改变。

7.5.2 铁芯线圈的功率损耗

在交流铁芯线圈中，除了线圈本身电阻（内阻）的功率损耗外，由于交变磁通的作用，在铁芯中还存在功率损耗。

1. 铜损

线圈内阻 R 产生的功率损耗成为铜损，用 P_{Cu} 表示，其值为

$$P_{Cu} = I^2 R$$

2. 铁损

铁损包括磁滞损耗和涡流损耗，用 P_{Fe} 表示。

（1）磁滞损耗。

磁滞损耗是由于交变磁通在铁磁物质中有磁滞现象而产生。当铁磁物质被反复磁化时，磁畴会反复转向，磁畴转向发生摩擦发热要消耗一定的能量，成为磁滞损耗，理论分析表明，磁滞损耗与磁滞回线的面积成正比关系。因此，为了减小磁滞损耗，应选用磁滞回线狭小的磁性材料制造铁芯。硅钢就是变压器和电机中常用的铁芯材料，其磁滞损耗较小。

磁滞损耗可用以下经验公式来计算，即

$$P_h = \sigma_h f B_m^n V \tag{7-21}$$

式中，σ_h 为由实验确定的与材料性质有关的系数，可从手册中查找；f 为电源频率（Hz）；B_m 为磁感应强度最大值（T）；n 为指数，与 B_m 有关，当 $B_m < 1T$ 时，$n \approx 1.6$；当 $B_m > 1T$ 时，$n \approx 2$；V 为铁芯体积（m^3）；P_h 为磁滞损耗（W）。

（2）涡流损耗。

当线圈中通有交流电流时，它所产生的磁通也是交变的。交变磁通不仅要在线圈中产生感应电动势，而且在铁芯内也要产生感应电动势和感应电流。这种感应电流称为涡流，它在垂直于磁通方向的平面内环流着，如图7-25所示。涡流在铁芯流动如同电流流过电阻一样，也会引起能量损耗，这种损耗称为涡流损耗，用 P_e 表示。

涡流损耗可按式（7-22）计算，即

$$P_e = \delta_e f^2 B_m^2 V \tag{7-22}$$

式中，δ_e 为由实验确定的与材料的电阻率及几何尺寸及磁通波形有关的系数，可从手册中查找；f 为电源频率（Hz）；B_m 为磁感应强度最大值（T）；V 为铁芯体积（m^3）；P_e 为涡流损耗（W）。

涡流损耗也要引起铁芯发热。为了减小涡流损耗，常采用以下两种措施：一是增大铁芯材料的电阻率，如在钢片中掺入少量的硅（0.8%～4.8%）；二是不用整块铁磁材料做铁芯，而是在顺磁场方向由彼此绝缘的很薄硅钢片叠成铁芯，如图7-25（b）所示，这

样涡流只能在较小的截面内流通，会因回路电阻的增加而减少。一般工程中常用的硅钢片的厚度有 0.35mm 和 0.5mm 两种。

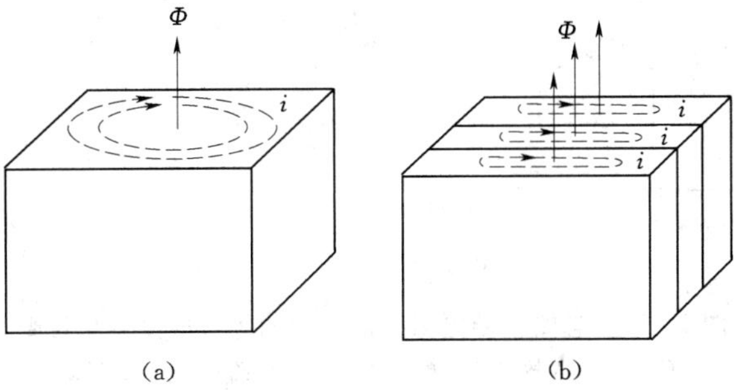

图 7-25　铁芯中的涡流
(a) 涡流的产生；(b) 涡流的减少

涡流有有害的一面，但在另外一些场合下也有有利的一面。对其有害的一面应尽可能地加以限制，而对其有利的一面则应充分加以利用。例如，利用涡流的热效应来冶炼金属，利用涡流和磁场相互作用而产生电磁力的原理来制造感应式仪器等。

从上述可知，铁芯线圈交流电路的有功功率为

$$P=UI\cos\varphi=P_{\mathrm{Cu}}+P_{\mathrm{Fe}}=I^2R+I^2R_{\mathrm{m}}$$

式中，R_{m} 是和铁损对应的等效电阻。

直流铁芯线圈没有磁滞损耗和涡流损耗，所以铁芯不必制成片状。

7.5.3　交流铁芯线圈的等效电路

交流铁芯线圈等效电路是指用线性电阻和线性电感组成的电路模型去代替非线性的交流铁芯线圈电路，这样会使交流铁芯线圈电路的分析大大简化。

1. 忽略线圈电阻及漏磁通的等效电路

在忽略线圈电阻及漏磁通的情况下，有

$$u=-e=N\frac{\mathrm{d}\Phi}{\mathrm{d}t}$$

当电压为正弦量，磁通 Φ 也为正弦量。由于磁饱和的影响，线圈电流是非正弦量，其波形为尖顶波。为了分析方便，工程上常把非正弦量近似用一个等效正弦量来代替，等效正弦量在功率、有效值、频率 3 个方面等效。如果忽略铁芯损耗和线圈电阻，铁芯线圈的有功功率为零，所以电流的等效正弦量与电压的相位差为 90°，这个电流只要用于产生主磁通，称为磁化电流，用 i_Φ 表示。在这种情况下，交流铁芯线圈可用一个电感元件等效。

如果考虑铁芯损耗，线圈的有功功率不再等于零，在电流中需增加一个与电压同相的有功功率 i_{a}，即

$$\dot{I}=\dot{I}_\Phi+\dot{I}_{\mathrm{a}}$$

交流铁芯线圈可用 RL 并联电路等效，如图 7-26 (a) 所示；或者用 RL 串联电路等效，如图 7-26 (b) 所示。选取磁通为参考正弦量，相量图如图 7-26 (c) 所示。

图 7-26 (a) 所示电路中的 R_{a} 和 X_Φ 分别为并联等效电路的等效电阻和感抗。图 7-

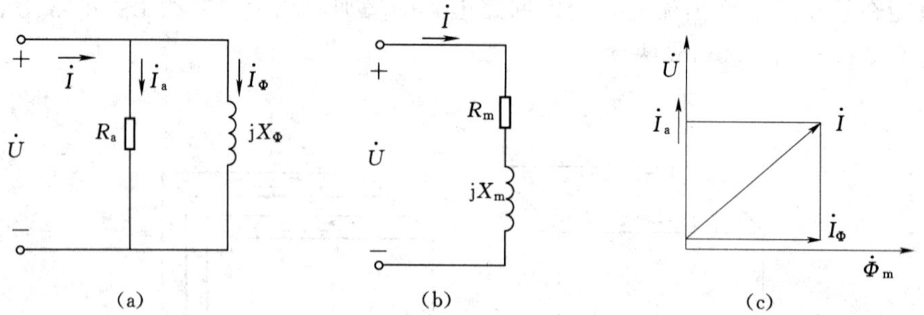

图 7-26 忽略线圈电阻及漏磁通的等效电路及相量图

(a) 并联等效电路；(b) 串联等效电路；(c) 相量图

26（b）电路中的 R_m 和 X_m 分别为串联等效电路的等效电阻和感抗。

等效电路中参数与铁芯损耗和磁化电流有关，一般不是常量，它们的量值随线圈电压做非线性变化，但在电压变化范围不大时，这些参数则可以近似看做常量。

2. 考虑线圈电阻及漏磁通的等效电路

考虑线圈电阻及漏磁通后，在线圈中除了主磁通引起的感应电动势外，还增加了内阻的压降及漏磁通引起的感应电动势。漏磁通是通过非铁磁材料闭合的，磁路不存在磁饱和性质，是线性磁路，也就是说，线圈电流 i 与漏磁电动势 e_σ 之间存在着线性关系，漏磁通的变化引起的漏磁电动势为

$$e_\sigma = -L_\sigma \frac{di}{dt}$$

式中，L_σ 为漏磁电感，只与铁芯线圈的结构有关，是一个常数。

于是式（7-18）可改写为

$$u = Ri - e_\sigma - e = Ri + L_\sigma \frac{di}{dt} - e$$

当 u 是正弦电压时，可将上式写成相量形式，即

$$\dot{U} = R\dot{I} + jX_\sigma \dot{I} - \dot{E} \tag{7-23}$$

式中，X_σ 为漏磁感抗，$X_\sigma = \omega L_\sigma$，是由漏磁通引起的。

将式（7-23）中主磁通引起的主磁感应电动势 $\dot{E}$ 用主磁感应电压 $\dot{U}'$ 表示，且 $\dot{U}'$ 方向取与 $\dot{E}$ 相同，则

$$\dot{U}' = -\dot{E}$$

则式（7-23）可改写为

$$\dot{U} = R\dot{I} + jX_\sigma \dot{I} + \dot{U}'$$

可作出考虑线圈内阻及漏磁通的并联等效电路及相量图，如图 7-27 所示。

【例 7-5】 一铁芯线圈接于 220V 工频电源。已知线圈匝数为 800，铁芯由硅钢片叠成，截面积为 12cm^2，磁路平均长度为 40cm，设叠片间隙系数为 0.9。试求：(1) 主磁通的最大值 Φ_m；(2) 励磁电流 I。

解 (1) 由题意可知，$U=220$V，$f=50$Hz，$N=800$，所以主磁通的最大值为

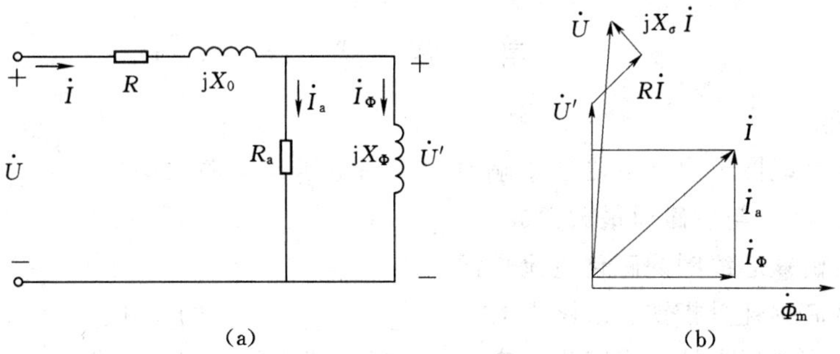

图 7-27 考虑线圈电阻及漏磁通的等效电路及相量图

(a) 并联等效电路；(b) 相量图

$$\Phi_m=\frac{U}{4.44fN}=\frac{220}{4.44\times50\times800}\text{Wb}=1.24\times10^{-3}\text{Wb}$$

（2）考虑铁芯叠片之间具有间隙，铁芯的有效面积应按其几何尺寸乘以叠片间隙系数计算

$$S=(12\times0.9)\text{cm}^2=10.8\text{cm}^2$$

铁芯的磁感应强度最大值为

$$B_m=\frac{\Phi_m}{S}=\frac{1.24\times10^{-3}}{10.8\times10^{-4}}\text{T}=1.15\text{T}$$

查磁化曲线得当硅钢片 $B_m=1.15\text{T}$ 时，$H_m=4.6\text{A/cm}$。所以励磁电流的最大值为

$$I_m=\frac{H_mL}{N}=\frac{4.6\times40}{800}\text{A}=0.23\text{A}$$

励磁电流的有效值为

$$I=\frac{I_m}{\sqrt{2}}=0.163(\text{A})$$

【例 7-6】 一铁芯线圈接到 $U=220\text{V}$，$f=50\text{Hz}$ 的交流电源上，测得电流 $I=2\text{A}$，功率 $P=50\text{W}$。试求：(1) 不计线圈电阻及漏磁通，试求铁芯线圈的串联等效电路的 R_m 及 X_m；(2) 若线圈电阻 $R=1\Omega$，试计算线圈的铜损及铁损。

解 （1）由 $P=UI\cos\varphi$，得

$$\varphi=\arccos\frac{P}{UI}=\arccos\frac{50}{220\times2}=83.5^\circ$$

阻抗为

$$Z=R_m+jX_m=\frac{U}{I}\angle\varphi=\frac{220}{2}\angle83.5^\circ\ \Omega=(12.5+j109.3)\Omega$$

所以

$$R_m=12.5\Omega,X_m=109.3(\Omega)$$

（2）铜损

$$P_{Cu}=I^2R=4(\text{W})$$

铁损

$$P_{Fe}=P-P_{Cu}=(50-4)\text{W}=46(\text{W})$$

或由 $P_{Fe}=I^2R_m$ 求得。

自 测 题

一、填空题

7.5.1 不计线圈电阻、漏磁通影响时，线圈电压与电源频率成________比，与线圈匝数成________比，与主磁通最大值成________比。

7.5.2 交流铁芯线圈的磁化电流是指____________________________。

7.5.3 铁芯损耗是指铁芯线圈中的________与________的总和。

7.5.4 交变磁场在铁芯内产生感应电动势所形成的旋涡状电流称________。

7.5.5 不计线圈内阻、漏磁通、铁损时，交流铁芯线圈可看成是________元件。

7.5.6 不计线圈内阻、漏磁通、交流铁芯线圈的电路模型可由________________组成串联模型。

二、选择题

7.5.7 在交流铁芯线圈电路中，外加电压约等于（　　）。

A. 主磁感应电动势　B. 漏磁感应电动势　C. 线圈内阻压降

7.5.8 铁芯线圈电压为正弦量时，磁通是（　　），磁化电流是（　　）。

A. 正弦量　B. 尖顶波　C. 平顶波　D. 直流变化

7.5.9 磁化电流用等效正弦量代替后的正弦量与磁通相位差为（　　），与主磁感应电压的相位差为（　　）。(设磁化电流与主磁感应电压为关联参考方向、与磁通符合右手螺旋关系）

A. 0°　B. 45°　C. 90°　D. −90°

7.5.10 交流铁芯损耗与（　　）有关。

A. V、I、f　B. f、B_m、V　C. V、f、N　D. f、B_m、I

三、判断题

7.5.11 交流铁芯线圈的电流由外加电压与线圈内阻确定。（　　）

7.5.12 交流铁芯线圈的损耗为线圈内阻引起的能量损耗。（　　）

7.5.13 交流铁芯线圈接到正弦电压源上时，若电压减半，频率减半，匝数不变时，线圈的磁感应强度也应减半。（　　）

7.5.14 要减少铁芯的磁滞损耗，则铁芯应用硬磁材料组成。（　　）

四、分析与计算

7.5.15 交流铁芯线圈接到电压不变的正弦电压源时，线圈的电流、磁通与气隙大小是否有关？为什么？

7.5.16 一个交流铁芯线圈接到电压 $U_S=220V$ 的工频正弦电压源上，铁芯中磁通的最大值为 $\Phi_m=2.5\times10^{-3}$ Wb。试求线圈的匝数。如将该线圈改接到 $U_S=150V$ 的工频正弦电压源上时，要保持 Φ_m 不变，试问线圈的匝数应该为多少？

7.5.17 有一铁芯闭合的交流铁芯线圈接在正弦交流电压源上，线圈匝数加倍，频率不变，电压不变时，其磁感应强度、线圈电流及铁芯的铁损是否变化？如何变化？

7.5.18 一铁芯线圈接在 220V、50Hz 的交流电源上，功率为 100W，电流为 4A，忽略线圈内阻和漏磁通，分别求其并联形式和串联形式等效电路参数。

7.5.19 已知交流铁芯线圈的内阻 $R=0.5\Omega$，漏抗为 $X_\sigma=1\Omega$。当外加电压为 $U=100V$ 时，测得电流 $I=10A$，功率为 $P=200W$。试求铁芯损耗为多少？主磁通产生的感应电动势 E 为多少？

7.6 电 磁 铁

电磁铁是利用通电的铁芯线圈对铁磁物质产生电磁吸力的电气设备，电磁铁可分为线圈、铁芯及衔铁 3 部分。通过电磁铁的衔铁可以获得直线运动和某一定角度的回转运动。电磁铁是一种重要的电气设备。工业上经常利用电磁铁完成起重、制动力、吸持及开闭等机械动作。在自动控制系统中经常利用电磁铁附上触点及相应部件做成各种继电器、接触器、调整器及驱动机构等。它的结构形式通常有图 7-28 所示的几种。

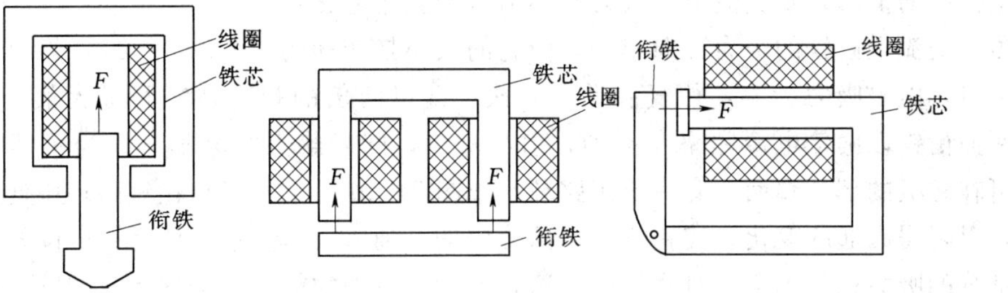

图 7-28 电磁铁的几种形式

7.6.1 直流电磁铁

直流电磁铁是指通入励磁线圈中的电流是直流电流的电磁铁。电磁铁的吸力是它的主要参数之一。计算吸力的基本公式为

$$F=\frac{10^7}{8\pi}B_0^2S_0 \tag{7-24}$$

式中：B_0 为气隙中的磁感应强度（T）；S_0 为气隙的截面积（m^2）；F 为吸力（N）。

直流电磁铁的特点如下：

（1）铁芯中的磁通恒定，没有铁损，铁芯用整块材料制成。

（2）励磁电流 $I=\frac{U}{R}$，与衔铁的位置无关，外加电压全部降在线圈电阻 R 上，R 的电阻值较大。

（3）当衔铁吸合时，由于磁路气隙减小，磁阻随之减小，磁通 Φ 和磁感应强度 B 增大，电磁吸力也增大，因而衔铁被牢牢吸住。若空气隙大，则磁阻增加，磁通 Φ 和磁感应强度 B 会减小，吸力明显下降。

7.6.2 交流电磁铁

交流电磁铁是指通入励磁线圈中的电流为交流电流的电磁铁，它是交流铁芯线圈的具体运用。当交流电通过线圈时，在铁芯中产生交变磁通，因为电磁力与磁通的平方成正比，所以当电流改变方向时，电磁力的方向并不变，而是朝一个方向将衔铁吸向铁芯，正如永久磁铁无论 N 极还是 S 极都因磁感应会吸引衔铁一样。

交流电磁铁中磁场是交变的，设气隙中的磁感应强度是 $B_0=B_m\sin\omega t$，则吸力为

$$f=\frac{10^7}{8\pi}B_m^2S_0\sin^2\omega t=\frac{10^7}{8\pi}B_m^2S_0\left(\frac{1-\cos2\omega t}{2}\right)$$

$$=F_m\left(\frac{1-\cos2\omega t}{2}\right)=\frac{1}{2}F_m-\frac{1}{2}F_m\cos2\omega t \tag{7-25}$$

式中，$F_m=\frac{10^7}{8\pi}B_m{}^2S_0$，是电磁吸力的最大值。由式（7－25）可知，吸力的瞬时值是由两部分组成，一部分为恒定分量，另一部分为交变分量。但吸力的大小取决于平均值，设吸力平均值为 F，则有

$$F=\frac{1}{T}\int_0^T f\mathrm{d}t=\frac{1}{2}F_m=\frac{10^7}{16\pi}B_m^2S_0 \quad \mathrm{N} \tag{7-26}$$

可见，吸力平均值等于最大值的一半。在交流励磁磁感应强度的有效值等于直流励磁磁感应强度的值时，则交流电磁吸力平均值等于直流电磁吸力。

虽然交流电磁铁的吸力方向不变，但它的大小是变动的，如图 7－29 所示。当磁通经过零值时，电磁吸力为零，往复脉动 100 次，即以两倍的频率在零与最大值 F_m 之间脉动，因而衔铁以两倍电源频率在颤动，引起噪声，同时触点容易损坏。为了消除这种现象，可在磁极的部分端面上套一个短路环，如图 7－30 所示。于是在短路环中便产生感应电流，以阻碍磁通的变化，使在磁极两部分中的磁通 Φ_1、Φ_2 之间产生一相位差，因而磁极各部分的吸力也就不会同时降为零，这就消除了衔铁的颤动，当然也就消除了噪声。

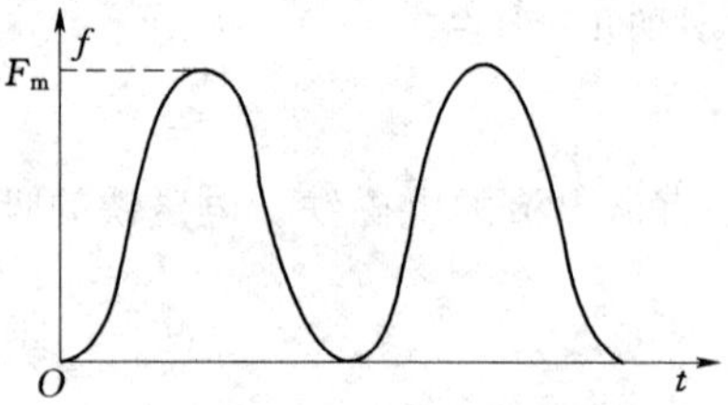

图 7－29　交流电磁铁的吸力

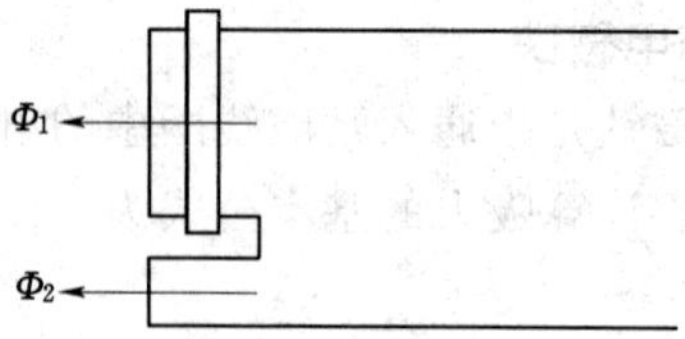

图 7－30　短路环

交流电磁铁的特点如下：

（1）由于励磁电流 i 是交变的，铁芯中产生交变磁通，一方面使铁芯中产生磁滞损失和涡流损失，为减少这种损失，交流电磁铁的铁芯一般用硅钢片叠成。另一方面使线圈中产生感应电动势，外加电压主要用于平衡线圈中的感应电动势，线圈电阻 R 较小。

（2）励磁电流 I 与气隙 L_0 大小有关。在吸合过程中，随着气隙的减小，磁阻减小，因电源电压不变，所以磁通最大值 Φ_m 基本不变，故磁动势 IN 下降，即励磁电流 I 下降。

（3）因磁通最大值 Φ_m 基本不变，所以平均电磁吸力 F 在吸合过程中基本不变。

交流电磁铁通电后，若衔铁被卡住不能吸合，则因气隙大，励磁电流要比衔铁吸合时大得多，这将造成线圈因电流过大而被烧毁。

自　测　题

一、填空题

7.6.1　交流电磁铁是指______________________________。

7.6.2　要消除交流磁铁的振动，需在铁芯端面装嵌一个________。

7.6.3　交流电磁铁的平均吸引力为瞬间值的最大值的________倍。

二、判断题

7.6.4　直流电磁铁在吸合过程中，吸力随气隙减小而增大。　（　）

7.6.5　交流电磁铁的平均吸引力随气隙的减少而增加。　（　）

7.6.6　交流电磁铁线圈的电流随气隙的减少而增加。　（　）

三、分析与计算

7.6.7　直流电磁铁的铁芯是否需要用互相绝缘的硅钢片叠成？为什么？

7.6.8　一交流电磁铁线圈所接正弦电压源电压的有效值不变，频率增加一倍，其平均吸引力如何变化？如电源频率不变，电压有效值减少一半，电磁铁的吸引力如何变化？（只考虑磁饱和影响）。

7.6.9　有一交流电磁铁误接到电压大小相等的直流电源上使用，将会产生什么样的后果？若将一直流电磁铁误接到电压大小相等的交流电源上时，又会产生什么样的后果？

小　结

1. 磁场的基本物理量

（1）磁感应强度 $\boldsymbol{B}$ 是表示磁场中某一点磁场的强弱和方向的物理量，$\boldsymbol{B}$ 的大小由式 $B=\dfrac{dF}{Idl}$ 决定。

（2）磁通 Φ 是描述磁感应强度在一定空间范围内积累效果的物理量，$\Phi=\int_S d\Phi=\int_S B\,dS\cos\theta$ 或 $\Phi=BS$

（3）磁导率 μ 是表示物质导磁性能的物理量。真空的磁导率 $\mu_0=4\pi\times10^{-7}$ H/m，铁磁物质的磁导率 $\mu\gg\mu_0$，即其相对磁导率 $\mu_r\gg1$，非铁磁物质的相对磁导率 $\mu_r=1$。

（4）磁场强度 $\boldsymbol{H}$ 是计算磁场时引用的一个物理量，$\boldsymbol{H}$ 的大小由式 $H=\dfrac{B}{\mu}$ 决定，由于 μ 不是常数，铁磁物质的 H 与 B 关系需查磁化曲线得到。

2. 磁场基本定律

（1）磁通连续性原理。通过任一闭合面 S 的磁通恒等于零，即 $\Phi=\oint_S B\cdot dS=0$。

（2）安培环路定律。磁场强度矢量沿任意闭合路径 l 的线积分等于该路径包围的全部电流代数和，即 $\oint_l H\cdot dl=\sum i$。

3. 铁磁物质的磁化、磁化曲线及分类

（1）铁磁物质由于其内部存在许多小磁畴，在外磁场的作用下可呈现很强的磁性，这就是铁磁物质的磁化。

（2）铁磁物质具有高导磁性、磁饱和性和磁滞性等磁性能。

（3）磁化曲线有起始磁化曲线、磁滞回线、基本（平均）磁化曲线。

（4）根据磁滞回线的形状可把铁磁物质分为软磁材料、硬磁材料、矩磁材料。软磁材料的剩磁及矫顽力小，适用于作变压器、电机、继电器等的铁芯材料。

4. 磁路及基本定律

磁路是指由铁芯所限定的磁通经过的路径，通过铁芯闭合的磁通称为主磁通，经空气自成回路的磁通称为漏磁通。

磁路中基本定律有：

（1）磁路欧姆定律：$\Phi=\frac{NI}{R_m}=\frac{F}{R_m}$或$\Phi=\frac{U_m}{R_m}$，分别与电路欧姆定律$I=\frac{E}{R}$或$I=\frac{U}{R}$相对应，一般适用于磁路定性分析而不做定量计算。

（2）磁路基尔霍夫第一定律：$\sum\Phi=0$，与电路基尔霍夫电流定律$\sum i=0$相对应。

（3）磁路基尔霍夫第二定律：$\sum U_m=\sum F$或$\sum Ni=\sum HL$，与基尔霍夫电压定律$\sum U=\sum E$相对应。

5. 恒定磁通磁路正面问题的计算

（1）把磁路分为若干段（同材料、同面积分为一段）。

（2）算出各段磁路的平均长度和有效截面积。

（3）根据已知的磁通Φ计算各段的磁感应强度B。

（4）根据每段磁路的B，由磁化曲线查得对应的磁场强度H，对于空气隙有$H_0=0.8\times10^6 B_0$。

（5）求出每段的HL。

（6）根据磁路的基尔霍夫定律，求出所需磁动势，即

$$F=NI=H_1L_1+H_2L_2+\cdots=\sum HL$$

6. 交流铁芯线圈

（1）在正弦电压作用下，磁通为正弦量，电流为尖顶波。

（2）在忽略漏磁通和线圈内阻时，电压与磁通关系：$U\approx E=4.44fN\Phi_m$

（3）交流铁芯线圈的损耗。

交流铁芯线圈存在铜损和铁损两种损耗。铁损包括磁滞损耗和涡流损耗。选用软磁材料并把其切片涂绝缘漆后再叠在一起可大大减少铁损。

（4）交流铁芯线圈的等效电路。

1）忽略线圈电阻及漏磁通时，可用RL并联或RL串联电路等效，对应的等效电路及相量图如图7－26所示。等效电路中的参数与铁芯损耗及磁化电流有关，一般不是常量。但当电压变化范围不大时，这些参数可近似看作常量。

2）考虑线圈电阻及漏磁通时，在电路中多了线圈内阻及漏抗产生的压降，即$\dot{U}=R\dot{I}+jX_\sigma\dot{I}+\dot{U}'$，对应的串联等效电路及相量图如图7－27所示。

7. 电磁铁

电磁铁的组成主要由线圈、铁芯和衔铁3部分组成，电磁铁分为交流电磁铁和直流电磁铁。

直流电磁铁吸力：$F=\frac{10^7}{8\pi}B_0^2S_0$。

交流电磁铁平均吸力：$F=\frac{1}{T}\int_0^T f\mathrm{d}t=\frac{1}{2}F_m=\frac{10^7}{16\pi}B_m^2S_0$。

习　题

7-1　由铸钢制成的闭合铁芯上绕有1000匝线圈，铁芯的截面积 $S_{Fe}=20\text{cm}^2$，铁芯的平均长度 $L_{Fe}=50\text{cm}$。如要在铁芯中产生磁通 $\Phi=0.002\text{Wb}$，试问线圈中应通入多大直流电流？

7-2　如果上题的铁芯中含有一长度为 $L_0=0.2\text{cm}$ 的空气隙（与铁芯柱垂直），由于空气隙较短，磁通的边缘扩散可忽略不计，试问线圈中的电流必须多大才可使铁芯中的磁感应强度保持上题中的数值？

7-3　在题7-1中，如将线圈中的电流调到1.05A，试求铁芯中的磁通。

7-4　有一铁芯线圈，试分析铁芯中的磁感应强度、线圈中的电流和铜损 RI^2 在下列几种情况下将如何变化：

（1）直流励磁—— 铁芯截面积加倍，线圈的电阻和匝数以及电源电压保持不变。

（2）交流励磁—— 同（1）。

（3）直流励磁——线圈匝数加倍，线圈的电阻及电源电压保持不变。

（4）交流励磁——同（3）。

（5）交流励磁——电流频率减半，电源电压的大小保持不变。

（6）交流励磁——频率和电源电压的大小保持减半。

假设在上述各种情况下工作点在磁化曲线的直线段。在交流励磁的情况下，设电源电压与感应电动势在数值上近于相等，且忽略磁滞和涡流。铁芯是闭合的，截面均匀。

7-5　一个铁芯线圈在 $f=50\text{Hz}$ 时的铁损为1kW，且磁滞损耗和涡流损耗各占一半。

如将 f 改为60Hz，且保持 B_m 不变，则其铁损该为多少？

7-6　为了求出铁芯线圈的铁损，先将它接在直流电源上，从而测得线圈的电阻为1.75Ω；然后接在 $U=120\text{V}$ 交流电源上，测得功率 $P=70\text{W}$，电流 $I=2\text{A}$，试求铁损和线圈的功率因数。

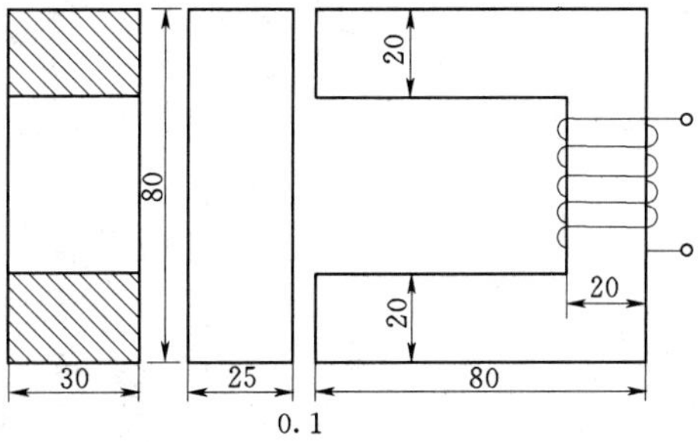

图7-31　习题7-7图

7-7　有一直流电磁铁，其磁路由铁芯、衔铁和气隙3部分构成（图7-31）。铁芯的材料是硅钢片，填充系数取0.92，衔铁的材料是铸钢。各部分的尺寸以cm计。今需要在空气隙中产生磁通0.06Wb，而已知线圈匝数为2500，试求线圈中必须通入的电流，并计算电磁铁的吸力（磁通的边缘扩散可忽略不计）。

7-8　有一交流铁芯线圈，接在 $f=50\text{Hz}$ 的正弦电源上，已知磁通的最大值 $\Phi_m=$

2.25×10^{-3} Wb。若在磁铁芯上再绕一个匝数为 200 的线圈，当此线圈开路时，求其两端电压。

7-9 将一铁芯线圈接于电压 $U=100$V，频率 $f=50$Hz 的正弦电源上，测得其电流 $I_1=5$A，$\cos\varphi_1=0.7$。若将此线圈中的铁芯抽出，再接于上述电源上，测得线圈中电流 $I_2=10$A，$\cos\varphi_2=0.05$。试求线圈在具有铁芯时的铜损和铁损。

7-10 为测量交流铁芯线圈的参数，先将线圈接于电压为 36V 的直流电源上，测得电流为 10A，然后再接到电压为 120V 的交流电源上，测得电流为 2A，功率为 70W。试求线圈电路的串联等值参数 R（线圈内阻）、R_m 和 X_m 以及计算该交流铁芯线圈的铜损和铁损。